土木工程概论

（第2版）

主　编 ◎ 刘超群
副主编 ◎ 贾　良
主　审 ◎ 马晓军

西南交通大学出版社
·成　都·

图书在版编目（CIP）数据

土木工程概论/ 刘超群主编. --2 版. --成都：西南交通大学出版社，2023.8

ISBN 978-7-5643-9398-4

Ⅰ. ①土… Ⅱ. ①刘… Ⅲ. ①土木工程－教材 Ⅳ. ①TU

中国国家版本馆 CIP 数据核字（2023）第 132721 号

Tumu Gongchen Gailun （Di-er Ban）

土木工程概论（第 2 版）

主编 刘超群

责任编辑 王 旻
特邀编辑 王玉珂
封面设计 何东琳设计工作室

出版发行 西南交通大学出版社
（四川省成都市金牛区二环路北一段 111 号
西南交通大学创新大厦 21 楼）
邮政编码 610031
发行部电话 028-87600564 028-87600533
网址 http://www.xnjdcbs.com
印刷 成都蜀通印务有限责任公司

成品尺寸 185 mm × 260 mm
印张 22
字数 494 千
版次 2010 年 8 月第 1 版 2023 年 8 月第 2 版
印次 2023 年 8 月第 6 次
定价 58.00 元
书号 ISBN 978-7-5643-9398-4

课件咨询电话：028-81435775

第 2 版前言

PREFACE

“土木工程概论”是高等职业院校土木工程管理类专业的主要专业课程。

本书是在作者 2010 年主编的《土木工程概论》(第 1 版)的基础上修订而成。本书共分为 5 个项目 22 个学习任务。每个项目设置项目描述、项目导学、学习目标、项目小结和练习巩固等模块,融入最新的标准、规范、规程,便于学生学习掌握。每个项目中设置了思政小链接和阅读拓展,引导学生树立正确的国家观、世界观、职业观,培养学生爱国、爱岗的情怀,帮助学生养成良好的职业道德,提升学生的职业素养和职业能力。

本书由刘超群担任主编,贾良担任副主编,中铁第三工程有限公司马晓军担任主审。参加编写的人员有:陕西铁路工程职业技术学院刘超群、贾良、郝东东、孙建超、郭亚宇、欧阳志、王晖、谌伟。中铁十八局集团有限公司杨志峰,中交第四公路工程局有限公司张晓玮,陕西建筑集团有限公司陈小龙。具体分工如下:项目一由贾良、郝东东、孙建超、杨志峰编写;项目二由郭亚宇、张晓玮编写;项目三由欧阳志、刘超群、张晓玮编写;项目四由王晖、陈小龙编写;项目五由谌伟、陈小龙编写。

本书在编写的过程中,得到了陕西铁路工程职业技术学院、中铁十八局集团有限公司、中交第四公路工程局有限公司、陕西建筑集团有限公司的大力支持,在此,向关心、支持和帮助本书编写的有关领导和专家致以衷心的感谢。

由于编者水平有限,书中难免有疏漏之处,恳请批评指正。

作　者

2023 年 5 月

第1版前言

PREFACE

“土木工程概论”是高等职业院校土木工程管理类专业的主要专业课。

从事土木工程管理的人员只有懂得工程技术才能更好地进行科学的管理，所以作为工程监理、工程造价、工程项目管理、工程物资管理等工程管理类专业的学生应该了解土木工程的基本结构组成和施工技术，这样才便于更好地进行工程监督和管理、造价控制、项目管理和物资管理等工作。本书正是基于这种考虑，较为详细地介绍了土木工程中铁道工程、城市轨道交通工程、公路工程、建筑工程和市政工程的结构组成和施工技术等内容，为工程管理类专业学生了解土木工程的基本知识提供帮助。

《土木工程概论》一书共分为五章，第一章由贾良编写，第二章由郭亚宇编写，第三章由刘超群（第一、二、三节）和欧阳志（第四、五、六节）编写，第四章由王晖编写，第五章由谌伟编写。

全书由陕西铁路工程职业技术学院刘超群副教授主编，石家庄铁路职业技术学院战启芳教授主审。

在本书编写的过程中得到了陕西铁路工程职业技术学院领导和同事的大力支持，在此，向关心、支持和帮助本书编写的有关领导和专家致以衷心的感谢。

由于编者水平有限，疏漏失误之处恳请批评指正。

作　者

2010年5月

数字资源目录

CONTENTS

续表

序号	二维码名称	资源类型	页码
25	凿岩台车钻孔施工	动画	109
26	施工场地准备	动画	109
27	隧道施工通风	动画	109
28	隧道施工场地布置	动画	109
29	喷射混凝土支护原理	动画	109
30	仰拱施工	动画	109
31	隧道仰拱及填充作业机械化施工	动画	110
32	风动凿岩机施工	动画	112
33	中隔壁法施工	动画	112
34	锁脚锚管施工	动画	115
35	锁脚锚杆施工	动画	115
36	隧道塌方处理	动画	115
37	中空注浆锚杆施工	动画	115
38	超前管棚施工工艺	动画	116
39	隧道机械化施工开挖作业线	动画	117
40	超前深孔帷幕注浆	动画	117
41	洞口开挖与防护	动画	118
42	洞口土石方施工	动画	118
43	洞口管棚施工	动画	118
44	明洞施工方法	动画	119
45	锚杆加固原理	动画	120
46	喷射混凝土施工	动画	120
47	台车定位安装	动画	121
48	土工布铺设	动画	121
49	1.22 南宁地铁 1 号线侵限事件	PDF	141
50	成都地铁 1 号线南延线华广区间盾构隧道偏差超限质量事故	PDF	153
51	无砟道床施工工艺	动画	154
52	轨排安装	动画	155
53	“5.18”公主坟道岔事故	PDF	158
54	基坑降水施工	动画	164
55	拱形结构车站主体施工	动画	165

续表

序号	二维码名称	资源类型	页码
56	杭州地铁基坑坍塌事故	PDF	168
57	秦驰道	PDF	182
58	公路平面	微课	183
59	公路纵断面	微课	189
60	公路横断面	微课	194
61	公路横断面加宽	微课	203
62	公路横断面超高	微课	204
63	中国高速公路编号解读	PDF	212
64	道路基层施工全流程	视频	217
65	穿越 522 公里“死亡之海”中国最牛沙漠公路	PDF	219
66	中国最美的高速公路	PDF	228
67	桥梁的组成	微课	229
68	桥梁的作用	微课	229
69	桥台认知	微课	229
70	桥梁的类型	微课	231
71	连续梁与连续刚构桥区别	微课	231
72	桥梁防排水施工	微课	232
73	桥梁伸缩装置施工	微课	232
74	钻孔设备的比选	微课	232
75	桥面铺装施工	微课	233
76	无底套箱施工	动画	233
77	钻孔桩施工工艺	微课	233
78	盖板涵施工图识读	微课	233
79	全球最高绿色建筑——上海中心大厦	PDF	253
80	中国节能环保集团总部——上海最“绿”智慧建筑	PDF	271
81	“十四五”全国城市基础设施建设规划	PDF	318
82	广州多举措优化城市排水管理 提升市民生活质量	PDF	328
83	桥梁连的是道路更是民心	PDF	331
84	市政工程排水管施工	视频	333

目　录

CONTENTS

项目一
铁道工程

项目描述

本项目围绕铁路基础设施，选取铁路路基、铁路轨道、铁路桥涵、铁路隧道等学习任务，融入最新的铁路标准、规范、规程，系统地介绍了铁道工程的发展历程、结构组成、施工工艺等知识及相关理论，培养学生在铁道工程施工方面的职业素养、职业能力与创新意识，引导学生了解铁路、热爱铁路。

项目导学

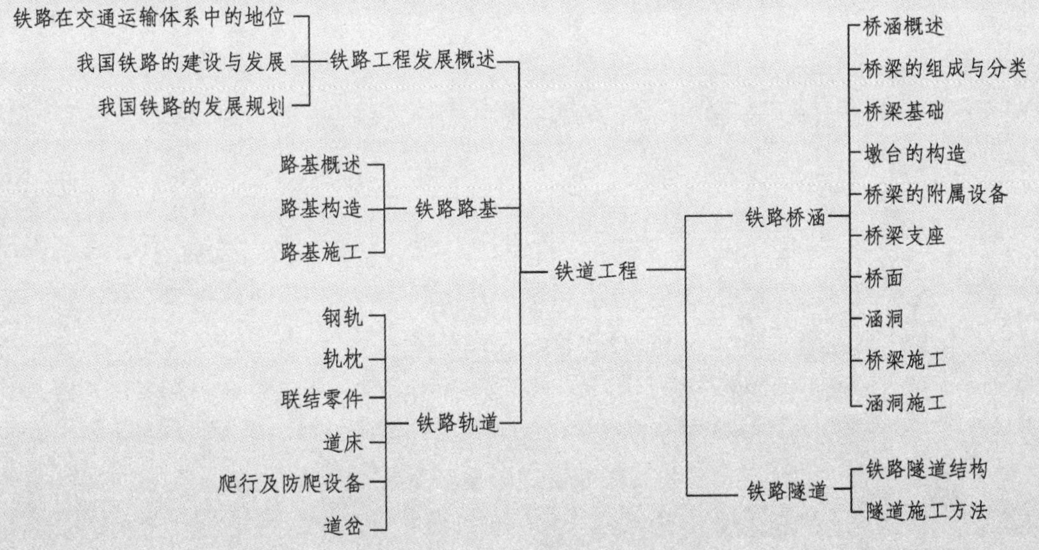

学习目标

◆ 知识目标

（1）了解铁道工程的发展现状和未来；
（2）熟悉铁路路基、轨道、桥涵、隧道等结构组成和施工工艺；
（3）了解有关铁道工程的先进技术和应用。

◆ 能力目标

（1）具备识读铁路路基、轨道、桥涵、隧道等工程施工设计图的能力；
（2）具备读懂铁路路基、轨道、桥涵、隧道等工程施工方案的能力；
（3）具备编制铁路路基、轨道、桥涵、隧道等工程初步施工方案的能力；
（4）能够运用基础理论知识开展铁道工程管理、项目组织等业务。

◆ 素质目标

（1）培养学生了解铁路、热爱铁路事业的情怀；
（2）培养学生的职业道德、职业素养、职业能力与创新意识；
（3）培养学生发现问题、分析问题、解决问题的能力及自主学习能力。

任务一　铁道工程发展概述

【学习任务】

（1）了解铁路在交通运输体系中的地位；
（2）了解我国铁路建设与发展历程；
（3）了解我国铁路的发展规划。

一、铁路在交通运输体系中的地位

在我国已有的现代化民用运输方式（铁路、公路、水运、航空和管道）中，铁路运输能力大，运输成本低，是中长距离客货运输的主力，在地区间物资交流和大宗货物运输中具有明显的优势，是我国陆上运输的骨干。公路运输机动灵活，在广大城乡集散客货的运输中非公路莫属，是短途运输的主力。水运投资省、运力大、成本低、能耗少，沿海和内河水位应当充分利用。管道运输投资省、运力大、建设周期短、占地极少，是输送油、气的最佳运输方式。航空运输速度高、运达快，但能耗大、成本高、运力有限，主要担负中长距离高级客流和贵重货物的快速运输任务。

交通运输业是国民经济的重要组成部分，是保证人们在政治、经济、文化、军事等方面联系交往的手段。交通运输业又是衔接生产和消费的一个重要环节，它是沟通工农业、城乡、地区、企业之间经济活动的纽带，是面向社会为公众服务的公用事业，是对国民经济和社会发展具有全局性、先行性影响的基础行业，在现代社会的各个方面起着十分重要的作用。由于铁路安全可靠，运输能力大，基本不受气候条件影响，速度较水运快，成本较航空低，环境污染较公路小，所以在现代化运输体系中，应以铁路为重点。

（1）我国疆域辽阔，人口众多，中长距离的出行需要运力大、运费低的铁路运输。

（2）我国东部工业发达，中西部资源丰富，形成了北煤南运、西煤东运、南粮北调等大宗货物长距离运输的格局，只有铁路才能承担这样繁重的运输任务。

（3）随着科学技术的进步和发展，交通运输业采用的新技术装备日益增加，在实现运输工具和设备现代化的过程中出现了大型化、高速化、自动化和信息化的趋势，这就要求我们大力发展高速铁路客运技术和重载货运技术。

二、我国铁路的建设与发展

中华人民共和国成立 70 多年来，我国铁路现代化建设取得了重大进展，高速铁路、机车车辆、高原铁路、既有线提速等技术已迈入世界先进行列，我国铁路营业里程突破

15 万 km，其中高速铁路超过 4 万 km。我国高速铁路运营里程居世界第一位，是世界上唯一实现高速铁路时速 350 km 商业化运营的国家，树立了世界高速铁路商业化运营标杆，向世界展示了“中国速度”。

从林海雪原到江南水乡，从大漠戈壁到东海之滨，我国高速铁路跨越大江大河、穿越崇山峻岭、通达四面八方，“四纵四横”高速铁路网已经形成，“八纵八横”高速铁路网正加密成形。高速铁路已覆盖全国 92%的 50 万人口以上的城市，运营网络通达水平世界最高。

目前，我国形成了涵盖高速铁路工程建设、装备制造、运营管理三大领域，具有自主知识产权的成套高速铁路技术体系，技术水平总体进入世界先进行列，部分领域达到世界领先水平，迈出了从追赶到领跑的关键一步。

1. 成昆铁路

成昆铁路自成都至昆明，全长 1096 km。1958 年 7 月，成昆铁路成都至峨眉段全面动工建设。1958—1962 年，成昆铁路项目“三上三下”，全线工程多次改变标准进行定测和变更设计，仅成都至青龙场 61.5 km 路段铺轨通车，而南段工程基本没有开工建设。1964 年 9 月汇聚数十万筑路大军重新建设成昆铁路。1966 年，成昆铁路进入建设高潮，施工人员达到 35.97 万余人。1970 年 6 月，成昆铁路完成铺轨，7 月 1 日，全线开通运营，在西昌举行通车典礼。

在当时，成昆铁路是一项难度极大的工程，沿线地带被外国专家们称作“铁路禁区”，长期被认为是不可能修筑铁路的地方。成昆铁路全线贯穿地势险峻、地形多样、地质复杂的山川河谷，途经崎岖陡峭、奇峰耸立、深涧密布、沟壑纵横及水流奔腾湍急的山岭重丘，线路所经区域有“露天地质博物馆”之称。成昆铁路是一条用血肉之躯筑造的建筑工程，沿线留下大量丰碑，烈士陵园 20 余处。

图 1.1.1 成昆铁路

2. 青藏铁路

青藏铁路自西宁至拉萨，全长 1956 km。1984 年 5 月青藏铁路西宁至格尔木段建成通车，2006 年 7 月 1 日全线开通运营。青藏铁路在堪称世界屋脊的青藏高原，克服了多年冻土、高寒缺氧、生态脆弱三大世界难题，是世界上海拔最高、线路最长、通过永久冻土区最长的高原铁路，成为与首都相连、与世界接轨的钢铁大动脉，是世界铁路建设史上最宏伟的大工程，开创了西藏交通史上又一个新纪元。

图 1.1.2　青藏铁路

3. 京津城际铁路

京津城际铁路自北京南经天津至滨海，全长 166 km。2005 年 7 月 4 日，京津城际铁路正式动工，2008 年 8 月 1 日正式开通运营（京津城际铁路延伸线——天津站至滨海站于 2015 年 9 月 20 日开通）。作为中国首条设计速度 350 km/h 的高速铁路，京津城际铁路不仅培养出一批中国高速铁路发展和建设的探路人、先行者，还为中国高速铁路领跑世界提供了技术积累和宝贵经验。京津城际铁路以运行安全平稳、乘坐舒适快捷、消耗节能环保等优势，推动了交通运输方式的巨大变革。

图 1.1.3　京津城际铁路

4. 京沪高速铁路

京沪高速铁路自北京南至上海虹桥，全长 1318 km，2008 年 4 月 18 日开工，2011 年 6 月 30 日全线正式通车。京沪高速铁路是中华人民共和国成立以来投资规模最大的建设项目之一，构建了中国高速铁路标准体系与技术体系，支撑了中国高速铁路的快速发展，打造了技术先进、安全可靠、性价比高的中国高速铁路品牌。京沪高速铁路已成为中国的一张靓丽名片。

图 1.1.4 京沪高速铁路

5. 浩吉铁路

浩吉铁路原建设工程名为“蒙西至华中地区铁路”，简称“蒙华铁路”，2015 年 6 月开工建设，2019 年 9 月全线通车投入运营，是中国境内一条连接内蒙古浩勒报吉与江西吉安的国铁Ⅰ级电气化铁路，线路全长 1813.544 km，共设 77 个车站，设计速度 120 km/h（浩勒报吉南站至江陵站、坪田站至吉安站）、200 km/h（江陵站至坪田站），设计年输送能力为 2 亿 t。浩吉铁路是中国“北煤南运”战略运输通道。截至 2019 年 9 月，浩吉铁路是世界上一次性建成并开通运营里程最长的重载铁路。

6. 中老昆万铁路

中老昆万铁路自中国昆明南至老挝万象南，全长 1035 km，设计速度 160 km/h，于 2021 年 12 月 3 日开通运营。中老昆万铁路是中国与老挝之间通行的一条铁路，也是泛亚铁路中线的重要组成部分，全线采用中国标准。中老昆万铁路统筹国际国内建设与运营，参建单位历时 5 年，经历了工程地质挑战和疫情风险考验，安全优质按期完成建设任务和运营准备工作，展示了中老昆万铁路作为“一带一路”、中老友谊标志性工程的建设成果和铁路“走出去”的良好形象。中老昆万铁路为加快建成中老经济走廊、构建中老命运共同体提供有力支撑。

三、我国铁路的发展规划

（一）新时代交通强国铁路先行规划纲要

2020 年 8 月 12 日中国国家铁路集团有限公司（简称“国铁集团”）发布了《新时代交通强国铁路先行规划纲要》（以下简称《纲要》）。

1.《纲要》的发展目标

第一阶段，到 2035 年，率先建成服务安全优质、保障坚强有力、实力国际领先的现代化铁路强国。基础设施规模质量、技术装备和科技创新能力、服务品质和产品供给水平世界领先，运输安全水平、经营管理水平、现代治理能力位居世界前列，绿色环保优势和综合交通骨干地位、服务保障和支撑引领作用、国际竞争力和影响力全面增强。

第二阶段，到 2050 年，全面建成更高水平的现代化铁路强国，全面服务和保障社会主义现代化强国建设。铁路服务供给和经营发展、支撑保障和先行引领、安全水平和现代治理能力迈上更高水平，智慧化和绿色化水平、科技创新能力和产业链水平、国际竞争力和影响力保持领先，制度优势更加突出。形成辐射功能强大的现代铁路产业体系，建成具有全球竞争力的世界一流铁路企业。中国铁路成为社会主义现代化强国和中华民族伟大复兴的重要标志和组成部分，成为世界铁路发展的重要推动者和全球铁路规则制定的重要参与者。

2.《纲要》的主要任务

（1）建设发达完善的现代化铁路网。一是构建现代高效的高速铁路网；二是形成覆盖广泛的普速铁路网；三是发展快捷融合的城际和市域铁路网；四是构筑一体衔接顺畅的现代综合枢纽。

（2）发展自主先进的技术装备体系。一是提升基础设施技术装备水平；二是加强新型载运工具研发应用；三是以新型基础设施赋能智慧发展。

（3）创新优质高效的运输服务供给。一是构建舒适快捷的客运服务体系；二是发展集约高效的货运物流体系；三是拓展服务新业态新模式新领域。

（4）厚植效率效益优良的经营实力。一是推动效率变革提升；二是做强做优做大主业；三是提升经营开发水平。

（5）提升持续可靠的安全发展水平。一是提升安全生产管理水平；二是确保设施设备本质安全；三是增强兴安强安保障能力；四是提高铁路应急处置和救援能力。

（6）强化科技创新的支撑引领能力。一是推进科技创新产业化应用；二是突破掌握关键核心技术；三是完善铁路科技创新体系。

（7）改革创新科学高效的现代治理体系。一是完善和发展铁路制度优势；二是深入推进铁路企业改革；三是推动布局结构优化调整；四是建立健全市场化运营机制；五是大力培育弘扬优秀铁路文化。

（8）发挥节能环保的绿色铁路优势。一是提高绿色铁路承运比例；二是集约节约利用资源和能源；三是强化生态保护和污染防治。

（9）拓展互利共赢的开放合作空间。一是打造互联互通铁路通道网络；二是完善国际铁路物流服务体系；三是深化铁路国际交流与合作。

（10）突出精良专业的人才队伍建设。一是造就高水平科研人才；二是建设高技能产业大军；三是培养高素质干部队伍。

（11）当好经济社会发展的支撑引领。一是增强经济发展新动能；二是强化重大战略支撑能力；三是促进扶贫减贫和国土开发；四是推动铁路军民融合深度发展；五是发挥“高铁＋”支撑引领作用。

（二）“十四五”铁路科技创新规划

2021 年 12 月，国家铁路局发布了《“十四五”铁路科技创新规划》（以下简称《规划》）。《规划》指出铁路是综合交通运输体系的骨干，是建设现代化经济体系的重要支撑，是全面建设社会主义现代化国家的先行领域。铁路科技创新是国家科技创新体系的重要组成部分，是引领铁路发展的第一动力。

1.《规划》的发展目标

到 2025 年，铁路创新能力、科技实力进一步提升，技术装备更加先进适用. 工程建造技术持续领先，运输服务技术水平显著增强，智能铁路技术全面突破，安全保障技术明显提升，绿色低碳技术广泛应用，创新体系更加完善，总体技术水平世界领先。

2.《规划》的重点任务

（1）技术装备。聚焦装备领域关键技术，推进更高速智能动车组、先进载运装备、现代工程装备研制，加快关键核心技术攻关，推动技术装备高端化、智能化、谱系化发展，打造现代化装备体系。并对推动更高速度轮轨技术研发、强化先进载运装备技术研发、加强现代工程装备技术研发、加快关键核心技术攻关提出具体要求，确定了实施 CR450 科技创新工程、建设时速 400 km 级高速列车全流程试验验证平台等十项重点工程。

（2）工程建造。以重大工程为依托，发挥科技创新关键性作用，提升勘察设计综合实力，突破复杂艰险山区工程建造关键技术，攻克严酷环境灾害防灾机理及防控技术难题，为高起点高标准高质量推进国家重大工程建设提供有力支撑。并对推进勘察设计一体化技术应用、强化工程建造技术攻关、深化工程防灾减灾技术应用提出具体要求，确定了开展 CR450 科技创新工程基础设施工程化技术验证、建立 25~40 t 轴重重载铁路系列化技术体系等十三项重点工程。

（3）运输服务。围绕“人享其行、物畅其流”目标，开展旅客运输、货物运输和运输组织领域技术研发应用，不断满足旅客和货主多样化、品质化、精细化运输服务需求，实现客运便捷化、货运物流化、调度高效化、运输智能化。并对推动旅客运输服务技术创新、加快货物运输服务技术升级、深化运输效能提升技术研发提出具体要求，确定了实施中国铁路客户服务系统（12306）优化升级工程、应用大型编组站智能“管控一体”

调度指挥系统等四项重点工程。

（4）智能铁路。大力推进北斗卫星导航、5G、人工智能、大数据、物联网、云计算、区块链等前沿技术与铁路技术装备、工程建造、运输服务等领域的深度融合，加强智能铁路关键核心技术研发应用，推进大数据协同共享，促进铁路领域数字经济发展，提升铁路智能化水平。并对推动前沿技术与铁路领域深度融合、加强智能铁路技术研发应用、推进交通运输大数据协同共享提出具体要求，确定了建设实施智能铁路 2.0 示范应用工程、推进铁路 5G 专网技术体系及关键核心技术研究等十项重点工程。

（5）安全保障。树牢安全发展理念，完善铁路系统一体化主动安全防控技术，深化设备养护维修关键技术研究，提高铁路应急处置和救援能力，健全完善人防、物防、技防“三位一体”的安全保障技术体系。并对深化主动安全防控系统技术研发应用、推动设备设施运维养护技术工程应用、提升安全应急救援保障能力水平提出具体要求，确定了研发新一代更高速度综合检测车、研发覆盖高速铁路全线综合视频监控与智能分析应用系统等九项重点工程。

（6）绿色低碳。贯彻落实国家碳达峰碳中和部署要求，充分发挥铁路绿色发展优势，把绿色科技贯穿铁路技术装备、工程建造、生产运营全过程，着力降低铁路综合能耗，强化生态保护修复、降低污染物排放等各方面关键技术的研发与应用，提高监管水平，打造更高水平绿色生态铁路。并对深化能效提升及能源供给技术研发、加强生态环保与修复技术研发、提升污染综合防治技术水平提出具体要求，确定了制定铁路碳排放达峰行动实施方案、建立健全铁路能耗计量统计监测体系等八项重点工程。

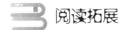

阅读拓展

中国铁路百年沧桑发展史

任务二　铁路路基

【学习任务】

（1）熟悉铁路路基结构组成；
（2）了解铁路路基的特点；
（3）熟悉铁路路基的施工工艺流程和方法。

一、路基概述

（一）路基工程的组成

铁路路基是铁路线路的重要组成部分，它与桥梁、隧道相连，共同组成一个线路整体。路基工程主要由 3 部分建筑物构成，如图 1.2.1 所示。

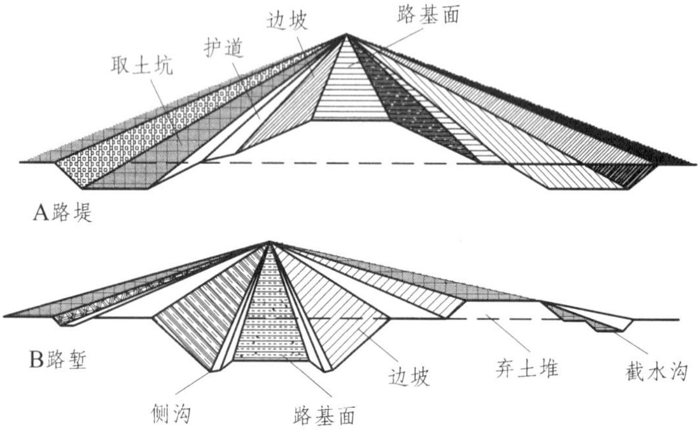

图 1.2.1 路基结构的组成

1. 路基本体

路基本体是直接铺设轨道结构并承受列车荷载的部分，例如：路堤、路堑等。它是路基工程中的主体建筑物。

2. 路基防护和加固建筑物

路基防护和加固建筑物属路基的附属建筑物，例如：挡土墙、护坡等。

3. 路基排水设备

路基排水设备也属路基的附属建筑物，例如：排除地面水的排水沟、侧沟、天沟和排除地下水的排水槽、渗水暗沟、渗水隧洞等。

（二）路基工程的性质和特点

从路基所起的作用来看，路基是轨道的基础；从路基作为一种建筑物来看，它是一种土工结构物。作为一种土工结构物，路基工程具有某些不同于一般的钢铁或混凝土结构物的独有特点：

1. 路基主要由松散的土（石）材料所构成

路基直接以土（石）作建筑材料，并直接建造在地层上。

2. 完全暴露在大自然中

路基处在各种复杂的变化的自然条件之下，例如：地质、水、降雨、气候、地震等，因而它时刻受到自然条件变化的侵袭和破坏。因为路基材料是土等松散体，所以路基本身的强度和稳定性也是常常变化的。其工程性质对自然条件变化十分敏感，抵抗能力差。

3. 路基同时受轨道静荷载和列车动荷载的作用

列车荷载属于交通荷载，其特点为多次重复作用。路基土在重复荷载作用下产生累积变形，而且土的强度会降低，表现出疲劳的特性。另一方面，路基同轨道结构一起共同组成的这种线路结构是一种相对松散连接的结构形式，抵抗动荷载的能力弱。

上述这些特点决定了路基工程的复杂性，我们必须分析研究路基工程所处的环境及工作条件，研究土的工程性质，掌握其变形和强度的变化规律，研究路基建筑物与土介质之间的相互作用，以及路基与轨道之间的动力学问题。在此基础上才能做出正确合理的设计，保证路基工程具有坚固、稳定和耐久性，能抵抗各种自然因素的侵袭和破坏。

（三）高速铁路路基的特点

1. 高速铁路路基的多层结构系统

高速铁路线路结构，已经突破了传统的轨道、道床、土路基这种结构形式，既有有砟轨道也有无砟轨道。对于有砟轨道，在道床和土路基之间，已抛弃了将道砟层直接放在土路基上的结构形式，做成了多层结构系统。图 1.2.2 为高速铁路 CRTS-Ⅲ型无砟轨道板结构。

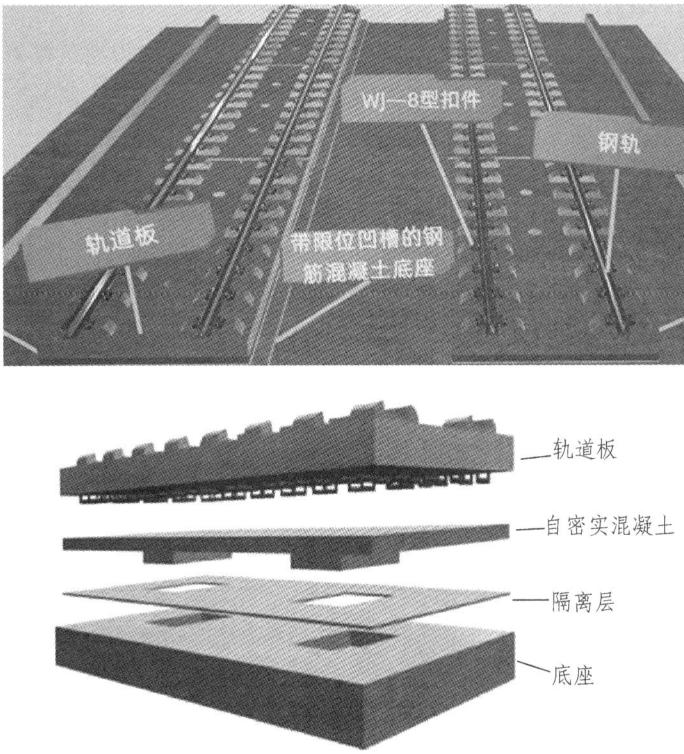

图 1.2.2　高速铁路 CRTS-Ⅲ型无砟轨道板结构

2. 控制变形是路基设计的关键

控制变形是路基设计的关键，采用各种不同路基结构形式的首要目的是为了给高速线路提供一个高平顺、均匀和稳定的轨下基础。由散体材料组成的路基是整个线路结构中最薄弱、最不稳定的环节，是轨道变形的主要因素。它在多次重复荷载作用下所产生的累积永久下沉（残余变形）将造成轨道的不平顺，同时其刚度对轨道面的弹性变形也起关键性的作用，因而对列车的高速走行有重要影响。高速行车对轨道变形有严格的要求，因此，变形问题便成为高速铁路设计所考虑的主要控制因素。就路基而言，过去多注重于强度设计，并以强度作为轨下系统设计的主要控制条件。而现在强度已不成为问题，一般在达到强度破坏前，可能已经出现了过大的有害变形，所以，现在高铁以刚度作为轨下系统设计的主要控制条件。

3. 路基的关键性

在列车、线路这一整体系统中，路基是最重要的组成部分之一。高速铁路变形问题相当复杂，是一个世界性的难题。日本及欧洲等虽然实现了高速，但他们都是通过采用高标准的昂贵的强化线路结构和高质量的养护维修技术来弥补这方面的不足。日本对此不惜代价，在上越和东北新干线上，高架桥延米数所占比例分别为线路全长的 49%和 57%，路基仅占 1%和 6%，而我国武广客运专线全线基本采用无砟轨道，共 948.218 km，一次铺设跨区间无缝线路，正线路基共计 388 km，占线路总长的 40.1%；桥隧总长 579.549 km，占线路长度的 59.9%，其中桥梁 661 座 401.239 km，占线路长度的 41.4%，隧道 237 座 178.858 km，占线路长度的 18.5%。对于软基、高填方地段采取以桥代路方式，且对路基地段采取基底处理，控制填料、填层厚度等综合手段，很好地解决了路基变形的问题。

二、路基构造

（一）路基本体的组成

路基本体是路基的主要组成部分，其各部位的名称如图 1.2.3 所示。

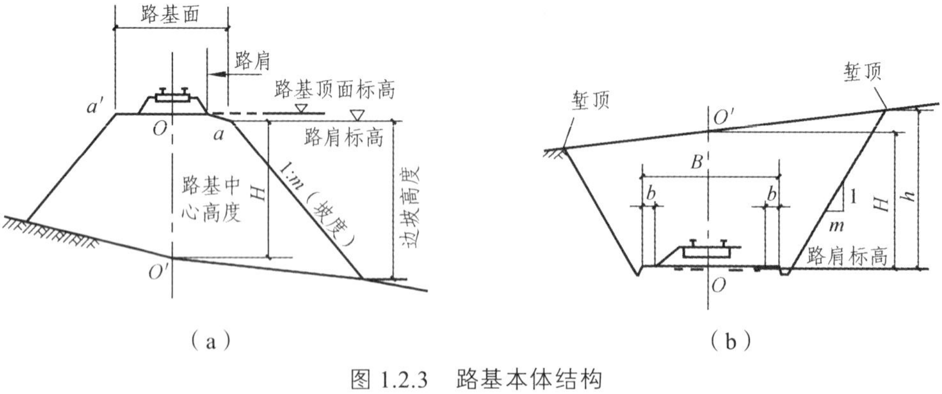

图 1.2.3　路基本体结构

（1）路基面。路堤两边坡起点之间的表面或半堤半堑一边边坡起点与侧沟边坡起点表面或路堑两侧沟边坡起点之间的表面。

（2）轨道基础。路基面中部为铺设轨道需要被道床覆盖的部分。

（3）路肩。路基面两侧未被道床覆盖的部分，起到加强路基稳定性、保障道床稳固，以及方便养护维修作业的作用。

（4）路基面宽度。两路肩边缘（路基面的边缘）之间的距离。

（5）路基边坡。路堤两侧的斜坡或半堤半堑各侧的斜坡及路堑侧沟两侧的斜坡。

（6）路基边坡高度。路基的边坡线与地面线的交点（坡脚）处到路肩边缘的竖直距离，如果左右两侧的边坡高度不等，则规定以大者代表该横断面的边坡高度。

（7）路基高度。路基中心线的地面高程与该处的路肩标高之间的竖直距离。

（8）路基基底。路堤基底是指堤身所覆盖的地面线以下的地层。路堑基底是指路堑路基面下的天然地层。

（9）天然护道。路基边坡线与地面线交点以外的一定距离。在此距离内不许开垦或引水灌溉，以维持路基边坡原有湿度，从而稳定边坡。

（二）路基横断面形式

路基横断面是垂直线路中心线而截得的断面。因地形条件的不同，有路堤、路堑、半路堤、半路堑、半堤半堑、不填不挖六种形式，如图 1.2.4 所示。

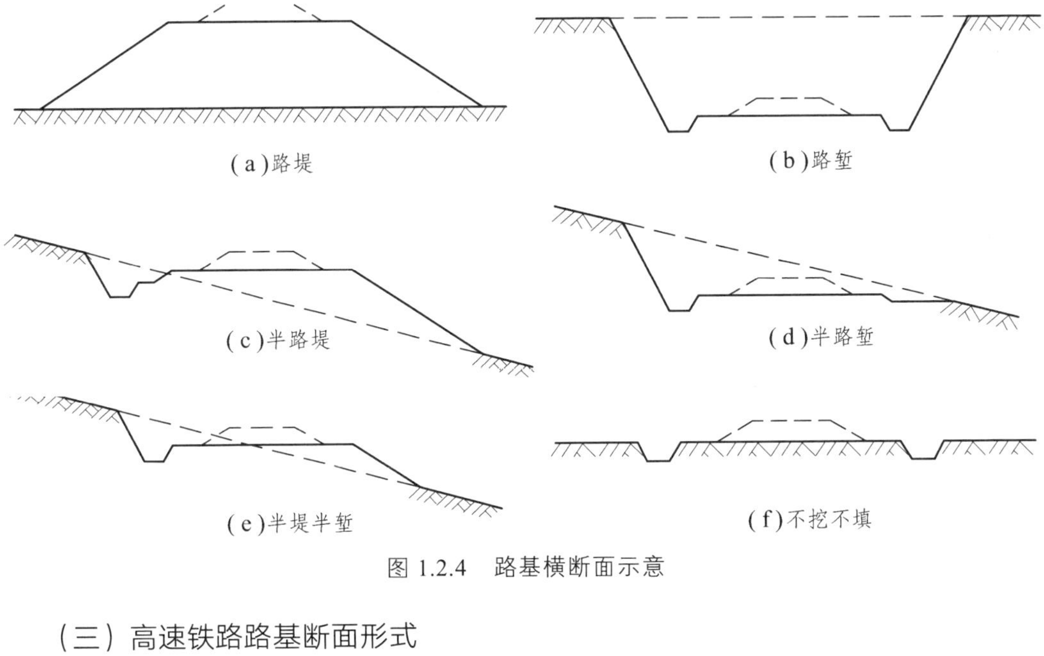

图 1.2.4　路基横断面示意

（三）高速铁路路基断面形式

在高速铁路路基工程中，路基本体的各种防护和加固措施，设计中常常可以遇到设计要求和设计条件相同或基本相似的情况，为了减少或避免做许多重复性的设计计算工作，将各种在设计中常遇到并可以共用的设计图式加以认定，便成为可直接引用的标准图式。

路基标准图式有两种：一是在一般情况下，地基良好，无不良工程地质和水文地质问题和其他不良因素作用，路基可以按照《京沪高速铁路线桥隧站设计暂行规定》进行设计而形成的图式，这种图式有很强的通用性；二是就某些特定的条件或特定的要求而制订的图式，这种图式只在特定条件或特定相同要求的路基工程中适用，在一定范围内有通用性。路基横断面的标准图式只表明路基本体的构造尺寸和各种需要设置的防护、排水等设施的基本尺寸，所以在实际应用时，对于各种防护设施、排水设备以及路堤的取土和路堑弃土的处理等，还都有一定的设计计算工作。图 1.2.5、图 1.2.6、图 1.2.7 为我国高速铁路路基工程中最为常见的双线路堤和路堑的标准图式。

1. 路堤标准横断面

路堤横断面有各种形式，图 1.2.5 是路堤高度大于 3 m 时的高速铁路双线路堤标准横断面图。路基宽度决定于线路上部结构，如线间距、轨枕长度、砟肩宽、道床边坡等几何尺寸以及设置电杆、电缆槽、行人道等需要。高速铁路路基宽度较一般线路要宽，原因如下：

高速铁路路堤横断面结构

高速铁路为了提高线路质量和降低日常维修工作量，需要强化轨道结构，目前，用于高速铁路的轨道结构主要有两种形式：板式轨道结构和传统的有砟轨道结构。采用传统的有砟轨道结构时大多需采取加强措施，如铺设重型钢轨（60 kg/m 以上）；采用无缝线路；采用重型混凝土轨枕；改善道砟材质，采用硬度大、韧性好、抗风化的碎石道砟，道砟厚度一般为枕下 30 ~ 40 cm；加宽道床肩宽等，采用这种强化轨道结构，相应地就加宽了路基面的宽度。

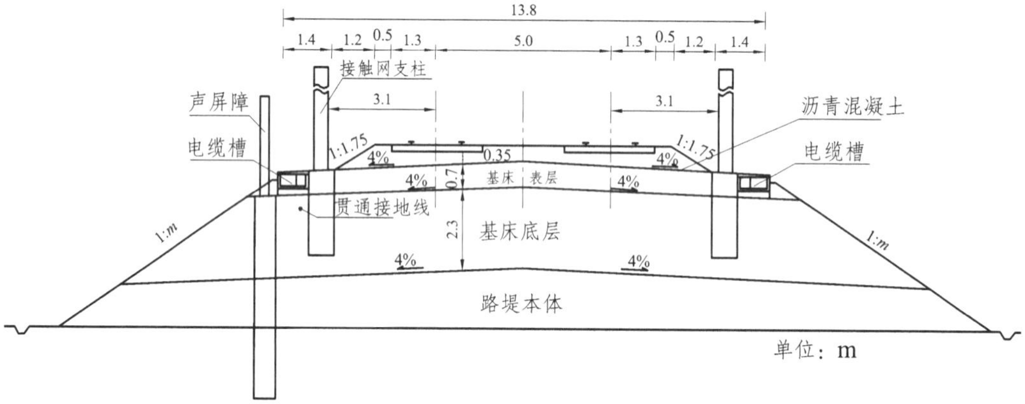

图 1.2.5 高速铁路双线路堤标准横断面

2. 路堑标准横断面

高速铁路路堑标准横断面如图 1.2.6 和图 1.2.7。

高速铁路路堑横断面形式

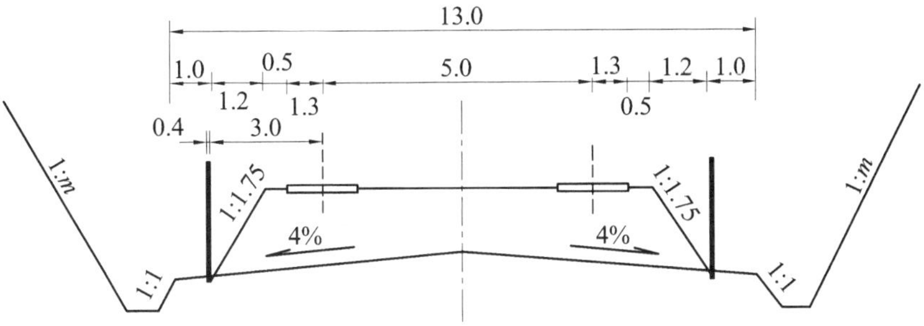

图 1.2.6　高速铁路双线路堑（硬质岩石）标准横断面

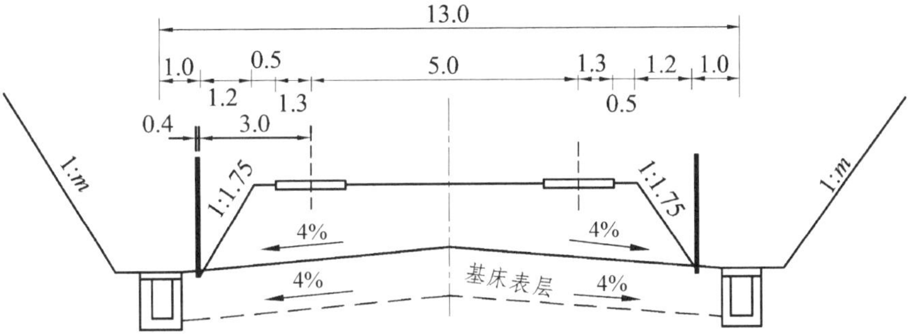

图 1.2.7　高速铁路双线路堑（软质岩石、风化严重的硬质岩石、土质）标准横断面

注：①采用级配砂砾石时，表层换填 0.7 m 厚级配砂砾石；

②采用级配碎石时，表层换填 0.55 m 厚级配碎石，其下 0.15 m 换中粗砂。

三、路基施工

铁路路基是以土、石材料为主而建成的一种条形建筑。在挖方地段，路基是开挖天然地层形成的路堑；在填方地段，则是用压实的土石填筑而成的路堤。它与桥梁、隧道、轨道等组成铁路线路的整体。要保证线路的质量和列车的安全运行，路基必须具有足够的稳定性、坚固性与耐久性，即在其本身静力作用下地基不应发生过大沉陷，在车辆动力作用下不应发生过大的弹性或塑性变形，路基边坡应能长期稳定而不坍塌，同时还要经受各种自然因素的破坏。

路基施工，就是以设计文件和施工技术规范为依据，以工程质量为中心，有组织、有计划地将设计图纸转化成工程实体的建筑活动。路基施工包括路堑、路堤土石方，防排水设施、挡土墙等防护加固构筑物以及为修建路基而作的改移河道、道路等。其中，路基土石方工程是最主要的，它包括路堑工程的开挖、路堤工程的填筑以及路基的平整工作（包括平整路基面、整修路堑和路堤边坡、平整取土坑等），此外防排水工程是保证路基主体工程稳固的根本措施，因此也必须妥当安排、保证质量。

路基施工时的基本操作是挖、装、运、填、铺、压，虽然工序比较简单，但通常需要使用大量的劳动力及施工机械，并占用大量的土地，尤其是重点的土石方工程往往会成为控制工期的关键工程。修筑路基时常会遇到各种复杂的地形、地质、水文与气象条件，给施工造成很大的困难。因此，要保证路基工程施工质量，必须严密组织，精心施工。

（一）路基施工的基本方法

路基施工的基本方法按其技术特点大致可分为人力施工、简易机械化施工、综合机械化施工和爆破法施工等。

人力施工是传统的施工方法，使用手工工具、劳动强度大、工效低、进度慢、工程质量亦难以保证，已不适应现代铁路工程施工的要求。但是，在短期内人力施工还将继续存在，它主要适用于某些辅助性工作，是机械化施工的必要补充。

为了加快施工进度，提高劳动生产率，实现高标准、高质量施工，有条件时对于劳动强度大和技术要求相对较高的工序，在施工过程中应尽量配以机具或简易机械。但这种施工方法工效有限，只能用于工程量较小、工期要求不严的路基或构造物施工，特别不适宜高速铁路和一级铁路路基的大规模施工。

机械化施工和综合机械化施工是路基施工的发展方向，对于路基土石方工程来说，更具有适用性。机械化施工是通过合理选用施工机械，将各种机械科学地组织成有机的整体，优质、高效地进行路基施工的方法。如果选用专业机械，按路基施工要求对施工的各工序进行既分工又联合的作业，则为综合机械化施工。实践证明，如果给主机配以辅机，相互协调，共同形成主要工序的综合机械化作业，则工效能够大大提高。以挖掘机开挖土质路堑为例，如果没有足够的汽车配合运输土方，或者汽车运土填筑路堤，如果没有相应的摊平和压实机械配合，或者不考虑相应辅助机械为挖掘机松土创造合适的施工面，整个施工进度就无法协调，难以紧凑工作，工效也达不到应有的要求，所以，对于工程量大、技术要求高、工期紧的高速铁路和一级铁路路基工程，必须实现综合机械化施工，科学、严密地组织施工，这是路基施工现代化的重要途径。

爆破法是利用炸药爆炸的巨大能量炸松土石或将其移到预定位置，它是石质路基开挖的基本方法。另外，采用钻岩机钻孔，亦是岩石路基机械化施工的必备条件。除石质路堑开挖而外，爆破法还可用于冻土、泥沼等特殊路基施工，以及清除地面、开岩取料与石料加工等。

上述施工方法的选择，应根据工程性质、工期、现有条件等因素而定，而且应因地制宜和各种方法综合使用。

（二）基床以下路堤施工

1. 填　料

基床以下路堤选用A、B组填料和C组块石、碎石、砾石类填料。

开工前对用作填料土的沿线取土场取有代表性的土样，按《铁路土工试验规程》对细粒土填料的含水量、液限、塑限、塑性指数等进行试验，确定最大干容重、最佳含水量。对碎石类土和粗粒土填料，按规程对其颗粒级配、颗粒密度、含水量等进行检验。当填料土质发生变化或更换取土场时应重新进行检验。

碎石类土和粗粒土填料的最大粒径不宜大于 15 cm。当上下相接的填筑层使用不同种类及颗粒条件的填料时，其粒径应符合 $D_{15}<4d_{85}$ 的要求。路堤浸水部分采用水稳性高的渗水性材料填筑，严禁填筑易风化的软岩石。振动液化土地基上路堤采用有较好抗震稳定性的填料。

2. 施工设备及劳力配置（见表 1.2.1~表 1.2.9）

表 1.2.1　一个工作面机械及劳力配置

序号	机械名称	型号	规格性能	数量
1	挖掘机	ZX270	1.3 m^3	1 台
2	挖掘机	ZX330	1.4 m^3	2 台
3	自卸汽车	北方奔驰 2629K		8 台
4	推土机	TY220	铲尺寸 3774×1300	2 台
5	推土机	TY200		1 台
6	平地机	PY-160C 型		1 台
7	振动压路机	YZ18C		2 台
8	振动压路机	YZ16B		1 台
9	羊足碾	YZK18C		1 台
10	装载机	ZL50		1 台
11	东风洒水车	EQ1092F		1 台

表 1.2.2　主要设备技术参数

机械型号	工作质量/kg	振动轮尺寸		振动参数			功率/kN	静线载荷/（N/cm）	速度范围/（km/h）
		直径/mm	宽度/mm	频率/Hz	名义振幅/mm	激振力/kN			
YZ18C	18 900	1600	2130	28/35	1.8/0.9	360/260	141	590	0 ~ 12
YZ16B	16 000	1590	2130	30	1.57	290	88.2	362	2, 3.9, 9.3
YZk18C	18 700			29/35	1.66/0.88	380/260	133		0 ~ 7.2

表 1.2.3　主要设备技术参数

机械型号	最大操作质量/kg	回转角度	最大倾斜角度	最大入地深度/mm	功率/kW	最大牵引力/kN	速度范围/（m/h）
PY160C	13 800	360°	90°	500	118	70	0 ~ 11

表 1.2.4　主要设备技术参数

机械型号	使用质量/kg	长×宽×高/mm		功率/kW	最大牵引力/kN	速度范围/（km/h）
		角铲	直倾铲			
TY220	2345～24 020			162		0～11.2
TY200	17 880	5360×3970×2920	5230×3416×2920	147	190.7	0～10.9

表 1.2.5　主要设备技术参数

机型	ZX270	ZX330
机重/t	27	31
斗容量/m^3	1.3	1.4

表 1.2.6　主要设备技术参数

机械型号	发动机马力	实际容量/L
EQ1092F	134PS/143PS	6000～8000

表 1.2.7　主要设备技术参数

机械型号	行进速度/（km/h）			整机质量/kg	额定功率/kW	铲斗容量/m^3
	I	II	后退			
ZL50 装载机	11.5	38	16	16 100	162	2.7

表 1.2.8　主要设备技术参数

机械型号	额定质量/kg	最高时速/km/h	功率/kW	长×宽×高/mm
北方奔驰 2629K 自卸车	15 000	85	213	7690×2495×2953

表 1.2.9　施工劳力配置

序号	工　种	人　数	工作范围
1	队长	1	现场总指挥
2	技术员	3	负责技术质量
3	机械技术员	1	维修和操作机械
4	电工	1	电路维修
5	司机	21	各种机械操作
6	辅助用工	12	
7	试验员	2	前后场检测
8	领工员	1	工地指挥
合计		42	

3. 施工工艺

1）试验段填筑

在进行大面积填筑前，在地质条件、断面形式均具有代表性的地段，按不同种类填料进行摊铺压实工艺试验，确定机械最佳组合方式、碾压速度、碾压遍数、工序、松铺厚度、填料的最佳含水量等施工工艺参数，并报监理单位确认，据此进行全面施工。

2）施工工艺流程

首先划分作业区段，划分作业区段的原则是保证施工互不干扰，防止跨区段作业，每一作业段宜在 200 m 以上或以构筑物为界。

路基工程全部采用机械化施工。土方使用机械开挖，自卸汽车运输，然后推土机初平、平地机精平、压路机碾压；石方采用深孔松动爆破，露天钻机（或地质钻机）打眼，硝铵炸药非电毫秒雷管起爆，人工配合机械运输。结合实际路基填筑情况，对路基填挖土方进行调配，移挖作填，弃方弃于弃土场。每个施工作业段做好挖填土方的调配计划，使路堑挖方与路堤填筑、摊平、碾压有机配合，充分发挥各种施工机械的使用效率，并与桥涵、挡土墙施工协调配合，做好台后、路基挡墙背后、涵洞缺口路基的施工。施工中，采取措施保护线路两侧地表植被和地表硬壳。

路堤填筑压实采用“三阶段、四区段、八流程”的施工工艺组织施工，如图 1.2.8 所示。

三阶段：准备阶段、施工阶段、竣工阶段。

四区段：填筑区段、平整区段、碾压区段、检验区段。

八流程：施工准备、基底处理、分层填筑、摊铺平整、洒水晾晒、碾压夯实、检验签证、路基整修。

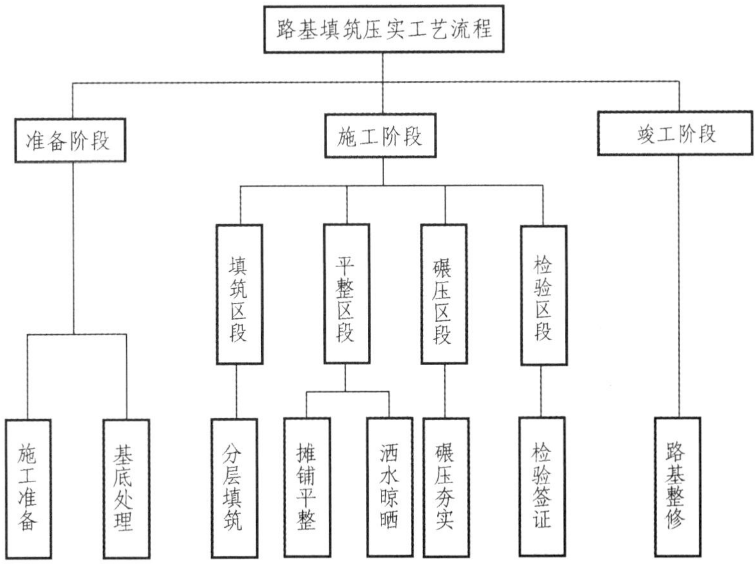

图 1.2.8　基床以下路堤填筑施工工艺流程

3）路堤填筑

（1）测量放线及修整下承层。

测量放线：按设计标准施放中心线、边线和高程控制桩，培出路肩，并在路肩上做好排水槽以防雨水浸泡作业面。

修整下承层：在填筑之前，认真检查下承层。发现问题及时处理，采用平地机刮平并压实，经检查验收合格，表面平整、密实、无翻浆松软地段，标高、宽度、横坡度、平整度、密实度符合验收规范规定，经监理工程师签证后方可进行上层填筑。

（2）施工方法。

① 填土路堤施工。

a. 分层填筑。

采用按横断面全宽纵向水平分层填筑压实。每一水平层的全宽应用同一种填料填筑，每种填料层累计总厚不宜小于 50 cm。先填边后填心，填筑虚铺厚度按照试验段确定的参数进行控制。

基床以下路堤填筑碎石类土和砾石类土每层填筑压实厚度不超过 40 cm，砂类土每层填筑压实厚度不超过 30 cm，每层最小填筑压实厚度不小于 10 cm。

为了控制好松铺厚度，在摊铺前应先在下承层上用石灰打出方格网，根据松铺厚度、运输车辆每车所载方量，计算出每格内应卸车数，指定专人指挥卸车。

路基设计断面尺寸应按相关规范进行。为了保证边坡压实质量，填筑时路基两侧各加宽 50 cm 以上或采用专用边坡压实机械施工。当原地面高低不平时，先从最低处分层填筑，由两边向中心填筑。

b. 摊铺平整。

填料摊铺平整使用推土机进行初平，再用平地机进行终平，控制层面无显著的局部凸凹。平整面做成坡向两侧 4%的横向排水坡。为有效控制每层虚摊厚度，初平时用水平检测仪控制。

c. 洒水晾晒。

填料碾压前控制其含水量在最佳含水量−3% ~ +2%范围内。当填料含水量较低时，及时采用洒水措施，洒水采用取土坑内提前洒水闷湿和路堤内洒水搅拌两种方法；当填料含水量过大，采用取土坑挖沟拉槽降低水位和用推土机松土器拉松晾晒相结合的方法，或将填料运至路堤摊铺晾晒。当含水率过低时，加水量 m_w 可按下式估算：

$$m_w = \frac{m_s}{1+w}\times(w_{opt}-w)$$

式中：m_s——所取填料的湿重（kg）；

w、w_{opt}——填料的天然含水率、最佳含水率。

d. 碾压夯实。

路基整形完成，填料含水量接近最优含水量时，用压路机在路基全宽范围内静压，压路机应由两侧路肩向路中心碾压。路基经过稳压后，用大吨位重型振动压路机进行压实，压实原则为“先轻后重，先慢后快，先弱后强”。各种压路机的最大碾压行驶速度不宜超过 4 km/h。由两边向中间循序碾压，各幅碾压面重叠不小于 0.4 m，各区段交接处互相重叠压实，纵向搭接长度不小于 2.0 m，上下两层填筑接头应错开不小于 3.0 m。

压路机在碾压过程中，禁止在已完成或正在碾压的路段上“调头”或“急刹车”，停车时应先减振，再使压路机自然停振，以保证表层不受破坏。碾压过程中，如发现局部有松软现象时，应及时挖除，用合格填料换填，以保证路基整体强度。路肩两侧多碾压两遍，边坡采用挖掘机改装的夯实设备夯实。

e. 压实质量检验。

碾压完成规定作业遍数后，按填料种类采用灌砂法、环刀法、核子密度仪、K_{30} 检测仪对压实土的含水量、压实系数、地基系数进行检测。K_{30} 试验每 200 m 每填高约 0.9 m 检查 4 点，其中，中间 2 点，距路基边线 2 m 处左右各 1 点。压实系数每 100 m 每压实层检查 6 点，其中，左右距路肩边线 1 m 处各 2 点，中间 2 点。有反压护道地段每 100 m 增加一个检测点。检测合格并经监理工程师签证后方可进行上层填筑。

f. 路基整修。

路基刷坡宜采用机械刷坡。机械刷坡时应根据路肩线用坡度尺控制坡度。人工刷坡时应采取挂方格网控制边坡平整度和坡度，方格网桩距以 10 m 控制。并用坡度尺（见图 1.2.9）随时检测实际坡度。当锤球垂线与坡度尺上的对准线重合时表示坡度符合要求，当锤球垂线与对准线不重合时表示坡度不符合设计要求。 路基成形后边坡按设计要求种草籽或植树。

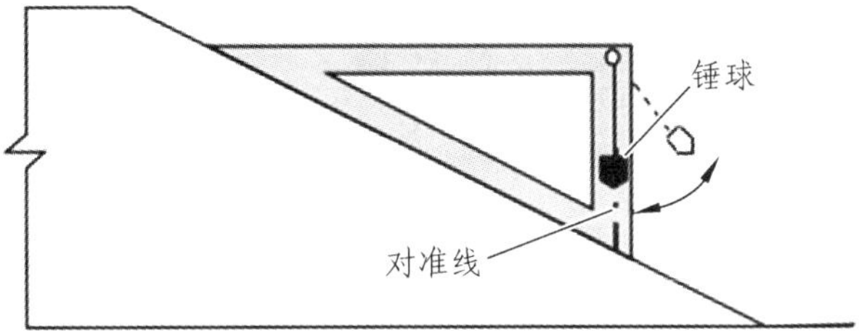

图 1.2.9　边坡坡度尺检查

② 填石路基施工。

a. 分层填筑。

填料采用级配较好的硬质岩石及不宜风化软岩，将石块逐层水平填筑，铺筑厚度按试验段确定的松铺厚度控制，硬质岩石松铺分层厚度不大于 65 cm，软岩松铺分层厚度不大于 40 cm。石料强度大于 5 MPa。较大粒径石块均匀地分布于填筑层中，大面向下摆放平稳，紧密靠拢，所有缝隙填以小石块或石屑。在基床以下路堤内最大料径不超过 30 cm，在基床底层内最大料径不超过 15 cm。对超粒径石料进行破碎使填料颗粒符合要求。

b. 摊铺平整。

填料用推土机摊铺平整，使石块间无明显的高差，个别不平的地段人工配合使用细粒料找平。

c. 碾压夯实。

填石路基使用重型振动压路机分层洒水压实，碾压速度不大于 4 km/h。压实时继续用小石块或石屑填缝，直到压实层顶面稳定、不再下沉（无轮迹）、石块紧密、表面平整为止。压实机械碾压行走方式同填土路堤施工。施工中压实度由压实遍数控制，压实遍数由现场试验确定。

d. 压实质量检验。

4. 质量检验标准

（1）路基填土压实的质量检验随碾压施工分层检测。其中，细粒土压实检测采用核子密实湿度仪，检测前与灌砂法做对比试验（以灌砂法为基准），并定期标定。粗粒土、碎石土的压实质量采用 K_{30} 承载板试验方法进行检验，对于细粒土填土压实质量除进行压实度检测外，同时进行 K_{30} 试验。路堤高度大于 8 m 或为浸水路堤时，压实标准同基床底层。检验标准如表 1.2.10 和表 1.2.11 所示。

表 1.2.10　基床以下路堤压实质量检验标准

检查项目	检验标准	改良细粒土	砂类土及细粒土	碎石类及粗粒土
K_{30} 试验	K_{30}/（MPa/m）	≥90	≥110	≥130
孔隙率	n/%	—	<31	<31
压实度	K	≥0.90	—	—

表 1.2.11　基床底层路堤压实质量检验标准

检查项目	检验标准	改良细粒土	砂类土及细粒土	碎石类及粗粒土
K_{30} 试验	K_{30}/（MPa/m）	≥110	≥130	≥150
孔隙率	n/%	—	<28	<28
压实度	K	≥0.95	—	—

（2）路基面的排水横坡、平整度、边坡等整修内容，将严格按照设计结构尺寸进行，检验标准如表 1.2.12 所示。对于加宽部分，在整修阶段用人工挂线清刷夯拍。

表 1.2.12　基床以下路基外形尺寸检验标准

检查项目	纵断高程	中线至边缘距离	横坡	边坡	平整度	中线平面	宽度
允许偏差	±50 mm	±50 mm	±0.5%	不大于 3% 设计值	不大于 15 mm	±5 mm	不小于设计值

（3）软土、松软土地基上反压护道与路基同步填筑，其填料、填筑压实方法、压实标准符合路堤相应部位的规定，允许偏差应符合表 1.2.13 的规定。护道顶面应平顺并有向路基两侧的排水坡，边坡应顺直无凹陷。

表 1.2.13 反压护道的允许偏差

检验项目	顶面高程	顶面宽度	边坡坡率
允许偏差	−50~+100 mm	不小于设计值	±5%设计坡度

（4）路堤变坡点位置、平台允许偏差应符合表 1.2.14 的规定。

表 1.2.14 路堤变坡点位置、平台的允许偏差

检验项目	变坡点位置	平台位置	平台宽度
允许偏差	±200 mm	±100 mm	±50 mm

注：变坡点、平台位置以位于路肩下的高度计。

（5）路堤浸水与不浸水部分分界高程的允许偏差范围为 0 ~ +100 mm。

5. 质量保证措施

（1）路基地质情况复核是工程开前的首要任务，制订切合实际的基底处理方案，保证地基承载力，提高路基整体稳定性，减小工后沉降，为轨道提供有效的载体。

（2）通过路基试验段填筑，了解填料性质，确定填料虚铺厚度、机械碾压组合方案、机具设备，并使工人熟悉施工工艺，对提高工程质量具有重要意义。

（3）路基相邻作业段以横向结构物划分时，一定要注意两侧填筑速率，桥涵过渡段填筑应与路基填筑按水平分层一体同时进行，以保证路基整体连续性。

（4）试验人员在取样或测试前必须检查填料是否符合要求，碾压区段是否压实均匀，填筑层厚是否超过规定厚度。

（5）雨季路堤施工，每次作业收工前将铺填的松土层摊铺压实完毕，且填筑的每一压实层面均做成向路基两侧 2% ~ 4%的横向排水坡。

（6）当路基各段不同步填筑时，纵向接头处在已填筑压实基础上挖出硬质台阶，台阶宽度不宜小于 2 m，高度同填筑层厚。

（7）软土、松软土地基上的路堤及预压土填筑过程中（真空预压地基处理地段不受下述限制），严格控制填筑速率，当路堤中心线地面沉降速率大于每昼夜 10 mm、坡脚水平位移速率大于每昼夜 5 mm 时，立即停止填筑，待观测值恢复到限值以内再进行填筑。

（8）膨胀土地基上的路堤填筑，应符合以下规定：施工前应结合永久排水设施做好地表排水设施，排水沟应随挖随砌，铺砌必须及时完成；膨胀土路基不应在雨季施工；换填厚度应根据开挖后地基检测结果确定，且不得小于设计；基底换填应与开挖紧密衔接。如有困难，应预留厚度不小于 50 cm 的保护层。

（9）黄土地区的路堤填筑，施工前应结合永久排水设施做好地表排水设施，排水沟应随挖随砌，铺砌必须及时完成。施工中路基范围黄土地基上不得浸水。

（10）盐渍土地基上的路堤填筑，当盐渍土地基的含盐量大于规定时，应铲除表层盐渍土，挖除厚度应根据开挖后地基检测结果确定，且不得小于设计要求，铲除宽度应包括护道，并应有自路基中线向两侧不小于 2%的横向排水坡。

（11）浸水路堤施工应尽量选择在枯水季节进行。路堤浸水部分及护道施工应在汛期前完成。

（12）取土场的位置、深度、边坡符合设计要求，并结合当地土地利用、环保规划进行布置，不得随意取土及在水下取土。

（13）取土时保护环境，取土后的裸露面按设计采取土地整治或防护措施。风景区或有特殊要求的施工地段，按设计要求及时配套完成环保工程。

（14）弃土应符合以下规定：沿河岸或傍山路堑的弃土不得弃入河道，挤压桥孔或涵洞口，改变水流方向和加剧对河岸的冲刷；严禁贴近桥墩台或在其他构筑物附近弃土；严禁在岩溶漏斗处和暗河口弃土；弃土不得造成水土流失污染环境。

（三）路堑施工

1. 土质路堑开挖方法

路堑开挖施工工艺流程如图 1.2.10 所示。

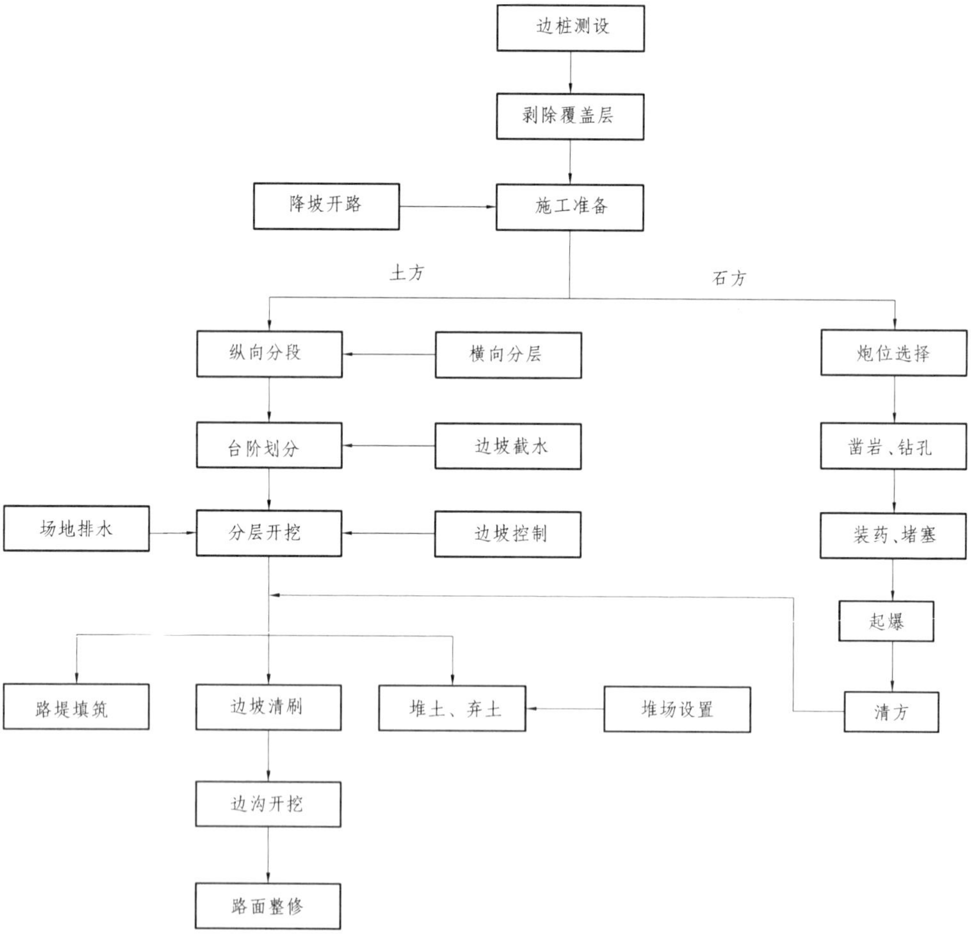

图 1.2.10　路堑开挖施工工艺流程

路堑开挖是将路基范围内设计高程之上的天然土体挖除并运到填方地段或其他指定地点的施工活动。深长路堑往往工程量巨大，开挖作业面狭窄，常常成为路基施工进度的控制性工程，因此应因地制宜，以加快施工进度、保证工程质量和施工安全为原则，综合考虑工程量大小、路堑深度和长度、开挖作业面大小、地形与地质情况、土石方调配方案、机械设备等因素，制定切实可行的开挖方式。根据路堑深度和纵向长度，开挖方式有以下几种。

1）单层横挖法

单层横挖法是从路堑的一端或两端按路堑横断面全高和全宽，逐渐地向前开挖，挖出的土石，一般是向两头运送，如图 1.2.11（a）所示。这种开挖方法，因工作面小，仅适用于短而浅的路堑，可一次性挖到设计标高。

2）多层横挖法

如果路堑较深，可以在不同高度上分成几个台阶同时开挖，每一开挖层都有单独的运土出路和临时排水措施，做到纵向拉开，多层、多线、多头出土。这种开挖方法称为多层横挖法，如图 1.2.11（b）所示。这样能够增加作业面，容纳更多的施工机械，形成多向出土以加快工程进度。

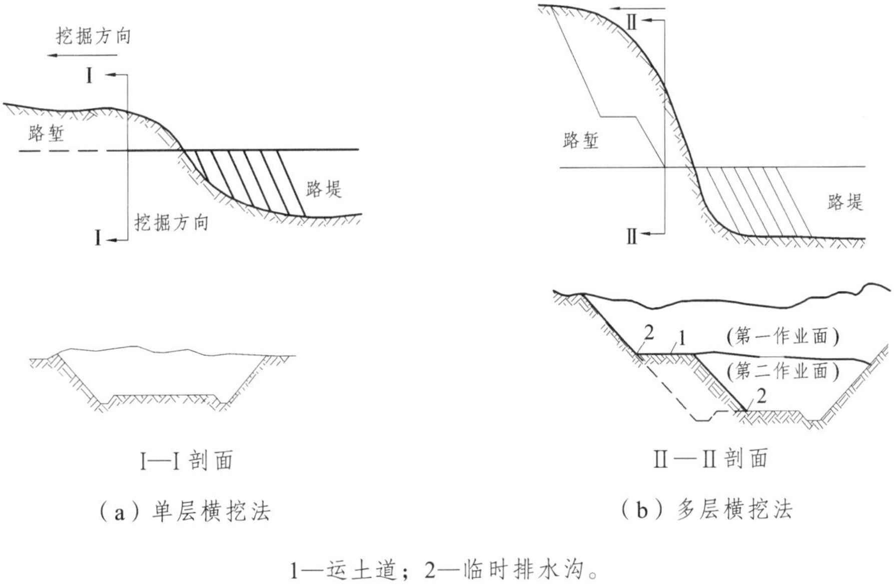

1—运土道；2—临时排水沟。

图 1.2.11　横挖法示意

3）分层纵向开挖法

分层纵向开挖法是开挖时沿路堑纵向将开挖深度内的土体分成厚度不大的土层，在路堑纵断面全宽范围内纵向分层挖掘，如图 1.2.12（a）所示。这种施工方法适宜宽度和深度均不大的长路堑。

4）通道式纵挖法

通道式纵挖法是开挖时先沿线路纵向分层，每层先挖出一条通道作为机械运行和出土的线路，然后逐步向两侧扩大开挖，直到设计边坡为止，如图 1.2.12（b）所示。这种施工方法为纵向运土创造了有利条件，适宜路堑较长、较宽、较深而两端地面坡度较小的情况。

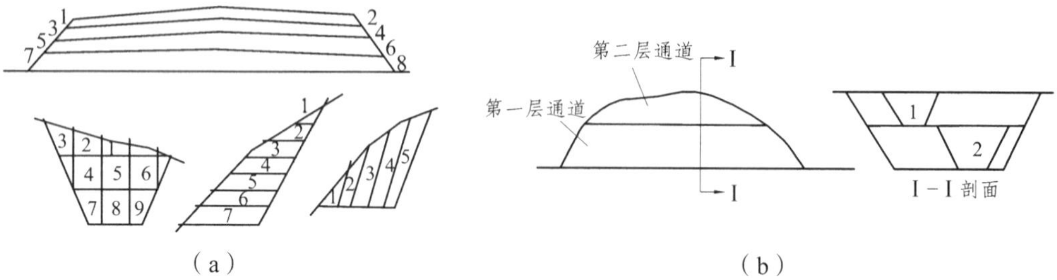

1—第一层通道；2—第二层通道。

图 1.2.12 分层纵挖法和通道式纵挖法示意

5）纵向分段开挖法

如果所开挖的路堑很长，可在一侧适当位置将路堑横向挖穿，把路堑分为几段，各段再采用纵向分层或纵向拉槽开挖的方式作业，这种开挖路堑的方法称为纵向分段开挖法。这种挖掘方式可增加施工作业面，减少作业面之间的干扰并增加出料口，从而大大提高工效，适用于傍山的深长路堑的开挖。

2. 石质路堑开挖

由于岩石坚硬，石质路堑的开挖往往比较困难，这对路基的施工进度影响很大，尤其是工程量大而集中的山区石方路堑更是如此。通常，应根据岩石的类别、风化程度、节理发育强度、施工条件及工程量大小等选择爆破法、松土法或破碎法进行开挖。

爆破法是利用炸药爆炸的能量将土石炸碎以利挖运或借助爆炸能量将土石移到预定位置，具有工效高、速度快、劳动力消耗少、施工成本低等优点。对于岩质坚硬，不可能用人工或机械开挖的石质路堑，通常要采用爆破法开挖。爆破后用机械清方，是非常有效的路堑开挖方法。

根据炸药用量的多少，爆破法分为中小型爆破和大爆破，其中使用频率最高的是中小型爆破，大爆破的应用则受多种因素的限制。例如，开挖山岭地带的石方路时，若岩层不太破碎，路堑较深且线路通过突出的山嘴时，采用大爆破开挖可有效提高施工效率。但如果路堑位于页岩、片岩、砂岩、砾岩等非整体性岩体时，则不应采用大爆破开挖。尤其是路堑位于岩石倾斜朝向线路且夹有砂层、黏土层的较弱地段及易坍塌的堆积层时，禁止采用大爆破开挖，以免对路基稳定性造成危害。

松土法开挖是充分利用岩体的各种裂缝和结构面，先用推土机牵引松土器将岩体翻松，再用推土机或装载机与自卸汽车配合将翻松的岩块搬运到指定地点。松土法开挖避免了爆破作业的危险性，而且有利于挖方边坡的稳定和附近建筑设施的安全。凡能用松土法开挖的石方路堑，应尽量不采用爆破法施工。随着大功率施工机械的应用，松土法越来越多地应用于石质路堑的开挖，而且开挖的效率也越来越高，能够用松土法施工的范围也不断扩大。

破碎法开挖是利用破碎机凿碎岩块，然后进行挖运等作业。这种方法是将凿子安装在推土机或挖土机上，利用活塞的冲击作用使凿子产生冲击力以凿碎岩石，其破碎岩石的能力取决于活塞的大小。破碎法主要用于岩体裂缝较多、岩块体积小、抗压强度低于100 MPa 的岩石，由于开挖效率不高，只能用于前述两种方法不能使用的局部场合，作为爆破法和松土法的辅助作业方式。

石质路堑开挖前和施工过程中，应随时检查坡顶、坡面的危石、裂缝和其他不稳定情况，并及时处理。

（四）基床施工

1. 基床底层

1）原材料

基床底层应选用 A、B 组填料。对不符合要求的填料或填料虽符合要求但达不到压实标准，采取改良措施。粗粒土作为基床底层填料时，其粒径不应大于 15 cm，级配良好。

开工前对用作填料土的沿线取土场取有代表性的土样，按《铁路土工试验规程》对含水量、液限、塑限、塑性指数等进行试验，并做出土样的密度与含水量曲线，确定最大干容重、最佳含水量。当填料土质发生变化或更换取土场时重新进行检验。

当上下相接的填筑层使用不同种类及颗粒条件的填料时，其粒径应符合 $D_{15}<4\ d_{85}$ 的要求。

2）施工设备及劳力配置

与“（二）基床以下路堤施工”相同。

3）施工工艺

（1）试验段填筑。与“（二）基床以下路堤施工”相同。

（2）施工工艺流程。基床底层填筑作业区段划分和施工工艺流程与基床以下路堤施工相同（见图 1.2.9）。

（3）路堤填筑。测量放线及修整下承层与“（二）基床以下路堤施工”相同。

① 分层填筑。采用按横断面全宽纵向水平分层填筑压实方法，先填边后填心，填筑虚铺厚度按照试验段确定的参数进行控制，基床底层筑碎石类土和砾石类土，最大填筑压实厚度应不大于 35 cm，砂类土和改良细粒土每层最大填筑压实厚度应不大于 30 cm，每层最小填筑压实厚度均不宜小于 10 cm。为了保证边坡压实质量，填筑时路基两侧各加宽 50 cm 以上或采用专用边坡压实机械施工。

② 摊铺平整。与“（二）基床以下路堤施工”相同。

③ 洒水晾晒。与“（二）基床以下路堤施工”相同。

④ 碾压夯实。与“（二）基床以下路堤施工”相同。

⑤ 路基整修。非绿化区边坡压实采用挖掘机改装的夯实设备进行边坡夯实，对于设计有绿化要求的坡面采用人工夯拍的方法进行，路堤边坡应平顺、密实、稳固。

4）质量检验标准

（1）路基填土压实的质量检验随碾压施工分层检测。其中，细粒土压实检测采用核子密实湿度仪，检测前与灌砂法做对比试验（以灌砂法为基准），并定期标定。粗粒土、碎石土的压实质量采用 K_{30} 承载板试验方法进行检验，对于细粒土填土压实质量除进行压实度检测外，同时进行 K_{30} 试验。路堤高度大于 8 m 或为浸水路堤时，压实标准同基床底层，如表 1.2.15 所示。

表 1.2.15　基床底层压实标准

检查项目	检验标准	改良细粒土	砂类土及细粒土	碎石类及粗粒土
K_{30} 试验	K_{30}/（MPa/m）	≥110	≥130	≥150
孔隙率	n/%	—	<28	<28
压实度	K	≥0.95	—	—

（2）路基面的排水横坡、平整度、边坡等整修内容，应严格按照设计结构尺寸进行，如表 1.2.16 所示，对于加宽部分，在整修阶段用人工挂线清刷夯拍。

表 1.2.16　基床底层外形尺寸检验标准

检查项目	中线至边缘距离	宽度	横坡	平整度	厚度
允许偏差	0，+50 mm	不小于设计值	±0.5%	不大于 15 mm	±30 mm

（3）路堤浸水与不浸水部分分界高程的允许偏差值为 0，+100 mm。

2. 基床表层级配碎石（级配砂砾石）

1）材料及级配

依据《TB 10621—2014 高速铁路设计规范》要求，其材质与级配符合下述技术要求：

（1）采用的碎石粒径、级配及材料性能应符合《铁路碎石道床底砟》（TBT2140）的规定，并满足高速铁路有关技术条件。

（2）采用级配砂砾石的级配曲线应接近圆滑，某种尺寸的粒径不应过多或过少，其颗粒的粒径、级配应符合表 1.2.17 或表 1.2.18 的规定。颗粒中针状、片状碎石含量不大于 20%；碎石的压碎值不大于 30%；质软、易破碎材质含量不得超过 10%；黏土团及有机物含量不得超过 2%；硫酸盐含量不大于 0.25%；粒径小于 0.5 mm 的细集料的液限应小于 28%，塑性指数应小于 6。

表 1.2.17　设计时速 200~250 km 基床表层砂砾石级配范围

级配编号	通过筛孔质量百分率/%									
	60	50	40	30	20	10	5	2	0.5	0.075
1	9 ~ 100	95 ~ 100	90 ~ 99	84 ~ 90	76 ~ 94	65 ~ 85	54 ~ 77	40 ~ 67	23 ~ 51	3 ~ 23
2		100	90 ~ 100	80 ~ 93	65 ~ 85	45 ~ 70	30 ~ 55	15 ~ 35	10 ~ 20	4 ~ 10
3			100	90 ~ 100	75 ~ 95	50 ~ 70	30 ~ 55	15 ~ 30	10 ~ 20	4 ~ 10
4				100	85 ~ 100	60 ~ 80	30 ~ 50	15 ~ 30	10 ~ 20	4 ~ 10

表 1.2.18　设计时速 250~350 km 基床表层砂砾石级配范围

级配编号	通过筛孔质量百分率/%								
	50	40	30	20	10	5	2	0.5	0.075
1	100	90 ~ 100		65 ~ 85	45 ~ 70	30 ~ 55	15 ~ 35	10 ~ 20	4 ~ 10
2		100	90 ~ 100	75 ~ 95	50 ~ 70	30 ~ 55	15 ~ 35	10 ~ 20	4 ~ 10
3			100	85 ~ 100	60 ~ 80	30 ~ 50	15 ~ 30	10 ~ 20	2 ~ 8

水应洁净，不含有害物质，对水源按《铁路工程水质分析规程》（TB 10104—2003）的要求进行试验，并报监理工程师批准。

（3）每一压实层全宽应用同一种类的填料。每 2000 m^3 抽样检查一次颗粒级配、颗粒密度、黏土团及其他杂质含量、级配砂砾石中细长扁平颗粒含量、级配碎石中大于 16 mm 的粗颗粒中带有破碎面的颗粒含量；其他项目每一料场抽样检验 2 次。

（4）现场试验时，按照试配—改进—确定的程序进行配合比试验，并最终确定合理的级配碎石配合比。路基基床表层级配碎石级配曲线应接近圆顺，某种粒径的尺寸不应过多或过少。

（5）与上部道床及下部填土之间应满足 $D_{15}<4d_{85}$ 的要求。当与下部填土之间不能满足此项要求时，基床表层应采用颗粒级配不同的双层结构，或在基床底层表面铺设土工合成材料（当下部填土为化学改良土时，不受此项规定限制）。

2）施工设备及劳力配置（见表 1.2.19~表 1.2.23）

根据工程概况及工期要求，选择与施工进度相匹配的拌和、摊铺、碾压设备。安装好稳定土搅拌站并进行调试运转，加强各种机械设备的养护。

表 1.2.19　一个拌和站机械设备配备

序号	名称	型号	规格性能	配备数量
1	稳定土搅拌站	—	500 t/h	1 套
2	摊铺机	WTU75D	12.5 m	2 台
3	平地机	PY-160C 型	—	2 台
4	装载机	—	ZL50	4 台
5	自卸汽车	北方奔驰 2629K	—	8 台
6	振动压路机	XSM220	—	3 台
7	轮胎压路机	YL20	—	1 台
8	双钢轮振动压路机	DD110	—	1 台
9	东风洒水车	EQ1092F	—	2 台

表 1.2.20 主要设备技术参数

型号	生产能力/（t/h）	粉仓容积/m^3	出料容量/m^3	骨料粒径/mm	级配种类	级配精度			总功率/kW	整机重量/t
						骨料	水泥	水		
WCB500	500	9	7.5	≤60	3~5	±3%	±1%	±1%	123	35

表 1.2.21 主要设备技术参数

型号	生产能力/（t/h）	最大摊铺宽度/m	最大摊铺厚度/mm	摊铺速度/（m/min）	行驶速度/（km/h）
WTU75D	300	7.5	300	10	0～3

表 1.2.22 主要设备技术参数

机械型号	工作质量/t	振动轮尺寸		振动参数			功率/kN	静线载荷/（N/cm）	速度范围/（km/h）
		直径/mm	宽度/mm	频率/Hz	名义振幅/mm	激振力/kN			
XSM220	19.5	1523	2178	28	2.1/1.1	350/200	125	425	2.63/5.3/8.6
DD110	10.625	1621	1980	31/42	0.94/0.46	133.4/35.7	93		0～12.9
YL20 轮胎压路机	16～20	轮胎宽度 2450					73.5		3.1/5.7/12.1

表 1.2.23 施工劳动力配置表

序号	工种	人数	工作范围
1	队长	1	现场总指挥
2	技术员	3	负责技术质量
3	机械技术员	1	维修和操作机械
4	电工	1	电路维修
5	司机	23	各种机械操作
6	辅助用工	12	
7	试验员	2	前后场检测
8	领工员	1	工地指挥
合计		44	

3）拌和站的布置

拌和站宜选在地势较高、离水源较近、交通便利的地方，而且必须在居民区主导风向下方，拌和站必须配有先进的除尘设备。拌和站的面积可根据级配碎石的数量决定其大小。拌和站内应进行硬化，底层须采用隔水材料。场区内要设置 2%～4%的横向坡度，以利排水。拌和站的四周应开挖排水沟。

为了防止材料混杂，不同品种、规格的材料之间应修建隔料墙。在场区规划时还必须考虑到备料及出站时的道路宽度、位置、走向，避免在备料、出料、场内装载机作业时相互干扰，影响工效。

4）施工工艺

（1）试验段填筑。

为获得基床表层施工的各项技术参数，进行大面积施工前，先选择一段长度不小于100 m的地段进行摊铺压实工艺试验。试验段填筑的压实厚度不宜超过35 cm，最小压实厚度不宜小于15 cm。

试验段摊铺所采用的施工工艺、作业工序及机械设备组合均与正常施工时拟定的相同，以检验拌和、运输、摊铺、碾压、养生等计划投入使用设备的可靠性及施工工艺的合理性，检验混合料的组成设计是否符合要求并检查各道工序的质量控制措施，从而确定用于大面积施工的材料、配合比、松铺系数及最佳机械组合，以此为标准指导施工。试验段确定的工艺参数，报监理工程师批准。

（2）施工工艺流程。

场拌级配碎石工艺流程如图1.2.13所示。

摊铺碾压区段的长度应根据使用机械的能力、数量确定。区段的长度一般宜在100 m以上。各区段或流程只能进行该区段和流程的作业，严禁几种作业交叉进行。

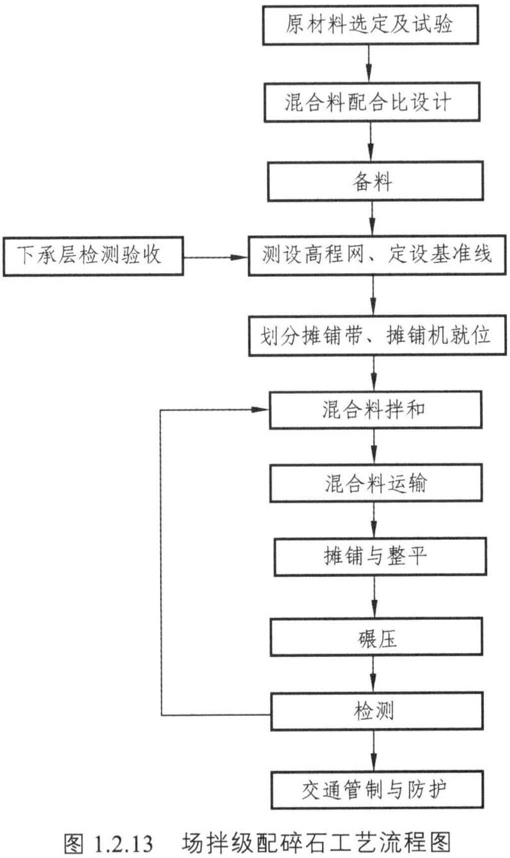

图1.2.13　场拌级配碎石工艺流程图

（3）填筑施工。

① 下承层检测验收。基床底层表面平整度等指标符合设计及《高速铁路路基工程施工质量验收标准》（TB 10751—2018）规定，并且路床沉降量满足设计要求。按照设计要求确定第一层级配碎石填筑的界限，放样路基中心、填筑边线及打设高程控制桩。清除下承层杂物，视表面干燥程度适当洒水湿润。如遇雨水浸泡，表面过湿采取翻开晾晒，重新压实，重新检验。

② 测设高程网、定设基准线。用全站仪每 10 m 一个断面恢复线路中桩，在两侧路肩上设指示边桩，并在两点中间位置上用水泥钉定点。测算出三点的摊铺挂线高；在高程两边桩外侧 15 ~ 25 cm 处钉钢丝托架，中间点设托盘支架，拉设 3 条钢丝，在摊铺前把钢丝在托架上按挂线高固定。为了避免碾压时塌肩，在两侧用方木立模，并采用三角形钢钎固定。

③ 混合料拌和。级配碎石采用稳定土搅拌站集中拌和，各种集料按照粒径由小到大分别装于不同的配料斗内，严格按照配合比，通过计算机程控电子计量进行配料。拌和时，控制好成料的含水量。考虑到运输和摊铺过程中含水量的降低，拌和时的含水量可适量放大些，正式施工拌和的含水量可比最佳含水量高 1% ~ 2%。

④ 混合料运输。运输设备采用自卸汽车。运料前，要清除车上的泥土、杂物。装车时不宜满载，并加篷布覆盖，运输途中行车速度不得过快，以免造成级配粒料产生“离析”。

⑤ 摊铺与整平。填料应分层填筑，每层的压实厚度不宜超过 30 cm，最小压实厚度不宜小于 15 cm。级配碎石或级配砂砾石的摊铺可采用摊铺机或平地机进行，顶层采用摊铺机摊铺。每层的摊铺厚度应按工艺试验确定的参数严格控制。

用摊铺机摊铺时，碎石粒径与砂子粒径差别较大，摊铺时容易产生“离析”，可以采用两种方案进行，一种采用两台摊铺机联机摊铺，不留施工纵缝，摊铺时两台摊铺机一前一后相隔约 5~8 m 同时向前摊铺混合料；另一种采用一台摊铺机分幅摊铺。摊铺机摊铺时，设 3 人跟在摊铺机后面，及时消除级配粒料的离析现象。对于粗集料窝和粗集料带，添加细集料并拌和均匀；对于细集料窝则应添加粗集料。人工摊铺时，铁锹要反扣，且最好是一次成型，避免二次整平的“修补”。在整平过程中，禁止任何车辆通行。用平地机摊铺时，必须在路基上采用方格网控制填料量，方格网纵向桩距不宜大于 10 m，横向应分别在路基两侧及路基中心设方格网桩。在摊铺机或平地机摊铺后由人工及时消除粗细集料离析现象。

⑥ 碾压。整形后，当表面尚处湿润状态时应立即进行碾压。如表面水分蒸发较多，明显干燥失水，应在其表面喷洒适量水分，再进行碾压。用平地机摊铺的地段，用 DD-110 型压路机快速碾压二遍，暴露的潜在不平整再用平地机整平和整形。碾压前应检测级配粒料的含水量，因为含水量过大或过小，碾压后会造成级配粒料中的砂子和碎石分成二层：含水量大时，表层全是砂子；含水量小时，表层则全是碎石。开始碾压时含水量以不大于最佳水量的 1%为宜。

对摊铺的级配碎石遵循“先两侧后中央，先轻后重、先慢后快，作业面不调头不转弯”的原则进行全断面碾压，人工处理坑洼和集料窝。各区段交接处应相互重叠压实，纵向搭接长度不小于 2 m，纵向行与行之间的轮迹重叠不小于 40 cm，上下两层填筑接头应错开不小于 3 m。

碾压应先采用两台 XSM220 型压路机各静压 3 遍，最后用 YL20 型轮胎式压路机进行揉面。碾压顺序应从低处向高处压，从两边往中间压。第一遍静压时，压路机不宜过分靠边，应留 20 ~ 30 cm 最后再压。压路机在行走过程中严禁突然“启动”或是突然“刹车”，以免造成碎石层的扰动，压路机停车以前要先关停振动。采用平地机摊铺时，初压 1 ~ 2 遍后，挂线精平，精平应用平口铁锹，方法同人工摊铺。在标高欠高处再洒布一层混合料。精平完成后，采用振动压路机振动压实一遍，最后静压一遍。

⑦ 施工缝的处理。横向接缝：两作业段的衔接处须搭接拌和，前一段拌和后预留 2 m 不进行碾压，后一段施工时，将前段留下未碾压部分重新人工拌和，并与后一段一起碾压。在进行人工拌和时需洒水保证其含水量达到要求。纵向接缝：在进行双机联铺时不会产生纵向接缝，整幅一次摊铺成型。采用单机单幅摊铺时，纵向接缝一定要保证垂直，可在摊铺第二幅时将第一幅的纵向边缘切成垂直接茬，再进行另半幅混合料的摊铺。

双机联铺时虽然没有施工缝，但是两机布料在交缝区的均匀性和一致性会比单机布料器范围内的均匀性、一致性稍差。因此，两台摊铺机的布料宽度不能绝对相等，保持上下基层交缝区错开，如图 1.2.14 所示，保证基层整体性良好。

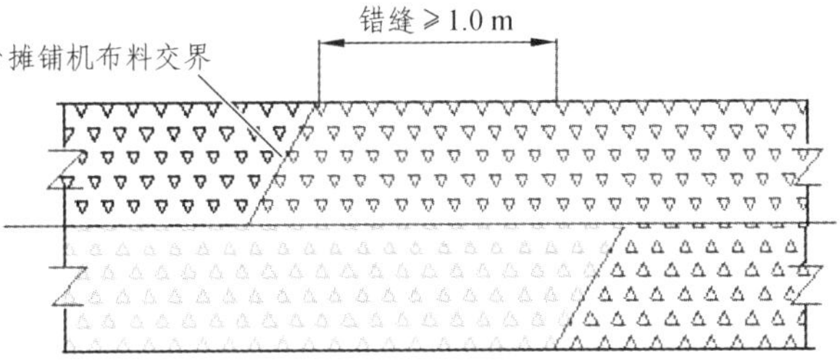

图 1.2.14　两台摊铺机布料交界区上下层错缝示意

⑧ 检测。每层碾压后压实若达不到要求，要分析原因，重新补压，直到满足要求。应设专人及时进行压实质量检测，记录完整、准确，签认及时。

⑨ 交通管制与防护。在碾压后立即封闭交通，碾压后除洒水车外，其他车辆特别是履带式车辆禁止通行，以保护表层不受损坏。养护期结束后施工车辆可限制通行，速度小于 15 km/h，严禁急转弯或急刹车。

⑩ 上下层层间处理。摊铺前，对下层层面进行处理：清除污染物，如洒落的尘土、碎石等；将下层层面适当拉毛，清扫拉毛产生的碎屑，适当洒水滋润。结合面洒布一层纯水泥浆或撒一层薄薄的水泥干粉，以保证上下层结合成整体。

5）质量检验标准

依据《高速铁路路基工程施工质量验收标准》（TB 10751—2018），基床表层级配碎石主要检测项目及标准如下：

（1）基床表层级配碎石（级配砂砾石）、中粗砂压实质量标准如表 1.2.24 所示。

表 1.2.24　基床表层压实标准

检查项目	检验标准	级配碎石	中粗砂
地基系数 K_{30} 试验	K_{30}/（MPa/m）	≥190	≥130
动态变形模量	Evd/MPa	≥55	≥45
孔隙率试验	*n*/%	<18	—

注：施工过程中，中粗砂可按相对密度≥0.67 控制。

（2）施工过程中加强路基填筑几何尺寸的控制。基床表层路肩高程、中线至路肩边缘距离、宽度、横坡、平整度及厚度允许限差及检验数量、检验方法应符合表 1.2.25 规定。

表 1.2.25　基床表层外形尺寸允许限差

检查项目	中线高程	路肩高程	中线至路肩边缘距离	宽度	横坡	平整度	厚度	
							级配碎石（砂砾石）	砂垫层
允许限差	±10 mm	±10 mm	0, +20 mm	不小于设计值	±0.5%	不大于 10 mm	−20 mm	不小于设计值

6）质量控制措施

（1）软土、松软土地基段基床表层的填筑在地基沉降基本稳定后进行，避免地基沉降对基床表层整体性产生影响。

（2）工地试验室配备齐全的常规建材和针对级配碎石填料的各项试验设备；施工现场配备的主要检测设备包括：K_{30} 平板载荷试验仪、灌水（砂）检测设备、动态模量测试仪（E_{vd}），并配备相应的试验人员，负责各种设备的使用、保管和试验检测。检测方法：采用 K_{30} 平板载荷试验仪或 K_{30} 工程检测车检测地基系数 K_{30}；采用灌水法检测孔隙率；采用 E_{vd} 动态模量测试仪检测动态变形模量。

（3）级配碎石表面含水量过大时，会影响 K_{30} 值的测试结果，所以在作业面碾压整形后注意晾晒 3 天，再进行测试。

（4）摊铺碾压过程中严格执行试验段确定的工艺标准，每一压实层全宽采用同一种类和级配的填料，如施工中使用的填料发生变化，应重新通过试验确定配合比和工艺参数，并报监理工程师批准。

（5）根据不同气温、气候条件和不同填筑部位的要求，对碾压时的含水量进行严格控制。填筑过程中，气温较高时，及时对摊铺的级配碎石进行静压，封闭作业面，避免水分散失。

（6）严格控制摊铺作业过程，保证拌和料的摊铺厚度、平整度满足要求。级配混合料的摊铺碾压应分层摊铺，每层的最大填筑压实厚度不得超过 35 cm，最小填筑压实厚度不得小于 15 cm。

（7）路堑基床表层换填深度及宽度应符合设计要求，开挖表面应平顺整齐，并按设计做成向两侧的排水坡，基床表层以下不得扰动。

（8）在施工过程中严格按照规定的检测频率和要求进行质量控制。级配碎石铺筑完成并检测合格后，除相关工序外，禁止任何机动车辆驶入，并充分做好成品的保护。

（9）基床表层施工时注意与综合接地、横向过轨电缆、通信电力电缆沟、接触网支柱基础等相关工程相配合。

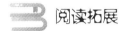

阅读拓展

成渝铁路故事

任务三　铁路轨道

【学习任务】

（1）熟悉钢轨、轨枕及联结零件的类型和特点；
（2）熟悉道床的作用和断面形式；
（3）熟悉道岔的类型，并能识别单开道岔的结构；
（4）熟悉高速铁路无砟轨道的结构及特点，能区分不同的轨道结构；
（5）熟悉轨道的铺设方法。

一、钢　轨

（一）钢轨的功用及要求

钢轨是铁路轨道的主要组成部件，它的功用在于引导机车车辆的运行，承受车轮的巨大压力并传递到轨枕上，为车轮提供连续、平顺和阻力较小的滚动表面，在电气化铁路或自动闭塞区段，钢轨还兼做轨道电路之用。

为使列车能够安全、平稳和不间断地运行，钢轨除必须充分发挥上述诸功能外，还应具有足够的强度、韧性和耐磨性，能承受来自车轮的巨大压力，减轻车轮对钢轨的动力冲击作用，防止机车车辆走行部分及钢轨的折损。同时，必须设计合理，价格低廉，轻重齐备，自成系列。

为满足上述这些要求，在设计和制造钢轨时，对其材质、断面形状、重量、强度、韧性和耐磨性能等都应充分考虑。

（二）钢轨的断面及类型

1. 钢轨断面

作用于钢轨上的力主要是竖直力，其结果是使钢轨挠曲。钢轨可视为弹性基础上的连续长梁，而梁抵抗挠曲的最佳断面形状为工字形。因此，钢轨采用由轨头、轨腰和轨底 3 部分组成的宽底式工字形断面，如图 1.3.1 所示。

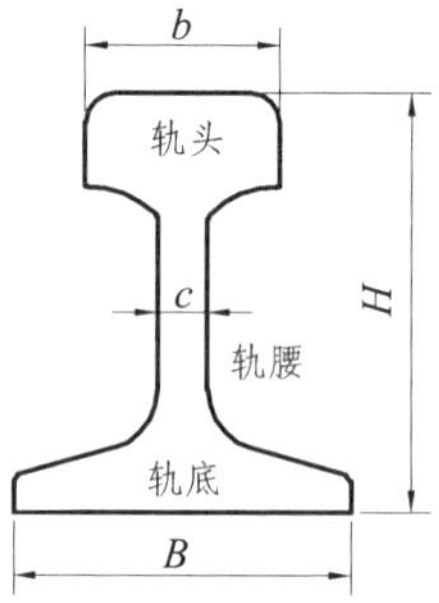

图 1.3.1　钢轨断面形状

2. 钢轨类型

钢轨的类型以每米长度钢轨的质量（kg/m）来表示，目前，我国铁路的钢轨类型主要有 75 kg/m、60 kg/m、50 kg/m、43 kg/m 等 4 种。随着机车车辆轴重的加大和行车速度的提高，钢轨正在向重型发展，目前世界上最重的钢轨已达到 77.5 kg/m。我国钢轨的标准长度有 12.5 m、25 m，75 m、100 m 4 种，无缝线路 60 kg/m 钢轨宜选用 100 m 定尺长钢轨，另外，对于 12.5 m 和 25 m 长度钢轨，还被用于曲线轨道内股比 12.5 m 标准轨缩短 40 mm、80 mm、120 mm 和比 25 m 标准轨缩短 40 mm、80 mm、160 mm 的 6 种标准缩短轨。

（三）钢轨接头及轨缝

在普通线路轨道上，钢轨与钢轨之间用夹板连接，其联结处称为钢轨接头。

1. 钢轨接头分类及结构形式

1）钢轨接头按其对轨枕的位置分类

钢轨接头按其对轨枕的位置可分为悬空式和承垫式两种。

钢轨接头悬于两根轨枕之间，为悬空式接头，目前我国铁路上均采用悬空式接头，如图 1.3.2 所示。实践证明，这种接头形式的受力条件较好，结构简单，便于维修和养护。

钢轨接头压于轨枕之上，为承垫式接头。承垫式接头又分为单枕承垫式和双枕承垫式两种。当列车通过时，单枕承垫式接头会使轨枕左右摇动，不稳定，故很少采用，双枕承垫式接头如图 1.3.3 所示。承垫式接头主要用于需要加强线路接头的地方（如联结两种不同类型钢轨的异型接头），以保证接头有足够的强度和位置稳定性。

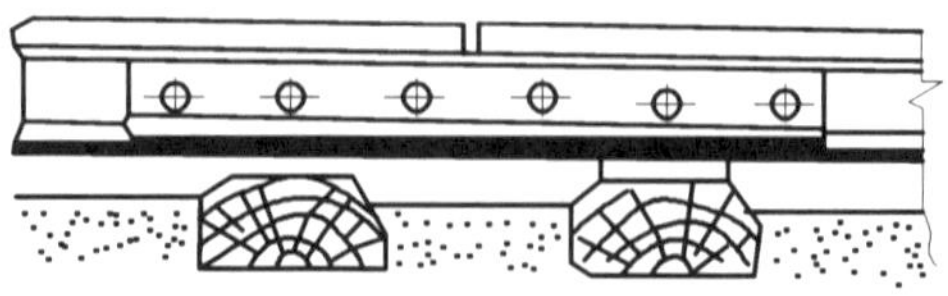

图 1.3.2　普通接头

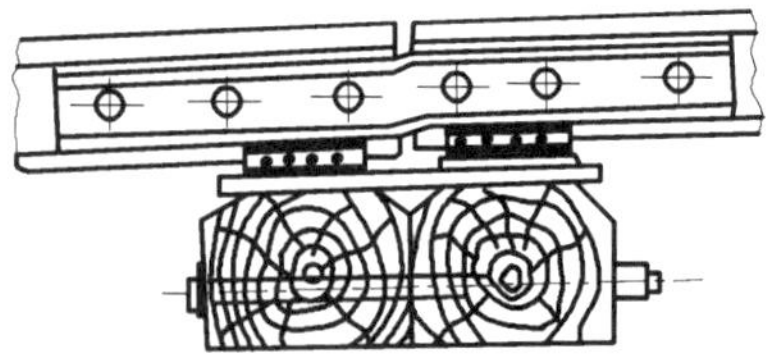

图 1.3.3　双枕承垫式接头

2）钢轨接头按其在两股轨线上的相互位置分类

钢轨接头按其在两股轨线上的相互位置可分为相对式和相互式两种。

相对式接头也叫对接，即两股钢轨的接头左右相对，如图 1.3.4（a）所示。相互式接头也叫相错式接头或错接，即一股钢轨的接头与另一股钢轨的接头错开布置，如图 1.3.4（b）所示。实践证明，采用相对式接头能使左右钢轨受力均匀，且有利于机械化铺轨（铺轨排）和提高旅客舒适度。因此，我国广泛采用对接形式，只有在专用线上铺设非标准长的钢轨（或再用轨）时才采用相错式接头，并规定相错式接头的错开距离应不小于 3.0 m。

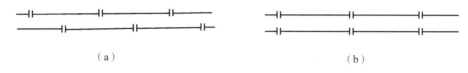

（a）　（b）

图 1.3.4　钢轨接头形式

2. 接头联结零件

钢轨接头联结零件包括夹板、螺栓、螺母、垫圈等组成部分，其作用是联结钢轨，保持轨线的连续性，并传递和承受弯矩和纵、横向作用力。

1）钢轨夹板

夹板是承受弯矩、传递纵向力、阻止钢轨伸缩的重要部件。目前，我国标准钢轨使用的夹板主要为双头式夹板，如图 1.3.5 所示。

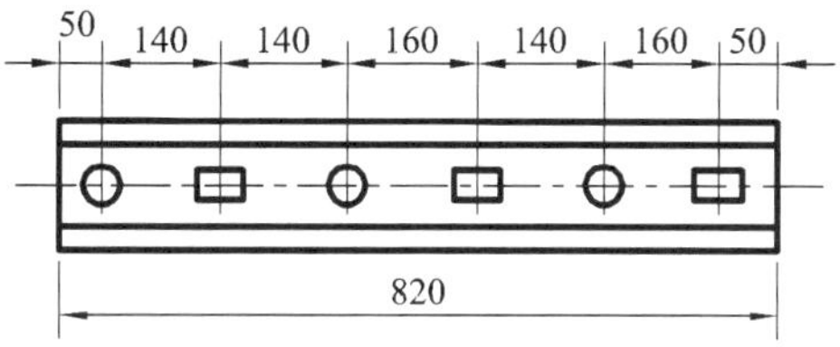

图 1.3.5　双头式夹板（单位：mm）

2）接头螺栓、螺母及垫圈

接头螺栓、螺母是钢轨接头处用以夹紧夹板和钢轨的配件，使夹板与钢轨连接牢固可靠，贴合紧密，但又必须保证在气温变化时轨端能在两夹板间作部分纵向移动。接头螺栓外形如图 1.3.6 所示。螺栓由螺栓头、颈和杆组成，螺杆的长度和直径与钢轨型号相适应。垫圈是为了防止螺母松动，普通线路用弹簧垫圈（单圈），其断面形状有圆形和矩形两种。在无缝线路上还应当在弹簧垫圈外再加设高强度平垫圈。

3. 轨缝

普通线路钢轨接头，应根据钢轨长度、轨温变化及钢轨伸缩规律预留轨缝。

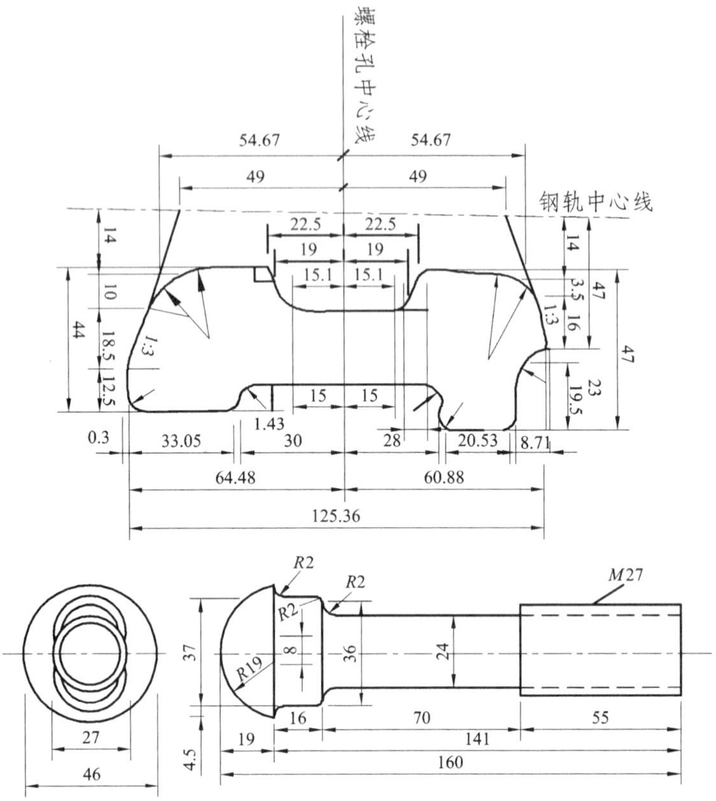

60kg/m钢轨用夹板螺栓

图 1.3.6　接头螺栓外形（单位：mm）

二、轨　枕

（一）轨枕的功用和种类

轨枕承受来自钢轨的各向压力，并弹性地传布于道床，保持钢轨的位置、方向和轨距。因此，轨枕应具有必要的坚固性、弹性和耐久性，并应便于固定钢轨，造价低廉，制作简单，铺设及养护方便。轨枕的种类，按材料分有木枕、混凝土枕和钢枕；按用途分有普通轨枕、岔枕和桥枕等。

（二）木枕

木枕又称枕木，它具有弹性好，易于加工制作，运输、铺设、养护维修方便，与钢轨的连接较简便，绝缘性能好，成本低等优点，但也存在着容易腐朽、磨损，使用寿命短，弹性不一致，轨道几何形位不易有效保持等缺点。制作木枕的树种，要求坚韧而富有弹性，并且必须具有较高的抗腐蚀能力。

（三）混凝土枕

为满足铁路向高速、重载发展的需要，用混凝土枕代替木枕已成为发展方向。混凝土枕的优点是材源丰富，质量大（Ⅰ、Ⅱ型轨枕为 220 ~ 250 kg，Ⅲ型轨枕约 350 kg），并能保证尺寸统一，使轨道弹性均匀，提高轨道的稳定性。混凝土枕不受气候、腐朽、虫蛀及火灾的影响，使用寿命长。此外，混凝土枕还具有较高的道床阻力，这对提高无缝线路的横向稳定性是十分有利的。

1. 混凝土枕类型

混凝土枕按配筋方式可分为普通钢筋混凝土枕和预应力钢筋混凝土枕两大类。普通钢筋混凝土枕抗弯能力差，容易开裂失效，一般只能用于次要线路，目前已淘汰。预应力钢筋混凝土枕制作时给混凝土施加强大的预压应力，以弥补这方面的不足，目前已得到广泛应用。我国使用的混凝土枕，现行标准分为三级，并与不同轨道类型配套使用，如表 1.3.1 所示。

表 1.3.1　混凝土枕的名称与适用范围

统一名称	原名称	适用范围
S-1 型预应力混凝土枕	丝 79 型预应力混凝土枕	中、轻型轨道
S-2、J-2 型预应力混凝土枕	筋（丝）81 型预应力混凝土枕	重型、次重型轨道
S-3 型预应力混凝土枕	与 75 kg/m 钢轨配套用钢丝混凝土枕	特重型轨道

注：S——表示配筋采用高强度钢丝；
J——表示配筋采用高强度钢筋；
1、2、3——表示轨枕生产的先后顺序，又表示混凝土轨枕强度的等级。

2. 混凝土枕形状

各类预应力钢筋混凝土枕的截面均为上窄下宽的梯形，Ⅲa 型混凝土枕如图 1.3.7 所示。

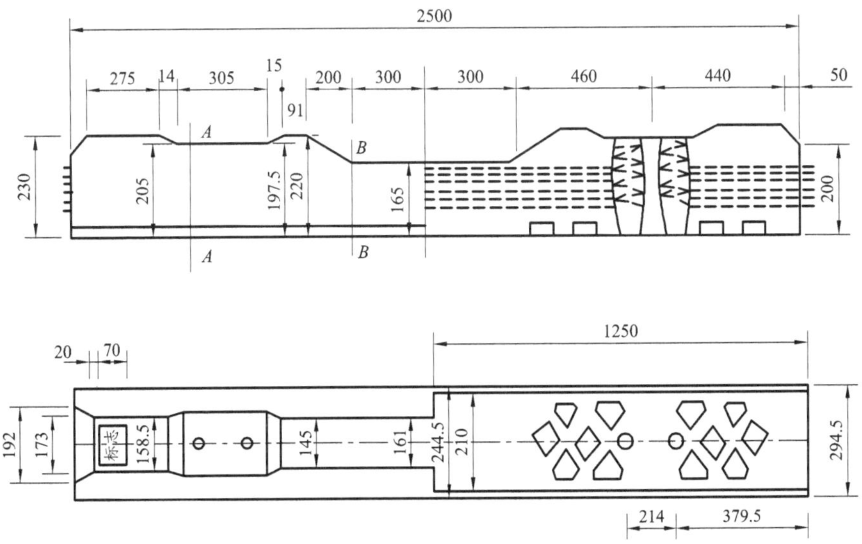

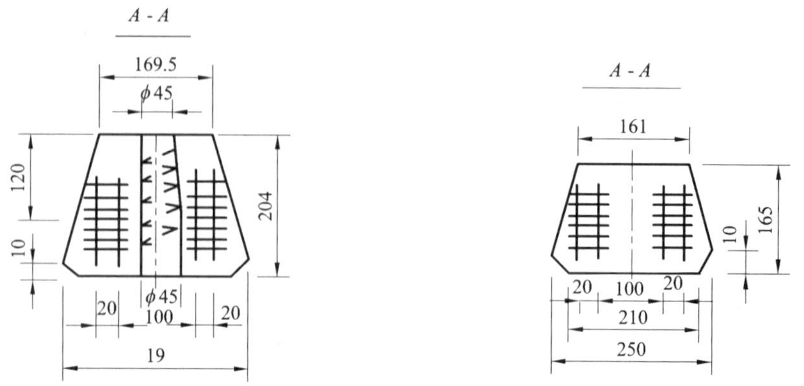

图 1.3.7　Ⅲa 型混凝土枕（单位：mm）

3. 混凝土宽轨枕

混凝土宽轨枕俗称轨枕板，简称宽轨枕，是继我国大量推广混凝土枕后发展起来的轨道结构，其底面积大（宽度约为混凝土枕的一倍），能有效地降低道砟应力和变形，加之质量大（每块约 500 kg），底部摩擦力增加，其轨道变形比木枕或混凝土枕轨道大为减少。宽轨枕采用密铺式（每公里铺设 1760 根），每块间隔约为 2.6 cm，枕间缝隙小，道床不易脏污，外观整洁美观，轨道平顺性、稳定性好。其缺点是养护维修较困难。图 1.3.8 所示为“筋-82”预应力钢筋混凝土宽轨枕的结构形式。宽轨枕适用于大型客货站场、长大隧道和行车密度大的线路。

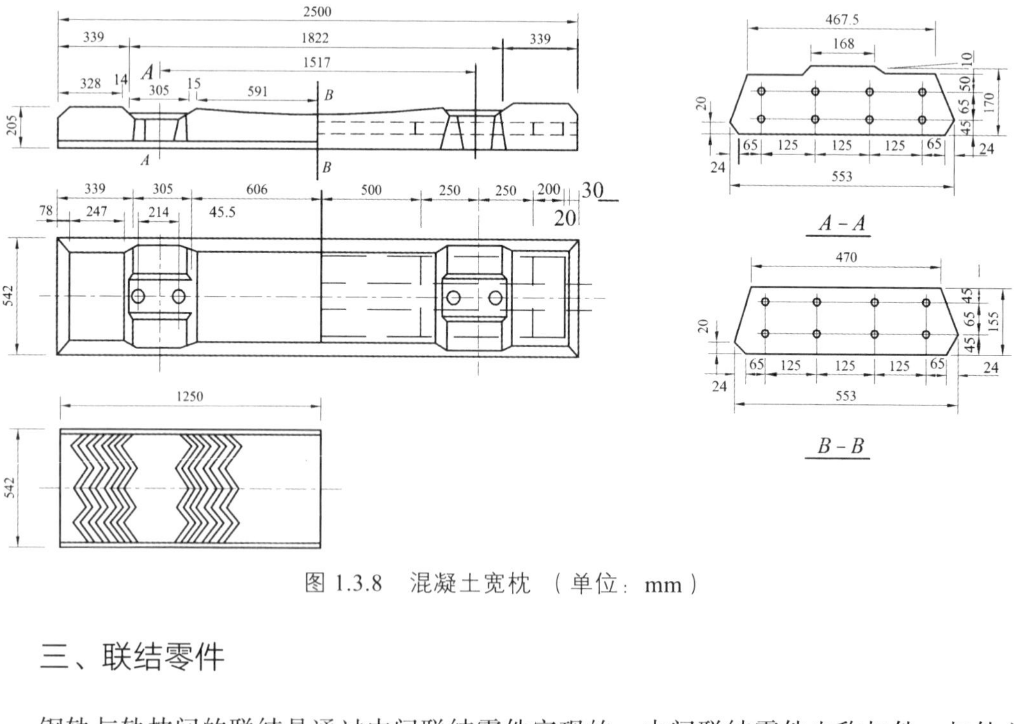

图 1.3.8　混凝土宽枕　（单位：mm）

三、联结零件

钢轨与轨枕间的联结是通过中间联结零件实现的。中间联结零件也称扣件，扣件必须具有足够的强度、耐久性和一定的弹性，能长期有效地保持钢轨与轨枕的可靠联结，阻止钢轨相对于轨枕的移动，并能在动力作用下充分发挥其缓冲减振性能，延缓轨道残余变形积累，此外，扣件还应构造简单，便于安装、拆卸和养护维修。

（一）木枕扣件

木枕扣件主要有分开式和混合式两种。

分开式扣件如图 1.3.9 所示。它是用 4 个螺纹道钉联结垫板与木枕，用 2 个底脚螺栓扣压钢轨与垫板，其道钉和底脚螺栓构成“K”形，故又称“K”形分开式扣件。分开式扣件扣压力大，可有效防止钢轨爬行。其缺点是零件多、用钢量大、更换钢轨麻烦，分开式扣件主要用在无砟桥上。

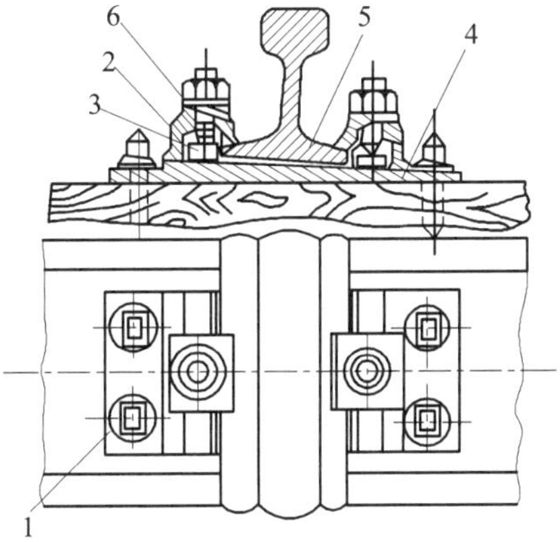

1—螺纹道钉；2—轨卡；3—轨卡螺栓；4—铁垫板；5—轨下垫板；6—弹簧垫圈。

图 1.3.9 木枕分开式扣件

（二）混凝土枕扣件

我国混凝土枕扣件，在初期主要使用扣板式和拱形弹片式两种。拱形弹片式扣件由于拱形弹片强度低，扣压力小，易引起变形甚至折断，在主要干线上已被淘汰，目前使用的主型扣件为弹条Ⅰ、Ⅱ、Ⅲ型扣件。

1. 扣板式扣件

扣板式扣件主要由扣板、螺纹道钉、弹簧垫圈、铁座及绝缘缓冲垫板组成。

螺纹道钉用硫黄水泥砂浆锚固在混凝土轨枕承轨台上的预留孔中。在锚固好的螺纹道钉上安装一块刚性扣板，通过平垫圈和弹簧垫圈上紧螺母后扣住钢轨。扣板的一端压紧钢轨底部顶面，同时顶住轨底侧面，以保持必要的轨距和传递横向推力于铁座及混凝土挡肩。在铁座与挡肩之间设绝缘缓冲挡肩垫片，以缓和横向推力的冲击作用，防止混凝土挡肩损坏，并起绝缘作用。

为适应不同钢轨类型和轨距的需要，设计有各种不同规格的扣板。扣板式扣件零件简单，调整轨距比较方便，但弹性和扣压力较小，在使用过程中容易松动，适用于 50 kg/m 及以下钢轨的线路。

2. 弹条Ⅰ型扣件

弹条Ⅰ型扣件主要由 ω 形弹条、螺纹道钉、轨距挡板、挡板座及弹性橡胶垫板等组成。图 1.3.10 所示为 60 kg/m 钢轨用弹条Ⅰ型扣件。

随着高速、重载运输的发展，对于重型和特重型轨道，弹条Ⅰ型扣件由于扣压力不足和弹程偏小等原因已显能力不足。

3. 弹条Ⅱ型扣件

弹条Ⅱ型扣件除弹条采用新材料重新设计外，其余部件与弹条Ⅰ型扣件通用，仍为带挡肩、有螺栓扣件，弹条Ⅱ型扣件具有扣压力大、强度安全储备大、残余变形小等优点。在使用弹条Ⅰ型扣件地段，可用弹条Ⅱ型弹条更换弹条Ⅰ型弹条。

4. 弹条Ⅲ型扣件

弹条Ⅲ型扣件是无螺栓无挡肩扣件，是世界各国轨枕扣件发展的趋势，特别适用于重载大运量、高密度的运输条件下。

图 1.3.11 为弹条Ⅲ型扣件，它由弹条、预埋铁座、绝缘轨距块和橡胶垫板组成。弹条Ⅲ型扣件适用于标准轨距铁路直线或半径 $R \geqslant 350$ m 的曲线轨道上，以及铺设 60 kg/m 钢轨和Ⅲ型无挡肩混凝土枕的无缝线路轨道。

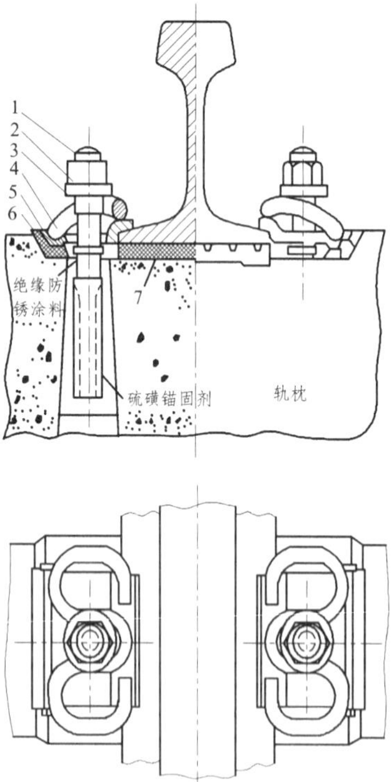

1—螺纹道钉；2—螺母；3—平垫圈；4—弹条；5—轨距挡板；6—挡板座；7—橡胶垫板。

图 1.3.10 弹条Ⅰ型扣件

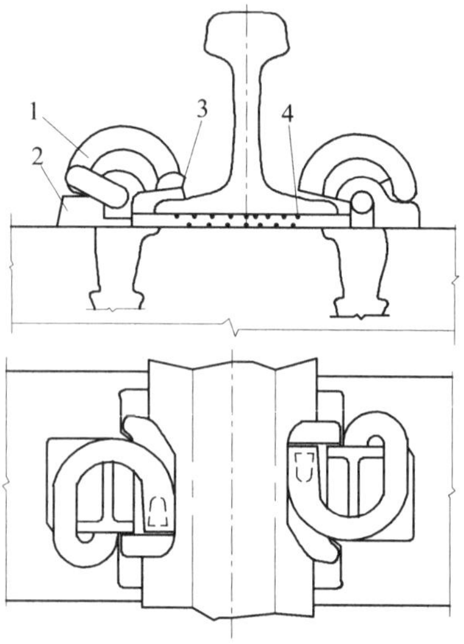

1—弹条；2—预埋铁座；3—绝缘轨距块；4—橡胶垫板。

图 1.3.11 弹条Ⅲ型扣件

弹条Ⅲ型扣件具有扣压力大、弹性好等优点，特别是取消了混凝土枕挡肩，从而消除了轨底在横向力作用下发生横移导致轨距扩大的可能性，因此保持轨距的能力很强，又由于取消了螺栓联结的方式，大大减小了扣件养护工作量。

四、道　床

（一）道床的功用

道床是指铺设在路基之上、轨枕之下的道砟层，是轨枕的基础，它的主要功用是：直接承受轨枕传来的压力，并把这个压力扩散，均匀地传布于路基面，对路基面起到保护作用；阻止轨道框架在列车作用下发生的纵横向位移，保持轨道稳定；便于排水，使路基面和轨道保持干燥；使轨道具有更大的弹性和缓冲性能；便于校正轨道的平面、纵断面。

（二）道床材料

作为道床组成部分的道砟应具有下列性能：质地坚韧，有足够的强度；排水性好，吸水度小，不易风化，不易磨碎和捣碎；在外力作用下不易被风吹动和被雨水冲走。

常用的道砟材料有碎石、天然级配卵石、筛选卵石、粗砂及熔炉矿渣等。我国铁路绝大部分采用碎石作为道砟。

（三）道床断面

道床断面包括道床厚度、顶面宽度及边坡坡度 3 个主要特征参数。图 1.3.12 为直线地段道床断面。

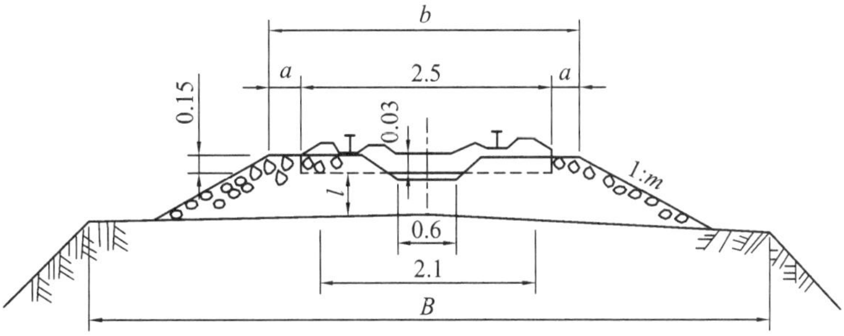

图 1.3.12　直线地段道床断面（单位：m）

1. 道床厚度

道床厚度是指直线上钢轨或曲线上内股钢轨中轴线下轨枕底面至路基顶面的距离，根据运量、轴重、行车速度等运营条件和道砟质量、路基强度及轨枕间距等轨道条件确定，以满足压力传布不超过路基面上容许的最大压力为度，道床过厚既有碍作业，也不经济。在运量较小，行车速度较低的线路上以及在隧道、车站范围内，可酌情降低道床厚度。但在正线上木枕地段，碎石道床厚度不得小于 20 ~ 25 cm；混凝土枕地段不得小于 30 cm；桥梁上道砟槽内、隧道内及站线上不得小于 20 cm。

2. 道床顶面宽度

道床顶面宽度与轨枕长度和道床肩宽有关。一般情况肩宽在 450 ~ 500 mm 已能满足要求。在无缝线路地段，为了提高道床的横向阻力，可将砟肩适当堆高。此外，规定设计速度为 160 km/h 的线路，其正线道床顶面宽度不得小于 3.4 m；设计速度 200 km/h 的线路，其正线道床顶面宽度不得小于 3.5 m。

道床顶面（以轨底处为准）应低于轨枕顶面 20 ~ 30 mm，以防止道床表面水分锈蚀钢轨和扣件，以及防止轨道电路漏电。Ⅰ型混凝土枕中部道床应掏空，其顶面应低于枕底不小于 20 mm，长度为 200 ~ 400 mm；Ⅱ型和Ⅲ型混凝土枕中部可不掏空，但应保持疏松。

3. 道床边坡坡度

道床边坡是指自道床顶面引向路基顶面的斜边，其坡度大小是保证道床坚固稳定的重要因素。道床边坡的稳定取决于道砟材料的内摩擦角与黏聚力，也与道床肩宽有一定的关系。增大肩宽可采用较陡的边坡，而减小肩宽则必须采用较缓的边坡。我国铁路规定正线区间边坡坡度均为 1∶1.75，如表 1.3.2 所示。

表 1.3.2　道床顶面宽度及边坡坡度

线路类别			顶面宽度/m	曲线外侧道床加宽		砟肩堆高/m	边坡坡度
				半径/m	加宽/m		
正线	无缝线路	v_{max} > 160 km/h	3.5			0.15	1∶1.75
		v_{max} ≤ 160 km/h	3.4	≤600	0.10	0.15	1∶1.75
	普通线路	年通过总重不小于 8 Mt	3.1	≤800	0.10		1∶1.75
		年通过总重小于 8 Mt	3.0	≤600	0.10		1∶1.75
站线			2.9				1∶1.50

五、爬行及防爬设备

列车车轮沿钢轨运行时，由于纵向力的作用，在钢轨基础阻力不足以抵抗这一纵向力时，会引起钢轨纵向位移，在扣件阻力大于道床阻力的条件下，还会带动轨枕一起移动，这种现象称为轨道的爬行。

轨道爬行是线路的主要病害之一，对轨道结构的整体性和稳定性起破坏作用，因此，必须从设备上采取措施防止爬行。我国铁路目前采用的防爬设备多为穿销式防爬器（见图 1.3.13）和防爬支撑相结合的方式。

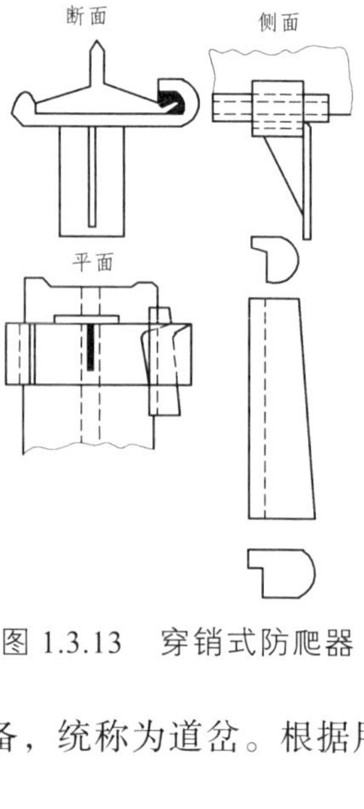

图 1.3.13　穿销式防爬器

六、道　岔

把两条或两条以上的轨道，在平面上进行连接或交叉的设备，统称为道岔。根据用途和条件不同，可以利用道岔把许多股道连接组合成不同形式的车站或车场。道岔具有数量多、构造复杂、使用寿命短、限制列车速度、行车安全性低、养护维修投入大等特点，道岔与曲线、接头并称为铁路轨道的三大薄弱环节。

（一）道岔的分类

根据道岔的用途和构造形式的不同，道岔可分为连接设备、交叉设备、连接与交叉设备。连接设备主要有普通单开道岔、对称双开道岔；交叉设备主要有菱形交叉；连接与交叉设备主要有渡线道岔、复式交分道岔。

1. 普通单开道岔

普通单开道岔又称单开道岔，是以直线为主线，侧线向主线的左侧或右侧分支的道岔，如图 1.3.14 所示。

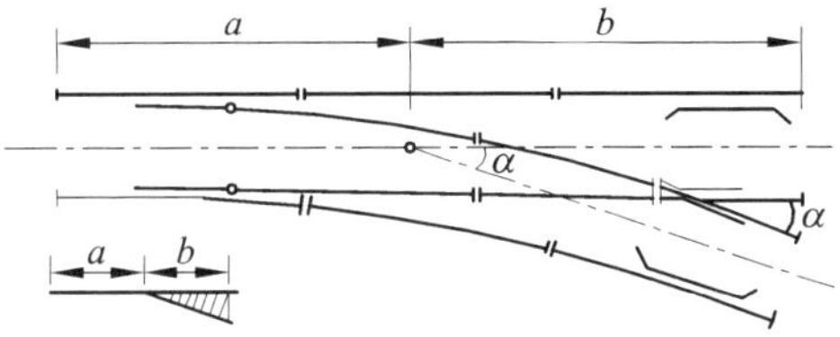

图 1.3.14　普通单开道岔

2. 对称双开道岔

对称双开道岔是把直线轨道分为左右对称的两条轨道的道岔，如图 1.3.15 所示。

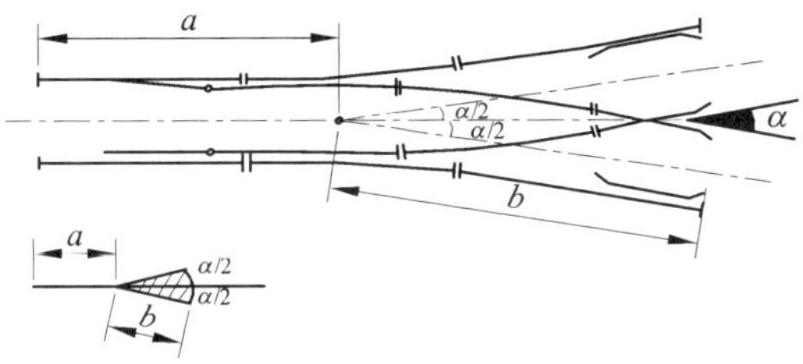

图 1.3.15　双开道岔

3. 菱形交叉

菱形交叉是两条轨道在同一平面相交成菱形的交叉，如图 1.3.16 所示。

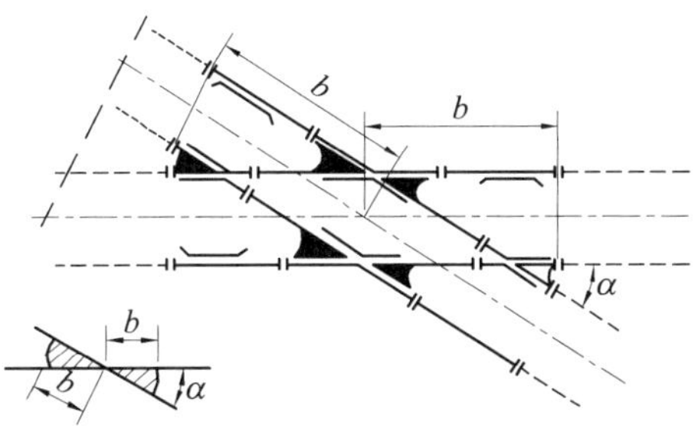

图 1.3.16　菱形交叉

4. 渡　线

渡线是连接两条平行股道的轨道设备。常有单渡线（见图 1.3.17）和交叉渡线（见图 1.3.18）。

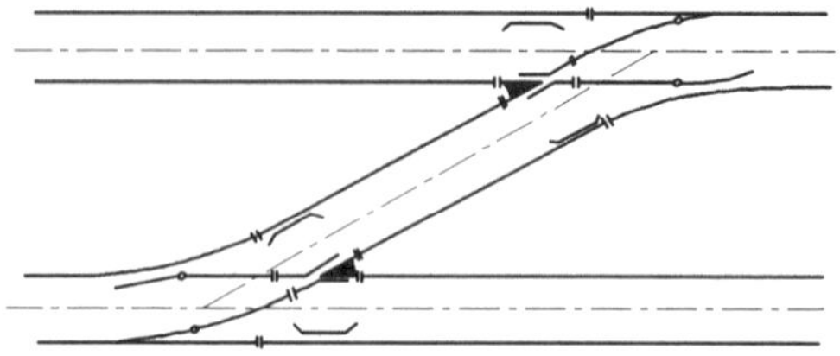

图 1.3.17　单渡线

5. 复式交分道岔

复式交分道岔是在菱形交叉的基础上，增设两组双转辙器和两个方向不同的侧线，让机车车辆既可以沿交叉轨道直向运行，又可以沿曲线转入侧线的道岔，如图 1.3.19 所示。

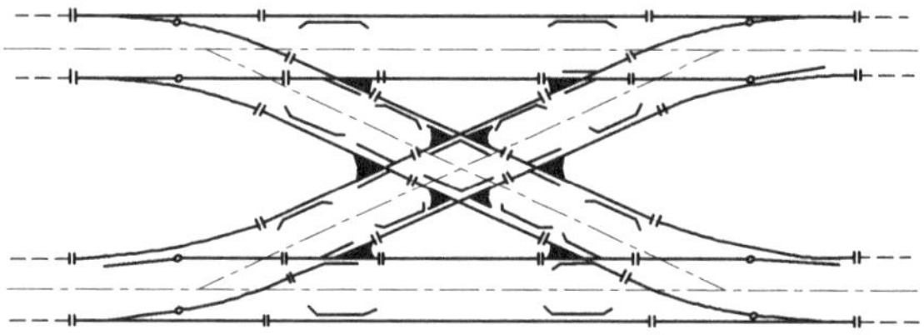

图 1.3.18　交叉渡线

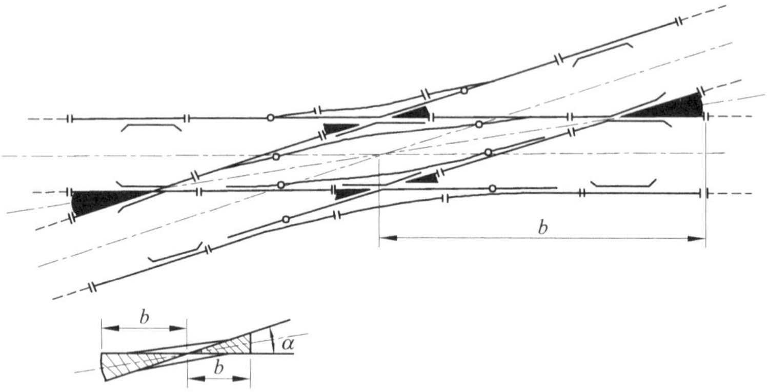

图 1.3.19　复式交分道岔

（二）普通单开道岔的构造

单开道岔由转辙器、连接部分、辙叉及护轨组成，如图 1.3.20 所示。

尖轨尖端前基本轨端轨缝中心处称道岔始端（或称岔头），辙叉跟端轨缝中心处则称道岔终端（或称岔尾）。

站在道岔始端面向道岔终端，凡侧线位于直线左方的称左开道岔；侧线位于直线右方的称右开道岔。列车通过道岔时，凡由道岔终端驶向道岔始端，称顺向通过岔；由始端驶向终端，称逆向通过道岔。

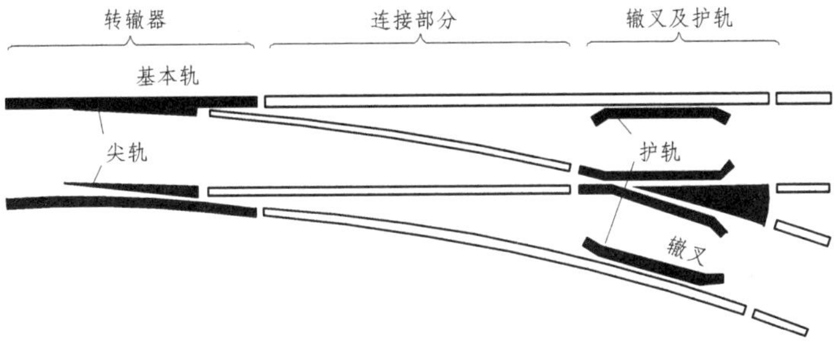

图 1.3.20　单开道岔组成

1. 转辙器

转辙器是引导列车进入道岔不同方向的设备。其作用是通过将尖轨扳动到不同的位置，使列车沿直线或侧线行驶。它由尖轨、基本轨、联结零件（有拉杆、连接杆、顶铁、滑床板、轨撑）、跟端结构、辙前垫板、辙后垫板及转辙机械等组成，如图 1.3.21 所示。

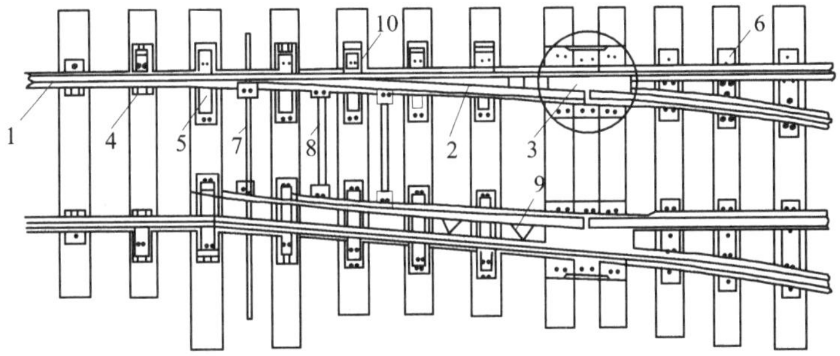

1—基本轨；2—尖轨；3—跟端结构；4—辙前垫板；5—滑床板；
6—辙后垫板；7—拉杆；8—连接杆；9—顶铁；10—轨撑。

图 1.3.21　转辙器

2. 辙叉及护轨

辙叉及护轨包括辙叉、护轨、主轨（安装护轨的基本轨）及其他联结零件。辙叉与护轨共同配合发挥作用，如图 1.3.22 所示。

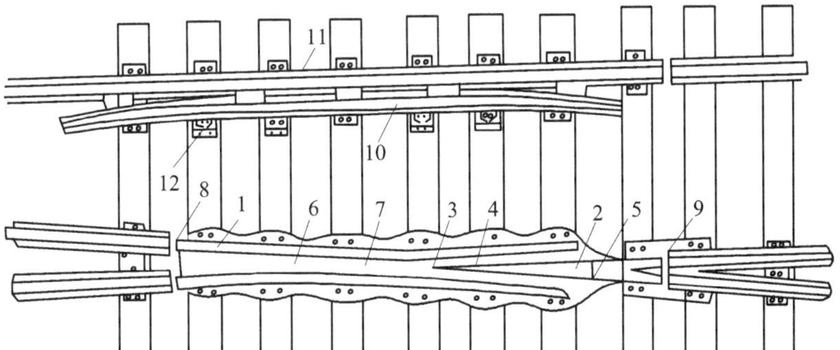

1—翼轨；2—心轨（叉心）；3—理论尖端；4—实际尖端；5—辙叉角；6—咽喉；7—有害空间；
8—辙叉趾端；9—辙叉跟端；10—护轨；11—主轨；12—护轨垫板。

图 1.3.22　辙叉及护轨

辙叉是道岔中两股线路相交处的设备。其作用是使列车能够按确定的行驶方向，跨越线路正常通过道岔。护轨设置在辙叉两侧，是固定型辙叉的重要组成部分，其作用是控制车轮运行方向，使之正常通过“有害空间”而不错入轮缘槽，防止轮缘冲击或爬上辙叉心轨尖端，保证行车安全。

3. 道岔连接部分

道岔连接部分是转辙器和辙叉之间的连接线路，包括直股连接线和曲股连接线（亦称为导曲线）。

4. 岔　枕

岔枕有木岔枕、混凝土岔枕和钢岔枕。木岔枕广泛应用于各种线路的道岔上，混凝土岔枕多铺设在中间站的正线道岔上，钢岔枕在提速道岔中专用。

七、我国高速铁路的无砟轨道结构

（一）无砟轨道结构类型

1. 长枕埋入式无砟轨道

长枕埋入式无砟轨道下部分由预应力混凝土轨枕、混凝土道床板及混凝土底座组成（见图 1.3.23）。在道床板和底座之间设置隔离层，使道床板有修复或更换的可能性。在隔离层上还可设置弹性垫层，以增加轨道的整体弹性。

轨枕可工厂预制，混凝土道床板和混凝土底座的现场施工相对简单，造价相对低廉。

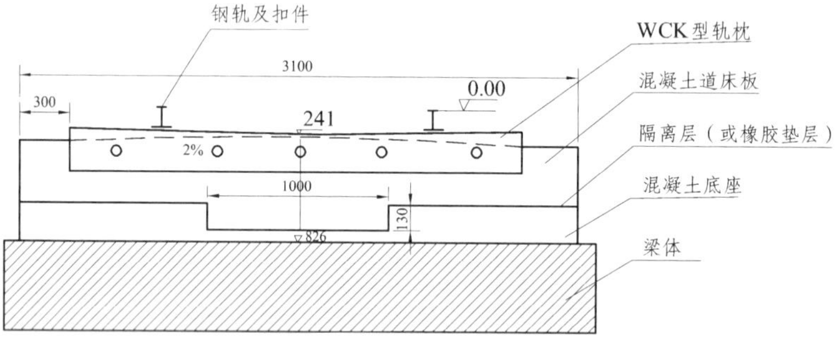

图 1.3.23　长枕埋入式无砟轨道结构横断面

2. CRTS 系列板式无砟轨道

CRTS 系列板式无砟轨道是在现浇混凝土基础上以水泥乳化沥青砂浆（CA 砂浆）充填层或自密实混凝土层支承预制轨道板的无砟轨道形式，我国具有完全自主知识产权，具体又分为 CRTS Ⅰ型板式无砟轨道、CRTS Ⅱ型板式无砟轨道和 CRTS Ⅲ型板式无砟轨道 3 种类型。板式轨道建筑高度低、自重轻，对降低轨道及桥、隧结构的总造价有利。

CRTS Ⅰ型板式无砟轨道由钢轨、弹性扣件、预制轨道板、水泥沥青砂浆（CA 砂浆）

调整层、现浇钢筋混凝土底座、凸形挡台等组成（见图 1.3.24）。轨道板之间纵向不连接，各自形成独立的单元，主要靠凸形挡台限位并承受纵、横向水平力。

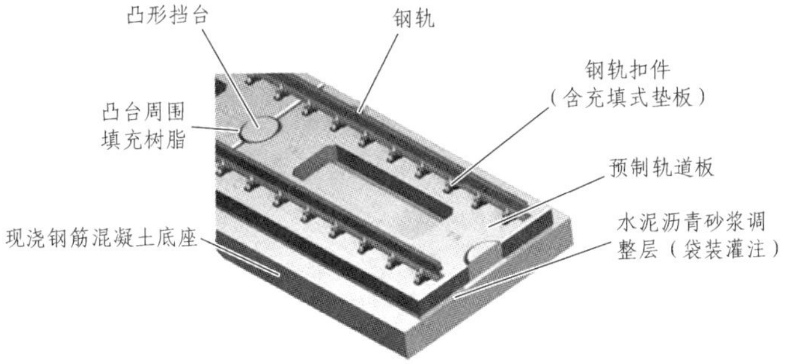

图 1.3.24　CRTS Ⅰ 型板式无砟轨道

CRTS Ⅱ 型板式无砟轨道由钢轨、弹性扣件、轨道板、水泥沥青砂浆充填层及支承层（或底座板）等组成（见图 1.3.25）。相邻轨道板用连接锁件纵向张拉连接并绑扎钢筋后浇筑成纵向连续整体，制作精度要求高，每个混凝土承轨槽均采用数控机床进行打磨加工，精度为 0.1 mm，轨道板一经施工完成即可保证轨道的最终精度，无须日本板式轨道采用充填式垫板进行二次调整的过程。

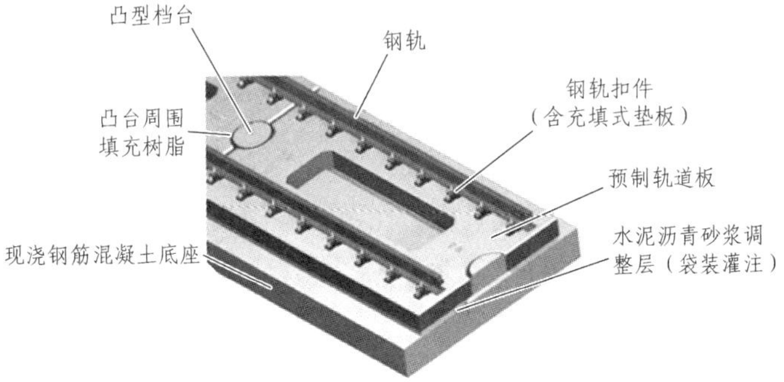

图 1.3.25　CRTS Ⅱ 型板式无砟轨道

CRTS Ⅲ 型板式无砟轨道是我国具有完全自主知识产权的无砟轨道类型。由 60 kg/m 钢轨、弹性有挡肩扣件、轨道板、自流平混凝土调整层、钢筋混凝土底座或支承层等组成（见图 1.3.26）。路基与隧道地段轨道板纵连，延续了连续式无砟轨道结构整体性好、线路平顺、刚度均匀的优点；桥梁地段采用单元式结构，延续了桥上双块式轨道受力简单、施工方便、可维修性好、投资降低的优点。

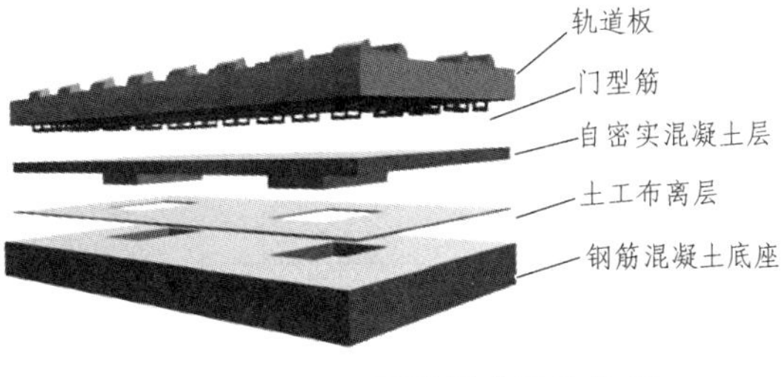

图 1.3.26　CRTS Ⅲ 型板式无砟轨道

3. 双块式无砟轨道

双块式无砟轨道结构包括：钢轨、扣件、双块式轨枕、混凝土道床板和下部支承体系（底座或水硬性支承层）等。

根据双块式轨枕埋入的施工工艺不同，其主要分为雷达 2000 型和旭普林型两种类型（见图 1.3.27）。雷达 2000 型是用钢轨架立双块式轨枕形成轨排，立模后调整好轨道几何形位并浇筑道床板混凝土形成整体。旭普林型是用轨枕框架固定双块式轨枕，再利用机械振动法嵌入现场浇筑的混凝土道床内，为确保位置精确，需提前放设安装支脚，以精确控制轨枕框架位置，道床混凝土浇筑后，轨枕框架需一直固定在轨枕上直到混凝土达到一定强度后方可移开。

（a）雷达 2000 型　　（b）旭普林型

图 1.3.27　双块式无砟轨道

我国高速铁路无砟轨道在创新研究中，在引进德国技术的基础上，对 ZPW2000 型轨道电路的适应性、路基和桥隧基础上道床板高度的统一、轨道结构纵向连续性及轨道材料的国产化等问题进行了重点研究和优化调整，逐步形成了具有自主知识产权的 CRTS 双块式无砟轨道技术。

4. 弹性支承块式无砟轨道

弹性支承块式无砟轨道下部分由混凝土支承块、块下橡胶垫、橡胶靴套、混凝土道床板及混凝土底座组成（见图 1.3.28）。

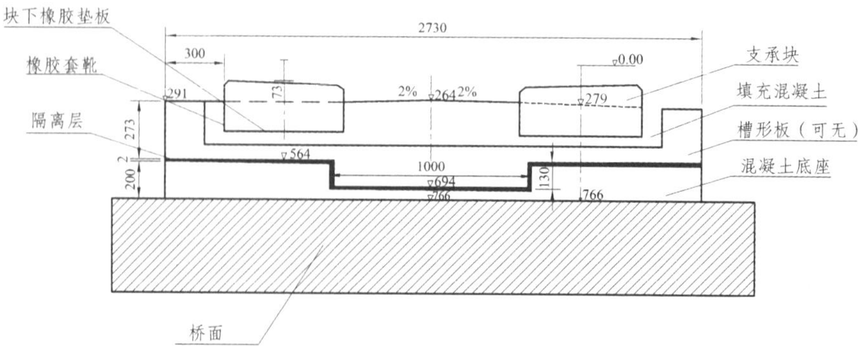

图 1.3.28　弹性支承块式无砟轨道

弹性支承块式无砟轨道施工程序也是由工厂完成支承块、橡胶垫及橡胶靴套的预制，在混凝土底座经现场浇筑完成后，在现场将支承块、橡胶垫、橡胶靴套及与之配套使用的钢轨、扣件进行组装，并精确定位，然后灌注混凝土道床板，就地成型。与上述其他两种无砟轨道相比，弹性支承块式无砟轨道具有更好的弹性，对于减振降噪要求较高的区域或地段，可优先选用这种结构形式。

高速铁路的高架结构在线路总长中占有相当的比例。在高架结构上采用有砟轨道，会给将来的线路维修、道床清筛造成相当的困难，无砟轨道无疑是最佳的选择。随着无砟轨道的结构设计，施工技术及建筑材料的进一步发展，在一般土路基地段铺设无砟轨道也将在国内很快实现。在高速线路上，无砟轨道结构将有广阔的应用前景。

（二）高速铁路轨道结构的扣件

长枕埋入式和弹性支承块式无砟轨道采用 WJ-2 弹性扣件（见图 1.3.29），高速铁路有砟轨道采用弹条Ⅳ型扣件（见图 1.3.30）和弹条Ⅴ型扣件（见图 1.3.31），高速铁路双块式和板式无砟轨道采用 WJ-7 型（见图 1.3.32）和 WJ-8 型（见图 1.3.33）弹性扣件。

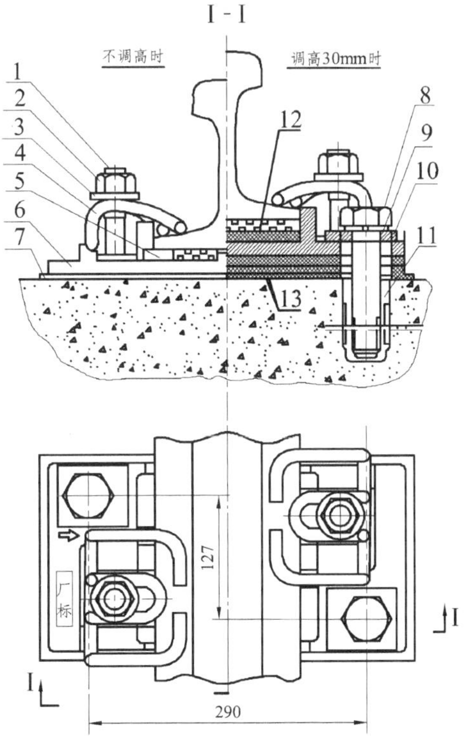

1—T 型螺栓；2—螺母 M22；3—平垫圈；4—弹条；5—复合胶垫；6—铁垫板；7—绝缘缓冲垫板；8—锚固螺栓；9—弹簧垫圈；10—平垫块；11—绝缘套管；12—轨下调高垫板；13—铁垫板下调高垫板。

图 1.3.29 WJ-2 型弹性扣件组装图

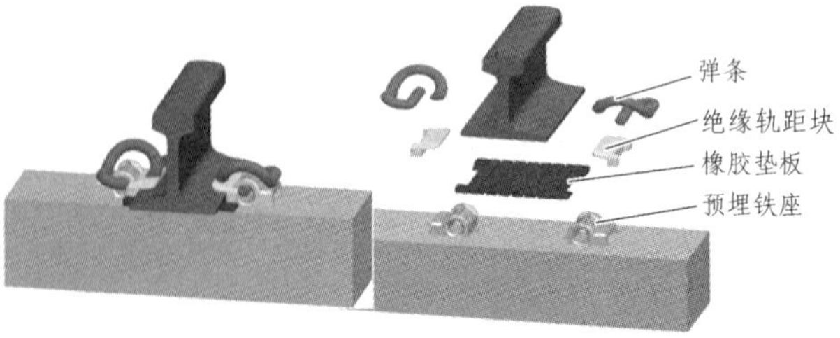

图 1.3.30　弹条Ⅳ型扣件组装图

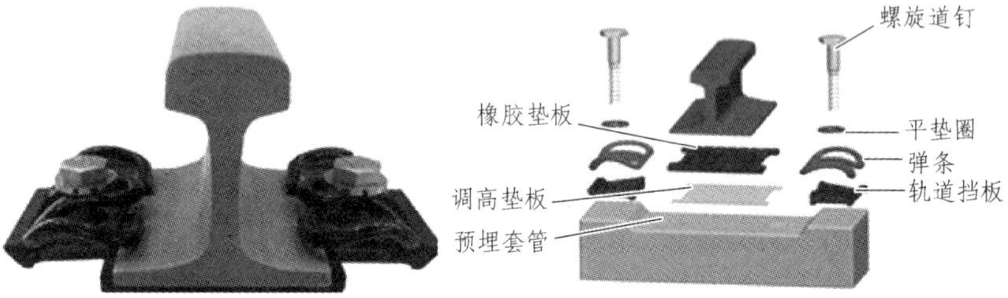

图 1.3.31　弹条 V 型扣件组装图

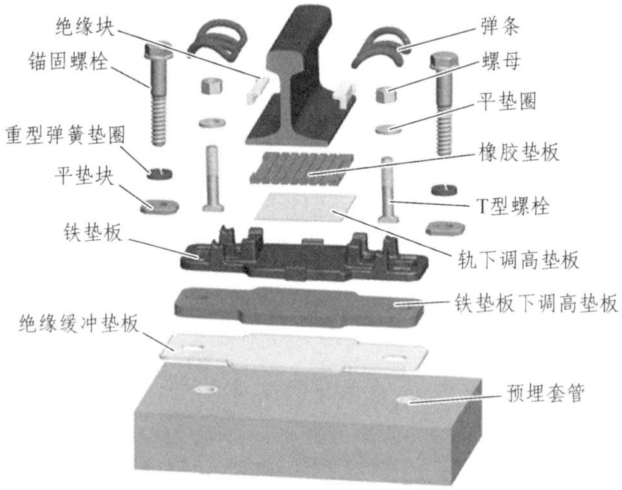

图 1.3.32　WJ-7 型弹性扣件组装图

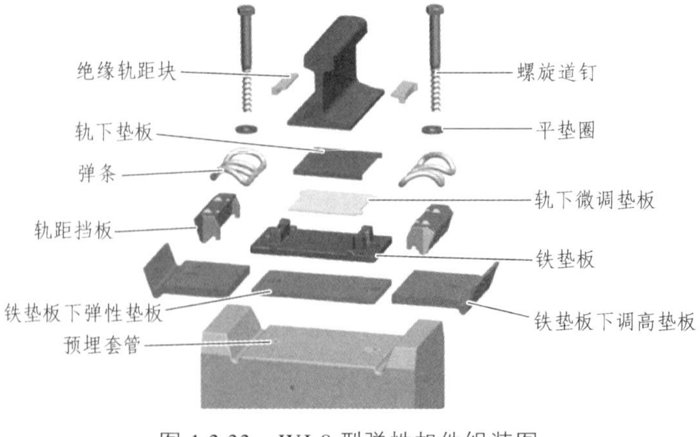

图 1.3.33　WJ-8 型弹性扣件组装图

八、轨道铺设

轨道铺设是指将轨道铺设在已完成的路基、桥梁、隧道等工程上的工作。轨道铺设按照铺轨方向可分为单向铺轨和多向铺轨。单向铺轨是由线路起点一端循序向前铺轨至线路终点。多向铺轨是在工期紧迫和运输条件许可的情况下，全线分段、同时铺轨，即从两端或更多方向开展。其中，双向铺轨多用于新建铁路，更多向铺轨常在铁路增设第二线时采用。

按照铺轨方法可分为人工铺轨和机械铺轨，包含轨排组装、运输及铺设等 3 个环节。人工铺轨是从材料基地将铺轨材料用工程列车或汽车运到铺轨现场并就地连接铺成轨道，主要适用于铺轨工程量小的便线、专用线和旧线局部平面改建，较为经济。机械铺轨是将基地组装好的轨排，用轨排列车运到铺轨前方，再用铺轨机械铺设于路基上，主要适用于铺轨工程量大的新线或旧线的换轨大修以及增建第二线的轨道铺设。我国目前现场施工通常采用机械铺轨。

（一）有砟轨道铺设

1. 组装轨排作业

混凝土轨排组装质量的好坏关键在于螺旋道钉的锚固。轨排组装的作业方法通常有正锚和反锚两种。正锚施工较为简便，易于掌握，但控制不好常出现质量问题。采用正锚时，很难控制预留孔内锚固浆灌注量，太少会影响锚固强度，太多使得道钉插入后浆液溢流，污染承轨槽面，带来较大的硫黄残渣清理工作。反锚作业是将轨枕底面向上，由轨枕底孔倒插入道钉，从轨枕底孔灌入锚固浆进行锚固，其劳动效率高、质量好，得到了更为广泛的应用。施工时，采用锚固板上的道钉模具控制形位，能保证组装质量，同时锚固浆液不污染承轨槽面，外形美观，且拼装作业场占地较少。

下面以活动工作台作业方式中的单线往复式作业方式组装轨排为例。对于固定工作台作业方式，除锚固工作需向各工作台位运送硫黄锚固砂浆外，其他工序与活动工作台的作业过程完全相同，不再详述。

1）吊散轨枕

采用移动式散枕龙门架所配备的 3 ~ 5 t 电动葫芦吊散轨枕，每次自轨枕堆码场起吊 16 根轨枕。如移动式龙门架本身无动力时，可用卷扬机牵引或人力推动。若采用反锚作业进行组装，应将散开的轨枕翻面，使所有轨枕底面向上。此工序由人工用木棍配合撬棍撬拨，或用 U 形钢叉翻枕，如图 1.3.34 所示；或采用安装在锚固台前端的翻枕器，在移动台前进过程中进行翻枕，如图 1.3.35 所示。

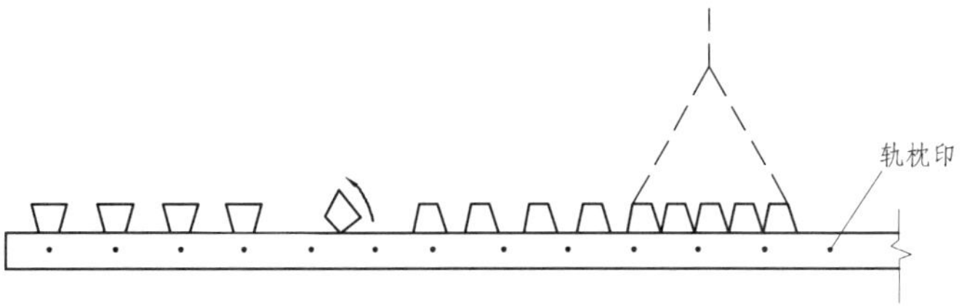

图 1.3.34　吊散钢轨

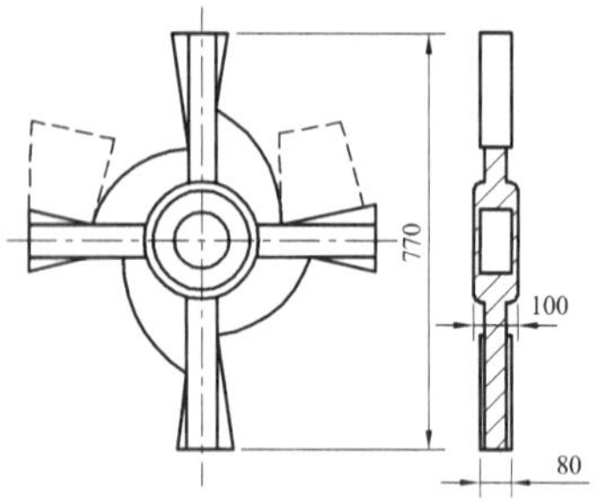

图 1.3.35　翻枕器

2）硫黄锚固

轨枕由散枕台运到锚固台时，每侧一人需将轨枕与预先插好的螺旋道钉上下对孔，然后抬高固定台，将螺旋道钉插入轨枕孔内，灌注硫黄锚固液，冷却。经锚固后，由翻转机翻转轨枕，由活动台运至下一个散扣件台，如图 1.3.36 所示。

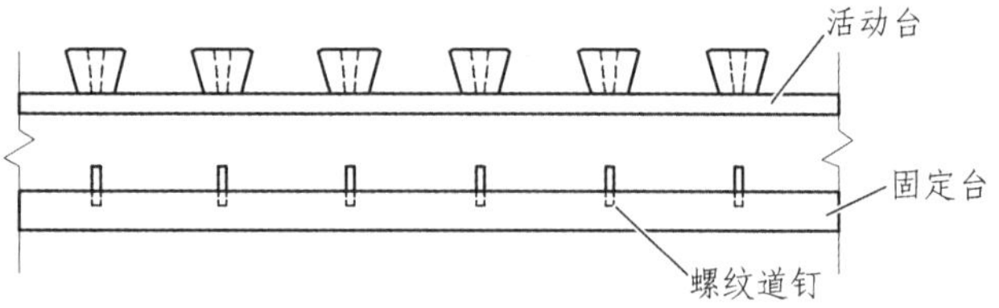

图 1.3.36　硫黄锚固台

硫黄锚固就是用硫黄水泥砂浆将螺旋道钉固定在钢筋混凝土或混凝土枕的道钉孔中。硫黄水泥砂浆是将硫黄、砂、水泥以及石蜡按一定的配合比配置而成。锚固方法有正锚和反锚两种，如图 1.3.37 所示。

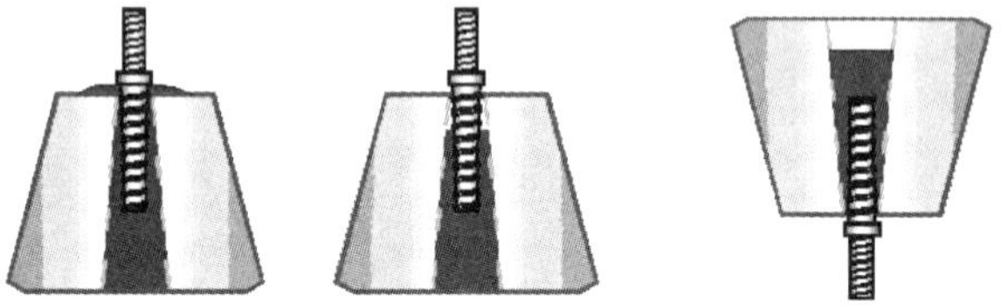

图 1.3.37　硫黄锚固方式

3）匀枕、散扣件

轨枕翻正后，应立即在轨枕承轨槽两侧散布配件，匀散扣板、缓冲垫片、弹簧垫圈及螺帽等配件。散布前，应按零件类型整理堆码好。为便于匀散轨枕，调整轨枕间隔距离，在工作台两侧设有起落架，并将联结平车的钢轨改成槽钢，在槽钢上配置匀枕小车，利用匀枕小车将大约 30 cm 间距的轨枕调为标准间距，同时放好轨底板。

4）吊散钢轨

吊轨前应检查钢轨型号、长度是否与设计一致，并将钢轨长度正负误差值写在轨头上，以便配对使用。吊轨利用 3 ~ 5 t 龙门吊一台及吊轨架一个来完成。按轨排计算表控制钢轨相错量，将钢轨吊到轨枕上相应的位置，然后在通过轨枕道钉纵向中心线的钢轨内侧，用白油漆画小圆点作为固定轨枕的位置。吊散钢轨时，为保持钢轨稳定，两端扶轨人员应用小撬棍插入钢轨螺栓孔内或拴缆绳牵行，不得用手直接扶持。吊车吊重走行的范围内禁止走人。

5）上配件、紧固

在作业线两侧搭设工作台，以手工操作把配件放置于正确的位置上，将螺帽拧上，并用电动或风动扳手拧紧螺栓。紧固前要测定扳手的扭矩，以确保达到设计要求。

6）质量检查

轨排组装完后，应由质检员详细检查轨排是否按轨排生产作业表拼装、轨排成品质量是否符合要求，包括检查轨距、轨枕间隔、接头错开量、安装质量等。如果发现有不符合的地方，应加以修整，最后对合格轨排按轨排铺设计划用色泽醒目的油漆进行编号。

7）轨排装车

轨排装车是轨排拼装的最后一道工序，即将编号的组装完的轨排，用两台 10 t 吊重、跨度 17 m 的电动葫芦龙门架按铺设计划逐排吊装在滚轮平车上，同时做好编组及加固工作。装到车上的轨排应上下左右摆正对齐，不得歪斜。至此，一个混凝土枕轨排组装完成，可以进行下一轨排的组装循环。

2. 轨排运输

为了确保机械铺轨的速度，保证前方不间断地进行铺轨，必须组织好从轨排组装基地到铺轨工地的轨排运输。

1）滚筒车运输

滚筒车一般由 60 t 平板车组成，车面上左右两侧各装滚筒 11 个，由两辆滚筒平板车合装一组轨排，每组 6 ~ 7 层。如用新型铺轨机铺轨，可装 8 层，滚筒车布置如图 1.3.38 所示。

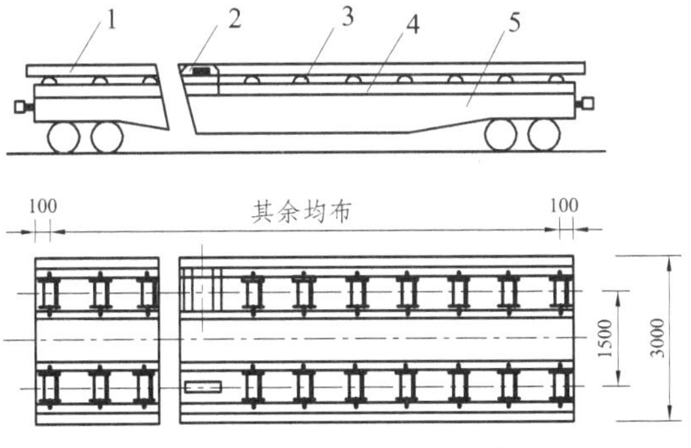

1—拖船轨；2—锁定装置；3—滚筒；4—滚筒架；5—60 t 平板车。

图 1.3.38　滚筒车组装示意

用滚筒车装运轨排，必须在滚筒上面安放拖船轨，以承受运输排垛的重量，拖船轨的头部靠滚筒处设有止轮器。

2）平板车运输

用无滚筒平板车运送轨排时，每 6 个轨排为一组，装在两个平板车上，7 组编一列。

在换装站或铺轨现场各设两台 65 t 倒装龙门架，将轨排换装到有滚筒的平板车上，供铺轨机铺轨，平板车运输如图 1.3.39 所示。

图 1.3.39　平板车运输

平板车运输轨排优点较多，无须制造大量滚筒，减少拖船轨轨距杆、止轮器数量，捆扎工作量减少，运输速度可达 30 km/h，节省人力和费用。

3. 轨排铺设

新建铁路的轨排铺设，大多采用铺轨机进行施工，如图 1.3.40 所示，少数情况下也有采用龙门架进行的。铺轨机铺轨施工流程如图 1.3.41 所示。

图 1.3.40　铺轨机实体

1）走行对位，起吊轨排

将轨排推进主机，铺轨机自行走到已铺轨排的前端适当位置，停下对位。需要支腿的铺轨机，在摆头以后立即放下支腿，按要求支承固定。开动可以从铺轨机后端走行到前端的吊重小车，在主机内对好轨排的吊点位置，落下吊钩挂好轨排。

2）小车前进

吊重小车将轨排吊高至离下面轨排 0.2 m 高度，开始前进到吊臂最前方。

3）下落轨排

吊重小车吊起轨排走行到位时应立即停止，并开始下落轨排至离地面约 0.3 m 时稍稍停住，然后缓缓落下后端。

4）轨排落位，对接头

轨排落位后与已铺轨排的前端对位上鱼尾板。对位时间一般占铺一节轨排总时间的一半以上，成为铺轨速度快慢的关键。在后端对位上鱼尾板后，可通过摆头设施使前端对位线路中线，立即落到路基上。轨排落位以前，为使轨排保持所需的形状，一般需人工（或用拨道器）左右拨正。

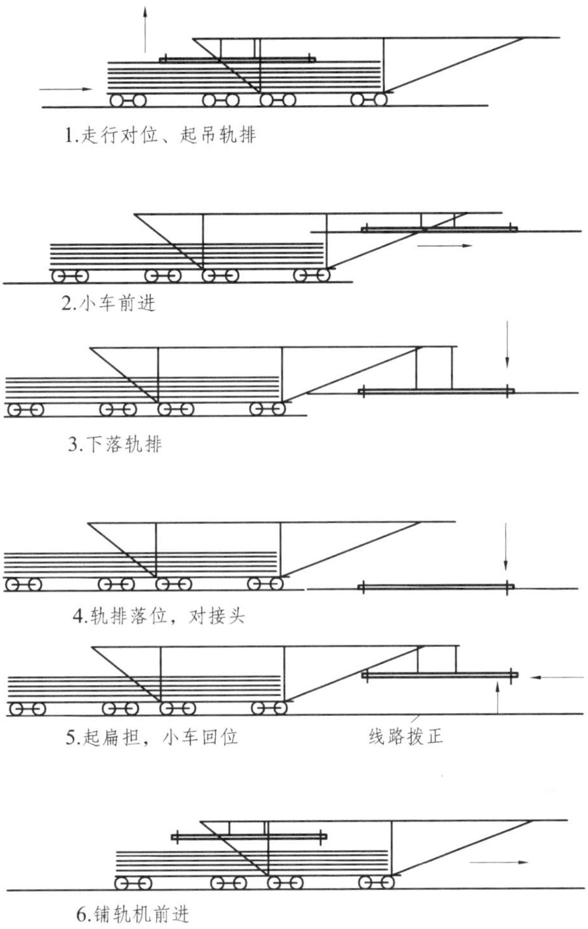

图 1.3.41　铺轨机铺轨施工流程

5）小车回位、铺轨机前进

铺好一节轨排后立即摘去挂钩，将扁担升到机内轨排之上，吊轨小车退回主机，准备再次起吊。有支腿的铺轨机应立即升起支腿，主机再次前进对位，并重复以上工序。待一组轨排全部铺设完毕，立即翻倒拖船轨。拖入下一组，再按以上工序进行铺设。当一列轨排铺完后，利用拖拉方法，将拖船轨返回空平板车上，由机车将空车拉回前方站，并将前方站另一列轨排列车运往工地。

6）补上夹板螺栓

为了提高铺轨的速度，铺设轨排时仅上两个螺栓，在铺轨机的后面还要组织人员将未上够的夹板螺栓补足、上紧。

4. 铺砟整道

线路的轨排铺设完成后，即可通行工程列车，包括铺轨列车和铺砟列车，为提高行车速度，保证行车安全，铺轨后应抓紧铺砟整道工作，即将道砟垫入轨枕下铺成设计要求的道床断面，并使轨道各部分符合《新建铁路铺轨工程竣工验收技术标准》的要求，主要包括采砟、运砟、卸砟、上砟、起道、整道等作业。

（二）无砟轨道长钢轨铺设

近年来，随着高速铁路无砟轨道的发展，新工艺、新技术、新材料的应用使铁路建设形式趋于多样化，施工工艺趋于简单化、机械化，安全操作性强。运用“推送法”进行长钢轨铺设工作，提高了施工效率，缩短了施工周期。

无缝线路长钢轨的铺设过程：无缝线路铺设前，建好铺轨基地，组装长轨运输车、铺轨及焊轨机组。长轨运输车运输 500 m 长钢轨进入施工现场，利用专用无砟轨道长钢轨铺设机组，采用“推送法”一次性铺设无缝线路。采用移动焊轨机对已铺设的长钢轨进行焊接，采用“滚筒法”或“拉伸器滚筒法”两种方法对单元轨节进行放散锁定，对铺设好的轨道进行精调，达到验收标准。

1. 施工准备

铺轨前，做好现场施工调查、图纸会审，编制实施性施工组织设计，制订相应的施工方案、做好施工技术交底、与既有线相关管理部门签订安全及配合协议，做好交接工作等。做好施工人员的岗前培训和物资的存储准备，并做好施工机械设备进场前的检修和进场后的安装调试工作。

2. 长钢轨装卸

长钢轨吊运分起吊、走行、下落 3 个阶段，每个阶段均应同步进行。起吊和走行时应保证钢轨平顺，吊轨时应缓起缓落，并严禁跌落碰撞，长钢轨应单根起吊，并轻吊轻放，吊运中保持长钢轨平稳。起吊高度高于平板车约 1.5 m，再进行起升和降落作业，固定龙门吊同步集中控制吊装作业，吊轨时必须起到同一高度再往外走以防碰到钢轨，如图 1.3.42 所示。

图 1.3.42　长钢轨吊装

3. 长钢轨运输

长钢轨运输过程中，机车起动与制动加速度不大于 $0.2\ m/s^2$，当运输车到达距离换铺现场 500 m 时，机车应减速到 3 km/h 以下并准确对位，运输中，确保行车安全，如图 1.3.43 所示。

图 1.3.43　长钢轨运输

4. 长钢轨铺设

长钢轨铺设施工流程如图 1.3.44 所示。

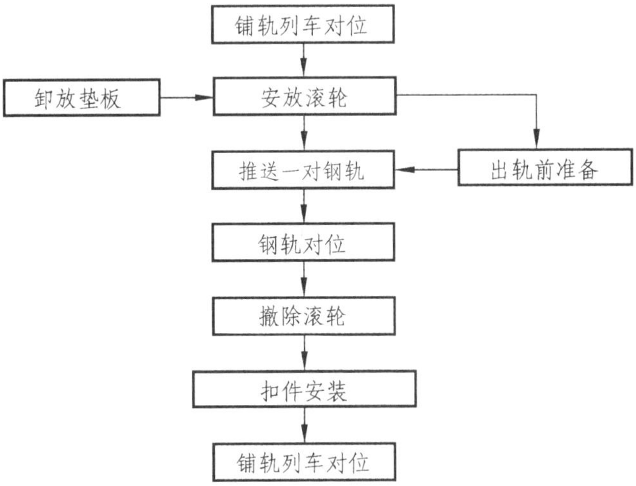

图 1.3.44　长钢轨铺设流程

1）长轨列车工地对位

长轨列车运行过程中，机车起动与制动加速度不大于 0.2 m/s^2；在施工地段运行限速 5 km/h；在接近已铺长钢轨轨头 10 m 处，应减速缓慢而准确对位。对位时，应在钢轨上划出停车标记，并派专人安放铁斜和止轮器。

2）长钢轨推送喂轨

当运输列车停好就位后，松开拖拉钢轨的锁定装置，如图 1.3.45 所示，将分轨导框调到与拖拉钢轨位置相应的宽度，用 WZ500-TY 型长轨推送器上的卷扬机钢丝绳（带夹轨器）牵拉长钢轨至推送器钢轨夹钳处，锁定钢轨夹钳并关闭卷扬机，启动 WZ500-TY 型长轨推送器推送长轨至 WZ500 型铺轨牵引车钢轨夹钳处，将钢轨头与牵引车钢轨夹钳锁固好，如图 1.3.46 和图 1.3.47 所示。

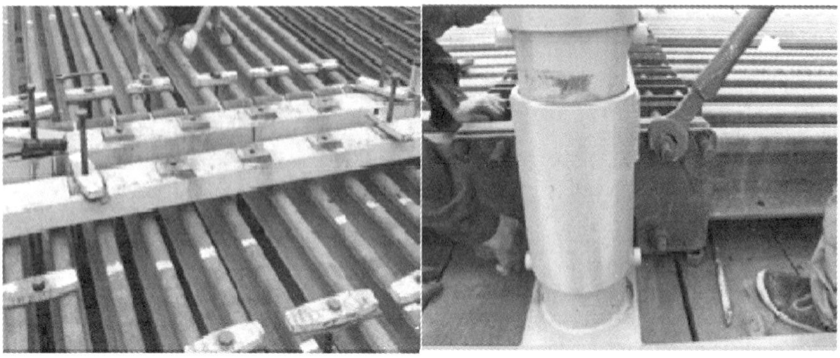

图 1.3.45 解锁长钢轨

图 1.3.46 拖拉长钢轨

图 1.3.47 推送长钢轨

3）牵引机牵引拖拉长钢轨

长钢轨轨头与 WZ500 型牵引车钢轨夹钳锁固就绪后，启动拖拉钢轨前行，在无砟轨道轨枕边缘（靠近前进方向），每隔约 12 m 随着运行依次放置一对滚轮。运行中每间隔约 50 m 各设防护员监护长轨运行，确保不刮碰螺杆扣件及滚轮正位滑移。离末端还有 10 m 时，开启过渡桥吊缓慢引导钢轨下滑，钢轨末端下滑至前分轨小车滑槽时，把钢轨后端平稳移拉，直至与已铺好的钢轨连接密贴，后端安装钢轨接头应急保护夹轨器，前端将铺轨牵引车钢轨夹钳处松开，推出轨头。拖拉长钢轨如图 1.3.48 所示，落槽与对位如图 1.3.49 所示。

图 1.3.48 拖拉长钢轨

图 1.3.49　钢轨对位、落槽

4）收取滚轮和整理紧固扣件

依次取出滚轮，采用内燃液压紧固机按直线地段隔 7 紧 1、曲线及大坡度地段隔 5 紧 1，拧紧一组扣件，接头前后 5 根轨枕扣件应安装齐全拧紧。用运输小平车收取滚轮，在牵引车尾部平台码放好。铺轨列车以不大于 5 km/h 的速度推进，循环进行下一对长钢轨的铺设。

阅读拓展

高速铁路国家名片

任务四　铁路桥涵

【学习任务】

1. 熟悉桥梁组成及分类；
2. 认识桥跨结构；
3. 认识桥梁支座及种类；
4. 熟悉桥梁施工方法、使用条件及工序。

桥梁的前世今生

一、桥涵概述

桥涵是桥梁和涵洞的统称，是跨越障碍物的通道，桥涵既能排泄洪水，又保持线路的连续性。桥梁和涵洞的区别主要在于其上有无填土，一般桥上没有填土，而涵洞上面则有一定厚度的填土。净跨度在 6 m 以上时，不论上面有无填土均称为桥。

桥梁还有代替路堤的作用。当铁路遇深谷、洼地，若以路堤通过需占大片良田或附近取土无来源时，可采用桥梁通过；当线路临河傍山而行，若地势险峻修筑路堤有困难时，均可用桥梁通过。

二、桥梁的组成与分类

（一）桥梁的组成

桥梁由上部结构、下部结构、防护设备及调节河流建筑物等组成，如图 1.4.1 所示。上部结构包括桥面、桥跨结构（梁拱）、支座；下部结构包括桥墩、桥台及基础；防护设备及调节河流建筑物包括限高防护架、墩台防撞设施、护锥、护岸、护基、护底、导流堤、丁坝、梨形堤等。

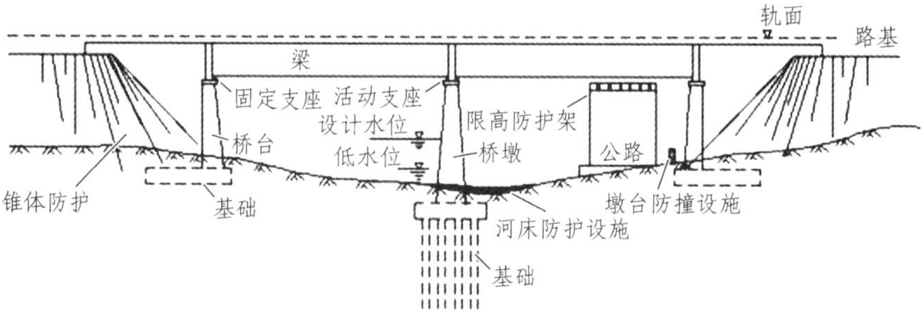

图 1.4.1　桥梁的组成

（二）桥梁的分类

桥梁按长度可分为特大桥（桥长 500 m 以上）、大桥（100 m 以上至 500 m）、中桥（20 m 以上至 100 m）、小桥（20 m 及以下）。

按梁拱材质可分为钢桥、圬工桥和混合桥，如图 1.4.2 所示。钢桥以钢材作为桥跨结构主要建筑材料；圬工桥以石、砖、混凝土、钢筋混凝土、预应力钢筋混凝土作为桥跨结构主要建筑材料；混合桥以多种材料共同作为桥跨结构建筑材料。

钢　桥

圬工桥（混凝土）

圬工桥（石）

混合桥

图 1.4.2　桥梁按梁拱材质分类

按桥面位置可分为上承式桥、中承式桥和下承式桥，如图 1.4.3 所示。上承式桥的桥面位于桥跨结构上部；中承式桥的桥面位于桥跨结构中部；下承式桥的桥面位于桥跨结构下部，又分为全穿式和半穿式。

上承式桥

中承式桥

下承式桥（全穿式）

下承式桥（半穿式）

图 1.4.3　桥梁按桥面位置分类

按桥跨结构承受荷载的特征可分为梁桥、拱桥、刚构桥、框架桥、悬索桥、斜拉桥和复合体系桥，如图 1.4.4 所示。

简支梁桥结构

梁桥：用梁作为桥跨结构的桥，承重结构是以它的抗弯能力来承受荷载，有简支梁桥、连续梁桥、悬臂梁桥。

拱桥：用拱圈或拱肋作为桥跨结构的桥，主要承重结构是拱肋（或拱箱），以承压为主。拱桥按结构形式分为无铰拱、双铰拱、三铰拱；按有无外推力分为推力拱、无推力拱。

连续梁桥结构

刚构桥：桥跨结构与桥墩或桥台刚性连接的桥，是由受弯的上部梁（或板）结构与承压的柱（或墩）整体结合在一起的结构。

框架桥：桥梁为整体箱形框架的桥。

悬索桥：用桥塔支撑锚于两岸（端）的缆索，借助挂于缆索上的吊杆悬吊桥面和梁形成桥跨结构的桥，以悬索为主要承重结构。

斜拉桥：以斜拉索连接索塔和主梁作为桥跨结构的桥，是由承压的塔、受拉的索与承弯的梁体组合起来的一种结构体系。

复合体系桥：桥跨同时有几个体系特征结构，相互联系结合而成。

简支梁桥

连续梁桥

悬臂梁桥

拱桥

刚构桥

框构桥

悬索桥

斜拉桥

劲性骨架钢筋混凝土拱桥

提篮系拱桥

图 1.4.4　桥梁按桥跨结构承受荷载的特征分类

按梁的截面形式分类可分为板形梁、钢板梁、混凝土板梁、T 形梁和箱形梁。板形梁适用于低高度梁，当桥梁高度受到限制时采用；钢板梁是由钢板或型钢组成工字形截面主梁，并由纵、横联结系连接的梁；混凝土板梁是宽腹板、跨度较小的普通钢筋混凝土梁；T 形梁是既有线混凝土桥梁最常见的形式；钢箱梁是由纵、横向加劲肋加强的钢板所组成的单室或多室箱形梁；混凝土箱梁是横截面呈一个或几个封闭箱形的混凝土梁。

（三）各部尺寸的规定

各部尺寸的示意如图 1.4.5 所示。

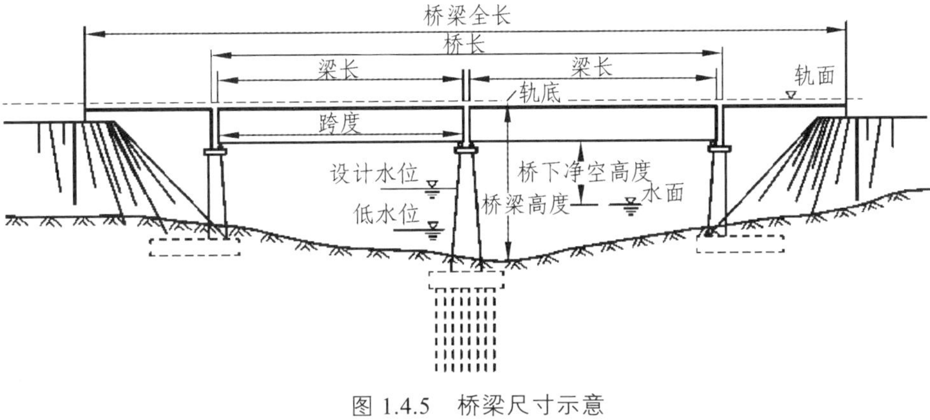

图 1.4.5　桥梁尺寸示意

（1）梁的跨度（计算跨度）：梁桥、斜拉桥、悬索桥和拱桥（双铰）为各孔两端支座中心之间距离。拱桥（无铰）、刚构桥和框架桥为其净孔。

（2）梁的全长：梁两端面之间的长度。钢桁梁为沿纵梁（下承式、半穿式）或上弦（上承）的全梁长度；板梁、工字梁为上边的长度；圬工梁为两端面之间的长度；连续梁为相连各孔的总长；悬臂梁为锚固跨加悬臂的总长；拱桥、框架桥或刚构桥边孔为最外端至相邻墩中心的水平距离，中间孔为相邻两墩或立柱中心线间的水平距离。

（3）桥孔总长：桥梁排水宽度。斜拉桥为各两墩（台）间垂直距离之和；拱桥为各孔起拱线处净长之和。当锥体填土凸出桥台之外时，则改用计算水位与低水位之间的中线来量度。

（4）桥梁长度（桥长）：梁桥系指桥台挡砟前墙之间的长度；拱桥系指拱上侧墙与桥台侧墙间两伸缩缝外端之间的长度；刚架桥（或框构桥）系指刚架（或框构）顺跨度方向外侧间的长度。

（5）桥梁全长：桥梁轴线上两桥台尾部之间的距离。曲线桥为中心线上墩台之间各段折线之和。

（6）桥梁高度：桥面的轨底至河床最凹点的垂直距离。

（7）桥下净空高度：桥跨结构底面至水面、路面或轨面之间可用于交通的自由高度。

三、桥　面

桥面分为道砟桥面、无砟桥面和明桥面，如图 1.4.6 所示。

道砟桥面

道砟桥面

无砟桥面

明桥面

图 1.4.6　桥面

道砟桥面由道床、轨枕、钢轨及联结零件等组成，普速铁路道床外侧一般设置有挡砟块，客运专线及高速铁路有砟道床外侧设置挡砟墙。

无砟桥面有无砟无枕桥面、无砟短枕桥面和长枕埋入式桥面等形式。无砟无枕桥面是在桥面上设承轨台，用来放置钢轨。无砟短枕桥面的钢轨铺设在嵌入钢筋混凝土梁上的楔形短枕上，楔形短枕牢固地固定在桥枕槽内。无砟桥面一般用于预应力钢筋混凝土梁桥上。高速铁路桥梁无砟道床外设置防撞墙。

明桥面的桥枕置于梁上，桥枕上铺设钢轨，一般用于钢桥。明桥面一般由木桥枕或新型桥枕、防爬设备、护轨等组成。

大跨度桥梁梁端应设置伸缩装置，我国铁路大跨度桥梁采用的梁端伸缩装置多为滑动钢枕与支承梁结合的结构形式，分为支承梁布置在滑动钢枕下方或上方两种，如图 1.4.7 所示。梁端伸缩装置由固定钢轨、活动钢枕、固定端位移箱、活动端位移箱、支撑梁、吊架、枕下垫板、承压支座、压紧支座、侧向导轨、连杆和防水橡胶条等组成。

（a）支承梁布置在滑动钢枕下方的梁端伸缩装置

（b）支承梁布置在滑动钢枕上方的梁端伸缩装置

图 1.4.7　伸缩装置

四、桥梁基础

常见的桥梁基础类型有扩大基础、沉井基础、桩基础、钻（挖）孔桩基础等。

（一）扩大基础

扩大基础是将桥墩或桥台及上部结构传来的荷载由其直接传递至较浅支承地基的一种基础形式，桥梁扩大基础荷载通过逐步扩大的基础直接传到土质较好的天然地基上，它的尺寸按地基所承受的荷载决定。基础埋置深度与宽度相比很小，属于浅基础范畴。由于埋深浅，结构形式简单，施工方法简便，造价也较低，因此是建筑物最常用的基础类型，如图 1.4.8 所示。

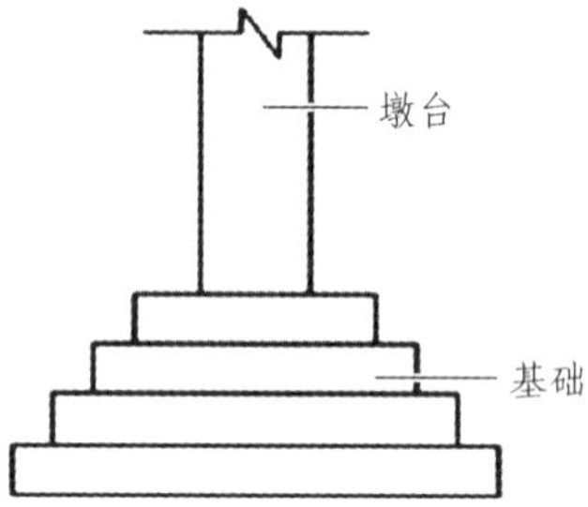

图 1.4.8　扩大基础

（二）沉井基础

沉井基础是井筒状的结构物，它是以人工或机械清除井内土石，依靠自身重力克服井壁摩擦力后下沉到设计标高，然后经过混凝土封底并填塞净孔，使其成为桥梁墩台基础，如图 1.4.9 所示。

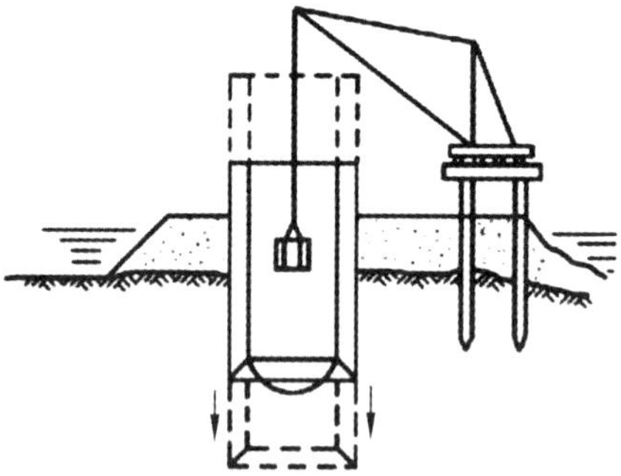

图 1.4.9　沉井基础

（三）桩基础

桩基础是通过承台把若干根桩的顶部联结成整体，共同承受动静荷载的一种深基础，而桩是设置于土中的竖直或倾斜的基础构件，其作用在于穿越软弱的高压缩性土层或水，将桩所承受的荷载传递到坚硬、密实或压缩性较小的地基持力层上，通常将桩基础中的桩称为基桩，如图 1.4.10 所示。

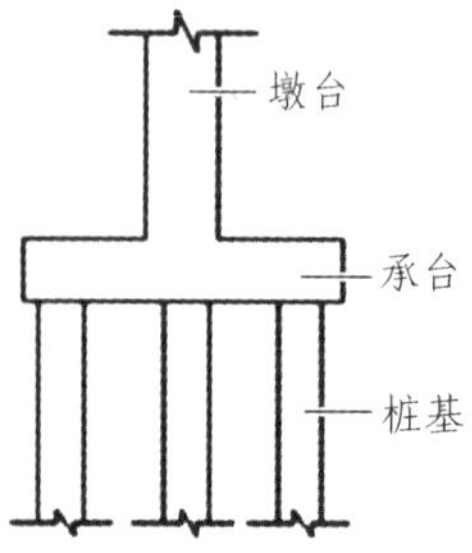

图 1.4.10　桩基础

桩基础根据桩的材料可分为木桩、钢筋混凝土桩、钢桩等；根据桩的形状可分为板桩、方桩、管桩、螺旋桩、灌注桩、桩尖爆破桩和钻（挖）孔桩等；根据基础承台的所在位置可分为低桩承台（承台修建在冲刷线以下）和高桩承台（承台底高出河底或水面）；桩基础根据传力方法的不同又可分为摩擦桩与端承桩两种。

五、墩台的构造

（一）桥墩的构造

桥墩是支撑相邻桥跨结构，并将其荷载传给基础的建筑物，主要由墩帽、墩身、基础 3 部分组成。

桥墩按墩身截面可分为矩形、尖端形、圆形、圆端形等几种。桥墩墩身绝大多数是实心的，即用石料、混凝土或片石混凝土筑成，对于高桥墩（墩身高超过 30 m）采用薄壁空心钢筋混凝土桥墩。近年来，发展轻型墩台，除薄壁空心钢筋混凝土桥墩及双柱式桥墩外，还采用预应力拼装式空心薄壁桥墩、基桩栈桥以及柔性墩等，如图 1.4.11 所示。

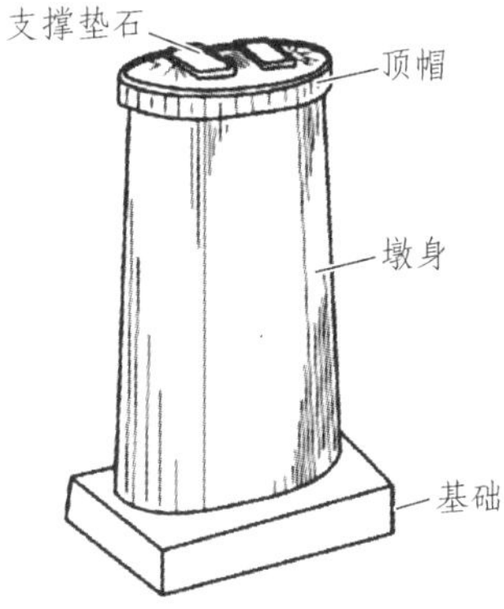

（a）桥墩

（b）圆形桥墩

（c）圆端形桥墩

（d）矩形桥墩

（e）尖端形桥墩

图 1.4.11　桥墩的构造

（二）桥台的构造

桥台是连接桥跨结构和路基的支挡建筑物。桥台形式主要取决于填土高度、梁跨形式和跨度，目前主要有 U 形、T 形、十字形及埋置式等几种重力式桥台，还有耳墙式桥台及桩柱式、锚定板式等轻型桥台。

1. 重力式桥台

1）U 形桥台

U 形桥台由台身（前墙）、台帽、基础与两侧的翼墙组成，在平面上呈 U 字形，如图 1.4.12（a）所示。它是最常用的桥台形式，由支承桥跨结构的台身与两侧翼墙在平面上构成 U 字形而得名。一般用圬工材料砌筑，构造简单，适合于填土高度在 8 ~ 10 m 以下，跨度稍大的桥梁。缺点是桥台体积和自重较大，也增加了对地基的要求。

2）T 形桥台

T 形桥台的截面形状为 T 形，它由前墙和后墙组成，如图 1.4.12（b）所示。其前墙支承桥跨；后墙平行于线路，墙顶设道砟槽，承托桥跨和路堤间线路的上部建筑。这种桥台具有较好的刚度、强度和较强的适应性，以及工程量较少等优点，因此应用较广泛。

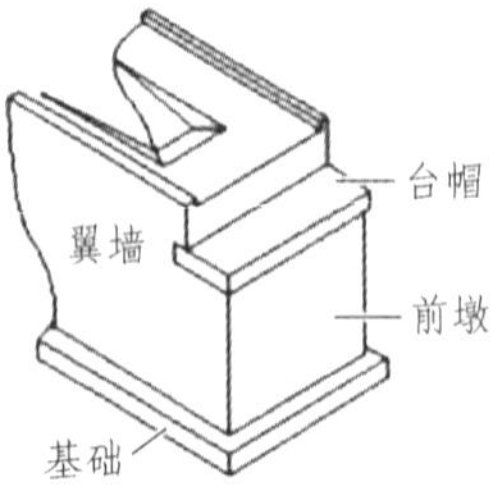

（a）U 形桥台

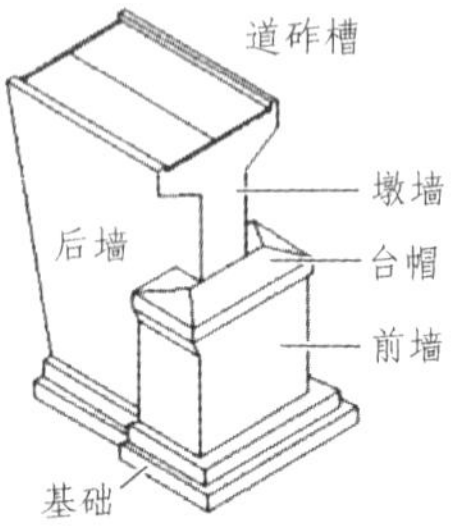

（b）T 形桥台

图 1.4.12　U 形、T 形桥台示意

3）十字形桥台

十字形桥台与 T 形桥台相近，后墙长度相对较短，在前墙前增加斜撑，增加桥台的稳定性，如图 1.4.13（a）所示。

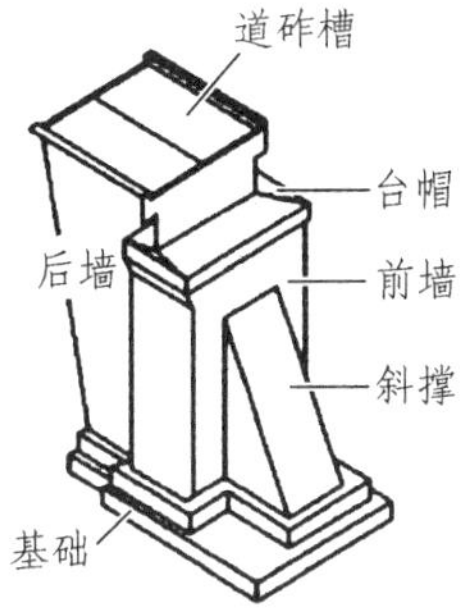

（a）十字形桥台

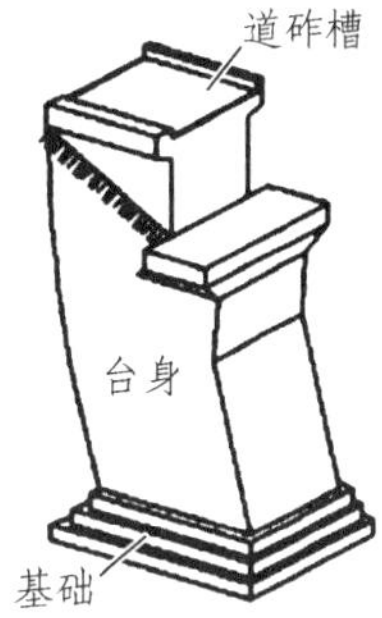

（b）埋置式桥台

图 1.4.13　十字形、埋置式桥台示意

4）埋置式桥台

桥台台身埋置于台前护坡内，不需另设翼墙，仅由台帽两端的耳墙与路堤衔接，如图 1.4.13（b）所示。埋置式桥台圬工数量较少，但由于溜坡伸入桥孔，压缩了河道，有时需要增加桥长。它适用于桥头为浅滩，溜坡受冲刷较小，填土高度在 10 m 以下的中等跨径的多跨桥中。

2. 轻型桥台

1）耳墙式桥台

耳墙式桥台的外形相当于割去台尾下部的 U 形桥台，这种桥台较 U 形桥台具有工程量少的优点，但其构造较复杂，钢筋混凝土耳墙施工也较困难，如图 1.4.14（a）所示。

2）桩柱式桥台

一般为双柱式桥台，当桥较宽时，为减少台帽跨度，可采用多柱式，或直接在桩上面建造台帽。为满足桥台与路堤的连接，在台帽上部设置耳墙，必要时在台帽前方两侧设置挡板，如图 1.4.14（b）所示。

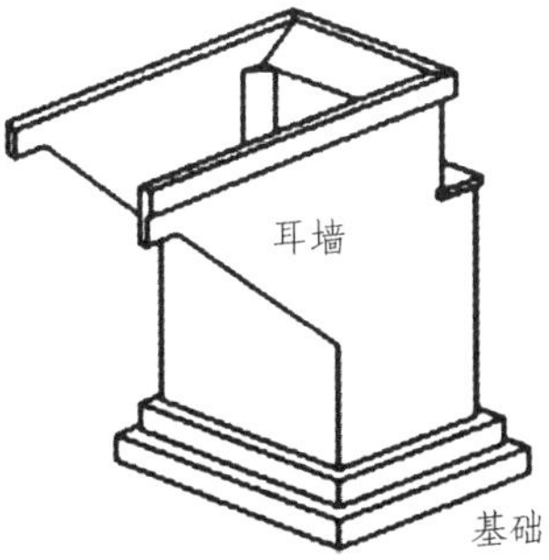

（a）耳墙式桥台

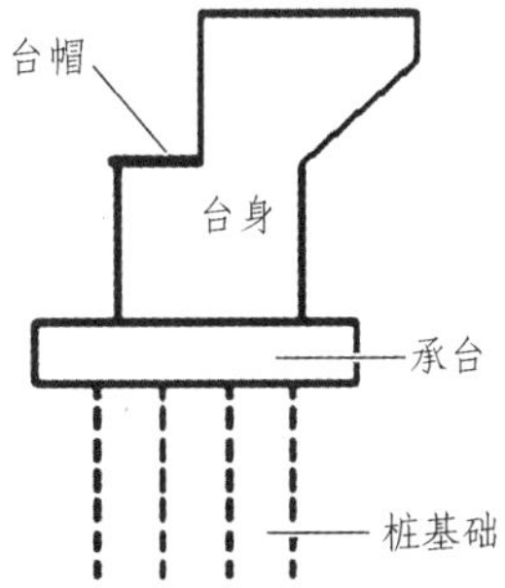

（b）桩柱式桥台

图 1.4.14　耳墙式、桩柱式桥台示意

3）锚定板式桥台

锚定板结构由锚定板、立柱、拉杆和挡土板组成，可分为分离式锚定板式桥台、结合式锚定板式桥台，如图 1.4.15 所示。

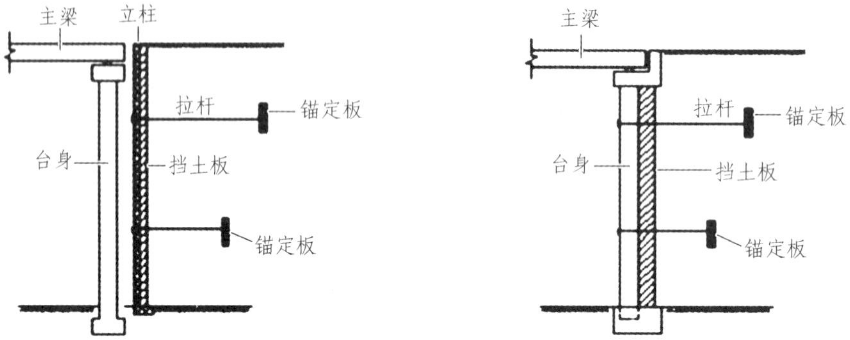

（a）分离式锚定板式桥台　　（b）结合式锚定板式桥台

图 1.4.15　锚碇板式桥台

分离式锚定板式桥台，台身与锚定板、挡土结构分离，台身承受桥跨结构传来的竖向力和水平力，挡土结构承受土压力；结合式锚定板式桥台，台身与锚定板、挡土结构结合，较分离式锚定板式桥台结构简单，施工方便，工程量小，但受力不明确，若设计计算中台顶位移量的选取不准确，将影响施工和运营。

六、桥梁附属设备

（一）安全检查设备

为经常检查桥梁建筑物各部位的情况和保证桥梁养护维修人员的正常工作及操作安全，需要在桥梁的不同部位配备与其相应的安全检查设备。梁的跨度大于 10 m，墩台顶帽面至地面的高度大于 2 m 或经常有水的河流，墩台顶应设置围栏、固定吊篮、检查梯及台阶等，如图 1.4.16 所示。

吊篮围栏

检查梯

检查梯（空心墩）

检查台阶

图 1.4.16　安全检查设施

围栏是保证养护人员在墩台面作业时的安全设备，它由立柱和栏杆扶手组成；吊篮是供检查或维修养护桥梁支座和梁端时用的设备，它由支架、步板、栏杆及扶手组成，支架可由钢材或钢筋混凝土制成，步板可为木板或钢筋混凝土板或钢板，通常桥台设单侧，桥墩设两侧；检查梯是在空心墩内设置的便于从桥面下到墩台顶进行检查作业用的设备；检查台阶是根据需要在路堤边坡上设置的简易台阶，当桥头路堤高度（路肩至坡脚）大于 3 m 时应设置。

检查小车是用于对桥梁各结构进行全面的检查与维护，为作业人员提供作业平台的检查设备，可分为上弦检查车、下弦检查车。上弦检查车主要用于钢桁梁上部结构的检查；下弦检查车主要用于对桥梁底部的检查，如图 1.4.17 所示。

（a）上弦检查车

（b）下弦检查车

图 1.4.17　检查小车

（二）桥梁防撞设施

1. 梁体防撞

1）桥梁限高防护架

“铁跨公”立交道路桥梁梁体防撞主要在立交桥梁行车方向前端合适位置设置桥梁限高防护架，用于防止汽车直接冲撞桥梁梁体。铁路立交桥梁净空不足 5 m 且通行机动车辆的，均应设置限高防护架，如图 1.4.18 所示。

图 1.4.18　限高防护架

2）航道桥梁超高防撞智能系统

位于通航航道上的铁路桥梁梁体、桥墩为避免被超高重载的船舶撞击，在桥墩或梁上安装激光扫描传感器，实现 24 h 有效识别监控范围内船舶航迹，并对通过声光、VHF 无线通信对危险船舶进行预警、报警和自动抓拍图片、记录视频，如图 1.4.19 所示。

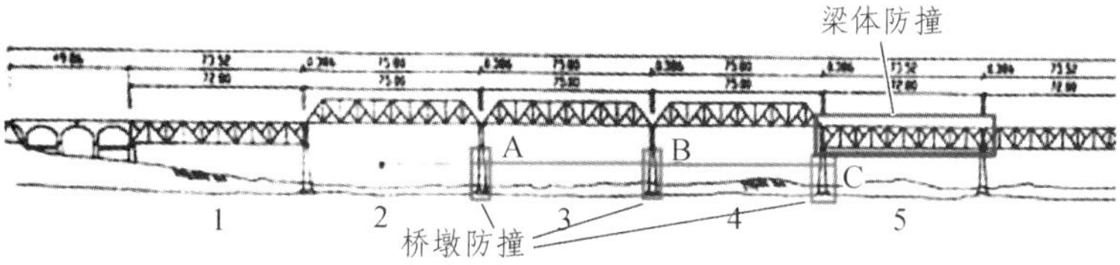

（a）

（b）

（c）

（d）

图 1.4.19　航道桥梁超高防撞智能系统

2. 墩台防撞

桥梁墩台的防撞常常采取在铁路桥梁墩台周边设置一定的防撞设施，避免通行的车辆或船舶直接撞击铁路桥梁墩台。公路地段一般可在墩台周边设置防撞墙（墩）或波形护栏，通航河道桥墩周围一般设置防撞浮筒（混凝土防撞岛、墩或防撞护舷）等防撞设施，如图 1.4.20 所示。

（a）公铁立交桥防撞　　（b）通航桥防撞

图 1.4.20　墩台防撞

3. 防抛（砟）网

"铁跨铁"或"铁跨公"地段，为避免铁路上道砟掉落砸伤车辆或行人，应在铁路桥梁面两侧栏杆处设置防（抛）砟网，如图 1.4.21 所示。

图 1.4.21　防抛（砟）网

4. 通航桥梁航标

通航河道铁路桥梁上应设置桥梁航标、桥柱标、桥梁水尺标等助航标志，如图 1.4.22 所示。

（a）航标、桥柱标　　（b）水尺标

图 1.4.22　通航桥梁航标

（三）调节河流建筑物

调节河流建筑物是桥涵结构的重要组成部分，它主要包括护锥、导流堤、丁坝、护岸以及河床铺砌等。

1. 护　锥

桥台两侧的锥体填土部分称为护锥。护锥的作用是保护桥头路堤不被河水、雨水冲刷，加强桥头路基的稳定，在锥体边坡上，用干砌片石、浆砌片石、混凝土等加以防护，如图 1.4.23 所示。

图 1.4.23　桥梁护锥

2. 导流堤

在河滩较宽而桥孔较短的桥梁中，为使桥梁上游的水流能平顺地引向桥孔排泄，可在桥头修建不漫水的导流堤。桥梁上游的导流堤可采用椭圆形曲线（半个马蹄式），长度应根据河滩宽度而定。下游导流堤可采用直线或圆曲线的短堤，如图 1.4.24 所示。

图 1.4.24　导流堤

3. 丁　坝

当河岸受到冲刷而使河道逐渐弯曲时，可在受冲刷的一侧设置丁坝，将主流挑开，使该侧不再遭受冲刷而逐渐淤积。一般情况下，不宜在桥涵进口附近修筑丁坝，以免产生斜流集中冲刷某个墩台。丁坝多采用成群布置，丁坝的高程取决于采用漫流式还是非漫流式，以漫流式效果较好，经济适用。如图 1.4.25 所示。

图 1.4.25　丁坝

4. 护　岸

护岸的形式有直接防护和间接防护两种。直接防护是对河岸边坡直接进行加固，以抵抗水流的冲刷和淘刷。常用抛石、干砌片石、浆砌片石、石笼及梢捆等修筑。间接防护适用于河床较宽或防护长度较大的河段，可修筑丁坝、顺坝和格坝等，将水流挑离河岸，如图 1.4.26 所示。

5. 河床铺砌

对降坡大、水流急、冲刷严重的河床用浆砌片石对河床进行铺砌，防止冲刷。铺砌的起止点应设置垂裙，如图 1.4.27 所示。

图 1.4.26　护岸

图 1.4.27　河床铺砌

（四）阻尼器

当桥梁结构受到外荷载（如风、地震等）冲击时，通常采用阻尼器用作桥梁的减隔震设施，阻尼器常常和桥梁支座一起使用，用以提供运动的阻力，耗减运动能量。阻尼器种类很多，有铅挤压阻尼器、钢阻尼器、摩擦阻尼器、液压黏滞阻尼器等，其中较为成熟且使用于大跨度桥梁的主要是液压黏滞阻尼器，如图 1.4.28 所示。

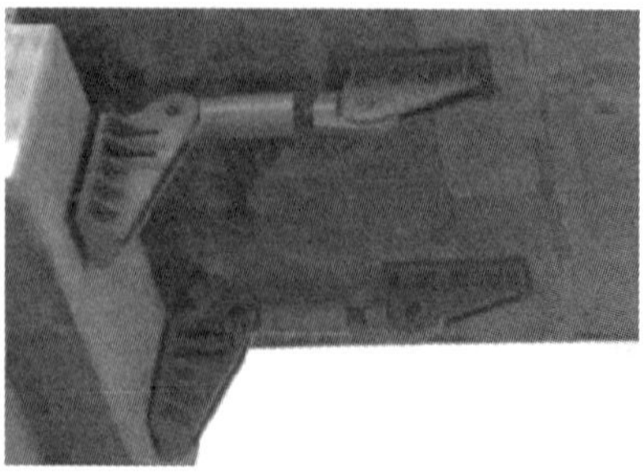

图 1.4.28　液压黏滞阻尼器

（五）桥梁声屏障

桥梁声屏障是安设在桥梁地段用以降低列车运行噪声对声环境产生影响的构筑物。声屏障主要由钢结构立柱和吸隔声屏板两部分组成，立柱是声屏障的主要受力构件，它通过螺栓或焊接固定在道路防撞墙或轨道边的预埋钢板上，吸隔声板是主要的隔声吸声构件，它通过高强弹簧卡子将其固定在 H 型立柱槽内，形成声屏障。

声屏障按照组合形式可分为插板式、整体式、砌体式。插板式是在立柱间插装吸声或隔声板材的声屏障。整体式采用预制或现浇混凝土单元板与基础形成一体。砌体式采用砌块砌筑形成，桥梁地段一般不采用。

按照原料分类可分为金属声屏障（金属百页、金属筛网孔）、混凝土声屏障（轻质混凝土、高强混凝土）、PC 声屏障、玻璃钢声屏障等，如图 1.4.29 所示。

（a）金属声屏障

（b）混凝土声屏障

（c）PC 声屏障

（d）玻璃钢声屏障

图 1.4.29　按材质分类桥梁声屏障

按照声屏障的封闭状态，可分为半封闭和全封闭，如图 1.4.30 所示。

（a）半封闭声屏障

（b）全封闭声屏障

图 1.4.30　按封闭类型分类桥梁声屏障

七、桥梁支座

（一）支座作用和布置

支座是桥跨结构的支承部分，它的作用是将桥跨结构的支承反力传递给墩台。按照静力图式，简支梁应在每跨的一端设置固定支座，另一端设置活动支座。固定支座既要固定主梁在墩台上的位置并传递竖向压力和水平力，又要保证主梁发生挠曲时在支承处能自由转动。活动支座只传递竖向压力，但它要保证主梁在支承处既能自由转动又能水平移动，铁路桥梁一般情况下桥面较窄，支座横向变位很小，只需设置单向活动支座（纵向活动支座）。

（二）支座的类型和构造

目前，我国钢筋混凝土和预应力混凝土铁路桥梁使用的支座，按使用材料可分为简易支座、钢支座、橡胶支座和混凝土支座 4 大类。支座类型的选择应根据桥跨径的长短、支点反力的大小、梁体变形的程度以及对支座结构高度的要求视具体情况而定。下面介绍钢筋混凝土和预应力混凝土铁路桥梁常用的几种支座类型和构造。

1. 简易垫层支座

对于跨度 $L\leqslant 6$ m 的铁路板梁桥，可不设专门的支座结构，只需在支承处垫上一层石棉板或油毛毡。在固定的一端，要加设套在铁管中的锚钉，锚钉预先埋设在墩台顶帽内。为防止墩、台顶部前缘被压裂并避免上部结构端部和墩、台顶可能被拉裂，通常应将墩、台顶部的前缘削成斜角，并最好在板梁底部以及墩台顶部内增设钢筋网予以加强。

2. 钢支座

常用的钢支座有平板支座、弧形支座、摇轴支座与辊轴支座。

平板支座是桥梁支座中出现最早而又最简单的一种支座形式，它由上、下两块平面钢板组成，固定支座的上下板间用钢销固定，活动支座只将上平板销孔改成圆形。这种支座构造简单、加工容易，但位移量有限，只适应 $L \leqslant 8$ m 的钢筋混凝土桥。目前，平板支座大部分已被板式橡胶支座所代替。

弧形支座是将平板支座上、下两块钢板的平面接触改为弧面接触，这样梁端能自由转动，但伸缩时仍要克服较大的摩擦阻力，所以只适应于 8 m < L < 20 m 的钢筋混凝土桥梁。目前，不少桥梁的弧形支座已被板式橡胶支座所代替。

摇轴支座适用于铁路桥梁跨度 $L \geqslant 20$ m，分为活动支座和固定支座。活动支座由底板、摇轴和直接与梁底相连的顶板组成，摇轴的顶面和底面均做成圆曲面形，能自由转动，并由摇轴转动时顶面、底面的位移差，来适应梁体位移的需要。固定支座由顶板、摇轴两部分组成，摇轴的底面改为水平面，直接和墩台连接，因此支座只能转动，不能位移。

辊轴支座是在固定铰支座的底部安放若干滚子，与支撑连接则构成活动铰链支座约束。

3. 板式橡胶支座

桥梁板式橡胶支座由多层橡胶片与薄钢板硫化、黏合而成，它有足够的竖向刚度，能将上部构造的反力可靠地传递给墩台，有良好的弹性，以适应梁端的转动，又有较大的剪切变形能力，以满足上部构造的水平位移。板式橡胶支座不仅技术性能优良，还具有构造简单，价格低廉，无须养护，易于更换，缓冲隔震，建筑高度低等优点，因而在桥梁界颇受欢迎，被广泛应用。

板式橡胶支座结构形式分类如表 1.4.1 所示。其中，普通板式橡胶支座适用于跨度小于 30 m，位移量较小的桥梁，不同的平面形状适用于不同的桥跨结构，正交桥梁用矩形支座，曲线桥、斜交桥及圆柱墩桥用圆形支座；四氟板式橡胶支座适用大跨度、多跨连续、简支梁连续板等结构的大位移量桥梁，还可用作连续梁顶推及 T 形梁横移中的滑块，矩形、圆形四氟板式橡胶支座的应用分别与矩形、圆形普通板式橡胶支座相同。

表 1.4.1　板式橡胶支座结构形式分类

板式橡胶支座	普通板式橡胶支座	矩形普通板式橡胶支座
		圆形普通板式橡胶支座
		球冠形普通板式橡胶支座
	四氟板式橡胶支座	矩形四氟板式橡胶支座
		圆形四氟板式橡胶支座
		球冠形四氟板式橡胶支座

4. 盆式橡胶支座

常见的盆式橡胶支座有 TPZ-Ⅰ系列、TPZ 标系列和 JHPZ 系列。其中，TPZ 标系列适用于八度地震区以下（含八度）和柔性桥墩的铁路标准梁；JHPZ 高速铁路桥梁盆式橡胶支座，是铁道科学研究院为高速铁路桥梁专门设计的，分为固定支座和纵向活动支座，适用于速度 300 km/h 的高速铁路桥梁，也可用于客运专线及普通铁路梁。

八、涵　洞

（一）涵洞的孔径

涵洞标准孔径采用 0.75 m、1.0 m、1.25 m、1.5 m、2.0 m、2.5 m、3.0 m、3.5 m、4.0 m、4.5 m、5.0 m、5.5 m 和 6.0 m，其中 0.75 m 的孔径只适用于无淤泥地区的灌溉渠，排洪涵洞的最小孔径不应小于 1.0 m。为了便于运输安装，钢筋混凝土圆涵孔径一般不大于 2.5 m。

（二）涵洞的组成

涵洞是横穿路堤内的建筑物，它由洞身、出入口和基础 3 部分组成，称为涵洞的主体工程，如图 1.4.31 所示；此外，还有出入口河床和路堤边坡加固部分，称为涵洞的附属工程。

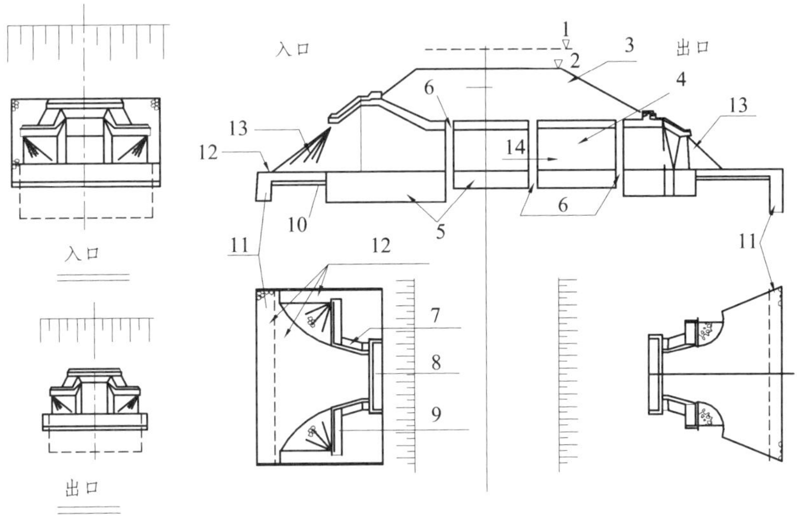

1—轨底；2—路肩；3—路堤；4—洞身；5—基础；6—沉降缝；7—翼墙；8—端墙；9—一字墙；10—碎石垫层；11—垂裙；12—沟床铺砌；13—锥体护坡；14—流向。

图 1.4.31　涵洞的组成

1. 洞身

洞身是水流的通道，为充分发挥洞身截面的泄水能力，有时在涵洞入口处采用提高节。一般涵洞的洞身部分为若干节，因入口节和出口节埋置较深，故需单独分节，其余每节长度为 2 ~ 5 m，各节间用 3 cm 宽的沉降缝断开，以便各节在承受不均匀压力时可自由沉降，避免涵洞纵向弯曲开裂。岩石地基上的涵洞可不设沉降缝。涵洞应设不小于 4%的排水坡，一般是将各节沿涵洞长做成台阶，此时相邻节的搭接至少应为涵顶结构厚度的 1/4。

2. 出入口

为了使水流顺利地进出涵洞，提高涵洞的泄水能力，并保证涵洞周围路堤的稳固，应设置涵洞的出入口建筑。常用的涵洞出入口形式有端墙式和翼墙式（八字式）两种。

端墙式出入口如图 1.4.32 所示，端墙是一道垂直于涵洞轴线的矮墙，两侧有锥体护坡，这种形式的出入口工程数量小，结构简单，但水力性能差，仅在流量较小时采用；翼墙式出入口除端墙外，洞口两侧还有张开成八字形的翼墙，翼墙端部折成与线路方向平行的横墙，称为一字墙，前设锥体，翼墙式涵洞出入口工程数量大，但泄水条件较好，适用于流量较大的情况。

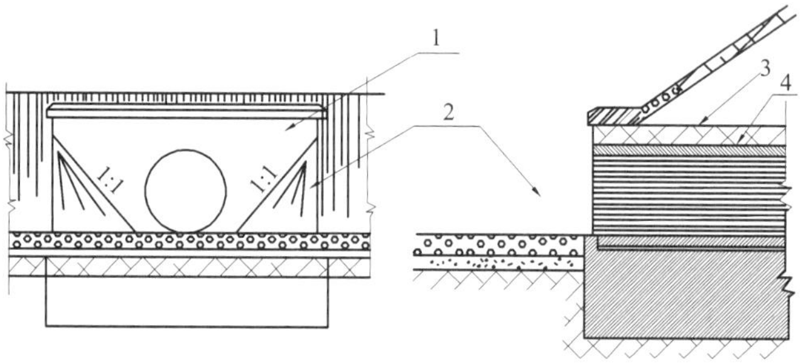

1—端墙；2—锥体；3—保护层；4—防水层。

图 1.4.32 端墙式出入口

3. 基 础

涵洞的基础分为整体式与分离式两种，如图 1.4.33 所示。当涵洞孔径较小时，一般采用整体式基础；涵洞孔径较大，并且基底土质良好时，可采用非整体式基础。非整体式基础在分离的边墙基础之间，用片石砌成流水坡，流水坡与边墙基础之间留有 3 cm 宽的缝隙，坡底设有砂垫层。

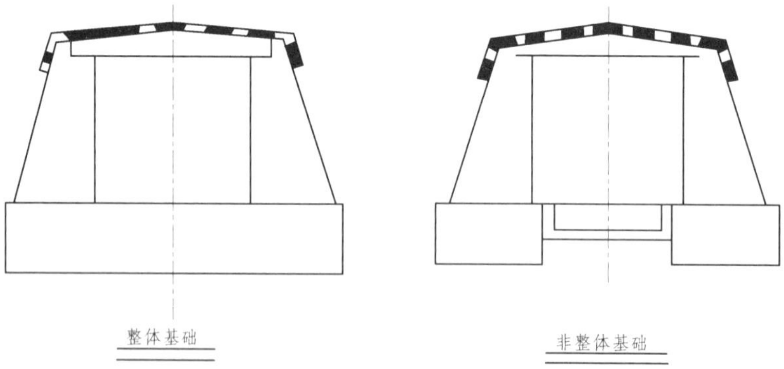

图 1.4.33 涵洞基础

4. 路基边坡防护和沟床铺砌

水流进入涵洞流速加大，可能冲刷路堤边坡，因此在入口顶部及两侧一定范围内，路堤边坡要用片石铺砌防护。为了防止洞口基底受冲刷淘空而毁坏，涵洞出入口的沟床均应铺砌加固，入口处冲刷力较小，多采用干砌片石，出口处流速大，冲刷力强，多采用浆砌片石。为减少铺砌加固的长度，可在加固地段末端设置浆砌片石锺裙。

（三）涵洞的类型与构造

1. 钢筋混凝土圆形涵洞

钢筋混凝土圆形涵洞的构造主要包括管节、出入口、基础、沉降缝与防水层等，如图 1.4.34 所示。

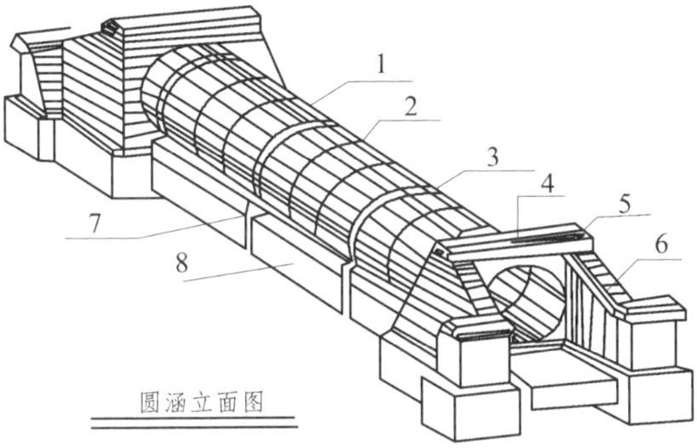

1—管节；2—接缝；3—沉降缝；4—帽石；5—端墙；6—翼墙；7—混凝土管座；8—浆砌片石基础。

图 1.4.34　钢筋混凝土圆涵

（1）管节：每节长 1.0 m，管壁厚度 9 ~ 24 cm，圆涵管节应布置钢筋，同一孔径的管节，若填土高度不同，则管壁厚度、钢筋截面尺寸与用量均不同。

（2）出入口：孔径 1.75 m 的圆涵采用端墙式；孔径 1.0 ~ 2.5 m 圆涵则用翼墙式。

（3）基础：出入口及端、翼墙一律设有基础，涵身基础分无基（如砂垫层）和有基（整体基础）两种，如图 1.4.35 所示。无基涵洞坡度采用管节斜置办法，仅在洞身管节与出入口管节之间设置沉降缝，地基较差或有其他不适于无基涵洞的情况时，均应采用整体基础，按 2 ~ 5 m 分段，段间设置沉降缝。

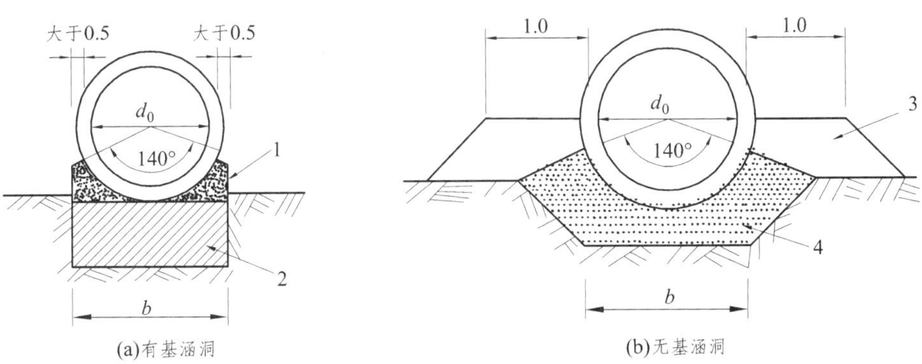

1—C15 混凝土管座；2—砌石（或混凝土）基础；3—填不冻胀土壤；4—砂垫层；d_0—孔径。

图 1.4.35　圆涵基础

（4）沉降缝与防水层：圆涵管节接头处应尽量顶紧，内外侧均用 M10 水泥砂浆填塞。在沉降缝处，管节内侧用 M10 水泥砂浆塞缝，外侧用沥青浸制麻绳填塞。双孔或三孔涵洞的相邻两管节上面的空隙，需灌注混凝土填充，然后作防水层。

2. 石及混凝土拱涵

拱涵的洞身由拱圈、边墙和基础所组成，如图 1.4.36 所示。拱圈一般按无铰拱设计，采用等截面圆弧拱。边墙采用浆砌片石、块石或混凝土，边墙内侧直立，外侧倾斜。基础有分离式及整体式两种。孔径较小时，一般均用整体式基础。孔径较大（$L \geqslant 3.0$ m）时，采用分离式或整体式基础。各种孔径的出入口都采用翼墙式（八字式），入口有抬高式与不抬高式两种。双孔拱涵需增加中墩及两跨拱圈间的填充圬工。

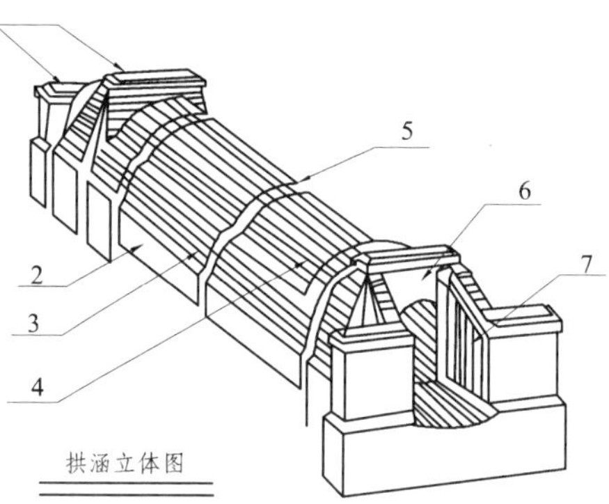

1—帽石；2—基础；3—边墙；4—拱圈；5—沉降缝；6—端墙；7—翼墙。

图 1.4.36　拱涵

3. 盖板箱涵

盖板箱涵的洞身由盖板、边墙和基础所组成，如图 1.4.37 所示。

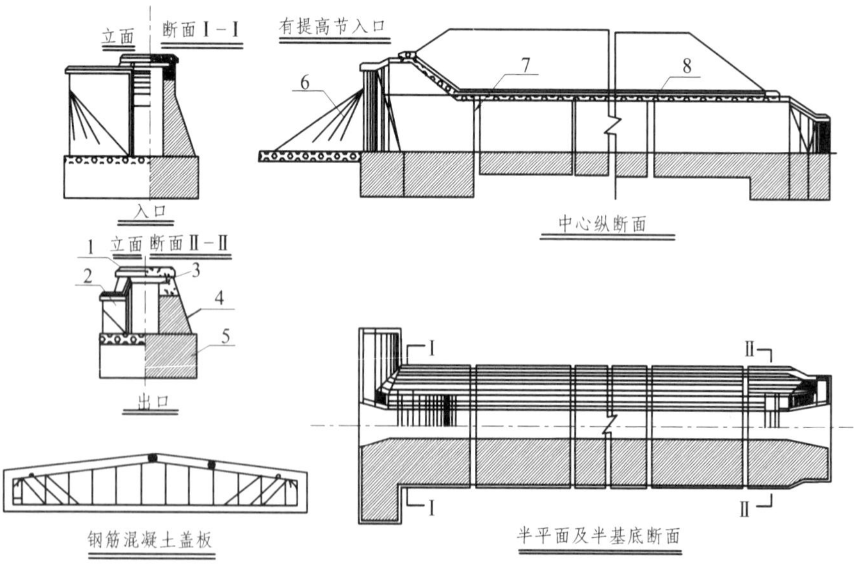

1—帽石；2—翼墙；3—盖板；4—边墙；5—基础；6—锥体护坡；7—沉降缝；8—防水层。

图 1.4.37　盖板箱涵

钢筋混凝土盖板的顶面采用人字形流水坡。每一种孔径的盖板按线路中心处填土高度的不同，有几种不同厚度和钢筋布置。盖板可以就地灌注，也可以分块预制。

箱涵的边墙有高、低两种。

基础有整体式与分离式两种。孔径大于或等于 2.0 m 的箱涵，若地基土质较好，可用分离式基础；地基土质较差，孔径大于 3.0 m 时，可采用钢筋混凝土联合基础。孔径 1.0 ~ 6.0 m 的盖板箱涵的出入口都是翼墙式；0.75 m 的箱涵出入口为端墙式。孔径 1.0 ~ 3.0 m 盖板箱涵，其入口分为有提高节和无提高节两种，其余孔径的入口均无提高节。

九、桥梁施工

（一）桥梁基础施工

1. 明挖基础

明挖基础基坑开挖工作应尽量在枯水或少雨季节进行，且不宜间断。基坑挖至基底设计高程应立即对基底土质及坑底情况进行检验，验收合格后应尽快修筑基础，不得将基坑暴露过久。基坑可用机械或人工开挖，接近基底设计高程应留 30 cm 高度由人工开挖，以免破坏基底土的结构。基坑开挖过程中要注意排水，基坑尺寸要比基底尺寸每边大 0.5 ~ 1.0 m，以方便设置排水沟及立模板和砌筑工作。基坑开挖时根据土质及开挖深度对坑壁予以围护或不围护，围护的方式多种多样。水中开挖基坑还需先修筑防水围堰，其主要施工工序如图 1.4.38 所示。

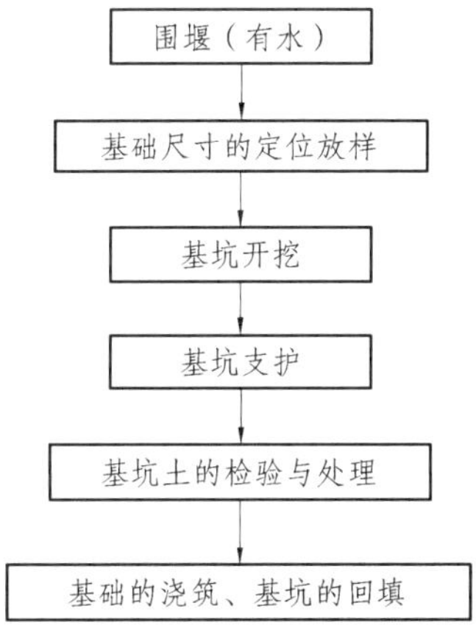

图 1.4.38　明挖基础施工工艺流程

2. 桩基础

桩基础是常用的桥梁基础类型，是由埋于地基土中的若干根桩及将所有桩连成一个整体的承台两部分所组成的一种基础形式，桩基础具有承载力高，稳定性好，沉降量少且均匀等特点。目前在铁路桥梁中钻孔灌注桩采用较多，施工主要程序如图 1.4.39 所示。

3. 沉井基础

沉井是井筒状的结构物，它是位于地下一定深度的建筑物或建筑物基础，先在地面以上制作，形成一个井状结构，然后在井内不断挖土，借助井体自重克服井壁摩擦阻力而逐步下沉至设计高程，然后混凝土封底，并填塞井孔。

当上部荷载较大，基础埋置深度较深时，沉井基础是最常用的基础，它广泛应用于桥梁墩台基础。沉井基础的特点是埋置深度可以很大，整体性好，稳定性好，有较大的承载面积，能承受较大的垂直荷载和水平荷载，施工过程中不需要很复杂的机械设备，施工技术简单。

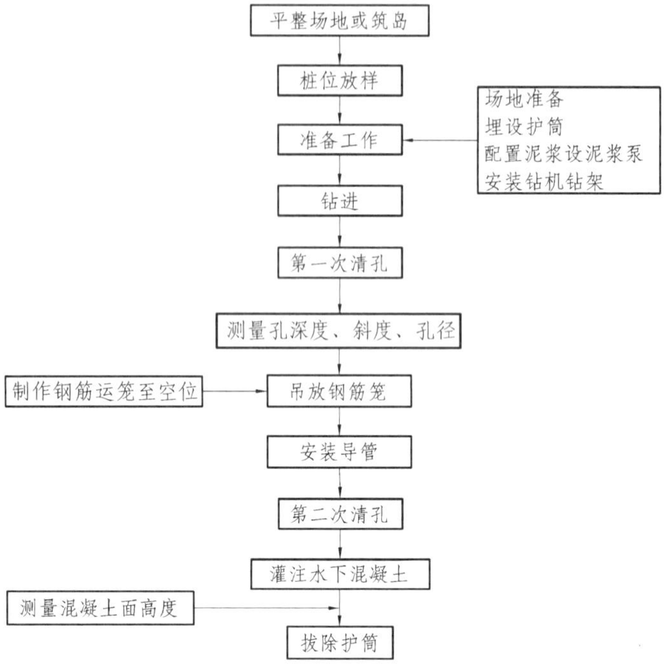

图 1.4.39　钻孔桩施工主要工序

4. 管柱基础

通常将采用大直径预制管柱的桩基础称为管柱基础，它与大直径的桩基础和小直径的沉井基础的主要区别在于：管柱的柱底是钻孔嵌入岩层中的，靠柱底嵌入岩层和柱顶嵌入刚性承台来减少柱的自由长度并提高整个基础的刚度，而不是靠桩侧土体的弹性抗力或靠加大基础的体积与重量来提高基础的刚度。

（二）桥梁上部结构施工

1. 就地浇筑法

就地浇筑法是在桥位处搭设支架，在支架上浇筑桥体混凝土，达到强度后拆除模板、支架。就地浇筑施工无须预制场地，而且不需要大型起吊、运输设备，梁体的主筋可不中断，桥梁整体性好。它的缺点主要是工期长，施工质量不容易控制；对预应力混凝土梁，由于混凝土的收缩、徐变导致的应力损失比较大；施工中的支架、模板耗用量大，施工费用高；搭设支架影响排洪、通航，施工期间可能受到洪水和漂流物的威胁，如图 1.4.40 所示。

2. 预制安装法

预制安装又称装配式施工，主要分梁的预制与架设两个阶段。预制安装法施工一般是指钢筋混凝土或预应力混凝土简支梁的预制安装，是目前铁路桥梁应用较广泛的一种施工方法。

图 1.4.40　就地浇筑法

1）梁的预制

根据梁的制造程序和工艺要求，现场预制梁场的规模较大，一般设置制梁（存梁）台座、静载试验台座、内模拼装台位、钢筋绑扎台位、龙门吊机或移运梁轨道设施、混凝土搅拌站、蒸汽养护锅炉管道、深水井和供水设施、碎石加工设备、生产及生活房屋等生产生活设施。

制梁台座是预制箱梁时保证制梁质量的重要设施，通过它将梁体混凝土、模板及灌筑设备的重力传递于地基而不产生大于 4 mm 的不均匀沉降。从安装模板及钢筋、灌筑梁体混凝土、养护、初张拉到梁体吊离台座为止的各个施工程序均在制梁台座上完成。制梁台座均采用钢筋混凝土基础、顶面采用整体板式条形基础与箱梁底模相连，以获得较大的结构刚度和整体性，如图 1.4.41。

存梁台座是将预制完成的箱梁、防水层、保护层的重力传递给地基而不产生过大的不均匀沉降，保证存梁期间梁体支点符合设计要求的重要设施。

图 1.4.41　制梁台座

2）模　板

模板应具有足够的强度、刚度和稳定性，确保施工过程中各部位尺寸及预埋件位置的准确，并且多次反复使用而不影响梁体外形的刚度，同时必须便于拆装。模板的支承部分必须安置于可靠的基底上，做好基底的防水和防冻措施，模板及支架的弹性压缩和下沉度必须满足设计要求，后张梁应根据设计要求及制梁的实际情况设置反拱，底模、外模与端模均采用整体钢板和钢结构支撑体系，如图 1.4.42 所示。

图 1.4.42　制梁底、侧模

3）内　模

目前，工程中常采用液压式和拼装式两种内模。

液压式内模采用液压收缩不分段的整体抽拔方式，它的优点是钢模整体性好，整体刚度大，表面平整光洁，支模和拆模时可一次整体完成，省时省力。其缺点是由于安装精度高，加工制造困难，用钢量大，使用维修难度大，模板投资大，箱体内油顶设置多，难以保持同步运动，因而易变形，模板变形后难以修复。由于箱梁的两端带有隔墙，其整体内模脱模时须完全折叠，造成内模竖向刚度减小，移动时若支点不匀，容易产生变形。因为箱室净空低，加上内模众多的油顶和支撑，减小了箱室的空间，给箱底混凝土灌筑带来困难。液压式内模也可采用分段液压拼装方式，以内模纵向分段，解决了内模折叠的竖向刚度问题，减少了内模纵梁，但也产生了模板纵向拼接缝难以平顺的问题，同时也存在用钢量大，使用维修难度大，模板投资较大的问题。

拼装式内模采用工字钢及节点板拼成环形骨架，以螺旋支撑杆组成稳定的三角体系，消除环型骨架拼装接点的微量变形，面板采用工具式钢模板拼装，在若干组环型钢结构骨架上形成整体内模。拼装式内模加工方便，用料少且造价低，便于梁型转换，拼装时不占用制梁台座，容易维修，但拆装费时耗工。脱模后的箱梁如图 1.4.43 所示。

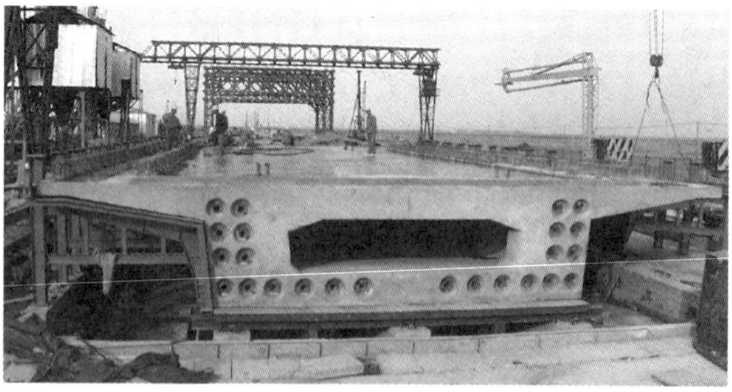

图 1.4.43　脱模后的箱梁

4）梁的架设

目前，我国箱梁的运输和架设一般采用国产新研制或引进的重型架桥机和运梁车进行，如图 1.4.44、图 1.4.45 所示。

900 吨级架桥机

图 1.4.44　龙门吊与运梁台车场移箱梁

图 1.4.45　架桥机架梁

3. 悬臂施工法

悬臂施工法是从桥墩开始，两侧对称进行现浇梁段或将预制节段对称进行拼装。前者称悬臂浇筑施工，后者为悬臂拼装施工。

4. 转体施工法

转体施工是将桥梁构件先在桥位处岸边（或路边适当位置）进行预制，待混凝土达到设计强度后旋转构件就位的施工方法。转体施工其静力组合不变，它的支座位置就是施工时的旋转支承和旋转轴，桥梁完工后，按设计要求改变支承情况。

5. 顶推法施工

顶推施工是在沿桥纵轴方向的台后设置预制场地，分节段预制，并用纵向预应力筋将预制节段与施工完成的梁体连成整体，然后通过水平千斤顶施力，将梁体向前推出预制场地，之后继续在预制场进行下一节段梁的预制，循环操作直至施工完成。

6. 移动模架逐孔施工法

逐孔施工是中等跨径预应力混凝土连续梁的一种施工方法，它使用一套设备从桥梁的一端逐孔施工，直到对岸。

7. 提升与浮运施工

这是一种采用竖向运动施工就位的方法。提升施工是在未来安置结构物以下的地面上预制该结构并把它提升就位。浮运施工是将梁在岸上预制，通过大型浮船移运至桥位，利用船的上下起落安装就位的方法。

以上介绍了桥梁工程常用的施工方法。对于当前建造的特大桥梁，分主桥和引桥，有时主桥与引桥在结构体系、桥梁跨径、截面形式、桥梁高度、桥下环境等方面有较大差异，所以常在一座大桥上采用两种或两种以上的组合施工方法。也有些桥梁，如拱桥、斜拉桥、悬索桥等，其施工方法相对较复杂，很难将其归并在某一施工法中。

（三）桥面工程施工

桥面工程包括泄水孔安装，防水层、保护层铺设，挡砟墙、边竖墙施工，遮板、栏杆、人行道板的预制和安装，伸缩缝安装等项目。桥面工程施工工艺流程如图 1.4.46 所示。

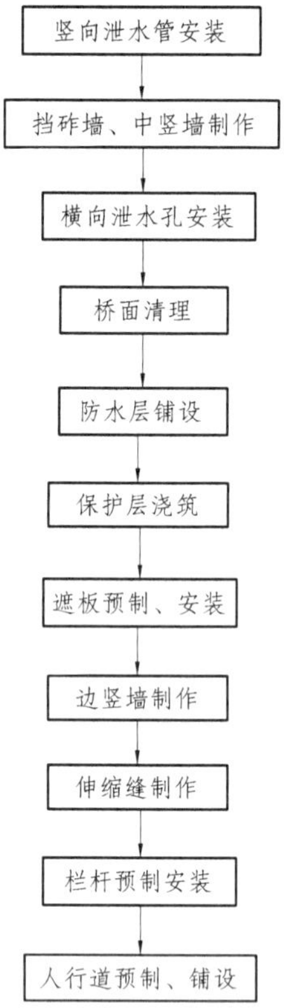

图 1.4.46　桥面工程施工工艺流程

十、涵洞施工

涵洞施工前，应对涵洞位置、孔径、长度、方向、出入口高程，以及与既有沟槽、排水渠道及道路的连接等，结合现场实际地形、地质情况与设计文件进行核对。修筑涵洞的准备工作主要有场地规划、砂石备料以及基底疏干。

施工场地应该合理布置，做到沙石堆放场、工棚、施工运输便道等的设置互不干扰，以便施工，同时应尽量选择在旱季施工。为防止水流进入基坑，对于有小股流水的河沟应临时改沟导流。

（一）圆涵施工

1. 管节生产

管节的生产一般是在专门的成品厂集中生产，再运到各工点进行安装。当运输条件受限制且工地有沙石料时，也可组织专门队伍沿线逐点制作。管节在运输、装卸过程中，应注意防止碰撞或应力集中，避免损坏或产生裂纹。

2. 管节安装

管节安装是指按照管节布置图和安装前在基础上画出的中心线位置把管节安装到基础上形成涵洞的施工过程。管节安装前必须核对基底高程、基础尺寸、质量以及沉降缝的位置等是否符合设计要求，如有误差过大情况，应及时调整。

安装管节时可由下游或上游开始向另一端推进，亦可从中间开始向两端推进。前者应视管节的运输情况来决定，而后者当劳动力有富余时较为有利。各管节应顺流水坡度成平顺直线，如果管壁厚度不一致，应在内壁取平。每一管节安装定位后，应用小石块垫稳，以防走动，待全部管节安装好后，应尽快在管节外侧沿涵洞纵向两边全长的范围内填塞混凝土，做成凹形管座。做管座前应将管外壁的泥渣清洗干净。

管节安装所形成的整个涵洞纵横断面必须符合设计标准，做到基础沉降缝与管节沉降缝对齐，洞身的纵向轴线与基础纵向轴线一致，各管节的轴线在一条直线上，管壁内侧流水槽面平顺。对双孔涵洞进行安装时，管节要平行，并不得靠在一起，以免妨碍填筑混凝土。

（二）拱涵的拱圈施工

1. 拱架的制作与安装

拱涵的拱架常用的有钢轨拱架和木拱架两种，为节约木材，应尽量采用钢轨拱架，也可用土拱（又名土牛拱胎）代替拱架，但此法不易控制质量。

钢轨拱架应尽可能用整根钢轨弯制成型，以热弯法或冷弯法加工均可，其优点是构造简单，省工料，能多次反复使用；木拱架通常采用 5 cm 厚的木板锯成梳形弧板，双层叠合以铁钉或螺栓组成。

混凝土拱圈在拱架上应满铺模板。拱架应支立牢固，拆卸方便，纵向连接稳定。排架外弧应平整，应保证拱模平顺。排架不得侵犯拱模位置，拱模不得侵入圬工断面。

2. 浇筑拱圈混凝土

已立好的拱架，经过检查无误后，即可砌筑拱圈。拱圈混凝土应由拱脚两侧向拱顶中间对称浇筑，以防拱架变形，甚至造成拱架和边墙倒塌。就地浇筑的混凝土拱圈，要求一次性浇筑完成，不得中途间歇，尽量减少施工接缝。如因工程量大，一次浇筑难以完成全拱时，可沿拱轴线方向分段浇筑，各分段的界面应与拱的中心线相垂直。浇筑时，应保证其沉降缝与边墙、基础一致。

3. 拱架拆除

拱圈砌筑合拢后，拱架的拆除常采用两种方法，一是待拱圈圬工强度达到设计强度的 70%时，方可拆除拱架，但必须达到设计强度 100%以后，才能填土。另一种是当拱架未拆除，拱圈圬工强度达到设计强度的 70%时，可进行拱顶填土，但应在拱圈圬工强度达到设计强度的 100%后，再拆除拱架。

如为两孔拱涵，拆除拱架时，应在两孔内同时进行，避免两孔的承重不均匀，引起不良后果。拆除拱架，应按程序进行，自中间向两侧，先松开对口木楔，拆除纵向联系，然后再拆除支撑，落拱架。

（三）防水层、沉降缝、错台、涵洞缺口填土

1. 防水层

用作防水层的沥青、麻布、石棉粉等材料，在施工前应检查材质的试验资料，均符合规定的要求。

铁桶装的沥青，应打开桶口小盖，在火炉上以小火使其溶化，熬制中不断搅拌至全部成为液态为止。溶化后的沥青应熬至 175 °C（不得超过 190 °C）才能使用。熬好的热沥青盛在小铁桶中送到工点使用，使用时不得低于 150 °C。涂敷热沥青的圬工表面应先清除泥污，刷扫干净。涂敷工作应在干燥温暖（温度不低于+5 °C）的天气进行。如遇雨天，应有雨棚，暑天应有遮蔽，以避日光直射。

石棉沥青是以 20%的石棉粉掺入 80%的沥青中制成，在沥青熬化及不断搅拌中投入预先烘干并加热至 100~150 °C 的石棉粉，并继续加热至 175 °C，即可使用。

沥青麻布可采用工厂浸制的成品或工地用合格的麻布以热沥青浸制。浸制前应先将麻布烘干除去水分，在热石油沥青（温度为 160~180 °C）内浸约 2~3 min。浸制后的麻布的外面应是呈暗黑色，无孔眼、破裂和绉叠。剪断后其内部纤维应与表面有同样的暗黑色，不应有显示未浸透的布层。成卷布料，边部应碎裂，不应互相黏叠，布卷端头应平整。铺设沥青麻布应在先涂敷的热沥青或石棉沥青未凝固时进行，才能粘合成一体。

垫层表面应在抹平、凝固后清刷干净。涂热沥青前垫层必须干燥无水，清洁无杂物。防水层接头必须重叠，相邻两幅的横向搭接缝应错开，并顺水流方向压盖。

2. 沉降缝

为避免涵洞受不均匀沉陷的影响，应视土壤情况，每隔 3~5 m 段间设置宽 3 cm 的沉降缝一处，但无基涵洞仅在洞身涵节与出入口涵节间设置。沉降缝外侧用沥青浸制麻筋填塞深 5 cm，内侧以 100 号水泥砂浆填塞深 15 cm。视接缝处圬工的厚薄，麻筋与砂浆之间可以填满，亦可以留下空隙填以薄黏土。在沉降缝外面敷设 0.5 m 宽的一层沥青浸制麻布和两层石棉沥青的防水层。

基础部分的沉降缝，可将原施工时嵌入的沥青木板留作防水之用。如施工时不用木板，也可用黏土或亚黏土填塞。沉降缝端面应整齐、方正，基础和涵身上下不得交错，填塞物应紧密填实。

3. 错　台

斜坡上有基圆涵可用涵节错台的办法。每段错台长度一般为 3 ~ 5 m，错台高差一般不超过相邻涵节最小壁厚的 3/4 。如坡度较大，可按 2 ~ 3 m 分段或加大错台高度，但不应大于 0.7 m 且错台处的净空高度不应小于 1.0 m。此时，在低处的涵顶上应设挡墙，以掩盖可能产生的缝隙。无基涵洞坡度可采用管节斜制的办法，斜制的最大限制坡度 $i \leqslant 50‰$。

4. 涵洞缺口填土

建成的涵管，圬工达到设计的要求强度后，应及时回填。

填土路堤在涵洞每侧不小于两倍孔径的宽度及高出洞顶 1 m 的范围内，用不膨胀的土壤（即冻胀性弱的砂质土）从两侧分层对称地填筑并夯实。每层厚度 10 ~ 20 cm，如在特殊困难地区，缺乏不膨胀土壤时，亦可用与路堤填料相同的土壤填筑。管节两侧夯填土应大于最佳含水量，最佳密实度为 90%，最好能达到最佳含水量，最佳密实度为 95%。管节顶部其宽度等于管节外径的中间部分，填土密实度要求达到 80% ~ 85%。如为填石路堤，则在管节顶以上 1.0 m 的范围内分 3 层填筑：下层为 20 cm 厚的黏土；中层为 50 cm 厚的砂卵石；上层为 30 cm 厚的小片石或碎石。

用机械填筑涵洞缺口时，须待涵洞圬工达到容许强度后，涵身两侧应用人工或小型机具对称夯填高出涵顶至少 1 m，然后再用机械填筑。机械填土时，不得从单侧偏推、偏填，以防涵洞遭受偏压产生移动。

（四）桥涵顶进施工

在既有铁路线路情况下桥涵的顶进法施工，就是在既有铁路线上将预制好的框架顶入路基，从而达到增建桥涵的目的。与传统的施工方法相比，顶进法对铁路运输干扰时间短，不中断行车，能保证铁路正常运营，同时能保证路基完好和稳定，减少线路恢复工序，减少大量土方和线上工程。顶进法安全可靠，简便易行，施工进度较快，工期短，特别是所施工的框架成整体结构，刚度大，抗震性能好，有利于防止地表水和地下水渗入桥孔，能保证工程施工质量。

阅读拓展

中国铁路发展的典型桥梁

任务五 铁路隧道

【学习任务】

（1）认识隧道复合式衬砌组成；
（2）认识隧道洞门类型和结构；
（3）认识隧道附属建筑物结构；
（4）熟悉隧道施工方法类型、使用条件及工序；
（5）认识隧道辅助工法的类型、应用；
（6）了解隧道洞口段施工、初期支护、二次衬砌施工工艺。

一、铁路隧道结构

隧道结构认知

铁路隧道结构由主体建筑物和附属建筑物两部分组成。隧道的主体建筑物是为了保持隧道的稳定，保证列车安全运行而修建的，它由洞身衬砌和洞门组成。在洞口容易坍塌或有落石危险时则需接长洞身或加筑明洞。隧道的附属建筑物是为了满足养护、维修工作的需要以及供电、通信等方面的要求而修建的，包括防排水设施、避车洞、电缆槽、长大隧道的通风设施以及在电气化铁路上根据情况而设定的有关附属设施等。

（一）洞身衬砌结构的功能

1. 运营安全要求

铁路隧道运营安全要求包括强度、变形和耐久性等 3 个方面，隧道结构在其使用年限内应能可靠地承受各种可能的荷载而不被破坏，且不应出现影响正常使用的变形、裂缝等。

2. 防水要求

为保证隧道的防水效果，隧道结构自身应具有一定的防水能力。高速铁路隧道防水等级要求应达到一级，衬砌表面无湿渍。

3. 美观要求

隧道结构表面应平整、光滑，整体形状应满足“稳重、安全”的表观感觉。

（二）洞身衬砌结构类型

铁路隧道常用的衬砌结构类型有复合式衬砌、喷锚衬砌、装配式衬砌等。《铁路隧道设计规范》（TB 10003—2016）规定，隧道应设衬砌，应采用曲墙式衬砌，并宜采用复合式衬砌。衬砌结构的形式和尺寸，可根据围岩级别、工程地质及水文地质条件、埋置深度、环保要求、结构工作特点，结合施工条件，通过工程类比和结构计算确定，必要时还应经过试验论证。

1. 复合式衬砌

复合式衬砌是矿山法施工隧道的基本结构形式，由内外两层衬砌组合而成，第一层衬砌用喷锚作初期支护，第二层用模筑混凝土作二次衬砌，两层间可根据需要设置防水层。复合式衬砌可用于各级围岩，一般情况下宜设置仰拱，仰拱厚度应大于拱部厚度，Ⅲ~Ⅵ级围岩段仰拱宜采用钢筋混凝土结构。图 1.5.1 所示为速度 160 km/h 及以下单线铁路隧道Ⅳ级围岩复合式衬砌断面图。图 1.5.2 为速度 350 km/h 双线Ⅳ级围岩铁路隧道衬砌结构断面图。

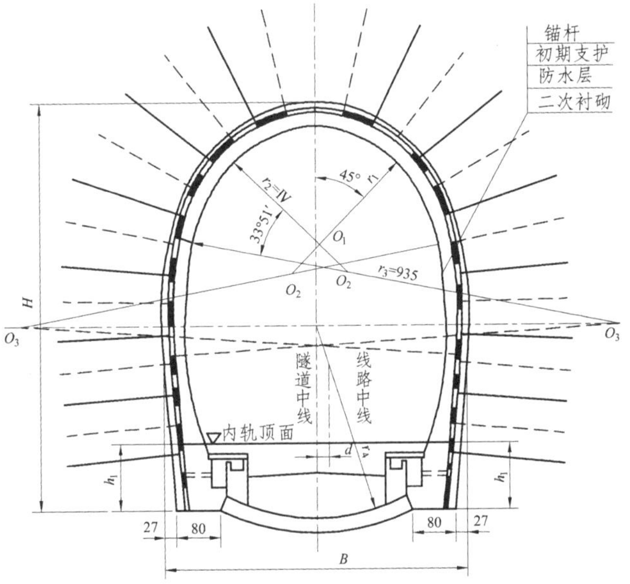

图 1.5.1　速度 160 km/h 及以下单线铁路隧道Ⅳ级围岩复合式衬砌（尺寸单位：cm）

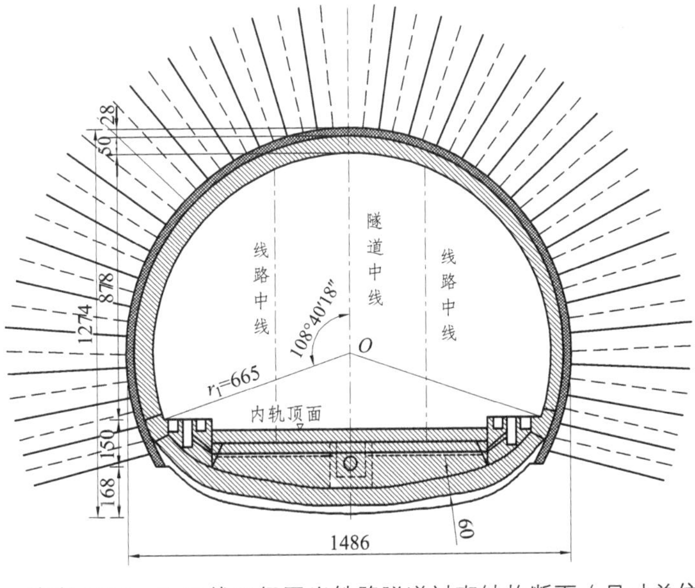

图 1.5.2　速度 350 km/h 双线Ⅳ级围岩铁路隧道衬砌结构断面（尺寸单位：cm）

2. 喷锚衬砌

喷锚衬砌是指以喷锚支护作永久衬砌的通称，包括喷混凝土衬砌和锚杆喷混凝土衬砌，必要时可采用钢纤维喷混凝土或配合使用钢筋网、钢架等。喷锚衬砌可用于辅助坑道及一些短隧道。

3. 装配式衬砌

装配式衬砌是用工厂或工地预制的构件拼装而成的隧道衬砌。装配式衬砌与整体式（模筑）衬砌比较，可以减轻工人的劳动强度，节约劳动力，降低建筑材料消耗和提高衬砌质量。装配式衬砌的造价较低，施工进度也较快。由于衬砌拼装就位后几乎就能够立即承重，拼装工作可以紧接隧道开挖面进行，因而缩短了坑道开挖后毛洞的暴露时间，使地层压力不致过大，而且不用临时支撑，借助于机械化快速施工和工业化生产。采用装配式衬砌是隧道和地下工程的发展方向之一。

在用盾构法施工的圆形隧道中，广泛采用了装配式管片衬砌。在施工阶段作为临时支撑使用，并承受盾构千斤顶顶力和其他施工荷载，竣工后则作为永久性承重结构，并防止泥水渗入。必要时可在其内部灌筑混凝土或钢筋混凝土内衬，以提高隧道的防水能力，修正施工误差，并起装饰作用。

用明挖法施工的地下结构，更适于采用装配式衬砌。当具有一定的运输和吊装能力时，对无水地层或解决好接头防水措施后，都可以大力推广。也可以先装配内层为一次衬砌，再以它为模板，在其外层再灌筑一层现浇衬砌。

4. 明洞衬砌

当隧道洞顶覆盖层薄，难以用暗挖法修建隧道时，可采用明挖法修建明洞。明洞衬砌采用模筑混凝土衬砌，外贴防水层，并回填土石加以掩盖和防护，如图 1.5.3 所示。

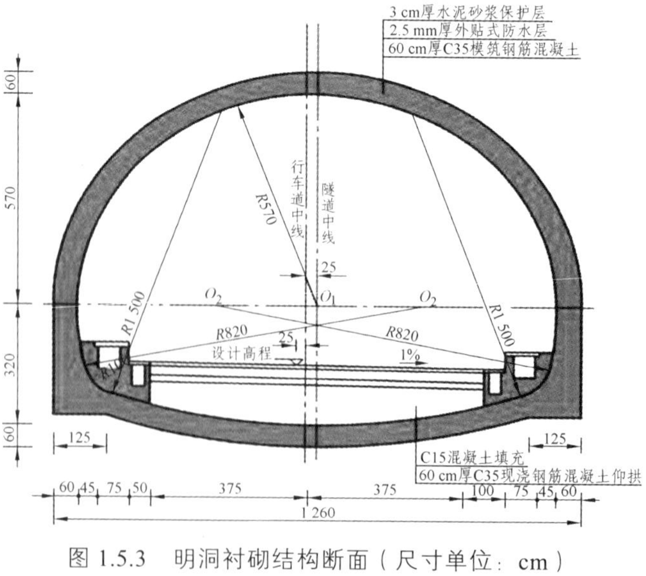

图 1.5.3　明洞衬砌结构断面（尺寸单位：cm）

（三）洞　门

在我国传统的铁路隧道洞门的标准设计中，洞门结构的形式比较单一，主要有端墙式、翼墙式、柱式、台阶式等几种洞门。

随着隧道施工技术的发展和完善，对洞口进行适当的加固措施及早进洞已经完全成为可能，这种方法最大限度地减少了施工对洞口山体的破坏和扰动，对保持洞口山体的稳定和环境保护具有特殊的意义，斜切式隧道洞口因洞口开挖量小，洞口圬工少等特点，符合这种要求，是洞口施工发展的趋势，如图 1.5.4 所示。

图 1.5.4　洞门形式发展

1. 洞门作用

洞门圬工施工

洞门所在位置边仰坡刷坡范围及洞口衬砌（或非正常衬砌地段）和洞外附属工程地段统称洞口。一般应根据具体工点的地形、地质、水文等条件，结合工程施工安全、环境保护要求、洞口相关工程、运营条件加以全面研究，综合比较其经济、技术合理性及安全性，方能确定洞口的最佳位置。一般情况下洞口位置选择宜贯彻“早进晚出”的原则，修建洞门可起到以下几个作用：

（1）减少洞口土石方开挖量。洞口段范围内的路堑是根据地质条件以一定的边坡开挖的，当隧道埋置较深时，开挖量较大，设置隧道洞门可起到挡土墙的作用，降低洞口刷方高度，减少洞口土石方开挖量。

（2）稳定边坡、仰坡。修建洞门可减小洞口路堑的边坡高度，缩短正面仰坡的坡面长度，使边坡及仰坡得以稳定。

（3）引离地表水流。地表水流往往汇集在洞口，如不排除，将会浸害线路，妨碍行车安全。修建洞门可以把水流引入侧沟排走，确保运营安全。

（4）装饰洞口。洞口是隧道唯一外露部分，是隧道的正面外观。修建洞门可起到装饰作用，特别在城市附近、风景区及旅游区内的隧道更应配合当地的环境，进行美化处理。

2. 洞门的类型

1）端墙式洞门

端墙式洞门适用于地形开阔、岩层稳定的 Ⅰ～Ⅲ级围岩地区，其作用在于支护洞口仰坡，保持其稳定，并将仰坡水流汇集排出。端墙的构造一般是采用等厚的直墙，直墙圬工体积比其他形式都小，而且施工方便，如图 1.5.5 所示。

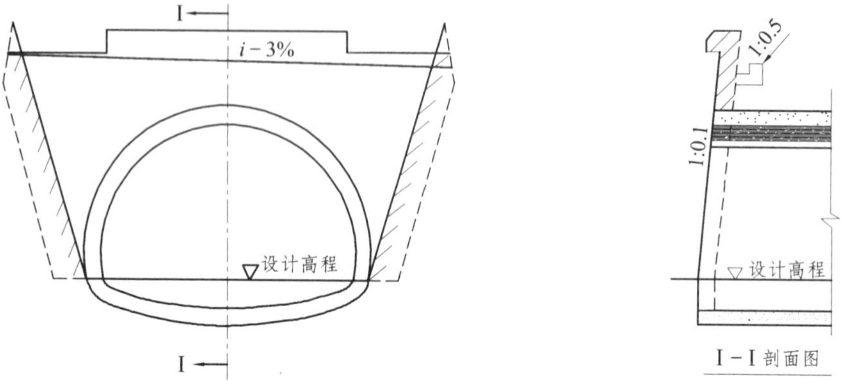

（a）　　　　　　（b）

图 1.5.5　端墙式洞门

2）翼墙式洞门

翼墙式洞门也称“八”字式洞门，如图 1.5.6 所示，在端墙的侧面加设翼墙而成，用以支撑端墙和保护路堑边坡的稳定，适用于地质条件较差的Ⅳ~Ⅵ级围岩洞口。翼墙顶面和仰坡的延长面一致，其上设置水沟，将仰坡和洞顶汇集的地表水排入路堑边沟内。

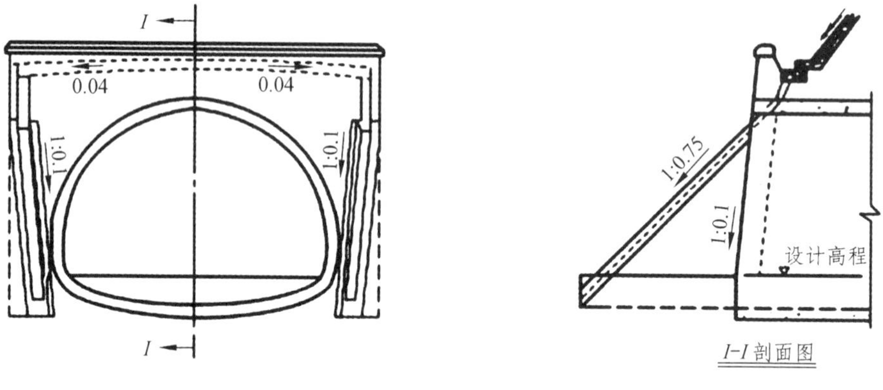

（a）　　　　　　（b）

图 1.5.6　翼墙式洞门

3）柱式洞门

当地形较陡，地质条件较差，仰坡有下滑的可能性，但又受地形或地质条件限制，不能设置翼墙时，可以在端墙中部设置两个断面较大的柱墩，以增加端墙的稳定性，如图 1.5.7 所示。这种洞门墙面有凸出线条，较为美观，适宜在城市附近或风景区内采用。对于较长大的隧道，采用柱式洞门比较壮观。

柱式洞门施工

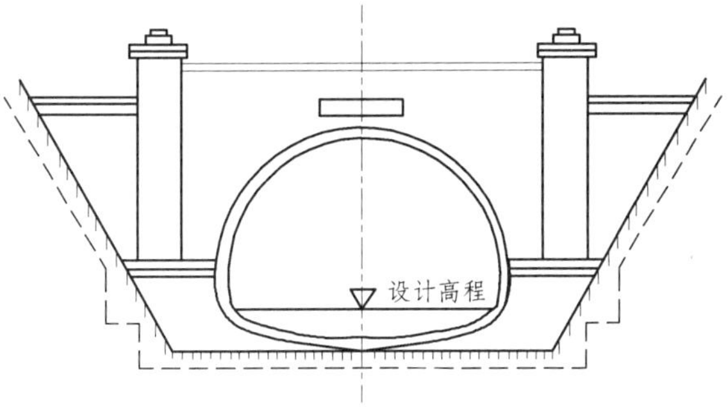

图 1.5.7 柱式洞门

4）台阶式洞门

当洞门处于傍山侧坡地区，洞门一侧边坡较高时，为减小仰坡高度及外露坡长，可以将端墙一侧顶部改为逐步升级的台阶形式，以适应地形的特点，减少仰坡土石方开挖量，这种洞门也有一定的美化作用，如图 1.5.8 所示。

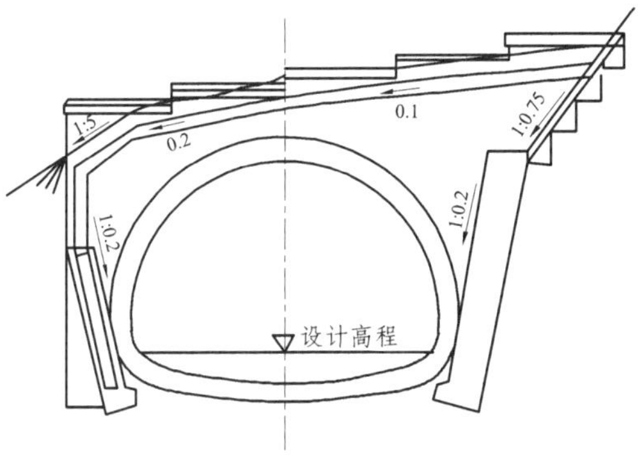

图 1.5.8 台阶式洞门

5）削竹式洞门

当隧道洞口段有一节较长的明洞衬砌时，由于洞门背后一定范围内是以回填土为主，山体的推滑力不大时，可采用削竹式洞门，其名称是由于结构形式类似竹筒被斜向削砍的样子，故得其名，如图 1.5.9 所示。这种洞门结构近些年在公路、铁路隧道的建造中被普遍使用。

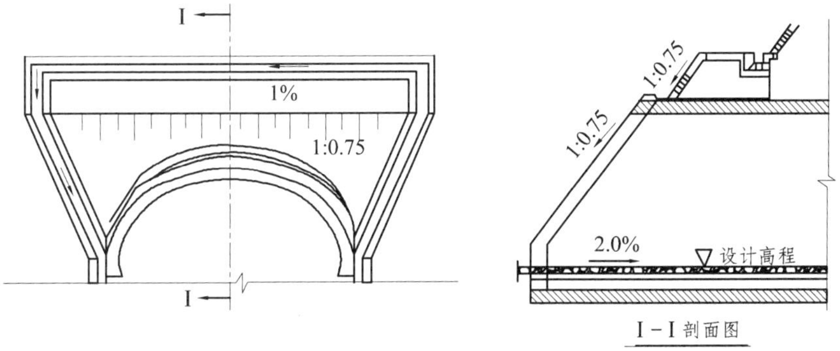

图 1.5.9 削竹式洞门

6）遮光棚式洞门

当洞外需要设置遮光棚时，其入口通常外伸很远。遮光构造物有开放式和封闭式之分，前者遮光板之间是透空的，后者则用透光材料将前者透空部分封闭。但由于透光材料上面容易沾染尘垢油污，养护困难，因此很少使用后者。形状上又有喇叭式与棚式之分。

3. 铁路隧道新型洞口形式

相对于传统的铁路隧道洞门，高速铁路隧道洞口结构的设计应本着“简洁大方，美观实用，保护环境”的原则，以不刷坡或少刷坡施作的突出于山体的切削式洞口为主要建筑形式。除个别需要的工点（靠近城市、旅游景区等）外，一般不做更多的建筑修饰，体现自然美的环境意识。根据切削方式的不同及一些功能上的要求，铁路隧道洞口新型洞门的基本类型包括直切、正切、倒切、弧形挡墙加切削几种，又根据洞门与山体的相交关系分为正交和斜交两种情况，如表 1.5.1 所示。

表 1.5.1　几种新型洞门的基本类型

基本类型	正交		斜交
	侧面	平面	
直切			
正切			
倒切			
弧形挡墙			

（四）明　洞

1. 明洞的类型

当隧道顶部覆盖层较薄，难以用暗挖法修建时，或隧道洞口、路堑地段受塌方、落石、泥石流、雪害等危害时，或道路之间、公路与铁路之间形成立体交叉，但又不宜修建隧道、立交桥或者渡槽等时，为了降低隧道工程对环境的破坏，保护环境和景观，洞口需延长时通常修建明洞。明洞结构类型可分为拱式明洞和棚式明洞两类。

1）拱式明洞

拱式明洞的内外墙身采用混凝土结构，拱顶采用钢筋混凝土结构，整体性较好，能承受较大的垂直压力和单向侧压力，必要时加设仰拱。通常用作洞口接长衬砌的明洞，多选用拱式明洞。拱式明洞结构坚固，可以抵抗较大的推力，其适用的范围较广。例如，洞口附近埋深很浅，施工时不能保证上方覆盖层的稳定，或是深路堑、高边坡上有较多的崩塌落石对行车有威胁时，常常修筑拱式明洞来防护，如图 1.5.10 所示。

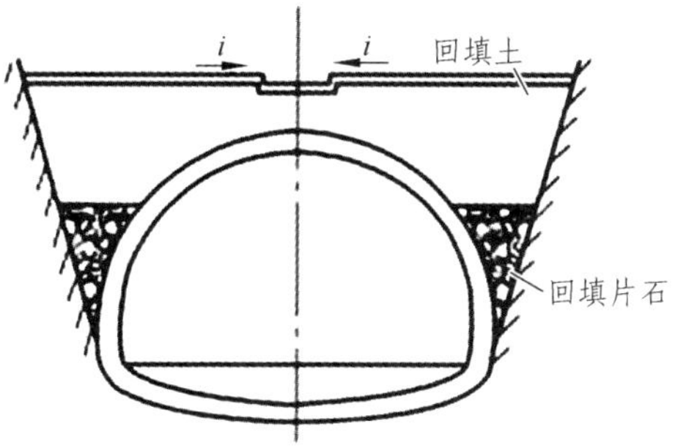

图 1.5.10　拱式明洞

2）棚式明洞

当路线外侧地形狭窄或外侧基岩埋藏较深，设置稳固的基础工程大时，或者是当山坡的坍方、落石数量较少，山体侧向压力不大，或因受地质、地形限制，难以修建拱式明洞时，可采用棚式明洞，如图 1.5.11 所示。

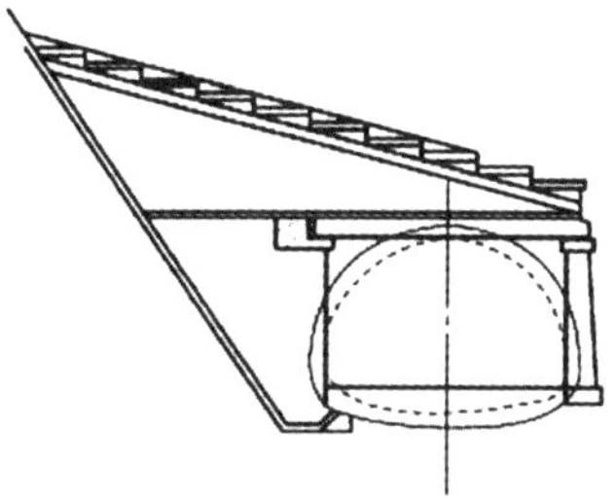

图 1.5.11　棚式明洞

2. 明洞衬砌

（1）拱形明洞结构和隧道整体式衬砌基本相似，是由拱圈、边墙、铺底（或仰拱）组成，当采用拱形明洞时，可按整体式衬砌设计。半路堑拱形明洞由于衬砌所受荷载明显不对称，靠山侧所受荷载较大，外边墙及拱圈宜适当加厚，也可对称加厚。当拱形明洞边墙侧压较大及地层松软时，宜设仰拱。

（2）棚洞结构主要由盖板、内边墙和外侧支承建筑物 3 部分组成。采用棚洞结构时，顶板一般可采用 T 形、Π 形两种，多采用 T 形截面构建，便于预制吊装，缩短工期。内边墙根据地形、地质情况，有重力式和锚杆式两种。重力式边墙适用于内侧有足够净宽或岩层破碎的地段；锚杆式边墙适用于新建铁路或已成路堑内侧不宽阔，同时岩层坚硬完整，能提供一定锚固力地段。外侧边墙可视地形、地基、边坡坍方、落石等情况，选用墙式、柱式、刚架等结构类型。

（3）当明洞作为整治滑坡的措施时，应按支挡工程设计，充分考虑明洞上方滑坡体的推力，采取综合治理措施，如地表排水、减载、反压、支撑墙、抗滑桩、地下排水盲沟等，确保明洞与滑坡的稳定。

（4）在气温变化较大的地区，为了减少衬砌变形开裂，应根据具体情况设置伸缩缝。伸缩缝的间距可视明洞长度、覆土或暴露情况、温差大小及地质情况而定。

（五）铁路隧道附属建筑物

隧道的附属建筑物是为了养护、维修工作的方便以及供电、通信等方面的要求而修筑的，主要包括防排水设施、避车洞、电缆槽、长大隧道的通风设施，以及在电气化铁路上根据情况而设置的有关附属设施等。

1. 防排水设施

铁路隧道附属结构物介绍

公路隧道附属结构物介绍

防水板铺设施工

隧道防排水一般应采取“防、排、截、堵相结合，因地制宜，综合治理”的原则，达到防水可靠、排水通畅、线路基床底部无积水、经济合理的目的。

1）排　水

排水是将地下水引入隧道内，再经由洞内水沟排出洞外。绝对堵死地下水是做不到的，如果不给地下水以出路，衬砌背后的地下水位就会逐渐升高，以致给隧道衬砌施加很大压力，故一般要“以排为主”。主要排水设施有：衬砌内的纵横向排水沟；衬砌上的引水管（暗槽）或泄水孔；衬砌背后的纵横向盲沟和集水钻孔等。

（1）排水沟：除了长度在 100 m 以下，且常年干燥无水的隧道以外，一般的隧道都应设置排水沟，使渗漏到洞内的和从道床涌出的地下水，沿着带有流水坡的排水沟，顺着线路方向引出洞外。排水沟有两种形式：一种是侧式水沟，这种形式的水沟设在线路的两侧或一侧，视水流量大小而定。当为一侧时，应设在来水的一侧；如为曲线隧道，则应设在曲线内侧，双侧水沟隔一定距离应设一横向联络沟，以平衡不均匀的水流量。另一种是中心式水沟，隧道采用整体式道床时，水沟设在线路中线的下方，或设在双线隧道两线路之间，如图 1.5.12 所示。

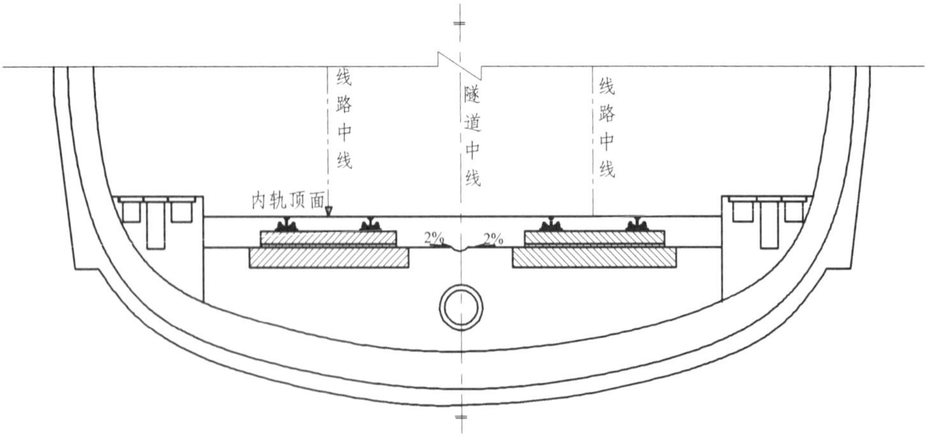

图 1.5.12　排水沟示意

（2）盲沟：在衬砌背后，用片石或埋管设置环向或竖向盲沟，以汇集衬砌周围的地下水，并通过盲沟底部泄水孔（或预埋管）引入隧道侧沟排出。

2）防　水

防水是指衬砌防水，即防止地下水从衬砌背后渗入隧道内，其方法是充分利用混凝土结构的自防水能力，采用防水混凝土结构，并在衬砌与支护之间设置防水层，防水层大致可归纳为两类，一类为粘贴式防水层，另一类为喷涂式防水层。

隧道防水层施工　隧道防水板自动铺设作业机械化施工

此外还应注意衬砌各类缝隙（施工缝、沉降缝、伸缩缝等）的防水，如采用外贴止水带等方法。常见变形缝的几种复合防水构造形式如图 1.5.13 所示，亦可采用其他新型、成熟、可靠的防水构造形式。

衬砌三缝防水　塑料防水层

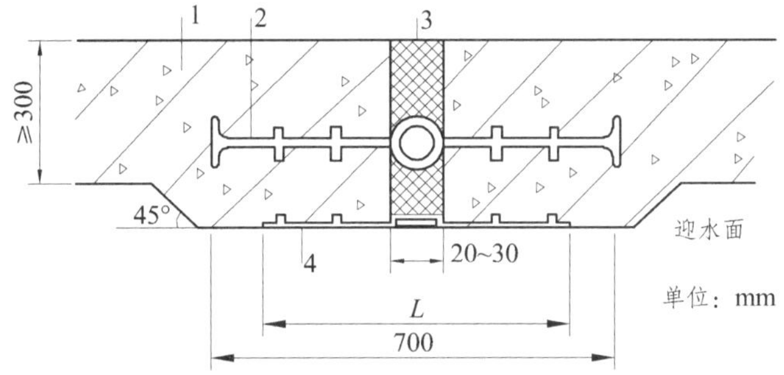

外贴式止水带 $L \geqslant 300$；外贴式防水卷材 $L \geqslant 400$；外涂防水涂层 $L \geqslant 400$；
1—混凝土结构；2—中埋式止水带；3—填缝材料；4—外贴防水层。

图 1.5.13　中埋式止水带与外贴式防水层复合防水构造

3）截　水

截水指截断地表水和地下水流入隧道的通路。

（1）洞顶天沟：为防止地表水冲刷仰坡，流入隧道，一般应在洞口边仰坡上方设置天沟，但当地表横坡陡于 1∶0.75 时可不设。天沟一般沿等高线向线路一侧或两侧排水，坡度根据地形设置，但应不小于 3‰，通过裂隙岩层的天沟可采取水泥砂浆抹面、勾缝等防止渗漏的措施。

（2）泄水洞：一般是在地下水特别发达、涌水地段较长且水压较高，用其他防排水措施难以收效时才采用。泄水洞应设在地下水上游一侧，与隧道方向平行或近似平行，使周围的地下水经由泄水洞的过滤孔眼流入泄水洞内排走，防止地下水对隧道的危害。泄水洞一般应做衬砌，衬砌上应有足够的泄水孔以引入地下水。围岩中有细小颗粒容易流失时，应于衬砌背后设置反滤层。泄水洞洞口一般应设置洞门及出水口沟渠，如图 1.5.14 所示。

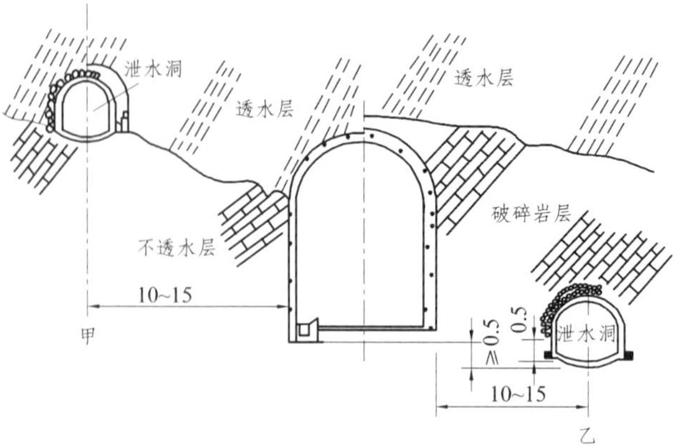

图 1.5.14 拦截地下水疏干地层泄水洞（单位：m）

2. 避车洞

重载铁路隧道、设计速度 $v \geq 160$ km/h 的客货共线铁路隧道，应设置大避车洞和小避车洞。对全封闭、实施大机养护、采用综合维修线路上的隧道及隧道特殊衬砌结构地段，可不设小避车洞。

隧道内大避车洞和小避车洞尺寸如图 1.5.15、图 1.5.16 所示。大、小避车洞应交错设置于两侧边墙内，大避车洞之间设置小避车洞，其间距和尺寸如表 1.5.2 所示。

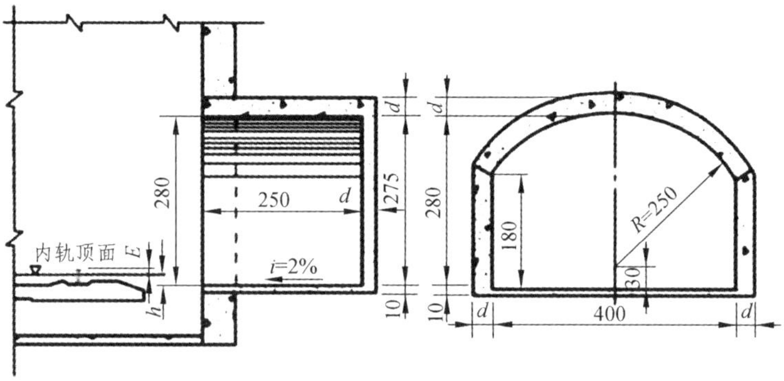

图 1.5.15 大避车洞（尺寸单位：cm）

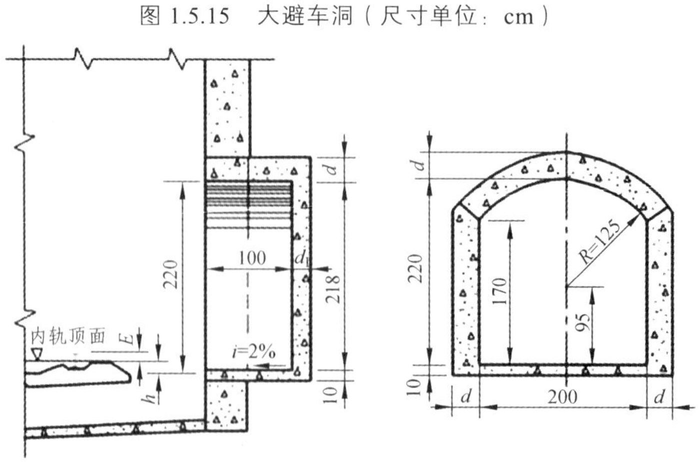

图 1.5.16 小避车洞（尺寸单位：cm）

表 1.5.2　避车洞间距和尺寸（m）

名称	一侧间距		尺寸		
			宽	深	中心高
大避车洞	有砟轨道	300	4.0	2.5	2.8
	无砟轨道	420			
小避车洞	有砟轨道	60	2.0	1.0	2.2
	无砟轨道				

注：双线隧道小避车洞每侧间距按 30m 设置。

为了使避车洞的位置明显，应将洞内全部及洞口周边 30 m 宽粉刷成白色。在洞的两侧各 10 m 处的边墙上标一白色箭头指向避车洞，如图 1.5.17 所示。

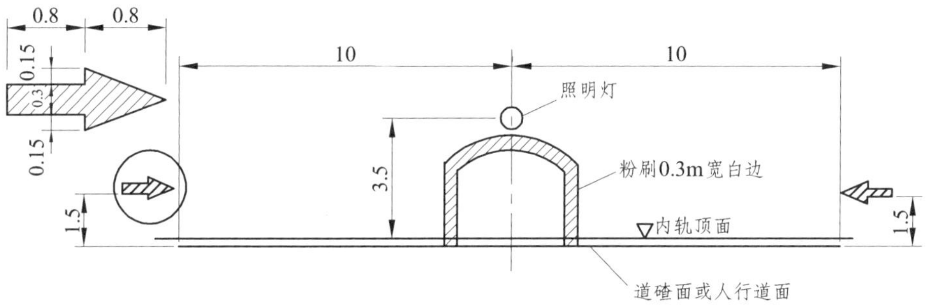

图 1.5.17　避车洞标志位置图（单位：m）

避车洞布置应符合下列规定：隧道长度小于 300 m 时，可不设大避车洞；长度为 300 ~ 400 m 时，可在隧道中部设一个大避车洞；洞口接桥或路堑，当桥上无避车台或路堑侧沟无平台时，应与隧道一并考虑设置大避车洞；设计速度为 160 km/h 的隧道内，避车洞应沿洞壁设置钢制扶手。

3. 电缆槽

水沟电缆移动台架施工

当铁路通信、信号电缆通过隧道时，为了避免电缆被毁坏、腐蚀，以保证通信、信号工作的安全，应在隧道内设置电缆槽。通信、信号电缆可设在同一电缆槽内，通信、信号电缆应和电力电缆分槽敷设。

电缆槽应设盖板，盖板应平整，铺设稳固。电缆槽盖板顶面应与洞室底面或道床面平齐，当电缆槽与水沟并行时，应与水沟盖板平齐；设有疏散通道的隧道侧沟与电缆槽盖板应与疏散通道平齐。

当隧道长度大于 500 m 时，为便于电缆维修，应在洞内设置余长电缆腔。余长电缆腔应沿隧道量测交错布置，并应与专用洞室或电缆槽设于同侧的大避车洞结合设置；每侧间距宜为 500 m，设置大避车洞时，每侧间距可为 420 m 或 600 m。长度为 500~1000 m 的隧道，可只在其中设置一处。

4. 运营通风设施

列车通过隧道时，会排出大量烟尘及有害气体，同时还会散发出许多热量，此外，衬砌缝隙也不时渗透出地下有害气体和潮湿气体，再加上维修人员在工作时不断呼出CO_2，这些因素使隧道内空气变得污浊、炽热和潮湿，时间一长，其浓度提高，就会使人呼吸困难，健康受到威胁，洞内线路也易被腐蚀。为此，必须进行洞内通风，将有害气体及热量等排出洞外，并把新鲜空气引入洞内。

运营隧道的通风有自然通风和机械通风两种：自然通风是利用洞内的天然风流和列车运行所引起的活塞风来达到通风的目的；机械通风是当自然通风不能满足要求时采用通风机械将洞内外气体进行交换，来达到通风的目的。

二、隧道施工方法

隧道施工主要在开挖和支护两个关键工序上，即如何开挖才能更有利于洞室的稳定和便于支护；若需要支护时，如何支护才能更有效地保证洞室稳定便于开挖。

（一）隧道施工方法的选择

隧道施工方法一般分为矿山法、掘进机法（TBM）、沉管法、明挖法等。对于隧道的施工方案的选择，应考虑以下几个方面的因素：

1. 施工条件

施工条件包括一个施工队伍所具备的施工能力、素质以及管理水平，目前我国隧道施工队伍的素质和施工装备水平参差不齐，在选择施工方法时，应考虑这个因素的影响。

智慧工地

2. 围岩条件

围岩条件包括围岩级别、地下水及工程地质现象等。围岩级别是对工程地质的综合判定，对施工方法的选择起着重要的甚至决定性的作用。一般认为硬岩首先考虑全断面法开挖；软弱岩用正台阶法开挖；断层软弱带大断面可用中隔壁法（CD 法）、中隔壁交叉临时仰拱法（CRD 法）、眼镜工法等；稳定工作面可采用小导管超前注浆法。

3. 埋　深

埋深按照埋置深度可分为浅埋和深埋两类。在同样地质条件下，由于埋深的不同，施工方法也将有很大差异。通常在浅埋地段，尤其是存在偏压时可采用分部开挖法。

4. 环境条件

当隧道施工对周围环境产生如爆破振动、地表下沉、噪声、地下水条件的变化等不良影响时，环境条件也应成为选择隧道施工方法的重要因素之一，在城市条件下，甚至会成为选择施工方法的决定性因素。

除此之外，还有施工工期、工程投资与运营后的社会效益和经济效益、施工中动力和原材料供应情况、施工安全状况等因素的影响。

（二）隧道施工方法分类

根据隧道穿越地层的不同情况和目前隧道施工方法的发展，隧道施工方法可按以下方式分类，如图 1.5.18 所示。

1. 矿山法

矿山法因最早应用于矿石开采而得名，它包括传统矿山法和新奥法，这种方法中多数情况下都需要采用钻眼爆破进行开挖，故又称为钻爆法。近年来由于施工机械的发展，传统矿山法已逐渐被新奥法所取代。

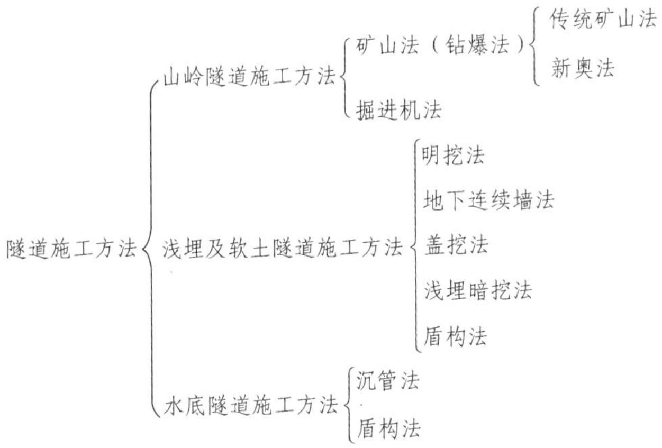

图 1.5.18　隧道施工方法的分类

2. 掘进机法

掘进机法包括隧道掘进机法（Tunnel Boring Machine，简写为 TBM）和盾构掘进机法，前者应用于岩石地层，后者则主要应用于土质围岩，尤其适用于软土、流砂、淤泥等特殊地层。

3. 明挖法

当隧道埋置较浅时，可将上覆一定范围内的岩体及隧道内的岩体逐层分块挖除，并逐次分段施作隧道衬砌结构，然后回填上覆土。明挖法是在露天的路堑地面上，或是从地表向下开挖的基坑内，先修筑衬砌结构物，然后敷设外贴式防水层，再回填覆盖土石。明挖法多用于地下铁道、城市市政隧道、山岭隧道等埋深很浅、难以暗挖的地段。

4. 盖挖法

当隧道埋深较浅时，可考虑采用“盖挖法”。盖挖法是在隧道浅埋时，由地面向下开挖至一定深度后，施作结构顶板，并恢复地面原状，其余大部分土体的挖除和主体结构的施作则是在封闭的顶板掩盖下完成的施工方法。

5. 盾构法

用盾构修建隧道的方法主要用于软土隧道暗挖施工，在金属外壳的掩护下盾构可以同步完成土体开挖、土渣排运、整机推进和管片安装等作业，将隧道一次开挖成形。

6. 沉管法

沉管法是将预制好的隧道管段，浮运到隧址，沉入基槽并进行水下连接，从而形成隧道。

7. 新意法

新意法即岩土控制变形分析法，是 20 世纪 70 年代中期由意大利的教授在研究围岩的压力拱理论和新奥法施工理论的基础上提出的。它是在困难地质情况下，通过对隧道掌子面前方围岩核心土进行超前支护和加固措施减小或避免围岩变形，并进行全断面开挖的一种设计施工指导原则。

8. 挪威法（Norwegian Method of Tunnelling，NMT）

挪威法是对新奥法的完善、补充，其特点是施工中进行观察和量测，继而求出 Q 值进行围岩分类，在支护体系上的最大特点是把一次支护作为永久衬砌，借助监测结果确定是否需加筑二次衬砌。一次支护采用高质量的湿喷钢纤维混凝土和全长黏结型高拉力耐腐蚀的锚杆来完成。

（三）隧道开挖方法

山岭隧道施工的过程和方法是多种多样的，而建立在新奥法施工原则基础上的矿山法（钻爆法）仍然是我国目前应用最广、最成熟的隧道施工方法。隧道施工方法实际上指的是开挖成形方法。按开挖隧道的横断面情况来分，包含全断面法、台阶法、中隔壁法（CD 法）、交叉中隔壁法（CRD 法）、单侧壁导坑法、双侧壁导坑法等。

水压爆破原理

光面爆破

1. 全断面法

全断面法全称为“全断面一次开挖法”，即按隧道设计断面轮廓一次开挖成形的方法，如图 1.5.19 所示。该方法可以减少开挖对围岩的扰动次数，工序简单，便于组织大型机械化施工，施工速度快，防水处理简单。缺点是对地质条件要求严格，围岩必须有足够的自稳能力，另外机械设备配套费用相应较大。

全断面法主要适用于Ⅰ～Ⅲ级围岩，采用全断面法施工，必须具备大型施工机械。隧道长度或施工区段长度不宜太短，一般不应小于 1 km，否则采用大型机械化施工的经济性差。

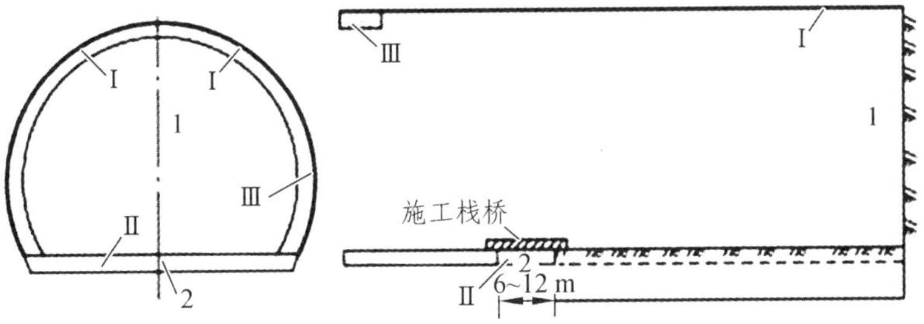

1—开挖；Ⅰ—初期支护；2—检底；Ⅱ—铺底混凝土；Ⅲ—拱墙混凝土。

图 1.5.19　全断面施工方法

全断面法施工作业顺序：

（1）施工准备完成后，用钻孔台车钻眼，然后装药，连接起爆网路。

（2）退出钻孔台车，引爆炸药，开挖出整个隧道断面。

（3）进行通风、洒水、排烟、降尘。

（4）排除危石，安设拱部锚杆和喷第一层混凝土。

（5）用装砟机将石砟装入矿车或运输机，运出洞外。

（6）安设边墙锚杆和喷混凝土。

（7）必要时可喷拱部第二层混凝土和隧道底部混凝土。

（8）开始下一轮循环。

（9）在初次支护变形稳定后，或按施工组织中规定日期灌注内层衬砌。

凿岩台车钻孔施工　施工场地准备

隧道施工通风　隧道施工场地布置

喷射混凝土支护原理　仰拱施工

根据围岩稳定程度及施工设计亦可以不设锚杆或设短锚杆。也可先出砟，然后再施作初次支护，但一般应先进行拱部初次支护，以防止局部应力集中而造成围岩松动剥落。

2. 台阶法

台阶法开挖是先开挖断面的上半部分，待开挖至一定长度后同时开挖（中）下部分，上（中）、下部分同时并进的施工工艺。台阶法灵活多变、适用性强，是最基本、运用最广泛的施工方法，而且是实现其他施工方法的重要手段。台阶法开挖具有足够的作业空间和较快的施工速度，台阶有利于开挖面的稳定性，尤其是上部开挖支护后，下部作业则较为安全。

台阶法施工一般适用于Ⅲ级围岩，Ⅳ、Ⅴ级围岩在采取必要的超前支护措施稳定开挖工作面后也可选用台阶法。台阶法分为二台阶法、三台阶法、三台阶预留核心土法等。台阶法是最基本、运用最广泛的施工方法，而且是实现其他施工方法的重要手段。台阶法施工如图 1.5.20、图 1.5.21 所示。

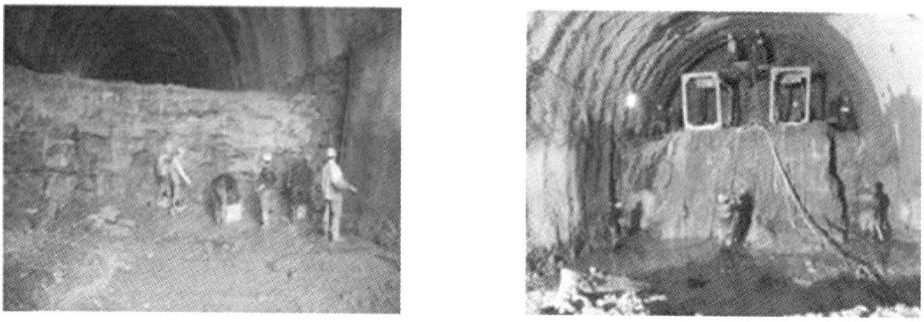

（a）　（b）

图 1.5.20　两台阶法施工

图 1.5.21　三台阶法施工

单线隧道及围岩地质条件较好的双线隧道，可采用二台阶法施工；隧道断面较高、单层台阶断面尺寸较大时，可采用三台阶法；当地质条件较差时，为增加掌子面自稳能力，可采用三台阶预留核心土法开挖。各类台阶法施工工序如图 1.5.22~图 1.5.24 所示。

隧道仰拱及填充作业机械化施工

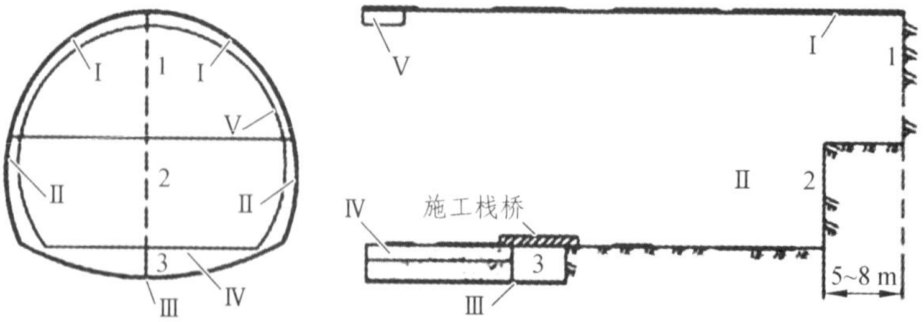

1—上台阶开挖；Ⅰ—上台阶初期支护；2—下台阶开挖；Ⅱ—下台阶初期支护；3—仰拱开挖；Ⅲ—仰拱喷混凝土封；Ⅳ—仰拱填充混凝土施工；Ⅴ—拱墙混凝土施工。

图 1.5.22　二台阶法施工工序

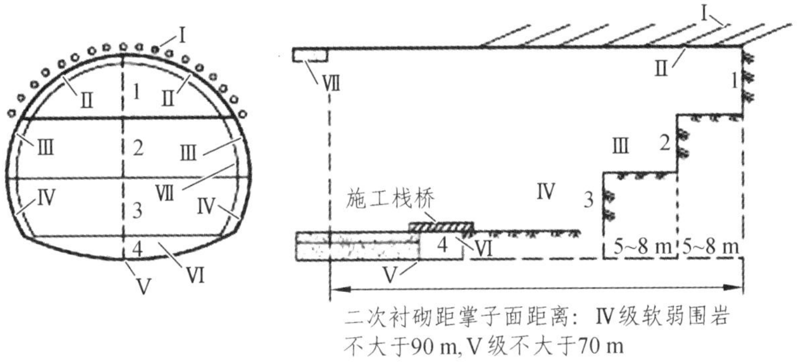

Ⅰ—超前小导管；1—上台阶开挖；Ⅱ—上台阶初期支护；2—中台阶开挖；
Ⅲ—中台阶初期支护；3—下台阶开挖；Ⅳ—下台阶初期支护；4—仰拱开挖；
Ⅴ—仰拱初期支护；Ⅵ—仰拱填充混凝土；Ⅶ—拱墙混凝土。

图 1.5.23 三台阶法施工工序

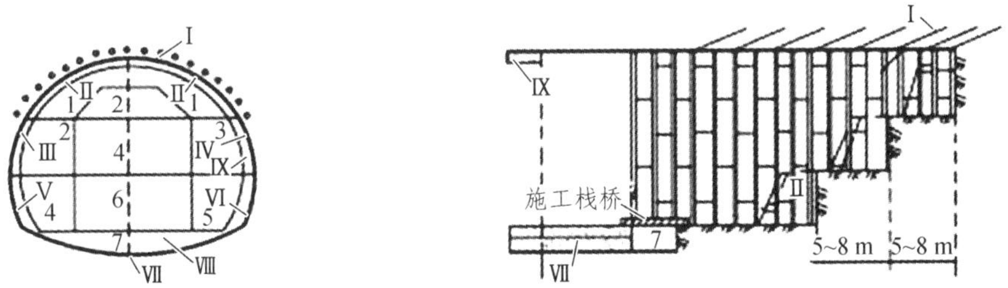

Ⅰ—超前小导管；1—上台阶开挖；Ⅱ—上台阶初期支护；2—上台阶核心土开挖、中台阶左侧开挖；
Ⅲ—中台阶左侧初期支护；3—中台阶右侧开挖；Ⅳ—中台阶右侧初期支护；
4—中台阶核心土开挖、下台阶左侧开挖；Ⅴ—下台阶左侧初期支护；
5—下台阶右侧开挖；Ⅵ—下台阶右侧初期支护；6—下台阶核心土开挖；
7—仰拱开挖；Ⅶ—仰拱初期支护；Ⅷ—仰拱填充混凝土；Ⅸ—拱墙混凝土。

图 1.5.24 三台阶预留核心土法施工工序

3. 中隔壁法

中隔壁法是将隧道分成左右两部分进行开挖，先在隧道一侧采用二部或三部分层开挖，施作初期支护和中隔墙临时支护，再分台阶开挖隧道另一侧，并进行相应的初期支护的施工方法。此法采用时，两台阶之间的距离可采用超短台阶法确定。

中隔壁法适用于较差地层，如采用人工或人工配合机械开挖的Ⅳ~Ⅴ级围岩的浅埋双线隧道和浅埋、偏压及洞口段。施工过程中，为保证初期支护稳定，除喷锚支护外，须增加型钢或钢格栅支撑，并采用超前大管棚、超前锚杆、超前注浆小导管、超前预注浆等一种或多种辅助措施进行超前加固。软弱围岩或三线隧道采用中隔壁法时宜增设临时仰拱。中隔壁法施工开挖工序如图 1.5.25、图 1.5.26 所示。

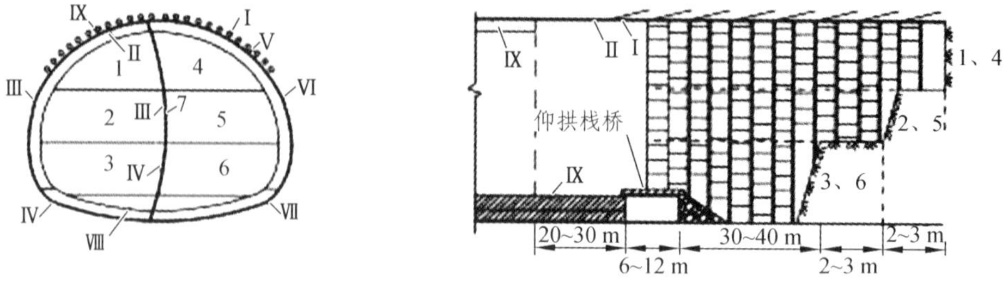

（a）（b）

Ⅰ—超前小导管；1—左侧上部开挖；Ⅱ—左侧上部初期支护；2—左侧中部开挖；Ⅲ—左侧中部初期支护；3—左侧下部开挖；Ⅳ—左侧下部初期支护；4—右侧上部开挖；Ⅴ—右侧上部初期支护；5—右侧中部开挖；Ⅵ—右侧中部初期支护；6—右侧下部开挖；Ⅶ—右侧下部初期支护；7—拆除隔墙；Ⅷ—仰拱填充混凝土；Ⅸ—拱墙混凝土。

图 1.5.25　CD 法开挖工序

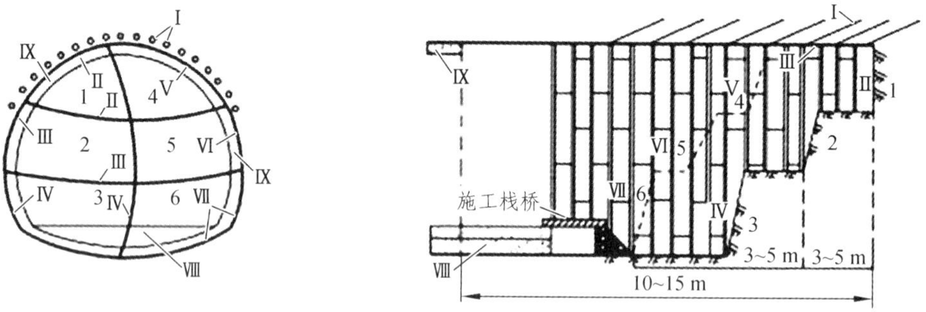

Ⅰ—超前小导管；1—左侧上部开挖；Ⅱ—左侧上部初期支护；2—左侧中部开挖；Ⅲ—左侧中部初期支护；3—左侧下部开挖；Ⅳ—左侧下部初期支护；4—右侧上部开挖；Ⅴ—右侧上部初期支护；5—右侧中部开挖；Ⅵ—右侧中部初期支护；6—右侧下部开挖；Ⅶ—右侧下部初期支护；Ⅷ—仰拱填充混凝土；Ⅸ—拱墙混凝土。

图 1.5.26　中隔壁法设临时仰拱施工工序

风动凿岩机施工　　中隔壁法施工

4. 双侧壁导坑法

双侧壁导坑法又称眼镜工法，采用先开挖隧道两侧导坑，及时施作导坑四周初期支护，必要时施作边墙衬砌，然后再根据地质条件、断面大小，对剩余部分采用二台阶或三台阶开挖的方法，其实质是将大跨度的隧道变为 3 个小跨度的隧道进行开挖。

城市浅埋、软弱、大跨隧道和山岭软弱破碎、地下水发育的大跨隧道可优先选用双侧壁导坑法，在Ⅴ~Ⅵ级围岩的浅埋、偏压及洞口段，也可采用此法施工。双侧壁导坑法施工开挖工序如图 1.5.27 所示。

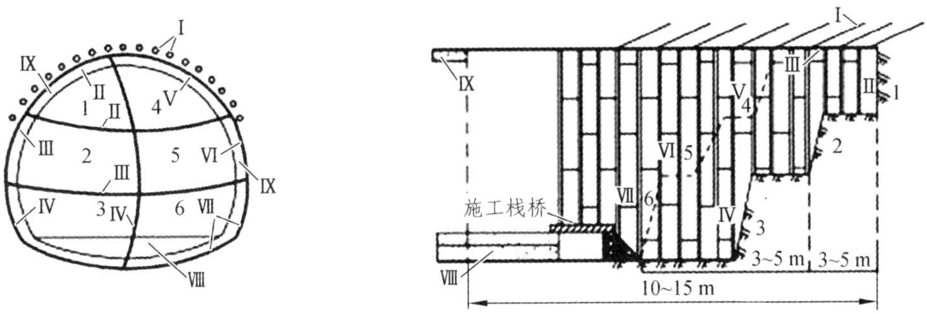

Ⅰ—两侧超前小导管；1—两侧上部开挖；Ⅱ—两侧上部初期支护；2—两侧下部开挖；
Ⅲ—两侧下部初期支护；Ⅳ—拱部超前小导管；3—中壁上部开挖；4—中壁中部开挖；
Ⅴ—中壁上部初期支护；5—中壁下部开挖；Ⅵ—中隔壁下部初期支护；
Ⅶ—仰拱混凝土施工；Ⅷ—拱墙混凝土。

图 1.5.27　双侧壁导坑开挖工序

5. 铣挖法

铣挖法是近年来兴起的一种新的施工方法，它通过采用一种叫铣挖机的设备，如图 1.5.28 所示，安装在任何类型的液压挖掘机上，高效替代挖斗、破碎锤、液压剪等通用配置，应用于隧道掘进及轮廓修正、渠道沟槽铣掘、建筑物拆除、沥青混凝土路面铣刨、岩石冻土铣挖、树根铣削等多个领域，铣挖机为隧道开挖提供了一种崭新的施工方法，适用于各种地质条件。

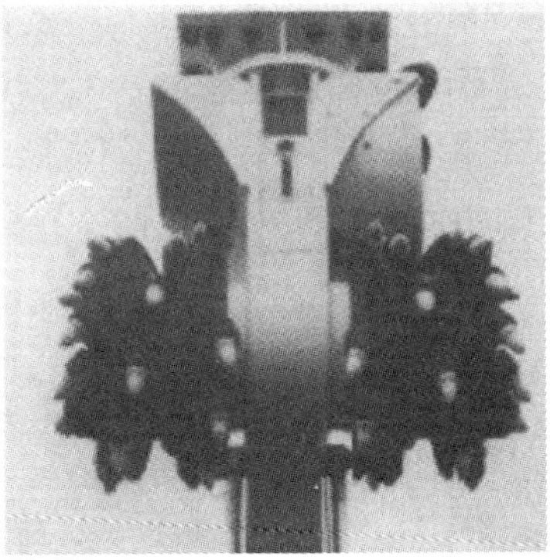

图 1.5.28　铣挖机

铣挖法施工工序如下：

（1）开挖。铣挖机进入掘进工作面进行现场掘进，大断面隧道内多分为上下两步台阶进行，上下台阶间距为 800 ~ 1100 m，便于铣挖机设备的存放。

（2）支护。铣挖机开挖后，需进行挂网锚喷支护隧道。在软岩中，每次开挖的进尺深度取决于掌子面岩层的情况及隧道的设计情况，一般为 50 ~ 80 cm。

（3）循环掘进。在使用铣挖机开挖后，铣挖机退出工作面，停靠在隧道的侧壁，然后装砟机开始装砟和出砟，出砟结束后马上进行安装支护结构和喷射混凝土的工作，然后进行下一循环的掘进工作。

6. 掘进机与盾构施工法

1）掘进机（TBM）

钻爆法与掘进机（TBM）法是当今世界上隧道开挖中两个行之有效的施工方法，两者各有所长，在不同范围内以及不同的条件下表现出各自的优势。

钻爆法施工适用范围广，不受隧道断面尺寸和形状的限制，对各类围岩均能适用，当地质条件变化时，施工工艺可机动灵活随之变化，施工设备的组装和工地之间的转移简单方便，重复利用率高，多年来已积累了丰富宝贵的施工经验，形成了科学完整的工艺体系。但它同时也存在施工工序多，施工过程中各工序干扰大，开挖速度低，超（欠）挖严重，爆破时对地层扰动大，施工安全性差，作业场所环境恶劣，工人劳动强度大等难以克服的缺点，此外由于开挖速度低，在较长隧道施工时，往往需要采用辅助坑道来增加开挖工作面，从而增加了工程造价。

TBM施工法的优点在于施工速度快，能缩短工期，但只从开挖的可能性来考虑，还不能确定能否采用。如果岩质相同，TBM施工法没有超挖量，与钻爆施工法相比，周边围岩也不松弛，那么，即使需要支护也只需轻型的即可，在减少衬砌混凝土量等费用方面也具有很大优势。但地质条件不适合于TBM施工法时，即在破碎带、膨胀性围岩以及大涌水带等条件下，TBM的掘进就比较困难，即使是使用最高性能的机械有时也会延误工期，这时可用钻爆法辅助做好该区段开挖和通风，TBM再向硬岩掘进，所以钻爆法和TBM法可混合使用，互相取长补短。

全断面岩石隧道掘进机（TBM）是目前使用最为广泛的掘进机。在我国隧道工程施工中，已成功使用过的全断面岩石隧道掘进机有：单T形支撑开敞式、双X形支撑敞开式、双护盾式。开敞式TBM（见图1.5.29）适应软硬地层，其转向控制灵活、对地层能及时支护，通过软岩地层，采用先锚后喷及先喷后锚，并架设钢拱架的一次支护。

图1.5.29　开敞式TBM

2）盾　构

盾构施工法是软土隧道掘进施工的一种有效方法，在城市地下铁道、水底隧道以及土质隧道施工中已得到广泛应用。近十多年来盾构技术又有了飞跃发展，可适用于任何地层。

盾构法主要应用于软土、流砂、淤泥等特殊地层，实质上就是软土隧道掘进机，它既可能是机械开挖，也可能是人工开挖；它既是一种施工机具，又是一个强有力的临时支撑结构。在盾壳的保护下，既可进行开挖，又能进行衬砌。采用盾构施工，具有不影响地面交通，没有振动，对地面邻近建筑物危害较小，施工费用不受埋深的影响等优点。在土质差、水位高的地方建设埋深较大的隧道，盾构法有较高的技术经济优越性等优点，如图 1.5.30 所示。

图 1.5.30　盾构示意

（四）隧道施工辅助方法

隧道在浅埋软岩地段、自稳性差的软弱破碎围岩、严重偏压、岩溶泥流地段砂土层、断层破碎带以及大面积淋水或涌水等地段施工时，常会发生开挖面（掌子面）围岩失稳，产生坍塌等现象，这不仅使围岩条件更加恶化，甚至会影响到后方施作支护部分的稳定或者波及地表沉陷。不仅会给施工带来极大困难，而且造成人力、物力、财力的大量消耗，并影响施工安全，延误工期。为了避免这种情况，可在隧道开挖前采用如管棚、围岩注浆、小导管注浆、锁脚锚杆（管）及各种超前支护方式等辅助施工方法，对地层进行预加固或止水，来加强隧道围岩的稳定。

锁脚锚管施工　　锁脚锚杆施工

1. 超前锚杆

超前锚杆是沿开挖轮廓线，以稍大的外插角，向开挖面前方安装锚杆，形成对前方围岩的预锚固，在提前形成的围岩锚固圈的保护下进行开挖等作业，如图 1.5.31 所示。这类超前支护的柔性较大，整体刚度较小。虽然它们都可以与系统锚杆焊接以增强其整体性，但对于围岩应力较大时，其后期支护刚度就有些不足。因此，此类超前支护主要适用于应力不太大，地下水较少的软弱破碎围岩的隧道工程中，如土

隧道塌方处理　　中空注浆锚杆施工

砂质地层、弱膨胀性地层、流变性较小的地层、裂隙发育的岩体、断层破碎带等浅埋无显著偏压的隧道。

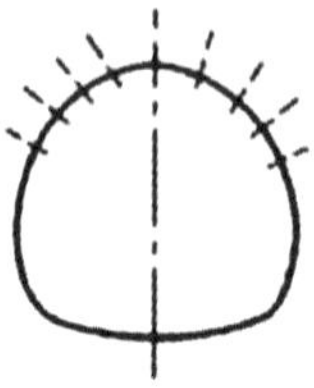

（a）

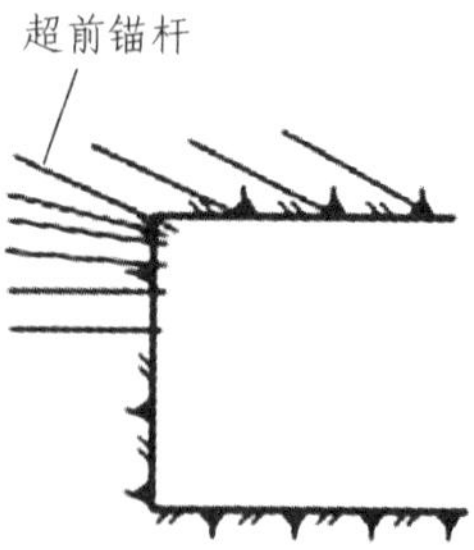

（b）

图 1.5.31　超前锚杆

2. 管棚

超前管棚施工工艺

管棚是利用钢拱架与沿开挖轮廓线，以较小的外插角、向开挖面前方打入钢管或钢插板构成的棚架来形成对开挖面前方围岩的预支护，如图 1.5.32 所示。

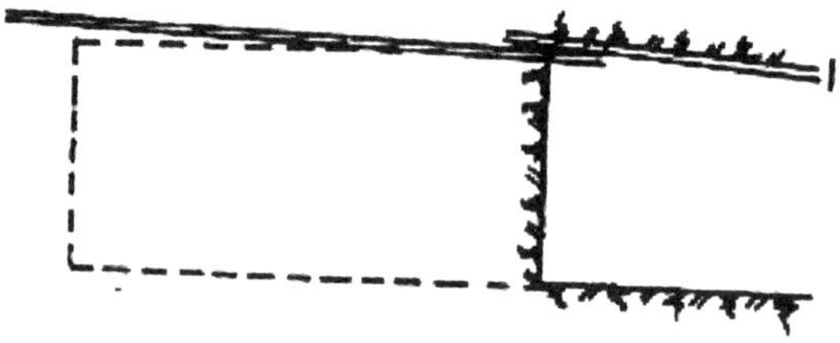

（a）棚管的环向布置

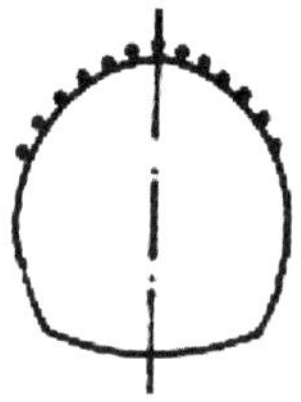

（b）管棚钢管纵向连接

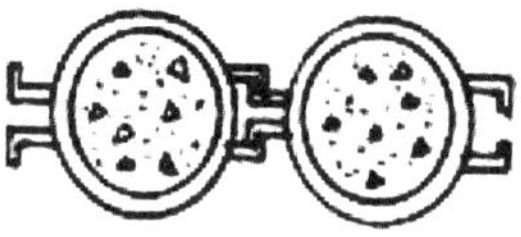

（c）钢管端部横向连接

图 1.5.32　管棚支护

采用长度小于 10 m 的小钢管的称为短管棚；采用长度为 10 ~ 45 m 且较粗的钢管的称为长管棚；采用钢插板（长度小于 10 m）的称为板棚。

管棚因采用钢管或钢插板作纵向预支撑，又采用钢拱架作环向支撑，其整体刚度加大，对围岩变形的限制能力较强，且能提前承受早期围岩压力。因此，管棚主要适用于围岩压力来得快来得大，用于对围岩变形及地表下沉有较严格限制要求的软弱破碎围岩隧道工程中。如土砂质地层、强膨胀性地层、强流变性地层、裂隙发育的岩体、断层破碎带、浅埋有显著偏压等围岩的隧道中。此外，在一般无胶结的土及砂质围岩中，可采用插板封闭较为有效；在地下水较多时，则可利用钢管注浆堵水和加固围岩。

短管棚一次超前量少，基本上与开挖作业交替进行，占用循环时间较多，但长管棚一次超前量多，虽然增加了单次钻孔或打入长钢管的作业时间，但减少了安装钢管的次数，减少了与开挖作业之间的干扰。在长钢管的有效超前区段内，基本上可以进行连续开挖，也更适于采用大中型机械进行大断面开挖。

隧道机械化施工开挖作业线

3. 超前小导管

超前小导管注浆是在开挖前，先采用喷射混凝土将开挖面和 5 m 范围内的坑道封闭，然后沿坑道周边向前方围岩打入带孔小导管，并通过小导管向围岩压注起胶结作用的浆液，待浆液硬化后，坑道周围岩体就形成了一个有一定厚度的加固圈。在此加固圈的保护下即可安全地进行开挖等作业，如图 1.5.33 所示。若小导管前端焊一个简易钻头，则可钻孔、插管一次完成，称为自进式注浆锚杆。

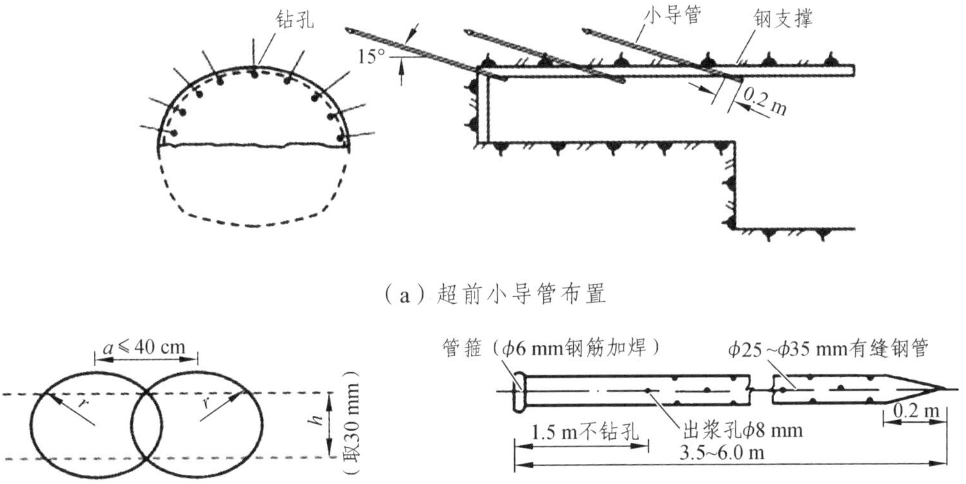

（a）超前小导管布置

（b）注浆半径及孔距选择

（c）小导管全图

图 1.5.33　超前小导管预加固围岩

4. 预注浆

超前小导管注浆，对围岩加固的范围和加固处理的程度是有限的，作为软弱破碎围岩隧道施工的一项主要辅助措施，它占用时间和循环次数较多。因此，在不便采取其他施工方法（如盾构法）时，深孔预注浆加固围岩就较好地解决了这些问题。预注浆方法是在掌子面前方的围岩中将浆液注入，从而提高了地层的强度、稳定性和抗渗性，形成了较大范围的筒状封闭加固区，然后在其范围内进行开挖作业。

超前深孔帷幕注浆

（五）隧道洞口和明洞施工

1. 洞口段施工方法

所谓“洞口段”，是指隧道开挖可能给洞口地表造成不良影响（下沉、塌穴等）的洞口范围。由于每座隧道的地形、地质及线路位置不同，所以洞口段的范围都不尽相同。一般情况下，可将洞口浅埋段称为洞口段，如图 1.5.34 所示。

隧道洞口地段，一般覆盖浅、地质条件差，且地表水汇集，施工难度较大。施工时要结合洞外场地和相邻工程的情况，全面考虑、妥善安排、及早施工，为隧道洞身施工创造条件。

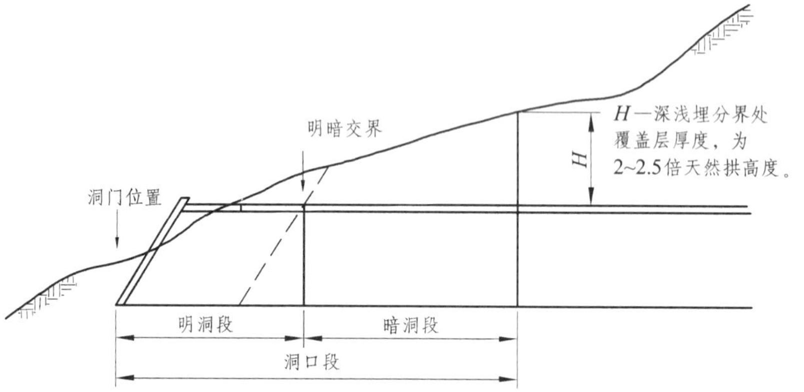

图 1.5.34　洞口段的一般范围

隧道洞口工程主要包括边仰坡土石方、边仰坡防护、路堑挡护、洞门圬工、洞口排水系统、洞口检查设备安装和洞口段洞身衬砌等。洞门结构一般在暗洞施工一段以后再做，边仰坡防护应及时做好。

洞口段施工流程如图 1.5.35 所示。

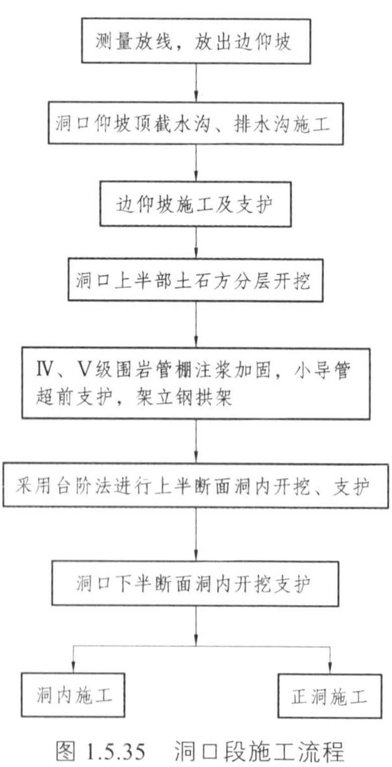

图 1.5.35　洞口段施工流程

洞口开挖与防护

洞口土石方施工

洞口管棚施工

2. 明洞施工方法

明洞施工方法

明挖法是软土地下工程施工中最基本、最常用的施工方法。明挖法施工是先将地表土层挖开一定的深度，形成基坑，然后在基坑内施工浇筑结构，完成结构施工后进行土方回填，最终完成隧道及地下工程施工。

明洞钢筋混凝土分两部分施工，首先施工边墙基础（盖板顶以下）仰拱钢筋混凝土部分、仰拱填充及铺底部分，然后利用模板台车施作拱、墙钢筋混凝土，施工中应注意保持背模平顺、牢固、可靠。

明洞防水层施工时应先将混凝土修凿平整，必要时局部用砂浆找平并去除外露钢筋头等杂物，以免损坏防水层，无纺布在现场逐幅铺设，为防止无纺布在回填过程中移位或翻卷应将其接缝用线缝合，搭接宽度 10 cm。

明洞拱背回填应自下而上对称回填，泄水管以下用浆砌片石回填，泄水管至起拱线为干砌片石回填，其中在泄水管口设纵向盲沟，采用砾石或碎石回填，起拱线以上为夯填碎石土，最上部为 50 cm 厚黏土防水层。回填土采用人工分层回填，层厚不大于 20 cm，用蛙式打夯机夯实。施工过程中严格保护防水层不被破坏。明洞施工工艺流程如图 1.5.36 所示。

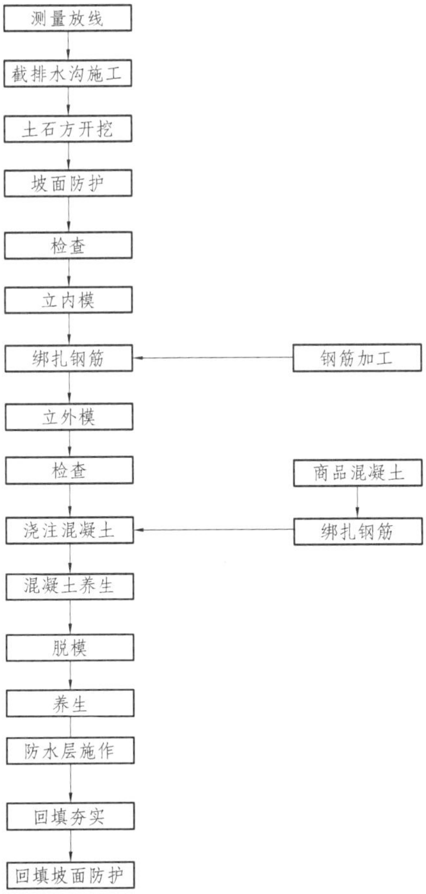

图 1.5.36　明洞施工工艺流程

（六）初期支护施工

初期支护作为隧道开挖后及时施工的人为支护又称一次支护，主要为喷锚组合体系。喷锚支护是喷混凝土、锚杆、钢筋网、喷射钢纤维混凝土、钢架支撑等结构组合起来的支护形式。根据不同围岩的稳定状态，可采用锚喷支护中的一种或几种结构的组合以适应围岩的状况。

锚杆加固原理

喷锚支护是一种符合岩体力学原理的支护方法，具有良好的物理力学性能。由于施作及时、密贴，能有效地控制围岩的变形，封闭岩体的张性节理、裂隙，加固结构面，充分发挥和利用岩块之间的镶嵌、咬合和自锁作用，从而恢复并提高了岩体自身的稳定性、强度、自承能力和整体性。与此同时，锚喷支护具有良好柔性的特点，使得它在与围岩体共同变形的过程中，能有效地调整围岩应力，控制围岩做有限度的变形，进而将围岩体与锚喷支护构成统一的承载体系。

1. 施工流程

初期支护施工工艺流程如图 1.5.37 所示。

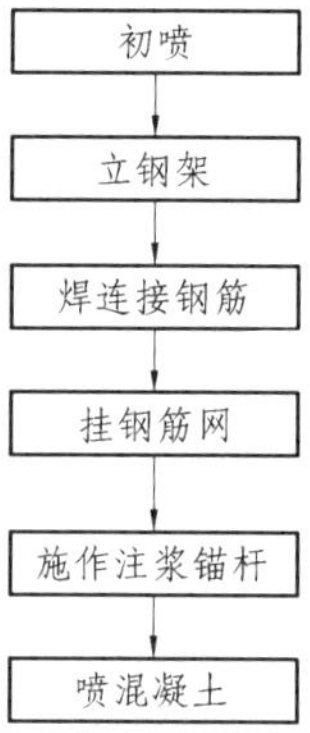

图 1.5.37　初期支护施工工艺流程

2. 喷射混凝土

开挖完后，立即进行混凝土初喷，初喷厚度 5 cm，待钢架或格栅（围岩破碎段）、钢筋网、注浆锚杆施作完成后进行混凝土复喷，复喷厚度达到设计要求。混凝土按设计一般采用 C20 混凝土或者钢纤维混凝土以及其他纤维类混凝土，喷射混凝土主要采用湿喷工艺，如图 1.5.38 所示。

将胶凝料、集料和水按一定比例拌制的混合料装入喷射机，并输送至喷嘴处，用压缩空气将混合料喷射至受喷面上。

喷料在洞外用强制式搅拌机拌和，运至作业面，经喷射机由人工喷射混凝土或机械喷射混凝土。先在开挖面上初喷混凝土 5 cm，然后架设钢架、钢筋网，焊接钢架之间的连接拉杆，施工超前小管棚，复喷混凝土至设计厚度，最后施工锚杆。

喷射混凝土施工

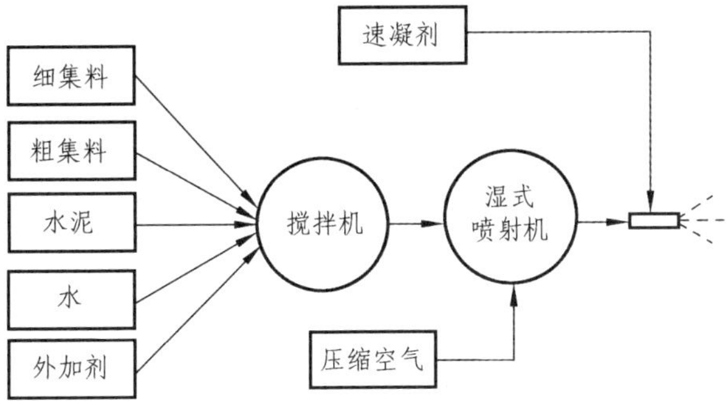

图 1.5.38　湿喷工艺流程

（七）衬砌施工

目前，隧道支护通常采用复合式衬砌，其由初期支护和二次衬砌组成，初期支护帮助围岩达成施工期间的初步稳定，二次衬砌则是提供安全储备或承受后期围岩压力。

混凝土二次衬砌施工时间根据现场监控量测结果来确定，在初期支护基本稳定，整体收敛值在规范内，围岩及初期支护变形率趋于减缓或稳定时再进行隧道二次衬砌，并将衬砌工作面与开挖工作面拉开 50~100 m 的距离，以减少两工作间的互相干扰，也是避免爆破震动效应对二次衬砌的影响，二次衬砌混凝土灌注采用洞外集中拌和、混凝土输送罐车运输、轨道自动行走液压起臂整体模板衬砌台车、混凝土输送泵车灌注的方法进行，如图 1.5.39 所示。

台车定位安装　　土工布铺设

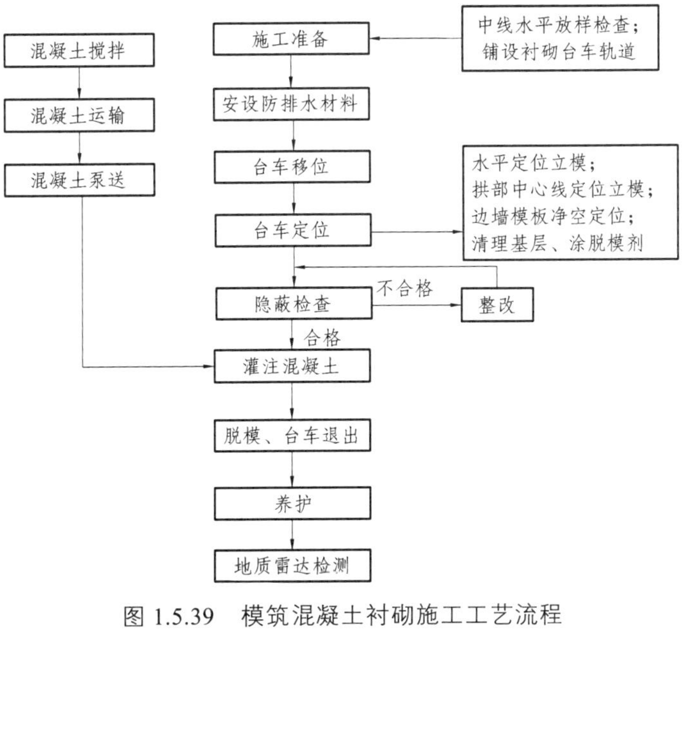

图 1.5.39　模筑混凝土衬砌施工工艺流程

思政小链接

我国重点隧道工程

（1）大瑶山隧道。

我国修建长度 10 km 以上铁路隧道的实践是从 14.295 km 长的双线隧道——大瑶山隧道开始的。在这座隧道的施工中，采用凿岩台车、衬砌模板台车和高效能的装运工具等机具配套作业，实行全断面开挖。大瑶山隧道的修建是我国山岭隧道采用重型机具综合机械化施工的开端，将隧道工程的修建技术和修建长大隧道的能力提高到一个新的阶段，缩短了同国际隧道施工先进水平的差距。

（2）秦岭隧道。

西康线秦岭隧道工程由 1 号线和 2 号线两座隧道组成，通过混合片麻岩及花岗岩。其中 2 号线隧道导坑的开挖中，创造了单台风机独头通风距离 6000 m 的记录；1 号线隧道则是用直径 8.8 m 的全断面掘进机开挖的，实现了隧道施工作业的工业化、自动化和信息化，为国内岩石掘进机施工积累了可贵的经验。

（3）秦岭终南山隧道。

秦岭终南山隧道位于我国国道主线包头至北海段在陕西境内的西康高速公路北段，同时也是银川至武汉主干线的西部大通道共用的“咽喉工程”，隧道穿越秦岭山脉的终南山，单洞全长 18.02 km，双洞长 36.04 km，双向四车道。

（4）西秦岭隧道。

兰渝铁路西秦岭隧道为我国第二长铁路隧道。该隧道由两座平行的分离式单线隧道构成，全长 28.236 km，是目前采用钻爆法和全断面隧道掘进机法（TBM 法）相结合施工的最长隧道。出口段采用两台直径为 10.24 m 敞开式硬岩掘进机进行施工，在我国铁路隧道建设史上具有重要意义。

（5）新关角隧道。

新关角隧道是青藏铁路西格（西宁—格尔木）二线重点控制性工程，是我国第一长铁路隧道。隧道由两条分离式单线隧道组成，全长 32.6 km，采用钻爆法施工。

（6）大伙房水库输水工程。

大伙房水库输水工程，是为了引用优质充沛的辽宁东部山区水源，供给辽宁省老工业基地的中部城市群，以解决这些地区百年内用水问题，受益人口近 1000 万人。其一期工程输水隧洞开挖洞径 8 m，连续长 85.3 km，其中 60.3 km 采用 TBM 施工。这条超长深埋隧洞是目前世界上最长的隧洞之一，穿越 50 余座山、50 余条河谷，最大埋深 630 m，最小埋深 60 m，地质情况复杂多变，在一条隧洞上使用 3 台 TBM，在国内还是第一次。

隧道之最

（1）已建最长铁路隧道——松山湖隧道。

广惠城际线松山湖隧道是中国已建成的最长铁路隧道。全长 38.813 m，于 2017 年 12 月 28 日通车。松山湖隧道被业内专家评价为：全国铁路最长隧道，施工难度之大、工法之多，全国罕见，堪称铁路隧道的“地质博物馆”。

（2）耗时最长的隧道——大柱山隧道。

大柱山隧道位于云南保山市境内的澜沧江右岸，是一条单线铁路隧道，由于地形复杂，施工环境恶劣，导致工期从最初的 5 年半被再三延长，最终经历了 13 年的艰难困苦之后，这项工程才得以完成。隧道全长只有 14 km，却集成了世界上所有的隧道施工难题，但最终还是被中国人用聪明才智给克服了。

（3）最长湖底隧道——太湖隧道。

太湖隧道位于江苏省无锡市滨湖区，建在太湖梅梁湖水下。全长 10.79 km，宽 43.6 m，2021 年 10 月正式竣工，是中国最长最宽的水下隧道工程。

（4）中国大陆第一条海底隧道——厦门翔安海底隧道。

翔安隧道是中国福建省连接湖里区与翔安区的跨海通道，位于九龙江入海口处，是中国内地第一条海底隧道，全长 8.695 km，跨海部分全长 6.05 km，深入海底 70 m，2010 年 4 月 26 日通车运营。

（5）最深海底隧道——珠江口隧道。

珠江口隧道位于广东省东莞、广州之间的珠江入海口，全长 13.69 km，设计时速 250 km，隧道水下最大埋深 115 m，是我国水下隧道的最深纪录；最大水压 1.06 MPa，相当于 10.6 kg/cm^2 的压力，强度超过 10 个标准大气压，为世界之最。

（6）海拔最高的公路隧道——雀儿山隧道。

雀儿山隧道是世界第一高海拔超特长公路隧道，位于国道 317 线甘孜至德格岗托之间，是翻越雀儿山的关键性工程，隧道全长 7079 m，施工海拔在 4300 m 的雪域高原，需攻克冻土、涌水、断层、岩爆和通风供氧等施工难题。2016 年 11 月 10 日雀儿山隧道正式贯通，2017 年 7 月通车。

（7）海拔最高的高原永久性冻土隧道——风火山隧道。

在海拔超过 5000 m 的青藏高原风火山上，有一条被称为“世界第一高隧”的冻土隧道——风火山隧道，隧道全长 1338 m，轨面海拔标高 4905 m，全部位于永久性冻土层内，是目前世界上海拔最高的高原永久性冻土隧道。

（8）最大的海底沉管隧道——港珠澳大桥沉管隧道。

港珠澳大桥海底隧道全长 5664 m，采用深埋式沉管，由 33 节巨型钢筋混凝土结构的沉管对接安装而成，每一节的排水量约 75 000 t，是世界上最大的海底沉管隧道。2017 年 7 月 7 日隧道贯通。

（9）最长湿陷性黄土隧道——函谷关隧道。

函谷关隧道位于河南省灵宝市函谷关镇境内，全长 7851 m，最大埋深 80 m，最小埋深 12 m，是世界上最长的湿陷性黄土隧道。隧道主要穿过砂质新黄土，结构疏松，具有中等及严重自重湿陷性。隧道进口端横坡较陡，桥隧相连，2019 年 10 月 20 日实现双洞贯通。

【项目小结】

本项目以铁路路基、轨道、桥涵、隧道等主要工程为核心，吸收了近些年的最新成果，从工程概述与发展、工程结构与构造、施工方法与工艺等方面，系统介绍了铁路基础设施的基本知识和相关理论，使学生初步了解和掌握铁道工程的有关内容和最新进展，了解铁路的发展现状和未来，了解铁道工程先进技术的应用和技术创新，建立铁道工程的基础理论知识体系，为学生学习专业课和日后从事相关工作打下一定的技术基础。

【练习巩固】

1. 路基工程由哪几部分组成？
2. 路基施工的基本方法有哪些？
3. 土质路堤填筑有哪些方法？
4. 影响填土压实质量的因素有哪些？
5. 钢轨的功用及要求有哪些？
6. 道床的功用是什么？
7. 绘图说明道床断面包括哪些内容？以及各部分技术要求？
8. 道岔的分类有哪些？
9. 普通单开道岔有哪几部分构造？
10. 无砟轨道结构类型有哪几类？
11. 试述桥墩和桥台的组成。
12. 常用的桥墩和桥台有哪些形式？
13. 何谓异型桥墩？
14. 何谓空心墩？有何优越性？
15. 何谓柔性墩？有何优越性？
16. 桥梁检查设备主要有哪些？
17. 支座的作用主要表现在哪几个方面？
18. 普通钢支座有哪几种类型？
19. 略述一般涵洞的组成。
20. 涵洞管节在安装时应注意哪些问题？
21. 简述圆涵及拱涵的施工工艺。

22. 简述涵洞的防水措施。
23. 简述什么是涵洞顶进施工。
24. 桥梁基础工程常采用的类型有哪些?
25. 简要介绍桥梁上部结构的施工方法。
26. 桥面工程包括哪些项目?
27. 隧道的洞身衬砌有哪些类型? 各用于什么情况?
28. 隧道的洞门有哪些形式? 高速铁路隧道门的发展趋势是什么?
29. 什么是明洞? 明洞一般用于什么情况?
30. 隧道的附属构筑物有哪些?
31. 全断面法、台阶法、分部开挖法的优缺点及适用条件?
32. 隧道施工方法有哪些?
33. 隧道施工常见的辅助方法有哪些?

项目二

城市轨道交通工程

项目描述

本项目主要引导学生了解城市轨道交通的线路设计，掌握轨道的基本结构及轨道工程施工、地下铁道车站设计与施工、盾构法区间施工等基本知识。

项目导学

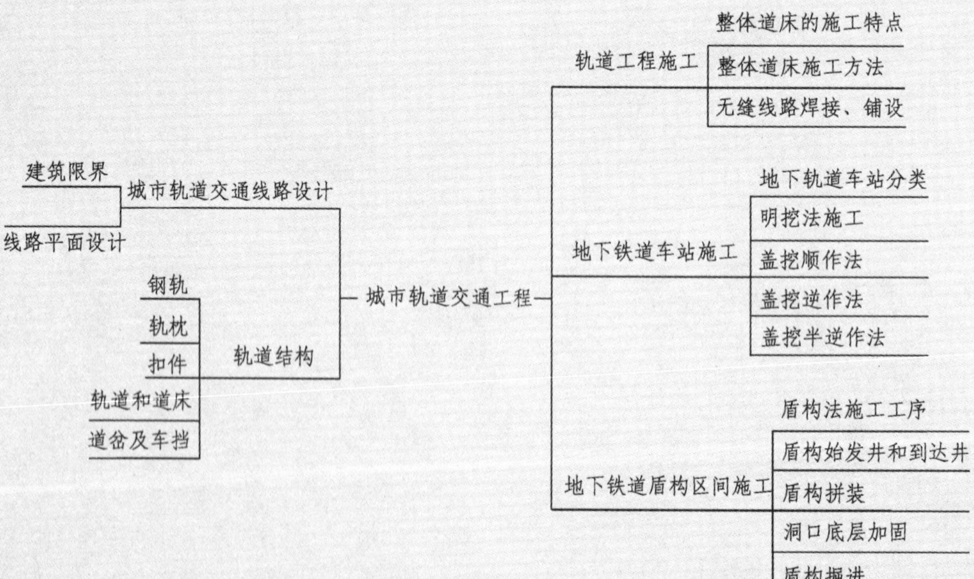

学习目标

◆ 知识目标

（1）了解城市轨道交通线路设计；
（2）熟悉城市轨道交通轨道结构；
（3）熟悉城市轨道交通轨道工程施工；
（4）熟悉城市轨道交通车站工程施工；
（5）熟悉城市轨道交通盾构区间施工。

◆ 能力目标

（1）能够识读城市轨道交通线路平纵断面设计图；
（2）能够了解轨道交通轨道结构的技术要求、参数及常见类型；
（3）能够读懂轨道交通轨道工程施工、车站工程施工和盾构区间施工方案。

◆ 素质目标

（1）具备轨道交通工程领域的知识储备；
（2）培养轨道交通工程施工岗位职业素养；
（3）具备安全意识和责任意识。

任务一 城市轨道交通线路设计

【学习任务】

（1）了解城市轨道交通建筑限界；
（2）了解城市轨道交通线路设计。

一、建筑限界

城市轨道交通列车是沿轨道高速运动的物体，它需要在特定的空间中运行，根据各种参数和特性，经计算确定的空间尺寸，称为限界。为保证安全，各种建（构）筑物和设备均不得侵入其中。限界是确定地下铁道与行车有关的构筑物净空大小和各种设备相互位置的依据。地下铁道隧道的大小和桥梁的宽窄都是根据限界确定的，限界越大安全性越高，但工程量和工程投资也随之增加。所以，要确定一个既能保证列车运行安全，又不增大桥隧空间的经济、合理的断面是制定限界的任务和目的。限界分为车辆限界、设备限界、建筑限界和接触网或接触轨限界，它们是根据车辆轮廓尺寸和技术参数、轨道特性、各种误差及变形，并考虑列车在运行中的状态等因素，经科学分析计算确定的。

车辆限界是车辆在正常运行状态下形成的最大动态包络线。直线地段车辆限界分为地下铁道隧道内车辆限界和高架或地面线车辆限界，高架或地面线车辆限界应在地下铁道隧道内车辆限界的基础上，另加当地最大风荷载引起的横向和竖向偏移量。

设备限界是用以限制设备安装的控制线。直线地段设备限界是在直线地段车辆限界外扩大一定安全间隙后形成的；曲线地段设备限界应在直线地段设备限界的基础上，按平面曲线不同半径、过超高或欠超高引起的横向和竖向偏移量，以及车辆、轨道参数等因素计算确定。

建筑限界是在设备限界的基础上，考虑了设备和管线安装尺寸后的最小有效断面。在宽度方向上设备和设备限界之间应留出 20 ~ 50 mm 的安全间隙。当建筑限界侧面和顶面没有设备或管线时，建筑限界和设备限界之间的间隙不宜小于 200 mm；困难条件下不得小于 100 mm。建筑限界中不包括测量误差、施工误差、结构沉降、位移变形因素。

（一）区间直线段建筑限界

1. 区间地下铁道建筑限界

区间地下铁道隧道建筑限界是根据已定的车辆类型、受电方式、施工方法以及地质条件等按不同结构形式进行确定的。

（1）区间直线段矩形地下铁道隧道建筑限界如图 2.1.1、图 2.1.2 所示：

明挖施工的矩形地下铁道隧道，其单洞单线地下铁道隧道建筑限界宽度为 4100 mm，高度为 4500 mm。

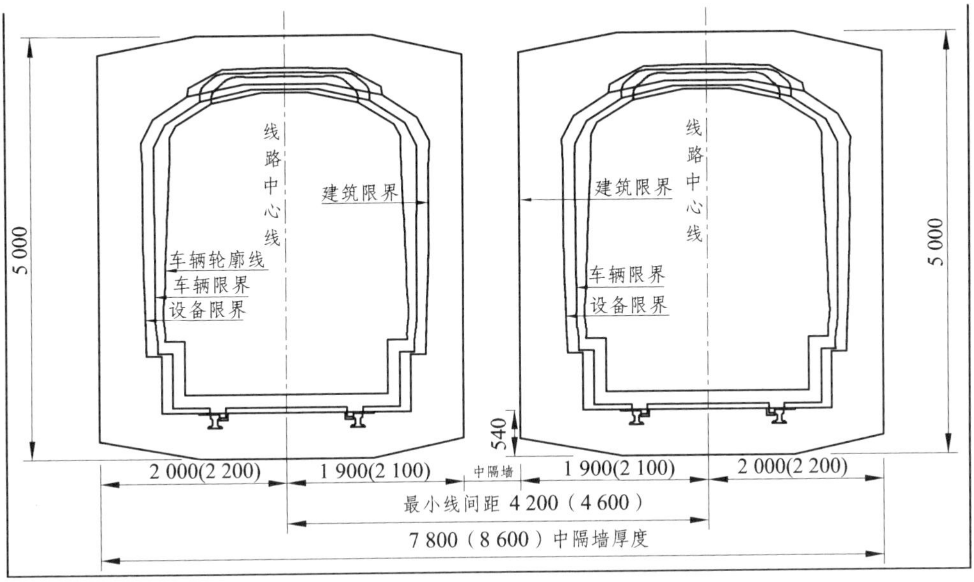

图 2.1.1　区间直线段双线矩形地下铁道隧道建筑限界

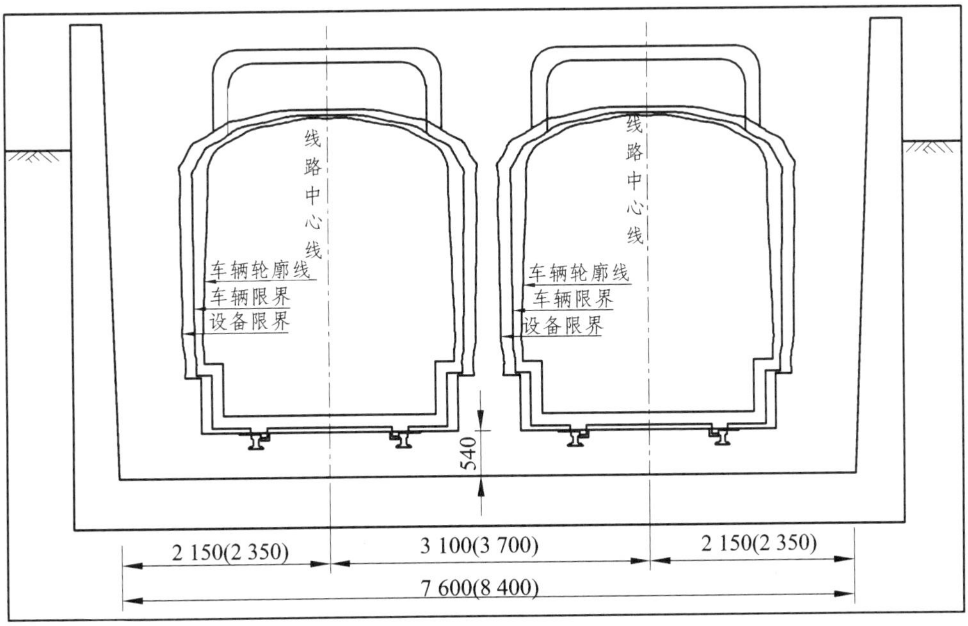

图 2.1.2　双线直线敞开段建筑限界

（2）圆形地下铁道隧道建筑限界如图 2.1.3、图 2.1.4 所示。

盾构施工的圆形地下铁道隧道，不论在直线或曲线地段，只能采用同一直径的盾构，要想把直线和不同曲线半径的地段分别采用不同直径的盾构进行施工是不可能的，所以应按最小曲线半径选用盾构直径进行施工，才能满足圆形地下铁道隧道的建筑限界要求。

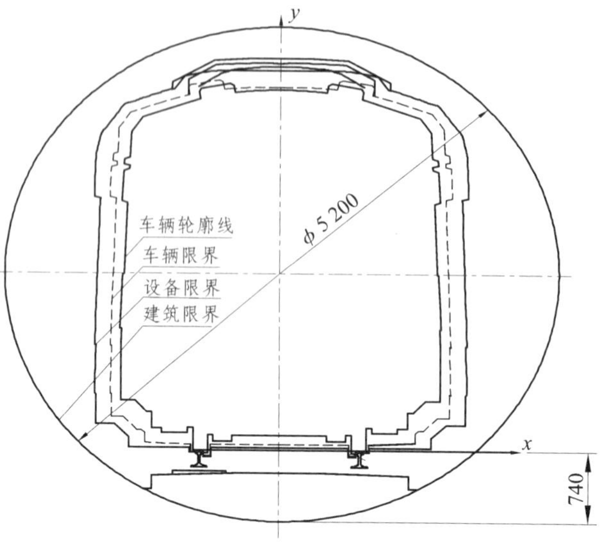

图 2.1.3 圆形地下铁道隧道限界

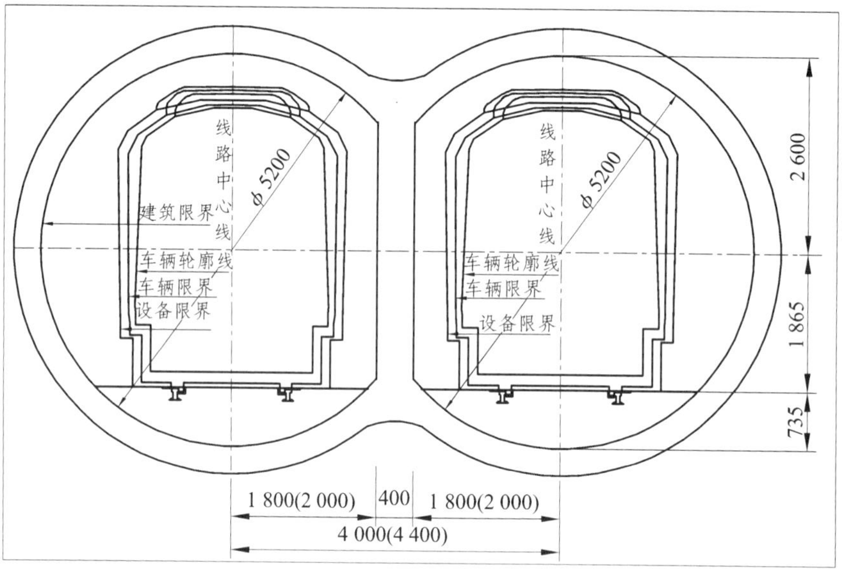

图 2.1.4 区间直线段双圆地下铁道隧道建筑限界

（3）马蹄形地下铁道隧道建筑限界如图 2.1.5 所示。

马蹄形地下铁道隧道断面需要根据围岩条件来确定其形式，当围岩条件较好时，可采用拱形直墙式或拱形墙式；在围岩条件较差时，要增设仰拱。仰拱曲率可根据围岩条件、地下铁道隧道埋深及其宽度、轨道结构高度、排水沟深度等条件确定。马蹄形地下铁道隧道内部尺寸，应考虑其施工误差才能满足建筑限界的要求，一般在建筑限界的两侧及顶部各增加 100 mm。矿山法施工的浅埋暗挖地下铁道隧道，多采用马蹄形地下铁道隧道断面，其建筑限界最大宽度为 4820 mm，最大高度为 5160 mm。

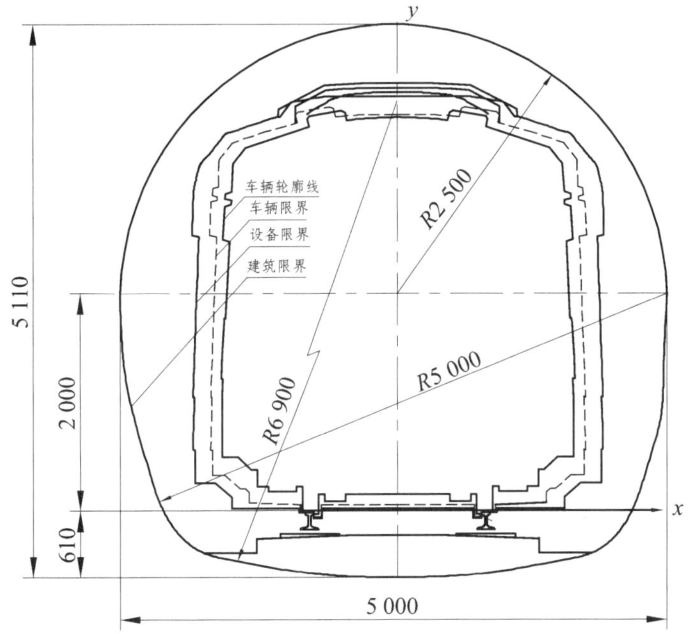

图 2.1.5　马蹄形地下铁道隧道限界

2. 高架桥面建筑限界

高架桥面建筑限界宽度一般为 8600 mm。线路中心线至防护栏内面距离为 2400 m，侧向人行便道宽度为 750 mm。如两线之间设接触轨受电，线间距宜为 3800 mm，如图 2.1.6、图 2.1.7 所示。

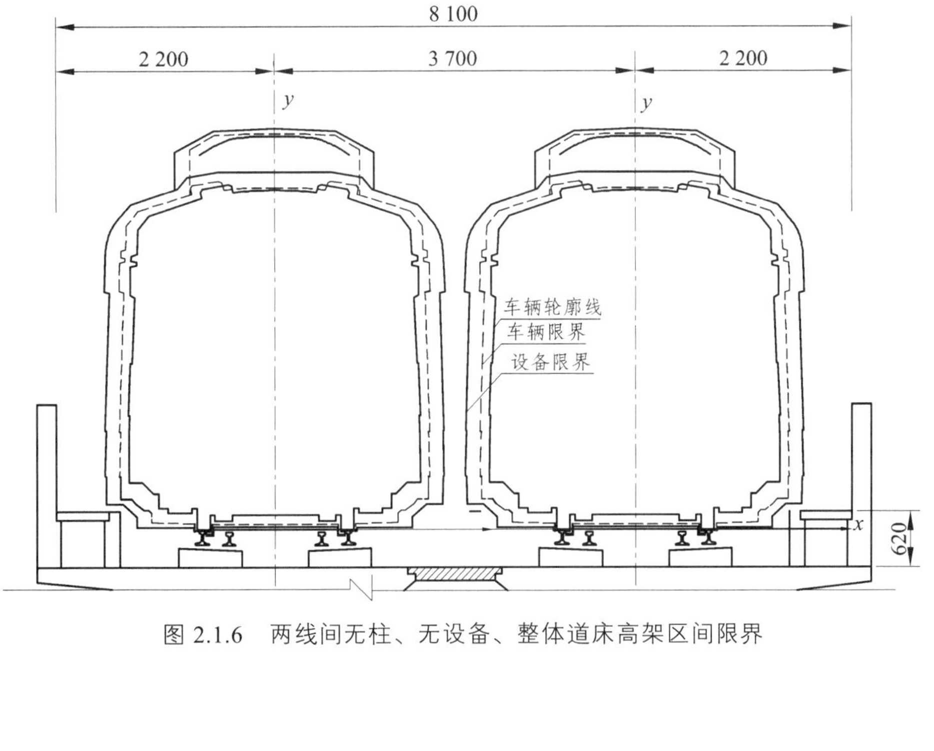

图 2.1.6　两线间无柱、无设备、整体道床高架区间限界

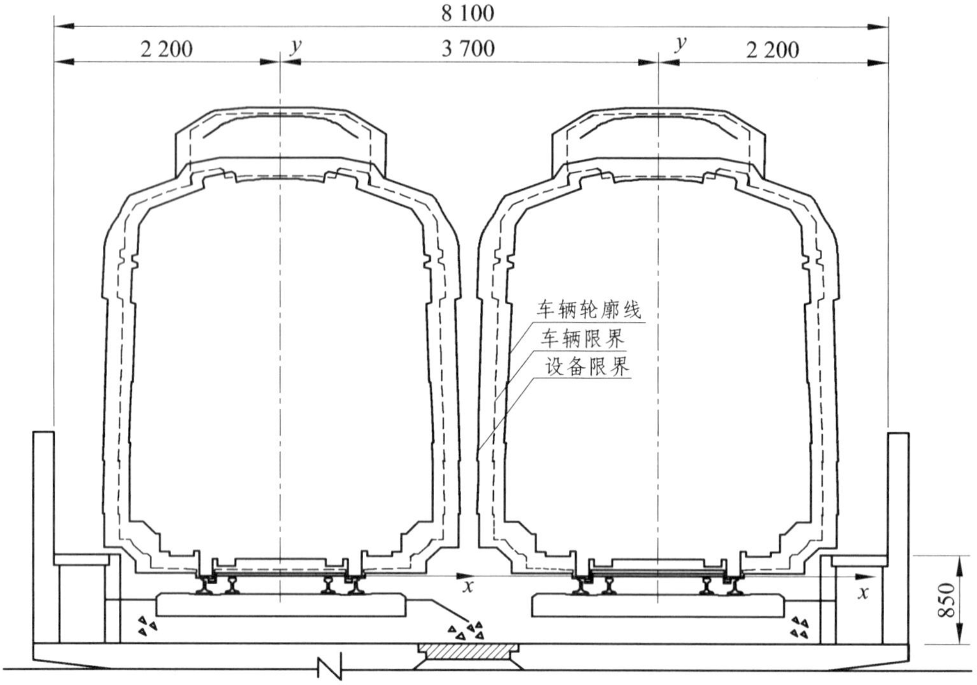

图 2.1.7　两线间无柱、无设备、碎石道床高架区间限界图

（二）区间曲线段和道岔段建筑限界

1. 曲线地段建筑限界加宽

车辆在曲线轨道上运行时，由于车辆纵向中心线是直线，而轨道中心线是曲线，两者不能吻合，故车辆产生平面偏移。另外，曲线地段的轨道一般都要设置超高，这也引起车辆竖向中心线偏移轨道竖向中心线。由于车辆对轨道而言，在平面和立面上都产生一定的偏移量，故曲线的建筑限界应进行加宽。

采用盾构法施工的圆形地下铁道隧道，应按全线最小曲线半径确定建筑限界。

2. 曲线地段建筑限界加高

曲线地段的轨道一般都设置超高，超高设置一般都采用外轨抬高超高值的一半、内轨降低超高值的一半。因此，在曲线地段，应在直线段的基础上根据不同的竖曲线半径和车辆的有关尺寸计算加高量。

3. 道岔的建筑限界

道岔的建筑限界，应在直线段建筑限界的基础上，根据不同种类的道岔和车辆的技术参数，分别按几何偏移量和相关公式计算合成后进行加宽和加高计算。采用接触轨受电的道岔区，当电缆从地下铁道隧道顶部过轨时，应检查顶部高度，必要时采用局部加高措施。

二、线路平面设计

（一）设计原则及标准

1. 一般设计原则

（1）城市轨道交通线路与城市发展规划相结合。城市轨道交通是为城市繁荣和发展经济服务的，为市民的出行提供快速交通工具，为日益扩大的行车难解困，因此，城市轨道交通的设计必须服从城市的总体发展及改造规划。

（2）双线右侧行车制。城市轨道交通是随到随运的城市交通运输工具，采用与我国城市道路交通一致的右侧行车制。城市轨道交通具有高行车密度和大运输量的特点，其跟踪列车最小间隔时间为 120 s 左右，因此正线必须设计成双线。

（3）线路最高运行速度。城市轨道交通车站站间距小，列车运行速度一般在 60～75 km/h，所以线路的最高运行速度一般规定为 80 km/h。对于连接市中心区与周围卫星城市的线路及开行大站快车的线路，平均站间距较大，其最高运行速度应大于 80 km/h。

2. 主要技术标准

（1）曲线半径。线路平面曲线半径应根据车辆类型、列车设计运行速度和工程难易程度经比选确定，线路平面的最小曲线半径不得小于表 2.1.1 的规定。

表 2.1.1　最小曲线半径

线路		一般情况/m		困难情况/m	
		A 型车	B 型车	A 型车	B 型车
正线	$v \leq 80$ km/h	350	300	300	250
	80 km/h < $v \leq 100$ km/h	550	500	450	400
联络线、出入线		250	200	150	
车场线		150	110	110	

（2）曲线连接。在正线上当曲线半径等于或小于 3000 m 时，线路平面圆曲线与直线之间应根据曲线半径、超高设置及设计速度等因素设置缓和曲线，其长度可按规定采用。车站站台范围一般不应设在曲线范围内，困难条件下，其半径不应该小于 800 m。地铁线路不宜采用复曲线，在困难地段，有充分技术经济依据时，可采用复曲线。

（3）道岔。道岔应设在直线段，道岔基本轨端部至曲线端部的距离不宜小于 5 m，车场线不宜小于 3 m。道岔宜靠近站台端部设置，但道岔基本轨端部至车站站台端部的距离不应小于 5 m。正线和辅助线上采用 9 号道岔，车场线一般采用 7 号道岔。

（二）线路平面位置的选择

1. 地下线位置的选择

1）应位于道路规划红线范围内

地铁位于城市规划道路范围内，是常用的线路平面位置，如图 2.1.8 所示，对道路红线范围以外的城市建筑物干扰较小。

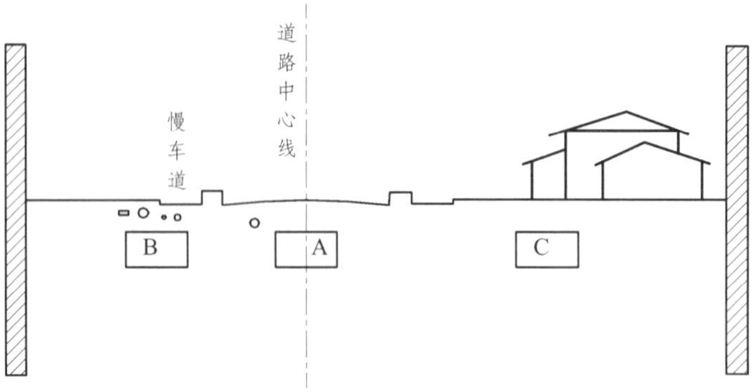

图 2.1.8　地铁线路设置位置示意

A 位：地铁线路居道路中心，对两侧建筑物影响小，地下管网拆迁较小，有利于地铁线路截弯取直，减少曲线数量，并能适应较窄的道路红线宽度。缺点是当采用明挖法施工时，会破坏现有道路路面，对城市交通干扰很大。

B 位：地铁线路位于慢车道和人行道下方，能减少对城市交通的干扰和对机动车道路面的破坏。

C 位置：地铁线路位于待拆的已有建筑物下方，对现有道路及交通基本上无破坏和干扰，地下管网也极少。但房屋拆迁及安置量很大，只有与城市道路改造同步进行，才十分有利。

2）应位于道路范围以外

在有利的条件下，地下线应置于道路范围以外，可以达到缩短线路长度，减少拆迁，降低工程造价之目的。

（1）地质条件好，基岩埋深很浅，地下铁道隧道可以采用矿山法在建筑物下方施工。

（2）城市非建成区或广场、公园、绿地（耕地）。

（3）老的街坊改造区，可以同步规划设计，并能按合理的施工顺序施工。

除上述条件外，若线路从既有多层、高层房屋建筑下面通过时，不但施工复杂、难度较大，并且造价很高，选线时要尽量避免。

2. 高架线路平面位置

高架线路平面位置的选择，较地下线严格，自由度更小，一般要顺应城市主干路平行设置，道路红线宽度宜大于 40 m。在道路横断面上，地铁高架桥墩柱位置要与道路车行道分隔带配合，一般宜将桥墩柱置于分隔带上。

位于道路中心线上对道路景观较为有利，噪声对两侧房屋的影响较小，路口交叉处对拐弯车辆影响小，但是，在无中央分隔带的道路上不宜敷设。

位于快慢分割带上，可以充分利用道路隔离带，减少高架桥柱对道路宽度的占用和改建，一般偏房屋的非主要朝向面，即东西街道的南侧和南北街道的东侧。缺点是噪声对市民的影响较大。

除上述两种位置以外，还可以将高架线路置于慢车道、人行道上方，它仅适用于广场、绿地及江、河、湖、海岸线等空旷地段或与旧城改建一体规划。

3. 地面线平面位置

轨道交通在城市中心一般不采用地面线，当线路在郊区或位于城市快速路中央分隔带（分隔带宽度一般在 20 m 左右）内时，可以采用地面线，但要充分考虑与地面道路的立体交叉，当道路范围以外为江、河、湖、海岸线地段，也可以考虑采用地面线，但要充分考虑地基的稳固和安全。轨道交通地面线一般应设计成封闭线路，防止行人、车辆进入，与城市道路也应采用立交。

4. 地铁与地面建筑物之间的安全距离

1）地下线与地面建筑物之间的安全距离

为了确保地下线施工时地面建筑物的安全，地铁与建筑物之间应留有一定的安全距离，它与施工技术和施工方法有密切的关系。采用放坡明挖法施工时，其距离应大于土层破坏棱体宽度。

2）高架线与建筑物之间的安全距离

高架线与建筑物之间的安全距离，由防火安全距离和防止物体坠落线路内的安全距离确定。目前，参照建筑物防火与铁路防火规范执行，后者暂无规范，可视具体情况考虑。

3）地面线与道路及建筑物之间最小安全距离

目前，规范未做规定，建议暂按下列值考虑：地铁维护栏杆外缘至机动车道道牙内缘最小距离为 1.0 m 或 0.5 m；地铁维护栏杆外缘至非机动车道道牙内缘最小净距为 0.25 m；地铁维护栏杆外缘至建筑物外缘最小净距离为 5.0 m（无机动车出入）或 10 m（有机动车出入）。

此外，在确定安全距离时，尚应考虑到列车运营的振动、噪声的影响。

（三）线路曲线平面设计

理想的轨道交通线路平面上应该是由直线和很少数量的曲线组成，而且每一条曲线应采用可能大的半径，在曲线和直线之间有缓和的过渡曲线。小半径的线路有许多的缺点，如需要较大的建筑限界去容纳车辆端部和中部的偏移距离，加速轮缘和轨道的磨耗，增加噪声和振动的公害，还必须限制行车速度。在城市中，两个车站不可能用一条直线连接，线路有时要避开障碍物，曲线是不可避免的。

最小曲线半径是修建轨道交通的主要技术标准之一，它与线路的性质、车辆性质、行车速度、地形地物条件有关系。最小曲线半径选定得合理与否，对工程造价、运行速度和养护维修都将产生很大的影响。

1. 理论公式

$$R_{\min} = \frac{11.8v^2}{h_{\max} + h_{gy}}$$

式中　$R_{\min}$——满足欠超高要求的最小曲线半径（m）；

v——设计速度（km/h）；

h_{max}——最大超高（120 mm）；

h_{gy}——允许欠高（$h_{gy}=61.2$ mm）。

2. 曲线半径的选择

曲线半径要按标准由大到小地选择。实践工程中最大半径很少有超过 3000 m。300 m 以下的曲线半径轮轨磨耗大，噪声大，应尽量少用。线路平面最小线路半径应按规范规定选用。参考国内外经验，一般情况下线路正线曲线半径为 300 ~ 600 m，困难情况下为 250 ~ 300 m。

3. 缓和曲线

为了保证列车运行的平顺，满足曲率过渡、轨距加宽和超高过渡的要求，保证乘客舒适安全，在正线上当曲线半径小于或等于 3000 m 时，圆曲线与直线间应根据曲线半径和行车速度按表 2.1.2 设置缓和曲线。缓和曲线可以是放射螺旋线型、三次抛物线型等。

表 2.1.2　缓和曲线长度

R/m	v/（km/h）														
	100	95	90	85	80	75	70	65	60	55	50	45	40	35	30
3000	30	25	20	—	—	—	—	—	—	—	—	—	—	—	—
2500	35	30	25	20	20	—	—	—	—	—	—	—	—	—	—
2000	40	35	30	25	20	20	—	—	—	—	—	—	—	—	—
1500	55	50	45	35	30	25	20	—	—	—	—	—	—	—	—
1200	70	60	50	40	35	30	25	20	20	—	—	—	—	—	—
1000	85	70	60	50	45	35	30	25	25	20	—	—	—	—	—
800	85	80	75	65	55	45	40	35	30	25	20	—	—	—	—
700	85	80	75	70	60	50	45	35	30	25	20	20	—	—	—
650	85	80	75	70	60	55	45	40	35	30	20	20	—	—	—
600		80	75	70	70	60	50	45	35	30	20	20	20	—	—
550			75	70	70	65	55	45	40	35	20	20	20	—	—
500				70	70	65	60	50	45	35	20	20	20	20	—
450					70	65	60	55	50	40	25	20	20	20	—
400						65	60	60	55	45	25	20	20	20	—
350							60	60	60	50	30	20	20	20	20
300								60	60	60	35	25	20	20	20
250									60	60	40	30	20	20	20
200										60	40	35	25	25	20
150												40	35	35	25

（四）车站站位选择

1. 站位选择原则

（1）方便乘客使用。地铁车站站位应为乘客使用提供方便，使多数乘客步行距离最短。尽量通过短的出入口通道，将购物、游乐中心、住宅、办公楼与车站连通，为乘客提供无太阳晒、无雨淋的乘车条件。对于大型客流集散地段的车站，还应考虑乘客进出站行走距离，尽量避免人流不顺畅、出入口堵塞和车站站厅客流分布不均匀的现象。对于突发性的大型客流集散点，如体育场、车站不宜靠近观众主出入口处。

（2）与城市道路网及公共交通网密切结合。地铁路网密度和车站数目均比不上地面公交线路网，必须依托地面公交线路网络为地铁车站往返输送乘客，使地铁成为快速大运量的骨干系统。一般将地铁车站设在道路交叉口，公交线路在地铁车站周围设站，方便公交与地铁之间的换乘。

（3）与旧城房屋改造和新区土地开发结合。

（4）方便施工，减少拆迁，降低造价。

（5）兼顾各车站间距离的均匀性。

2. 一般站站位

一般车站按纵向位置分为跨路口、偏路口一侧、两路口之间 3 种，按横向位置分为道路红线内外两种位置，如图 2.1.9 所示。

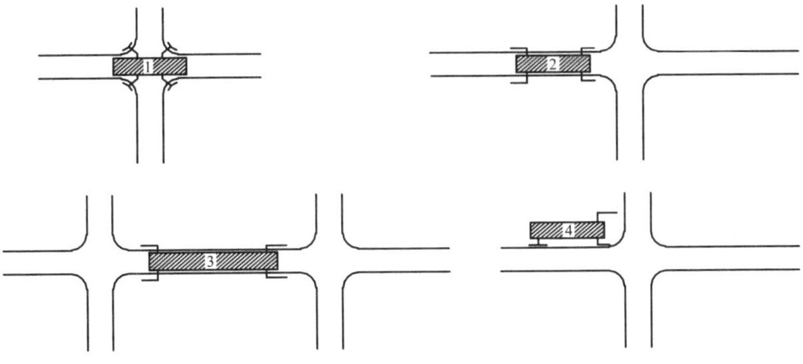

图 2.1.9　车站位置与路口关系

（1）跨路口站位。北京地铁一、二期工程车站多采用这种站位。站位跨主要路口，并在路口各个角上都设出入口，乘客从路口任何方向进入地铁均不需要过马路，增加乘客安全，减少路口的人、车交叉。与地面公交线路衔接好，使乘客换乘十分方便。

（2）偏路口站位。上海地铁 1 号线一期工程的车站站位一般多偏路口一侧设置。车站不易受路口地下管线影响，减少车站埋深，方便乘客使用，减少施工对路口交通的干扰，减少地下管线的拆迁，降低工程造价。当为高架线时，可以减少地铁桥体阴影对路口交通安全的影响。不足之处是乘客集中于车站一端，降低地铁车站的使用效能，增加运营管理上的困难。

（3）站位设于两路口之间。当两路口都是主要路口，且相距较近时，横向公交线路和客流较多时，将车站设于两路口之间，以兼顾两个路口。

（4）贴道路红线外侧站位。一般在有利的地形地质条件下采用。基岩埋深浅、区间可用矿山法暗挖施工，道路外侧有空地或危旧房区改造时，地铁可以与危旧房改造结合，将车站建于红线外侧的建筑区内，可少破坏路面，少动迁地下管线，减少交通干扰，充分利用城市土地。

3. 大型突发客流集散点站位

大型体育场一般只有突发性客流，地铁车站不宜靠得太近，防止集中客流对地铁的冲击，车站出入口距离体育场主出入口一般应在 300 m 以上。突发客流强度越大，距离应该越大。

4. 大型商业区站位

乘客到大型商业区购物，要货比三家，一般不计较时间和步行距离，地铁站位距离商业区中心不超过 500 m 即可。北京地铁 8 号线规划向东绕经南河沿大街，车站距离王府井百货大楼约 500 m，就是基于既要照顾王府井商业中心，又要避免 8 号线向东绕行距离过长。

（五）辅助线形式

1. 折返线（存车线）形式

返线形式很多，常用的有如图 2.1.10 所示的几种。

（1）双折返线。如图 2.1.10（a）所示是双折返线，可设于列车的区段折返站上或端部折返站上，折返能力可大于 30 对/h，当折返列车对数少时，可以留出一条线作为存车线。在端部正线继续延伸后，仍可作为折返线或存车线，没有废弃工程，特别适用于明挖法施工的岛式车站。在站前或折返线尾部加设渡线，如图中虚线所示，可以增加另一方向的列车折返灵活性，在终点站可增加列车的存放位置。

（2）单折返线。如图 2.1.10（b）所示，它的折返能力和灵活性稍差，折返和存车不能兼顾，一般多单独用作存车线。

（3）渡线折返线。如图 2.1.10（c）（d）所示，分别为站前和站后正线折返线，用于正常列车运行的折返，只应用于终端站。若采用站后折返，车站可采用侧式站台，渡线短，节省折返时间；若采用站前折返，车站采用岛式站台，以方便乘客乘车。采用渡线作折返线，节省建设资金，但是当正线延伸后，其正常运营列车难以折返，需另设折返车站。

（4）侧线折返线。如图 2.1.10（e）所示，是一种比较简便经济的区段列车折返线形式，主要用在高架线上。需要折返的列车利用正线折返，后续前进列车在高峰时间内，可以通过侧线越行。

（5）环形折返线。如图 2.1.10（f）所示，折返能力可与正线匹配一致，并可使列车来回换边，避免车轮偏磨，但折返距离长，增加运营列车数量，需要适合的地形条件。

（6）综合折返线。综合折返线是集折返、乘客上下车、列车越行、列车出入车场以及列车转线联络等功能中的两项至多项的折返线形式，如图 2.1.10 所示，集列车折返（双向）、乘客上下车、列车越行等 3 项功能于一体，使用灵活、功能多，但车站规模大、效率较低。

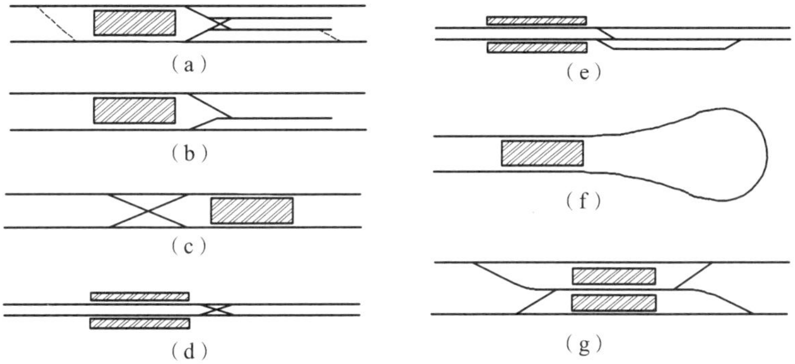

图 2.1.10　折返线示意

2. 车辆段出入线布置形式

车辆段出入线形式，按满足通过能力，节省工程费用的原则选择。如图 2.1.11 所示是出入线的 3 种典型形式。

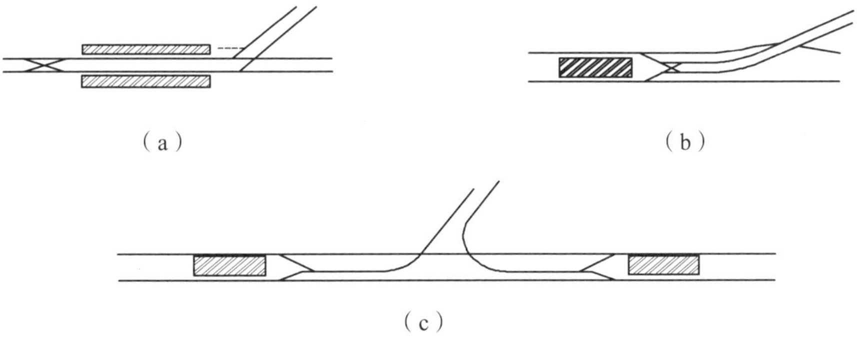

图 2.1.11　车辆段出入段线示意

图 2.1.11（a）中的车辆段出入线与正线为平面交叉，连接简单，渡线短，工程造价低。它的主要缺点是有平面交叉，车辆段向正线取送列车的能力低，因此采用该出入线时，要验算通过能力。当车辆段出入线长，可在道岔后部增设安全线，如图中虚线所示，将出段列车预先行驶到安全线道岔前端待命。

图 2.1.11（b）（c）所示车辆段出入线与正线为立体交叉，出入段列车与正线运营列车没有平面交叉，取送列车能力大，使用灵活。通常将出入线与折返线合并设置，则使用更为方便，只是工程较为复杂，造价高。图 2.1.11（b）所示车辆段双出入线从一车站端部的折返线上引出，适用于尽端式车辆段。图 2.1.11（c）所示车辆段出入线从两车站端部引出，适用于贯通式车辆段，也可以适用于尽端式车辆段。

3. 联络线布置形式

联络线一般采用单线，设置地点由路网规划研究统一安排。设置位置，即设在两相交线路的哪一象限，应根据工程简单，施工干扰小，拆迁量少等原则确定。联络线的使用频率很低，正常情况下，一般每月仅使用 1 ~ 2 次。图 2.1.12 是联络线的实例，它将存车线和联络线合并设置。

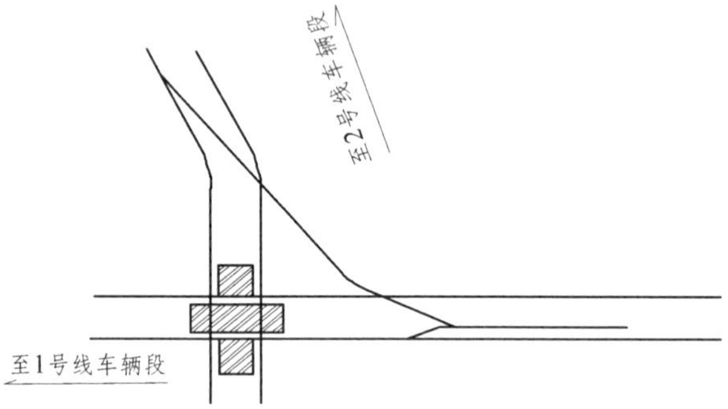

图 2.1.12　联络线示意

（六）左右线关系

轨道交通不论是地下、高架或地面线，左线与右线一般并列于同一街道范围内。在左右线并列条件下，依照两线间距离的大小和轨面标高差有各种组合形式，常见的地下线的几种形式如图 2.1.13 所示。

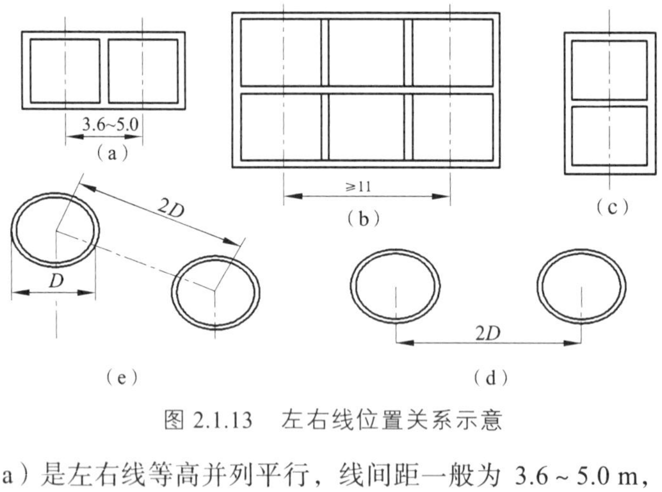

图 2.1.13　左右线位置关系示意

图 2.1.13（a）是左右线等高并列平行，线间距一般为 3.6 ~ 5.0 m，适用于区间矩形地下铁道隧道结构，敞开明挖法施工或顶管法施工的线路上。

图 2.1.13（b）是左右线等高并列平行，线间距一般在 11 m 及以上，适用于车站矩形框架地下铁道隧道结构。

图 2.1.13（c）是左右线上下重叠，明暗挖法或盾构法施工，适用于在狭窄的街道下方布置的线路。

图 2.1.13（d）是左右线分开，线间距宜大于 $2D$（D 为地下铁道隧道开挖直径），困

难情况下，采取加固措施后，最大可降至 1.4*D*，适用于单线单洞圆形或马蹄形地下铁道隧道结构，盾构法施工或矿山法施工的线路。

图 2.1.13（e）是左线和右线在平面和高程上均保持一定距离的并列，采用盾构或暗挖法施工，适于较窄街道下方布置的线路，香港地铁港岛线常见这种线路布置形式，由于上下行站台不等高，增加车站提升设备和高度，对乘客使用也欠方便。

高架线的左右线一般采用同一桥墩，由于桥墩设置受限制，故左右线一般均为并列、平行、等高，车站、区间的线间距基本一致。地面线一般也是并列、平行、等高的。

阅读拓展

“1·22”南宁地铁 1 号线侵限事件

任务二　轨道结构

【学习任务】

（1）了解钢轨选型原则，掌握常见钢轨的重量及材质；
（2）掌握轨枕常见的类型及轨枕间距的概念；
（3）掌握扣件的技术要求、参数及常见类型；
（4）掌握轨道和道床的结构；
（5）掌握道岔的类型及设置安装，理解车挡的概念及作用。

一、钢　轨

钢轨是轨道主要组成部分，直接承受列车荷载并传递到扣件、轨枕、道床至结构底板。依靠钢轨头部内侧与车辆轮缘额的相互作用，引导列车前进。在列车动荷载作用下，钢轨产生弹性挠曲和横向弹性变形，钢轨应具有足够的承载力、抗弯强度、断裂韧性及稳定性、耐磨性、耐腐蚀性。

（一）钢轨选型原则

（1）钢轨类型的选择应参照《地铁设计规范》或《铁路线路设计规范》进行，考虑的因素有按近期调查运量求得的年通过总质量、行车速度、最大轴重及合理大修换轨周期等。

（2）钢轨类型的选择还应着重考虑城市地铁轨道交通使用环境特点，即：

① 地下铁道隧道空气潮湿，钢轨及零配件易发生锈蚀，故应采用耐腐蚀钢轨或较重一级的钢轨。

② 地铁线路行车密度高，钢轨的磨耗较为严重，因此应考虑钢轨的耐磨寿命，选用耐磨钢轨。

③ 钢轨是地铁电力牵引系统的负回流电路，应具备较大的断面，以减小阻抗，减小迷流，降低能耗和运营成本。

（3）钢轨类型还应着重考虑与已有扣件形式的配合，60 kg/m 钢轨轨底宽度 150 mm，50 kg/m 钢轨轨底宽度 132 mm，目前，城市轨道交通扣件多数按 60 kg/m 钢轨设计。

（二）钢轨重量

鉴于当前还没有城市轨道交通专用钢轨，钢轨类型的比选只限于国铁 50 kg/m、60 kg/m 钢轨系列。从轨道结构类型应与运输强度相匹配的角度考虑，轨道交通线选用 50 kg/m 钢轨已能满足要求，但从轨道结构的综合性角度考虑，作为电力牵引供电系统回路的钢轨，若采用 50 kg/m 轨型，其直流电阻比 60 kg/m 轨型提高 18%，将增加牵引供电的能耗和不利于对杂散电流的防治，所以选用 50 kg/m 轨型，弊多利少。

（三）钢轨材质

目前，国内钢轨按材质分，主要有普通碳素钢轨及合金钢轨。普通碳素钢轨（如 U71Mn 轨）仅用自然的原铁矿冶炼，国内生产厂家较多，价格较低，但其耐磨性差、力学性能低、易损坏，导致养护、维修工作量较大，对运营干扰较大。合金钢轨（如 PD3 轨）系在自然原铁矿石中人为加入稀有金属元素冶炼而成。其价格与普通碳素钢轨基本一致，但耐磨性能好，使用寿命比之提高 50%左右，而且焊接性能良好。U71Mn 轨与 PD3 轨的力学性能如表 2.2.1 所示。

表 2.2.1　供选择的钢轨材质

钢轨材质	力学性质	
	屈服强度/MPa	安定极限/MPa
普通碳素轨（U71Mn）	450	1120
普通碳素淬火轨（PD2）	804	2300
高碳微钒轨（PD3）	1200	3300

钢轨选型时，还应考虑钢轨材质的硬度，有关资料表明 PD3 高碳微矾钢轨踏面的硬

度大于车轮踏面硬度，且与轮轨踏面硬度有较好的匹配。因此，现阶段轨道交通钢轨选用 60 kg/m 的高碳微钒轨（PD3）比较合适，同时在运营中通过对轨顶面实施周期打磨，以消除表面伤痕，防止伤痕发展。

二、轨枕

轨枕是轨下基础的部件之一，它的功能是支承钢轨，保持轨距和方向，并将钢轨对它的各向压力传递到道床上。因此，轨枕必须具有坚固性、弹性和耐久性。

轨枕依其构造及铺设方法分为横向轨枕、纵向轨枕、短轨枕和宽轨枕等。横向轨枕与钢轨垂直间隔铺设；纵向轨枕沿钢轨方向铺设；短轨枕是在左右两股钢轨下分开铺设的轨枕，常用于混凝土整体道床上，宽轨枕底面积比横向轨枕大，减小了对道床的压力和道床的永久变形。轨枕按其使用部位可分为用于区间线路的普通轨枕，用于道岔上的岔枕及用于无砟桥上的桥枕。轨枕按其材料可分为木枕、混凝土轨枕及钢枕等，钢枕在我国很少使用。

（一）木枕

木枕又称枕木，是铁路上最早采用而且到目前为止依然被采用的一种轨枕。主要优点是弹性好，易加工、运输、铺设，养护维修方便。但其缺点是易于腐朽和机械磨损，使用寿命短，且木材资源缺乏，价格比较昂贵，所以木枕已逐渐被混凝土枕所代替。

（二）预应力混凝土枕

预应力混凝土轨枕简称 PC（Prestressed Concrete）轨枕，已经得到各国的广泛采用。按照其制造方法的不同可分为先张法和后张法 PC 枕。配筋材料可以是高强度钢丝，也可以是钢筋。

1. 混凝土轨枕类型

混凝土轨枕按照结构形式可分为整体式和组合式两种。整体式轨枕整体性强，稳定性好，制作简单，是目前广泛使用的一种类型。组合式轨枕由两个钢筋混凝土块使用一根钢杆连接而成，其整体性不如前者，但钢杆承受正负弯矩的能力比较强。这种轨枕使用的国家不多。法国巴黎的 RS 型组合式轨枕获得了很大的成功。

2. 混凝土轨枕的截面形状及尺寸

1）轨枕长度

我国使用的混凝土轨枕长度为 2.5 m，目前有增大的趋势，已出现 2.6 m、2.7 m 的轨枕。我国大量铺设的混凝土轨枕，在中间 60 cm 长度下，将道床掏空，目的是减少轨枕中间断面的负弯矩。新设计的混凝土轨枕，使用中已没有这项要求。

2）截面形状

截面形状为梯形，上窄下宽。梯形截面可以节省混凝土用量，减少自重，也便于脱模。

轨枕顶面宽度应考虑轨下衬垫宽度、轨枕承压面积、中间扣件尺寸及截面边坡等因素加以确定。轨枕支承钢轨的部位称承台。我国生产的 PC 轨枕承轨台采用有挡肩并带轨底坡的形式。轨枕底面在其纵向呈两端为梯形，中间为矩形的形状，底面上一般还做有各种花纹和凹槽，以增加轨枕与道床间的摩擦阻力，提高轨枕在道床上的横向阻力。PC 轨枕的厚度在其长度上是不一致的，轨下部分厚一些，中间部分薄一些。这是因为 PC 轨枕采用直线配筋，且各截面上的配筋均相同，所以配筋的重心线轨下部分在截面形心之下，而在中间部分则在截面形心之上，这样对混凝土施加的预压应力形成了有利的偏心矩，在轨下截面产生了负弯矩，在中间截面产生的正弯矩，正好与荷载作用下的弯矩相反，提高了预应力的效果，防止裂缝的形成和扩展。

（三）轨枕间距

轨枕间距是设计有砟轨道结构的重要参数之一，有砟轨道的轨枕在线路中一般是均匀铺设的，在钢轨接头处，轨枕要适当加密。每千米最多铺设根数如表 2.2.2 所示。

表 2.2.2　每千米最多铺枕根数

轨枕类型	Ⅱ型混凝土枕	Ⅲ型混凝土枕	木枕
每千米最多铺设轨枕根数	1840	1760	1920

三、扣　件

扣件是钢轨与轨下基础之间的重要联结零件，是保证轨道稳定的重要部分，它由钢轨扣压件和轨下垫层两部分组成。扣件必须要具有足够的强度和弹性，以及满足减振、降噪、绝缘的要求；还应具有调整轨距、水平，以及调整轨道高度的能力；同时还应经久耐用、减少养护维修等。

（一）技术要求

（1）扣件应具有调整轨距、水平及调整轨道高度的能力储备，其原因有三，一是由于整体道床在施工时总难以避免产生纵向和横向的误差，工后需个别调整；二是在长期运营期间，由于各种动、静荷载和特殊外力的作用，轨下基础结构可能发生不均匀沉降，需要扣件具备调整高度的能力；三是由于钢轨竖向不均匀磨耗及曲线侧磨使轨距扩大需进行调整。

（2）扣件应具备较高的耐腐蚀性和较长的使用寿命，以克服潮湿空气和迷流等造成的腐蚀以及牵引接触网闪电所产生的臭氧对弹性材料的老化作用。

（3）扣件应具备良好的弹性，一是按合理的静刚度要求使钢轨弹性地支承在整体道床上，减缓对轨下部件和道床的冲击破坏；二是弹性扣压钢轨；三是尽可能多地消除轮轨的振动。

（4）扣件应满足电气绝缘要求，使钢轨形成牵引电流回路，同时与轨下基础绝缘以减少迷流的扩散。

（二）扣件应达到的主要技术参数

（1）扣压力≥8 kN。

（2）扣件弹条弹程≥10 mm。

（3）轨距调整量≥+8 mm，−12 mm，调高量≥10 mm。

（4）扣件抵抗横向水平力：静载≥45 kN，300 万次疲劳荷载≥30 kN。

（5）节点垂直静刚度一般地段 40 ~ 60 kN/mm，高减振地段 15 ~ 30 kN/mm。

（6）锚固螺栓抗拔力≥60 kN。

（7）节点工作电阻>108 Ω。

（三）扣件类型的选择

扣件的种类很多，应根据轨道交通高架线和地下线的不同性质分别选择不同种类的扣件。

1. 高架线

1）WJ-2 型扣件

该扣件为桥上无砟轨道专用阻力小、调高量大的分开式扣件，无挡肩，适用于桥上无缝线路地段。扣件由轨下复合胶垫、铁垫板、板下胶垫、T 形螺栓、专用弹条等部件组成。扣件由尼龙套管及螺旋道钉固定于轨下基础。采用长圆孔无级调整轨距，轨距调整量±10 mm，调高量为 40 mm，其中轨下调高 10 mm，铁垫板下调高 30 mm。扣件节点静刚度 40 ~ 60 kN/mm。该扣件经上海明珠一号线运营实践，使用状况良好。扣件不足之处是刚度较高，不利于钢轨减振。为了增加减振效果，可将原铁垫板下 5 mm 厚橡塑垫板改为 12 mm 厚微孔胶垫，使轨下组合静刚度降为 20 ~ 30 kN/mm，如图 2.2.1 所示。

2）DTⅦ2 型扣件

该扣件为小阻力弹性分开式，为 DTⅦ型扣件的改进型，无挡肩，适用于轨道交通高架线路。扣压件为 ϕ13 mm 的 ω 形弹条，通过预埋套管与轨枕连联结，螺旋道钉采用 M30，采用绝缘轨距块调整轨距。铁垫板下采用 8 mm 厚的橡胶垫板，铁垫板下采用 12 mm 厚微孔胶垫，梁端部分轨下采用不锈钢板或复合橡胶板。轨距调整量为+8 mm、−12 mm，高低调整量 30 mm。该扣件在北京、天津地铁和上海地铁 2 号线东延伸段高架线路上使用，是一种技术成熟的扣件，如图 2.2.2 所示。

除此之外，还有 WJ-1 型扣件、轻轨Ⅰ型扣件和轻轨Ⅱ型扣件等，经过对 WJ-2 型扣件进行不调高状态组装疲劳试验和扣件调高 40 mm 最不利状态组装疲劳试验，以及在上海地铁 1 号线调研，发现线路轨距并未扩大，扣件各部件均未发现破损，并可以控制钢轨的爬行，安全可靠，能满足运营的要求。因此，城市轨道交通高架线路上无砟轨道结构采用 WJ-2 型扣件是可行的。

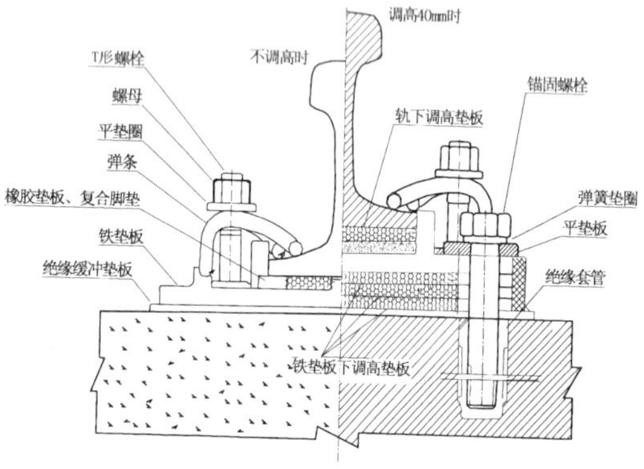

图 2.2.1　WJ-2 型扣件

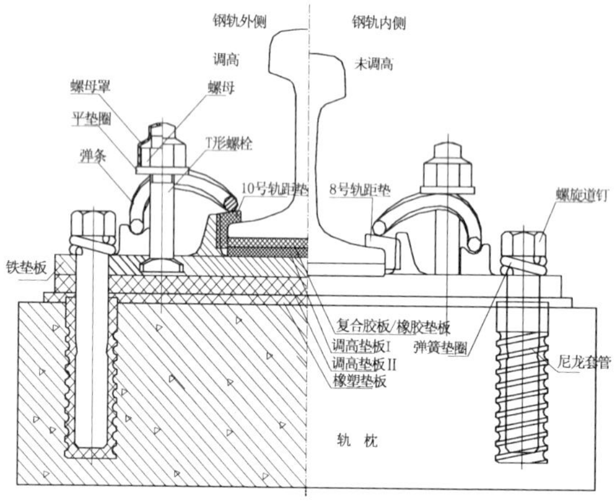

图 2.2.2　DTⅦ2 型扣件

2. 地下线

1）DTⅢ型扣件

该扣件为弹性分开式，有挡肩，轨下有铁垫板和弹性橡胶垫板，采用国铁定型的 ω 形弹条。单个弹条扣压力为 8kN，节点刚度为 21 kN/mm，设计弹程为 10 mm。该扣件轨距调整量为+8 mm、–12 mm，调高量为 10 mm。其弹性垫层为轨下胶垫和铁垫板下胶垫两层，竖向有较好的弹性，横向也具有一定的弹性，减振效果较好。适用于地下铁道隧道内一般减振地段。上海地铁 1 号线、2 号线和北京地铁复八线的复西段均使用 DTⅢ型扣件，经多年运营实践，状况良好。但由于该扣件为有挡肩型，使扣件的调高量受限，有挡肩轨枕的制造工艺难度增加，且扣件零部件较多，构造较复杂，养护维修不便，如图 2.2.3 所示。

（2）DTⅥ2 型扣件

该扣件为二阶弹性分开式扣件，无挡肩，无 T 形螺栓，带铁垫板。弹条为 ϕ18 mm e 形，弹条扣压力为 8 kN，弹程为 10.5 mm，调高量为 30 mm，轨距调整量为+8 mm、–12 mm。节点静刚度为 20 ~ 40 kN/mm，刚度与 DTⅢ型扣件相同，扣件用 T30 螺旋道钉及尼龙套管与轨枕联结，e 形弹条直接穿入铁垫板的铁座内。扣件的主要优点是结构简单，无 T 形螺栓，零部件少，造价低，有利于制造、安装和维修，为少维修型扣件。无挡肩使扣件的轨距和高度的调整能力增强，调整储备量增大，能满足地铁最不利情况下使用的要求。缺点是 e 形弹条经长期运营后会发生小量松弛，使扣压力有所降低。

该扣件已在北京地铁及天津地铁大量应用，经现场通车观测，扣件性能和减振效果良好，适用于地下线，如图 2.2.4 所示。

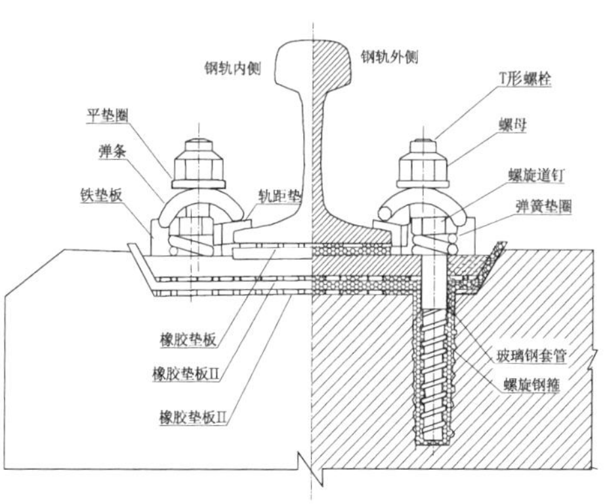

图 2.2.3　DTⅦ2 型扣件

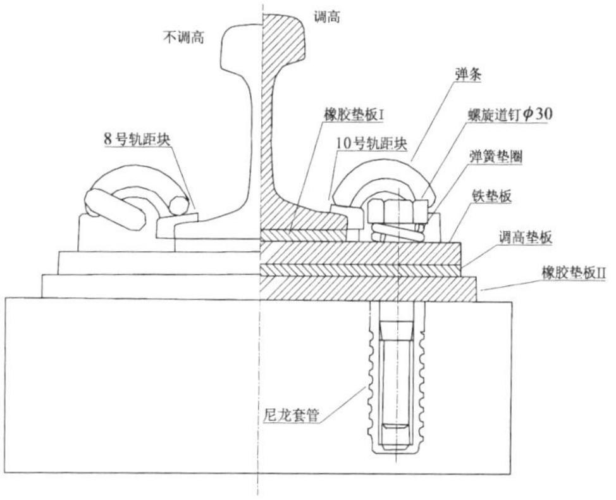

图 2.2.4　DTⅥ2 型扣件

3）弹条Ⅱ型分开式扣件

该扣件采用国铁标准Ⅱ型弹条，无挡肩，带铁垫板，为二阶弹性分开式扣件，是中国铁道科学研究院专门为地铁工程研制的新型扣件。扣件单个弹条扣压力不小于 9 kN，绝缘套管抗拔力大于 60 kN，扣件节点垂直静刚度为 35 ~ 50 kN/mm，调高量为 20 mm，轨距调整量为+8 mm、–12 mm。该扣件具有防锈性能，为国铁大量使用，有成熟的制造技术和使用经验。轨下与铁垫板下同时设调高垫板加大调整量，弹条与铁垫板用 T 形螺栓连接。轨下与铁垫板下同时设橡胶垫板，具有较好的减振降噪效果，适用于地下线一般减振要求地段。该扣件目前已在深圳、天津地铁设计中采用，如图 2.2.5 所示。

4）LORD 胶结弹性扣件

该扣件也称钢轨固定器，其主要特点是：垫板采用橡胶黏结铸铁板形成整体组合式弹性垫板，垫板表面全部由橡胶覆盖，提高了垫板的耐腐蚀性，延长使用寿命，并具有更好的电绝缘性能。扣件整体性强，更换方便，便于维修，扣件具有轨距调整装置，垂向及横向调整均简单方便。实验表明，在地下铁道隧道内较普通扣件可减少振动噪声 13 dB，适用于减振要求较高地段。该扣件大量应用于华盛顿、芝加哥、温哥华、纽约、洛杉矶、吉隆坡、台北等城市的地铁中，运营实践表明效果良好。目前，该扣件价格与其他减振扣件相比，也具有一定的竞争优势。

5）轨道减振器扣件

该扣件也称克隆蛋扣件，为弹性分开式，无挡肩，三级减振。其构造是采用硫化工艺将减振橡胶圈与承轨板、底座黏结成一牢固整体，利用橡胶圈的剪切变形，获得较低的竖向刚度，垂向静刚度为 11 ~ 13 kN/mm。扣件轨距调整量为 + 8 mm，–12 mm，调高量为 30 mm。适用于地下铁道隧道内和高架桥上减振要求较高地段，如图 2.2.6 所示。上海地铁一号线在减振要求较高地段铺设了这种扣件，现场实测表明，较 DTⅢ型扣件降低噪声 4 ~ 5 dB，减振效果显著，广州地铁一号线也有铺设。该扣件的缺点是铺设运营后减振性能衰减较快（两年后即达 30% ~ 40%），另外硫化橡胶圈易脱落，对保持轨距十分不利。造价每组约 300 ~ 400 元。目前，对橡胶圈材质及配方又进行了充分研究和改进，减振持久性有了很大提高，但效果尚有待认证。

根据上述分析比较，地下线一般减振地段、高减振地段及特高减振地段采用 DTⅥ2 型扣件（见 DTⅥ2 型扣件组装图），或选用弹条Ⅱ型分开式扣件，在地下线有较高要求的减振地段采用 LORD 胶结弹性扣件与支承块整体道床配合使用。

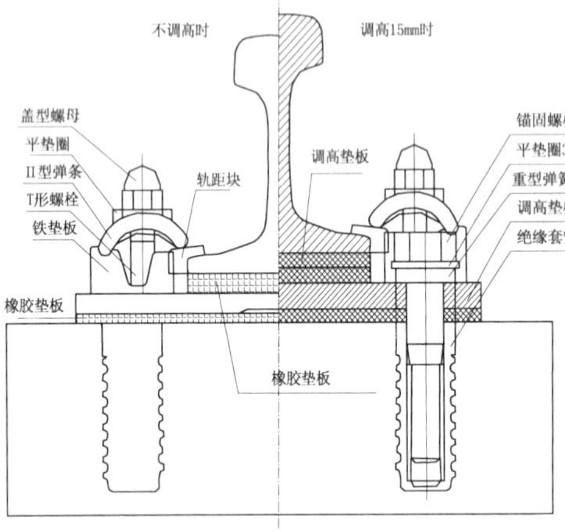

图 2.2.5　弹条Ⅱ型分开式扣件

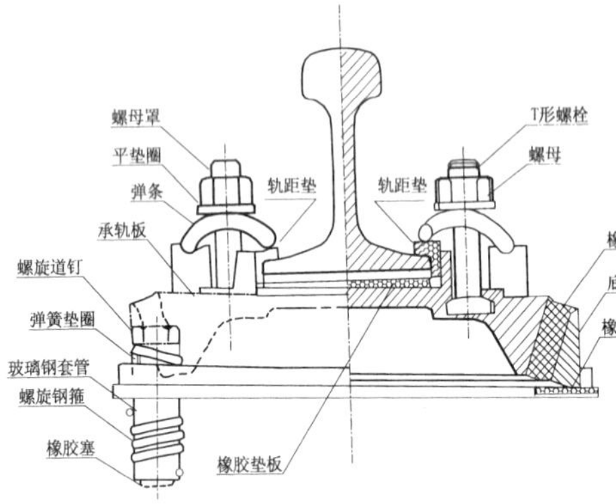

图 2.2.6　轨道减振器扣件

四、轨道和道床

（一）高架线地段结构

1. 支承块承轨台

承轨台是一种沿纵向铺设在每股钢轨下面的条形钢筋混凝土结构，系二次灌注的混凝土结构。承轨台的混凝土强度为 C40。支承块支承钢轨及其联结部件，并埋置于承轨台中。支承块的混凝土强度为 C50，每块支承块顶面预留 2 个锚固螺栓孔，并配置塑料套管及螺旋钢筋，以增强其强度。上海明珠线一期工程采用了这种道床。该道床适用于高架线路一般减振地段，是一种成熟可靠的结构形式，如图 2.2.7 所示。

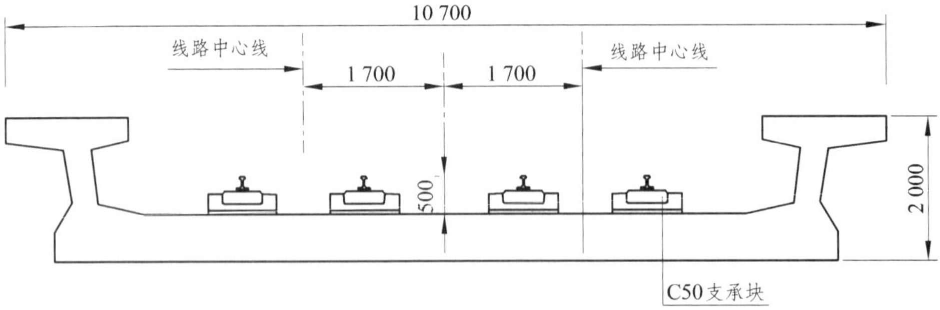

图 2.2.7　高架桥上支承块式承轨台道床

2. 弹性支承块承轨台

该结构属低振动型轨道结构，为了减振在支承块四周及底部包上橡胶套靴，橡胶套靴内支承块下设一层微孔胶垫。其垂向弹性由轨下、铁垫板下、支承块下 3 层橡胶垫板共同提供，提高了轨道结构的弹性。较一般无砟轨道降低振动及噪声 7 ~ 10 dB。造价较一般轨道结构略高，约 350 万元/单线公里。适用于高架线减振要求较高地段。该结构在丹麦、法国等铁路以及哥本哈根、亚特兰大等地的地铁中应用广泛。北京地铁东四十条站铺设了这种道床，现场测试较一般整体道床簧下振动加速度减少 30%，减振效果良好。广州地铁一号线铺设了这种道床，国铁西安安康线及西安南京线累计约 100 km 的长地下铁道隧道内铺设了该结构，目前运营状况良好，如图 2.2.8 所示。

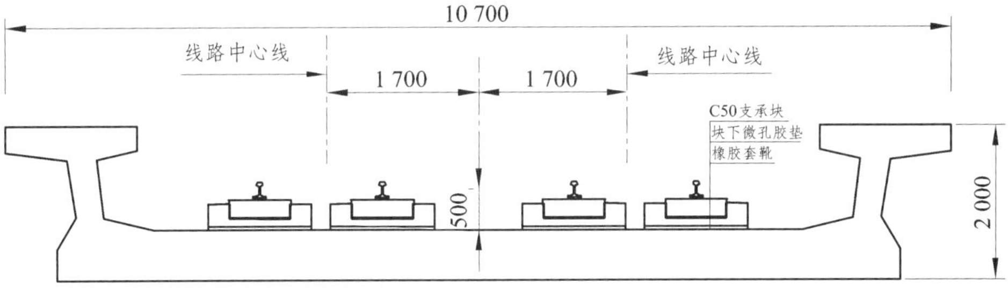

图 2.2.8　高架桥上弹性支承块式承轨台道床

3. 钢弹簧浮置板轨道

该结构由钢筋混凝土板和支撑它的弹簧隔振系统组成，形成质量-弹簧体系，可减少传递到地下铁道隧道结构或桥梁结构的振动力和振动加速度，隔振效果明显。该结构是目前减振轨道系统中较先进的一种，使用寿命长，更换容易，可维修性能好，且不影响正常运营。浮置板与基础板间只需很小的空间。同时，可通过调整弹簧高度消除线路沉降，以弥补基础不均匀沉降。目前，隔振效果最好的浮置板轨道系统是螺旋钢弹簧浮置板轨道结构，减振效果约为 25 ~ 40 dB。缺点是造价较高（约 800 万元/单线公里），在桥上铺设时，轨道建筑高度较一般道床高，如图 2.2.9 所示。

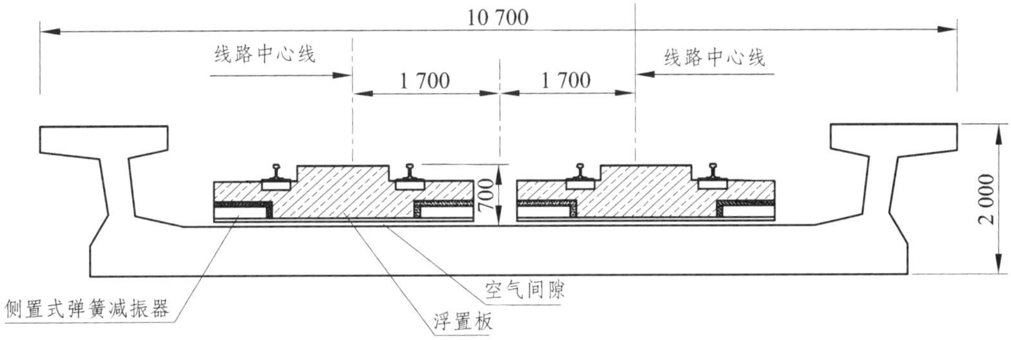

图 2.2.9　高架桥上弹簧浮置板整体道床

4. 滑动嵌装式连续支承轨道

该结构是诸多埋入式轨道形式之一，是进入 20 世纪 90 年代中期由德国新开发的连续支承轨道系统。该轨道系统的特征是钢轨铺于微孔橡胶连续弹性垫板之上。钢轨的固定不是通过点式支承，而是通过弹性体（压紧体）从钢轨两侧向轨腰连续挤压。由于弹性体和压紧体之间能产生垂向大幅度滑动，该系统起到了软缓冲作用，如图 2.2.10 所示。

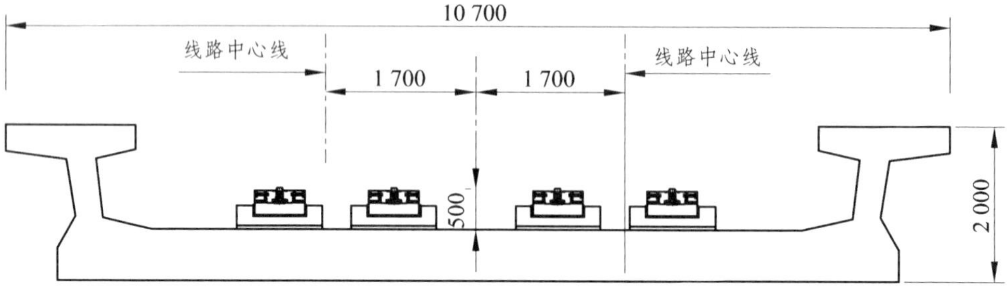

图 2.2.10　高架桥上滑动嵌装式连续支承轨道

（二）地下线地段结构

1. 长枕埋入式整体道床

长枕埋入式整体道床是将混凝土长轨枕埋在整体道床内，道床纵向钢筋贯穿轨枕，形成整体，结构坚固稳定、整洁美观。长轨枕为预应力式轨枕，在工厂预制，长度 2.1 m，轨枕混凝土强度 C50，道床混凝土强度 C30，纵向排水沟设在两侧，如图 2.2.11 所示。在地下铁道隧道内铺设该结构形式有以下优缺点：

优点：① 由于道床采用双层配筋，上层纵筋贯穿长枕预留孔，使道床强度特别加强；② 施工时，一旦组成轨排，轨距及轨底坡就被确定，无须进行调整。

缺点：① 造价高，混凝土长轨枕一般为预应力结构，每根造价为一对普通钢筋混凝土支承块的 1.4 倍；② 由于长枕较重，施工运输困难；③ 现场施工时，钢筋穿过长枕，不能预先绑扎，作业时间较长。

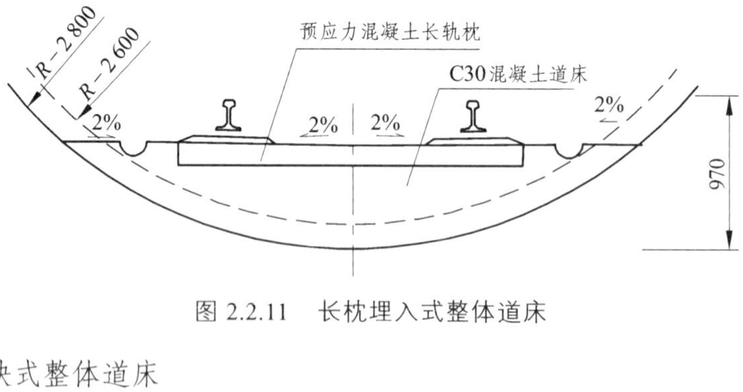

图 2.2.11　长枕埋入式整体道床

2. 支承块式整体道床

支承块式整体道床是将支承块埋在整体道床内。支承块混凝土强度 C50，道床混凝土强度 C30。支承块式整体道床有侧沟式及中心水沟式两种形式，中心水沟式横断面有所削弱，道床的整体性稍差，一般适用于地下铁道隧道围岩较强的地区，另外，中心水沟式道床施工时，需设置中心模板，增加了施工的难度和进度，如图 2.2.12 所示。

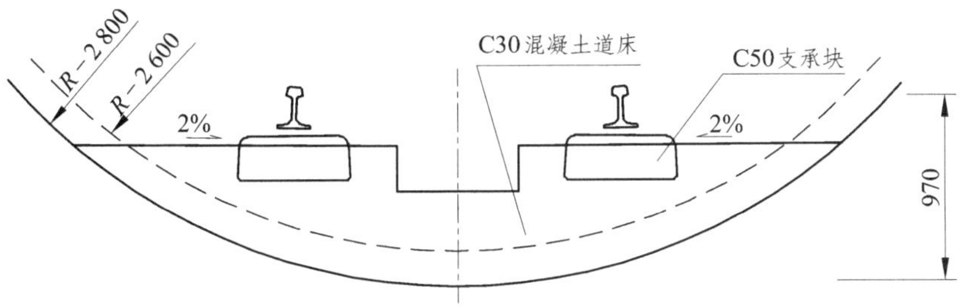

图 2.2.12　中心水沟式支承块整体道床

侧沟式断面形式，道床整体性好、强度足，稳定性好，施工方便，广州、上海地铁均采用侧沟式，使用效果良好，如图 2.2.13 所示。在地下铁道隧道内铺设支承块式结构形式有以下优点：结构稳定、坚固耐久、道床整洁美观；支承块结构简单，制作容易，造价便宜。

单个支承块体积小、质量轻，施工时，可通过道床施工作业面前方风井等下料口直接放送至地下铁道隧道内，通过无轨运输方式运抵作业面，直接在现场的施工面上组装轨排进行施工，不需建地面轨节拼装场和长距离运送轨排，并可将全线分为多工作面进行施工，缩短工期。

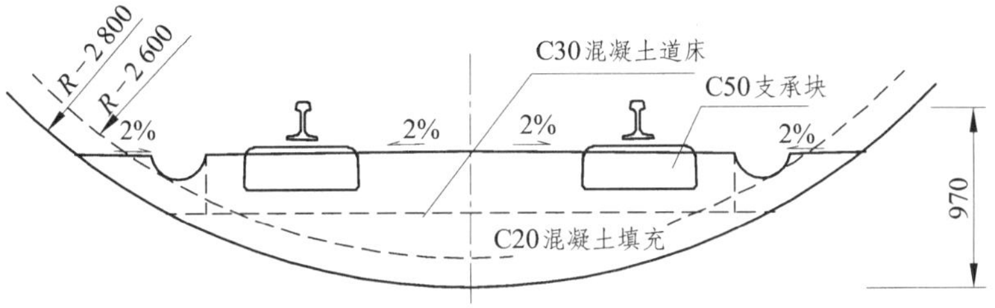

图 2.2.13　侧沟式支承块整体道床

五、道岔及车挡

（一）道岔

1. 道岔选型原则

（1）道岔结构形式应符合线路设置条件，并符合车辆直向、侧向通过速度等运行条件。

（2）道岔应具有足够的强度、稳定性、耐久性和适量弹性，确保列车安全、平稳、快速运行和乘客乘坐舒适性。

（3）道岔应符合环保、节能、节约投资的要求，便于工厂制造，铺设方便，少维修。

（4）增强道岔标准化和零部件的通用性，延长使用寿命。

2. 道岔类型

道岔选型主要根据车辆的运行条件、线路折返能力及节约用地等要求，尽可能选择标准化产品。目前，城市轨道交通中使用的 9 号道岔（见图 2.2.14）根据导曲线的不同主

要有 R=200 m 和 R=180 m 两种，其侧向通过速度分别为 35 km/h 和 30 km/h。道岔全长有 27.040 m、27.773 m、29.329 m、29.569 m 等。每种道岔有曲线尖轨和直线尖轨两种结构形式。辙叉又分为固定辙叉和可动心轨辙叉；扣件可分为弹条Ⅱ型、弹条Ⅲ型、DTⅥ2 型及其他多种形式。

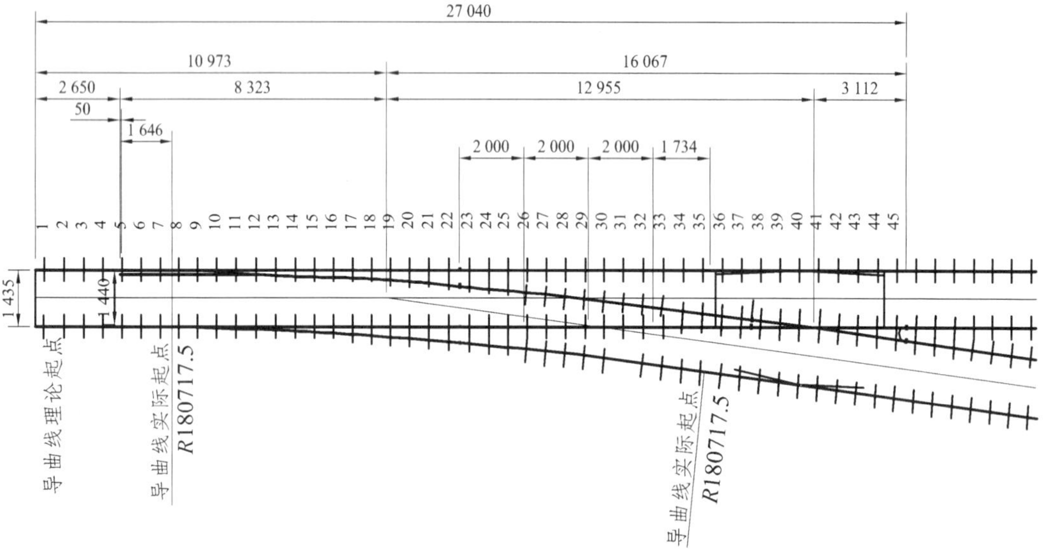

图 2.2.14　9 号道岔结构布置形式

3. 道岔设备

道岔设备采用电力驱动，由机械装置、控制装置、电源装置、供电接触轨等组成。道岔机械装置包括道岔梁、接缝板、梁间连接装置、驱动装置、锁定装置、台车、手动转换装置、走行轨、安装底板和道岔固定端的转动装置。关节可挠型道岔除以上部分外，还包括单独安装的导向面板、稳定面板、挠曲装置等。各部分应符合下列要求：

（1）应具有车辆走行、导向、稳定和支承作用，并应能承受车辆通过时的运行荷载。

（2）结构组成包括梁本体、导向面板、稳定面板，两侧中部安装供电接触轨的底座支撑板，梁上设有信号设施的安装位置，关节可挠型道岔应设有挠曲装置安装座及间隔支撑板。关节型道岔导向面板、稳定面板应与梁本体焊接在一起，关节可挠型道岔的导向面板和稳定面板应单独安装。

（3）单开道岔全长宜为 22 000 mm，每节长 5500 mm，由 4 节梁组成。三开、五开道岔全长均为 30 000 mm，每节长 6000 mm，由 5 节梁组成。

（4）道岔梁之间宜采用 T 形轴连接。

4. 道岔设置原则

正线宜选择关节可挠型道岔，辅助线和车辆基地内的线路可选择关节型道岔。道岔的设置应根据线路条件选择适合其要求的道岔基本线型、道岔梁几何尺寸、转辙距离、转辙时间、衔接梁形式及尺寸、线间距和可动式避让梁等道岔设备。应标明道岔安装平台和道岔走行面的水平高程值，道岔的岔前点和岔后点的里程坐标、位置坐标，道岔区间线间距、道岔梁的端面与相邻的轨道梁端面间距值。当设置的道岔在定位或反位及渡线时，应保障车辆运行通过时平稳、安全、可靠。

5. 道岔安装原则

（1）道岔必须安装在坚实稳定的基础上，道岔区应有良好的排水设施，道岔平台上不应有积水、堆积物及影响道岔运行的设施。

（2）道岔区应有足够的检修空间、通道和安装附属设施的条件及安全隔离设施，道岔区应有照明设施。

（3）道岔桥上的电力电缆、供电电缆、通信及信号电缆、道岔控制电缆等应按电压等级分别布置在道岔桥的两侧。

（4）道岔的台车走行基础和驱动装置安装基础宜采用二次浇筑钢筋混凝土结构。道岔桥或道岔专用平台在土建时其凸台位置应预留连接钢筋，凸台钢筋与预留钢筋间应采用焊接连接。

（5）道岔区应设置电视监控设施，便于调度人员了解道岔运行工况。

（二）车　挡

车挡是防止列车在意外情况下冲击线路终端造成车辆和设备损坏的安全防护装置，车挡有固定式和滑动式两种。固定式车挡性能不理想，已很少采用。

缓冲滑动式车挡由主架和制动轨卡组成，为摩擦制动，当列车质量 220 t，时速 15 km/h 撞击车挡时，可在 15 m 内停车。上海地铁二号线、明珠线一期采用了 DDCQ2 型缓冲滑动式车挡。DDCQ3 型滑移式缓冲挡车器是根据 C 型车而研制的车挡，适用于高架线路和地下线路。

液压缓冲挡车器为液压制动，技术先进，结构合理，制动距离短，能自动复位，主要用于地下线，可降低地下线路综合造价（每采用一组可降低综合造价约 200 万元）。目前，国外使用较多，但它在国内还不成熟，尚处于研究试制阶段。

综上所述，缓冲滑动式车挡，技术先进，结构合理，能有效地消耗列车动能，不损坏车辆和车挡，确保人身安全。新型的液压缓冲挡车器目前拟在明珠线二期工程中试用，。

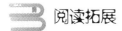

阅读拓展

成都地铁 1 号线南延线华广区间盾构隧道偏差超限质量事故

任务三　轨道工程施工

【学习任务】

（1）了解整体道床的施工特点；

（2）熟悉整体道床施工方法；

（3）熟悉无缝线路的焊接与铺设方法。

一、整体道床的施工

地下铁道隧道内整体道床的施工场地狭窄，施工精度要求高，工期短，因此，施工工艺应采用先进技术，施工机具应配套，机械化程度高，单工作面施工进度快，质量高，全线施工组织科学合理，综合进度快。以工期、质量、成本三者体现施工水平，追求良好的经济效益。

无砟道床施工工艺

二、整体道床施工方法

（一）传统支撑架支墩法

该种施工方法是我国整体道床施工的传统工艺，目前仍被地铁普遍采用。其基本的施工顺序是：先用上承式或下承式支撑架架设作业循环工具轨，吊挂支承块组装轨排，调整几何状态后，在枕下浇筑与道床同标号的混凝土支墩，养生达到 5 MPa 强度后，拆除支撑架，再浇筑道床混凝土，道床混凝土养生后，再拆除作业工具轨进入循环作业。

该工法如按每作业面施工日进度 75 m，需配备的机具设备有：作业工具轨 60 kg/m、25 m 有孔新轨 700 双米，鱼尾板及螺栓 56 套，钢轨支撑架 200 付，门式吊机 2 台，P24 门吊走行轨 900 双米，如图 2.3.1 所示。

该施工方法存在以下缺点：

（1）使用的工具轨数量大，工具轨如采用新轨，连续倒用后难免对钢轨造成损伤，影响钢轨在本线的铺设利用；如采用旧轨，则影响道床的施工精度。

（2）需采用 2 台龙门吊车。

（3）需铺设大量的吊车走行轨。

（4）工序多，作业面长，影响施工进度。

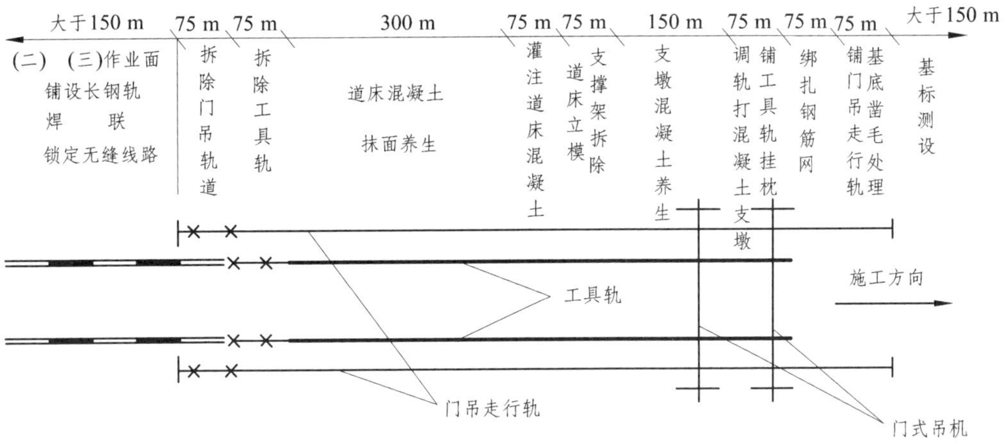

说明：1. 按一个工作面工序安排，日进度 75 m。

2. 配备 ZMQ-10 门式吊机 2 台，门吊走行轨 P24 kg/m 900 双米，工具轨 P60 kg/m 有孔新轨 700 双米，钢轨支承架 200 个，夹板、螺栓、扣件配套。

图 2.3.1　支承架工具轨施工整体道床工序循环

（二）整体式轨道排架法

该种施工方法是近年来我国铁路开发的新型施工工艺，整体轨道排架每榀长 6.25 m，由 6.25 m 短轨、工字钢横梁、螺旋支腿、方向锁定器、浮动侧模板等组成。其特点是整体性强，便于整体吊装。施工基本步骤是用一台小龙门吊机将单个 6.25 m 整体轨道排架吊至平台上悬挂短枕块组成短轨排，再用龙门吊机将整体式短轨排吊装联结成长轨排，调整轨排几何状态达到精度要求后予以锁定，之后直接浇筑道床混凝土，混凝土养生达 5 MPa 时，再用龙门吊机拆除排架进入循环作业。该工法如按每作业面施工日进度 75 m，需配备的机具设备有：6 m 整体轨道排架 150 m 合 25 榀，龙门吊机 1 台，P24 吊机走行轨 250 双米。

轨排安装

该施工方法有以下优点：

（1）仅用 150 m 整体式轨道排架就可代替 700 双米工具轨和 200 副支撑架。

（2）节省 650 双米 P24 走行轨和 1 台龙门吊机。

（3）龙门吊机单机操作 6 m 整体轨道排架，快速、方便、灵活。

（4）只要将轨排精调到位后即可直接浇筑混凝土，免去了在枕下浇筑与道床同标号的混凝土支墩和养生两个重要工序，大大缩短了施工作业面的长度。

（5）由于整体式轨道排架轨距和轨底坡固定，调整轨排时，只需调整方向和高度，方便、快速，从而加快了作业循环时间，实际平均施工日进度达到 100 m 以上。

目前，这种新施工方法工艺成熟，机具配套，在应用时可根据施工限界要求对整体式轨道排架和龙门吊机尺寸进行调整，适应地铁限界的要求。采用整体式轨道排架法进行施工，其施工工艺如图 2.3.2 所示。

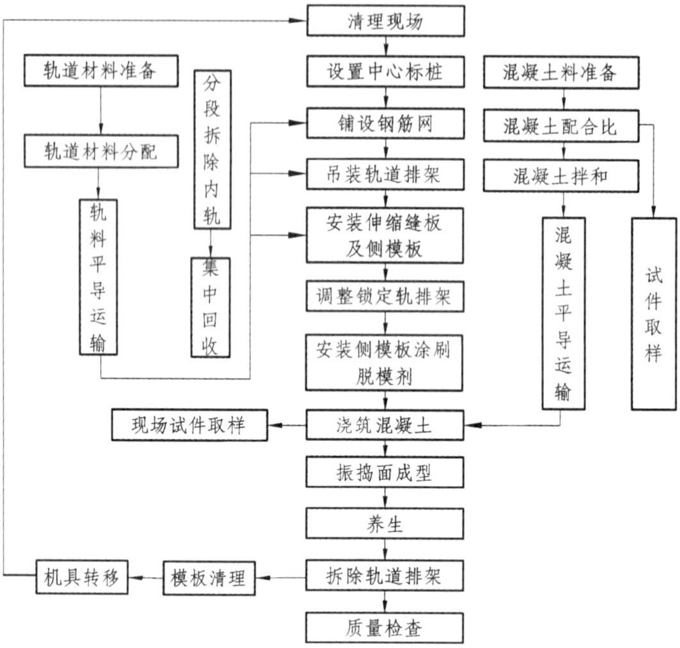

图 2.3.2　排架法施工支承块式整体道床工艺流程

三、无缝线路焊接、铺设

（一）长钢轨焊接

近年来，国内长钢轨的焊接技术发展较快，分以下几种方法：

（1）工厂接触焊：工艺成熟，质量稳定。

（2）现场移动式接触焊：焊接质量较稳定，国内引进多台焊机，正在进行国产化研制，可满足地铁无缝线路质量要求，广州地铁已采用这种焊法。

（3）移动式气压焊：焊接强度与接触焊相同，焊机移动灵活、方便，基本不干扰其他线上作业，焊接成本较低，如日本高速铁路主要采用气压焊，但在我国气压焊接头质量稳定性受人员技术经验影响较大。为消除以上影响，目前我国已研制成功数字化控制焊机，排除了人为影响，基本实现了焊接工艺的自动化，质量可靠。

（4）铝热焊：我国引进的法国铝热焊工艺（如拉伊台克 QPCJ 铝热焊）质量稳定，但由于铝热焊接头强度较弱，不宜大量使用。

综上所述，数控气压焊机及焊头成本低，质量可靠，优点突出。

（二）无缝线路铺设方案

方案一：传统三铺二拆换铺法。

该方案是在地面铺建轨排组装基地，即轨节场，在轨节场用工具轨组装 25 m 标准长度新轨的轨排，用小轨道平板车通过已铺轨道运至施工现场，现场用支撑架法铺设工具轨排。之后，为了给轨排运输提供通路，再用旧轨换铺新轨，全线整体道床施工完成后，再用传统二次换铺法铺设无缝线路长钢轨。

该方案缺点：

（1）需使用大量工具轨和旧轨。

（2）需建地面轨节场，轨排长距离运输。

（3）换铺长轨必须远距离利用既有焊轨厂或建地面临时焊轨基地焊接长轨条，费用大。

（4）全线只能从轨节场一头开设整体道床施工面由近及远顺序施工，不利于全线分段施工，工期长。这种施工组织比较适用于质量较重的长轨枕组装轨排和运输，目前这种施工技术已进行改进，老的方法基本不用。

方案二：一铺一拆线上直接焊。

该方案是在地面建轨节场，直接用 25 m 不带孔新轨组成轨排，通过上述运输方式及支撑架法施工整体道床，新型接触焊作业车跟在道床施工之后，直接在线上现场拆下钢轨逐个进行轨缝焊接、铺设锁定。

这种方案的优点是：

采用移动焊轨车（配 AMS60 闪光接触焊机）直接线上焊，节省了在既有焊轨厂焊轨后长距离转运，或在地面建临时焊轨厂费用。

该方案缺点是：

（1）全线不易实现多作业面快速铺设整体道床，整体道床铺设速度制约无缝线路焊铺。

（2）移动焊轨车属大型设备，进入地下铁道隧道现场较困难，全线总工期仍较长。

方案三：现场倒用整体式轨道排架，一次铺设无缝线路长钢轨。

全线整体道床采用整体式轨道排架法分段完成施工后，直接利用国内新研制的一次铺设无缝线路“长轨放送车”快速铺设无缝线路。

该方案的优点是：

（1）全线可根据总工期要求，分多个工作面同时进行整体道床施工。

（2）不需要在地面建轨节场，施工现场倒用 100 ~ 150 m 整体式轨道排架后，轨槽内无钢轨，节省费用。

（3）整体道床施工完成后，直接利用“长轨放送车”快速铺设无缝线路，专用推送机构推送出轨速度可以达到 14 m/min。综合铺轨速度日进度 2 km 以上，是目前铺轨速度最快的一种铺设方法。

（4）在地面建临时焊轨基地，将 25 m 标准轨焊接成 150 ~ 250 m 长钢轨，接头焊接质量得到充分保证。

方案四：现场采用倒用整体式轨排架法多工作面施工整体道床，道床施工完成后运进 25 m 标准轨，洞内采用移动式数控气压焊机直接线上焊接无缝线路。

该方案的优点是：

（1）全线可根据总工期要求，多工作面同时进行整体道床施工。充分发挥排架法施工机械化程度高、速度快、质量保证的优势。

（2）数控气压焊机洞内直接焊无须建地面临时焊轨基地，最节省经费。随着这种铺轨技术的发展，必将被广泛采用。

无缝线路的焊接与铺设应与道床施工方法、长钢轨焊接工艺有机地结合，从而找出最佳方案匹配，使轨道工程的施工质量得到保证、工期最短，施工费用最低。经以上 4 个方案比较分析，方案一随着施工技术进步已被淘汰，方案二及方案三仍被采用，方案四代表目前先进技术。因此，轨道施工及无缝线路铺设应采用方案四。采用方案四的突出优点是洞内直接焊接每个接头，节省地面临时焊轨基地一处费用约 100 万元，且随铺随焊，大大缩短铺轨工期。

阅读拓展

“5・18”公主坟道岔事故

任务四 地下铁道车站施工

【学习任务】

（1）了解地下铁道车站的分类和组成；
（2）熟悉地下铁道车站的结构和构造；
（3）熟悉地下铁道车站施工方法。

一、地下铁道车站

（一）地下铁道车站的分类

地铁车站根据其所处位置、埋深、运营性质、结构横断面形式、站台形式、换乘方式的不同可进行不同分类。

1. 按车站与地面相对位置分类

主要可分为以下 3 种：
（1）地下车站：车站位于地面以下。
（2）地面车站：车站位于地面。
（3）高架车站：车站位于地面高架桥上。

2. 按车站埋深分类

主要可分为以下 3 种：

（1）浅埋车站：轨顶至地表距离小于 15 m。

（2）中埋车站：轨顶至地表距离为 15 ~ 25 m。

（3）深埋车站：轨顶至地表距离大于 25 m。

3. 按车站运营性质分类

主要有以下 6 种：

（1）中间站（即一般站）：中间站仅供乘客上、下车之用，功能单一，是地铁路网中数量最多的车站。

（2）区域站（即折返站）：区域站是设在两种不同行车密度交界处的车站。站内设有折返线和设备，区域站兼有中间站的功能。

（3）换乘站：换乘站是位于两条及两条以上线路交叉点上的车站。它除了具有中间站的功能外，更主要的是它还可以从一条线上的车站通过换乘设施转换到另一条线路上的车站。

（4）枢纽站：枢纽站是由此站分出另一条线路的车站。该站可接、送两条线路上的乘客。

（5）联运站：联运站是指车站内设有两种不同性质的列车线路进行联运及客流换乘。联运站具有中间站及换乘站的双重功能。

（6）终点站：终点站是设在线路两端的车站。就列车上、下行而言，终点站也是起点站（或称始发站），终点站设有可供列车全部折返的折返线和设备，也可供列车临时停留检修。如线路远期延长后，则此终点站即变为中间站。

4. 按车站结构横断面形式分类

车站结构横断面形式主要根据车站埋深、工程水文地质条件、施工方法、建筑艺术效果等因素确定。在选定结构横断面形式时应考虑到结构的合理性、经济性、施工技术和设备条件。车站结构横断面形式主要有以下 4 种：

（1）矩形断面：矩形断面是车站中常选用的形式，一般用于浅埋车站。车站可设计成单层、双层或多层，跨度可选用单跨、双跨、三跨及多跨的形式。

（2）拱形断面：拱形断面多用于深埋车站，有单拱和多跨连拱等形式。单拱断面由于中部起拱，高度较高，两侧拱脚处相对较低，中间无柱，因此建筑空间显得高大宽阔。如建筑处理得当，常会得到理想的建筑艺术效果。

（3）圆形断面：圆形断面用于深埋或盾构法施工的车站。

（4）其他类型断面：其他类型断面有马蹄形、椭圆形等。

5. 按车站站台形式分类

主要有以下 3 种：

（1）岛式站台：站台位于上、下行行车线路之间，具有岛式站台的车站称为岛式站台车站（简称岛式车站），岛式车站是常用的一种车站形式。岛式车站具有站台面积利用率高、能灵活调剂客流、乘客使用方便等优点，因此，一般常用于客流量较大的车站。

（2）侧式站台：站台位于上、下行行车线路的两侧，具有侧式站台的车站称为侧式站台车站（简称侧式车站），侧式车站也是常用的一种车站形式。侧式车站站台面积利用率、调剂客流、站台之间联系等方面不及岛式车站，因此，侧式车站多用于客流量不大的车站及高架车站。

（3）岛、侧混合式站台：岛、侧混合式站台是将岛式站台及侧式站台同设在一个车站内，具有这种站台形式的车站称为岛、侧混合式站台车站（简称岛、侧混合式车站）。岛、侧混合式车站可同时在两侧的站台上、下车，也可适应列车中途折返的要求。岛、侧混合式站台可布置成一岛一侧式或一岛两侧式。

（二）地下铁道车站的组成

地铁车站由车站主体（站台、站厅、设备用房、生活用房）、出入口及通道、通风道及地面通风亭等3大部分组成。车站主体是列车在线路上的停车点，其作用是供乘客集散、候车、换车及上、下车，它又是地铁运营设备设置的中心和办理运营业务的地方。出入口及通道是供乘客进、出车站的建筑设施。通风道及地面通风亭的作用是保证地下车站具有一个舒适的地下环境。

（三）车站总平面布局与设计

车站建筑总平面布局主要解决在车站中心位置及方向确定以后，根据车站所在地周围的环境条件、城市有关部门对车站布局的要求，依据选定的车站类型，合理布设车站出入口通道、通风道等设施，以便使乘客能够安全、迅速、方便地进出车站。同时还要处理好地铁车站、出入口及通道、通风道及地面通风亭与城市建筑物、道路交通、地下过街道或天桥、绿地等的关系，使之相互协调统一。

1. 车站规模

车站规模主要指车站外形尺寸、层数及站房面积的大小。车站规模主要根据本站远期预测高峰客流量，所处位置的重要性，站内设备和管理用房面积，列车编组长度及该地区远期发展规划等因素综合考虑确定，其中客流量大小是一个重要因素。车站规模一般分为3个等级。在大城市中，车站规模按3个等级设置；在中等城市中，其规模可以设两个等级。车站规模等级适用范围如表2.4.1所示。

2. 车站建筑布置

车站的建筑布置应能满足乘客在乘车过程中对其活动区域内各部位使用上的需要。乘客流线是地铁车站的主要流线，也是决定车站建筑布置的主要依据。站内除乘客流线外，还有站内工作人员流线、设备工艺流线等。这些流线具体地、集中地反映出乘客乘车与站内房间布设之间的功能关系。为了能够合理地进行车站平剖面布置，设计人员必须了解和掌握这些功能关系，将地铁车站各部位的使用要求进行功能分析并绘制成功能分析图。

表 2.4.1　车站规模等级适用范围

规模等级	适用范围
1 级站	通用于客流量大，地处市中心区的大型商贸中心、大型交通枢纽中心、大型集会广场、大型工业区及位置重要的政治中心地区
2 级站	适用于客流量较大，地处较繁华的商业区、中型交通枢纽中心、大中型文体中心、大型公园及游乐场、较大的居住区及工业区
3 级站	适用于客流量小，地处郊区的各站

3. 站厅设计

站厅的作用是将从入口进入的乘客迅速、安全、方便地引导到站台乘车，或将下车的乘客同样地引导至出入口出站。对乘客来说，站厅是上、下车的过渡空间，乘客在站厅内需要办理上、下车的手续，因此，站厅内需要设置售票、检票、问询等为乘客服务的各种设施。站厅内设有地铁运营、管理用房。站厅又具有组织和分配人流的作用。

站厅的位置与车站埋深、人流集散情况、所处环境条件等因素有关。站厅设计的合理与否，将会直接影响到车站使用效果及站内的管理和秩序。站厅的布置与车站类型、站台形式及布置关系密切。站厅的布置有以下 4 种：

（1）站厅位于车站一端：这种布置方式常用于终点站，且车站一端靠近城市主要道路的地面车站。

（2）站厅位于车站两侧：这种布置方式常用于侧式车站，一般用于客流量不大的车站。

（3）站厅位于车站两端的上层或下层：这种布置方式常用于地下岛式车站及侧式车站站台的上层，高架车站站台的下层；客流量较大者多采用。

（4）站厅位于车站上层：这种布置方式常用于地下岛式车站及侧式车站。运用于客流量很大的车站。

4. 站台设计

站台是供乘客上、下车及候车的场所。站台层布设有楼梯、自动扶梯及站内用房。当前各国地铁车站所采用的站台形式绝大多数为岛式站台与侧式站台两种。站台主要尺寸按下列方法确定。

（1）站台长度。站台长度分为站台总长度及站台有效长度两种。站台总长度是根据站台层房间布置的位置以及需要由站台进入房门的位置而定，是指每侧站台的总长度。站台有效长度对于无屏蔽门（安全门）的站台是指首末两节车辆司机室门外侧之间的长度，对于有屏蔽门（安全门）的站台是指屏蔽门（安全门）所围长度。

（2）站台宽度。站台宽度主要根据车站远期预测高峰小时客流量大小、列车运行间隔时间、结构横断面形式、站台形式、站房布置、楼梯及自动扶梯位置等因素综合考虑确定。

为了保证车站安全运营和安全疏散的基本需要，《地铁设计规范》（GB 50157—2013）中规定了车站站台的最小宽度尺寸，如表 2.4.2 所示。

表 2.4.2　车站站台最小宽度尺寸

车站站台形式	站台最小宽度/m	车站站台形式	站台最小宽度（m）	
岛式站台	8.0	有柱侧式车站的侧站台	柱外站台	2.0
多跨岛式车站的侧站台	2.0		柱内站台	3.0
无柱侧式车站的侧站台	3.5			

（3）站台高度。站台高度是指线路走行轨顶面至站台地面的高度。站台实际高度是指线路走行轨下面底板面至站台地面的高度。站台高度的确定主要根据车厢地板面距轨顶面的高度而定。

（4）站台层设计。站台有效长度范围内为乘客使用区域，该区域可划分成上、下车与候车区及疏散通路两部分，其设置与站台形式有关。岛式站台疏散通路设在中间，两侧作为乘客上、下车与候车区域；侧式站台内侧作为疏散通路，外侧是乘客上、下车与候车区域。上述布置方式可减少上、下车和候车乘客与进、出站客流之间的相互干扰和影响。布设在站台层与站厅层的楼梯与自动扶梯，如有多组时，其位置应使每组所承担的客流量大致相等。站台两端布设车站用房，其中大部分为技术设备用房。

（四）地铁车站结构和构造

地铁车站断面类型基本上可分为矩形、拱形、圆形等 3 种形式，我国使用最多的为矩形和拱形。

1. 明挖法施工的车站结构和构造

明挖法施工的车站主要采用矩形框架结构或拱形结构。车站结构形式的选择应在满足功能要求的前提下，兼顾经济和美观，力图营造出与交通建筑相协调的气氛。

（1）矩形框架结构。该结构是明挖车站中采用最多的一种形式，根据功能要求，可以设计成单层、双层、单跨、双跨或多层多跨等形式。侧式车站一般采用双跨结构；岛式车站多采用双跨或三跨结构。站台宽度≤10 m 时站台区宜采用双跨结构，有时也采用单跨结构。在道路狭窄的地段修建地铁车站，也可采用上、下行线重叠的结构。明挖地铁车站结构由底板、侧墙及顶板等围护结构和楼板、梁、柱及内墙等内部构件组合而成。它们主要用来承受施工和运营期间的内、外部荷载，提供地铁必需的使用空间，同时也是车站建筑造型的有机组成部分。

（2）拱形结构。一般用于站台宽度较窄的单跨单层或单跨双层车站，可以获得较好的建筑艺术效果。

2. 盖挖法施工的车站结构与构造

（1）结构形式。上海地铁 1 号线淮海路下面的常熟路等 3 座车站是我国首批用逆作法施工的地铁车站，地下连续墙既是基坑的侧壁支护，又是主体结构的侧墙，槽段之间采用十字钢板接头防渗抗剪，中间竖向临时支撑系统采用 H 钢立柱和钢管打入桩基础。永安里站在我国首次采用桩墙组合结构作为车站永久结构的侧墙。天安门车站边墙灌注桩和中间立柱均采用条形基础，不仅较常规方法缩短了桩长，避免了水下成桩的困难，而且减少了施工占路时间。

（2）侧墙。现代逆作地铁车站的重要特征之一就是基坑的临时护壁与永久结构的侧墙合二为一或作为侧墙的一部分，多由地下连续墙或钻孔灌注桩与内衬墙组合而成。

（3）中间竖向临时支撑系统。该系统由临时立柱及其基础组成。

二、地下铁道车站的施工

地下铁道在城市中修建，其施工方法受地面建筑物、道路、城市交通、环境保护、施工机具以及资金条件等因素影响特别大，因此施工方法的决定不仅要从技术、经济、修建地区具体条件考虑，而且还要考虑施工方法对城市生活的影响。本节主要介绍明挖法和盖挖法。

（一）明挖法施工

明挖法是修建地铁车站的常用施工方法，具有施工作业面多、速度快、工期短、易保证工程质量、工程造价低等优点，因此，在地面交通和环境条件允许的地方，应尽可能采用。明挖法是先从地表面向下开挖基坑至设计高程，然后在基坑内的预定位置由下而上地建造主体结构及其防水措施，最后回填土并恢复路面。

明挖法施工中的基坑可以分为敞口放坡基坑和有围护结构的基坑两大类，在这两类基坑施工中，又采用不同的围护基坑边坡稳定的技术措施和围护结构。围护结构主要有：排桩围护（钢板桩、挖孔桩、钻孔桩、水泥土搅拌桩等）结构、地下连续墙围护结构、土钉墙围护结构等。

在选择基坑类型时，应根据地下铁道隧道所处地质、埋深、工程地质和水文地质条件，因地制宜地确定。若基坑所处地面空旷，周围无建筑物或建筑物间距很大，地面有足够空地能满足施工需要，又不影响周围环境时，宜采用敞口放坡基坑施工。如果基坑很深，地质条件差，地下水位高，特别是处于城市繁华地区，无足够空地满足施工需要时，则可采用有围护结构的基坑。

1. 敞口放坡开挖

敞口放坡开挖具有施工简单、施工速度快、工程造价低的优点，并且能为地下结构的施工创造最大限度的工作面，因此，在场地允许的条件下，宜优先采用。

放坡开挖断面分全放坡与半放坡两种。全放坡开挖断面是指不设任何形式支撑结构，而采用放坡的方法保持土坡稳定，其优点是不必设置支护结构，缺点是土方开挖量大，占用场地大。半放坡开挖与全放坡开挖的区别是在基坑的底部可设置一定高度的直槽，如土质较差时可打设悬臂式钢桩加强土壁稳定，其优点是可以减少土方开挖量。

基坑开挖过程中，由于开挖等施工活动导致土体原始应力场的平衡状态遭到破坏，严重时会出现土体位移，即发生边坡失稳，因此，采用敞口放坡基坑修建地下铁道时，保证基坑边坡的稳定是整个施工过程的关键，否则，一旦边坡坍塌，不但地基受到振动，影响承载力，而且也会影响周围地下管线以及地面建筑物和交通的安全。为了保持基坑边坡的稳定，在敞口放坡基坑施工中，应注意采取以下防护措施：

（1）根据土层的物理力学性质合理确定边坡坡度，并在不同土层变化处设置折线边坡或留台阶。

（2）做好降排水和防洪工作，保持基底和边坡的干燥。

（3）严禁在基坑边坡坡顶 1 ~ 2 m 范围内堆放材料、土方或其他重物。

基坑降水施工

（4）基坑开挖过程中，随挖随刷边坡。

（5）当基坑边坡坡度受到限制而采用围护结构又不经济时，可采用坡面土钉、挂金属网喷射混凝土或抹水泥砂浆护面技术等确保基坑边坡的稳定。

（6）暴露时间在 1 年以上的基坑，应设置坡面防护措施。

2. 具有围护结构的基坑施工

目前，地铁施工中所采用的围护结构种类很多，其施工方法、工艺和所用的施工机械各不相同，施工中应根据基坑深度、工程地质和水文地质条件、地面环境等因素，结合城市施工的特点，综合比较选择，各种围护结构的类型及其特点如表 2.4.3 所示。

表 2.4.3　各种围护结构的特点

围护结构类型	特　点
桩板式墙	（1）H 钢间距一般为 1.2 ~ 1.5 m； （2）造价低，施工简单，有障碍时可以调整间距； （3）止水性差，地下水位高或坑壁不稳时不适用； （4）无支撑时开挖深度不宜超过 6 m，有支撑时开挖深度可达 10 m
钢板桩墙	（1）成品制作，可反复使用； （2）施工简便，但有噪声； （3）刚度小，变形大，当与多道支撑结合时，可用于软弱土层； （4）止水性尚好，有漏水现象时，需增加防水措施
钢管桩	（1）截面刚度大于钢板桩，在软弱土层中开挖深度可以增大； （2）须有防水措施
预制混凝土板桩	（1）施工简便，但有噪声； （2）需辅以止水措施； （3）自重大，受起吊设备限制，不适合大深度基坑，国内用于 10 m 以内的基坑，法国用到 15 m 深基坑

续表

围护结构类型	特　点
灌注桩	（1）刚度大，可用在深大基坑； （2）施工对周边地层、环境影响小； （3）需与止水措施配合使用，如搅拌桩、旋喷桩等
地下连续墙	（1）刚度大，开挖深度大，可适用于各种地层； （2）强度大，变位小，隔水性能好，同时可兼作主体结构的一部分； （3）可邻近建筑物、构筑物使用，对环境影响小； （4）造价高
劲性水泥土搅拌桩（SMW）	（1）强度大，止水性好； （2）内插的型钢可拔出反复使用，经济性好
稳定液固化墙	国内尚未使用，日本应用较广
水泥搅拌桩挡墙	（1）无支撑，墙体止水性好，造价低； （2）墙体变位大

当基坑开挖深度较大或边坡土质软弱时，为了确保围护结构的稳定，也可在围护结构内设置支撑以抵抗侧压力。支撑的形式主要有水平支撑、斜支撑及土层锚杆等。

（二）盖挖法施工

盖挖法指先盖后挖，即先以临时路面或结构顶板维持地面畅通后再向下施工。在城市繁忙地带修建地铁车站时，往往占用道路，影响交通，而地面交通不能中断，且需确保一定交通流量时，可选用盖挖法。按照主体结构的施工顺序，盖挖法可分为盖挖顺作法、盖挖逆作法和盖挖半逆作法。其特点都是在完成围护结构之后，需构筑一个覆盖结构承载行车、人流交通，并在其保护下完成基坑土方开挖和主体结构的施工，因此覆盖结构的设计和施工成为盖挖法的关键。

拱形结构车站主体施工

1. 盖挖顺作法

盖挖顺作法是在地表作业完成围护结构后，以定型的预制标准覆盖结构（包括纵、横梁和路面板）置于围护结构上维持交通，往下反复开挖和加设横撑，直至设计高程。然后依序由下而上，施工主体结构和防水措施，回填土并恢复管线路，最后，视需要拆除围护结构的外露部分并恢复道路，其施工工序如图 2.4.1 所示。

盖挖顺作法主要依赖于坚固的围护结构物，根据现场条件、地下水位高低、开挖深度以及周围建筑物的邻近程度，选择钢筋混凝土钻（挖）孔桩或地下连续墙。对于饱和的软弱地层，应以刚度大、止水性能好的地下连续墙为首选方案。随着施工技术的不断进步，工程质量和精度更易于掌握，故现在盖挖顺作法中的围护结构常用来作为主体结构边墙体的一部分或全部。

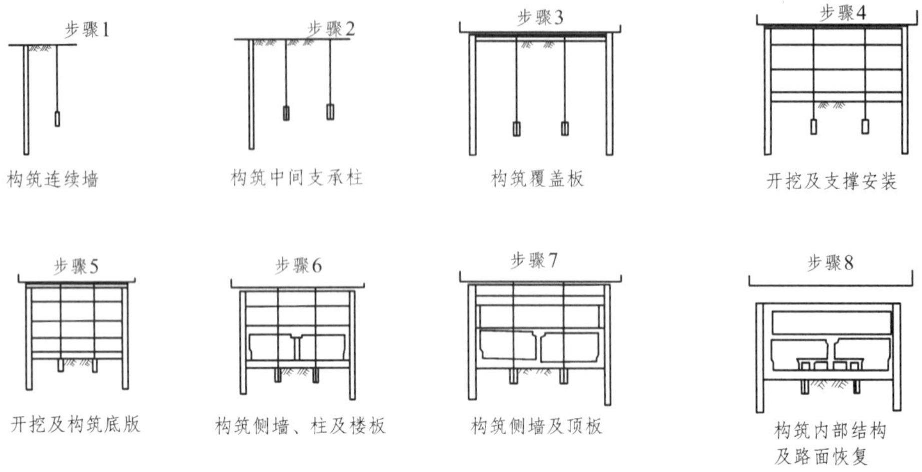

图 2.4.1　盖挖顺作法的一般步骤

如开挖宽度很大，为了缩短横撑的自由长度，防止横撑失稳，并承受横撑倾斜时产生的垂直分力以及行驶于覆盖结构上的车辆荷载和悬挂于覆盖结构下的管线重力，经常需要在修建覆盖结构的同时建造中间桩柱以支承横撑。中间桩柱可以是钢筋混凝土的钻（挖）孔灌注桩，也可以采用预制的打入桩（钢或钢筋混凝土的）。中间桩柱一般为临时性支撑结构，在主体结构施工完成时将其拆除。为了增加中间桩柱的承载力和减少其入土深度，可以采用底部扩孔桩或挤扩桩。

定型的覆盖结构一般由型钢纵、横梁和钢-混凝土复合路面板组成。路面板通常厚 200 mm、宽 300 ~ 500 mm、长 1500 ~ 2000 mm。为便于安装和拆卸，路面板上均有吊装孔。

2. 盖挖逆作法

如果开挖面大、覆土浅、基坑距周围建筑物很近，为尽量防止因开挖基坑而引起邻近建筑物的沉陷，或需及早恢复路面交通，可采用盖挖逆作法施工。

盖挖逆作法的施工顺序是：先在地表面向下施工基坑的围护结构和中间桩柱（和盖挖顺作法一样，基坑围护结构多采用地下连续墙或帷幕桩，中间桩柱则多利用主体结构本身的中间立柱以降低工程造价），然后开挖表层土至主体结构顶板底面高程，利用未开挖的土体作为土模浇筑顶板。顶板可以作为一道强有力的横撑，以防止围护结构向基坑内变形，待回填土后将道路复原，恢复交通。以后的工作都是在顶板覆盖下进行，即自上而下逐层开挖并建造主体结构直至底板，主体结构的现浇梁板也是以土模浇筑的。

在特别软弱的地层中，且邻近地面建筑物时，除以顶、楼板作为围护结构的横撑外，还需设置一定数量的临时横撑，并在横撑上施加不小于设计轴力 70% ~ 80%的预应力。盖挖逆作法的施工步骤如图 2.4.2 所示。

为了减少围护结构及中间桩柱的入土深度，可以在做围护结构和中间桩柱之前，用暗挖法预先做好它们下面的底纵梁，以扩大承载面积。当然，这必须在工程地质条件允许暗挖施工时才可能实现，而且在开挖最下一层土和浇筑底板前，由于围护结构和中间桩柱都无入土深度，故必须采取措施（如设置横撑）以增加其稳定性。

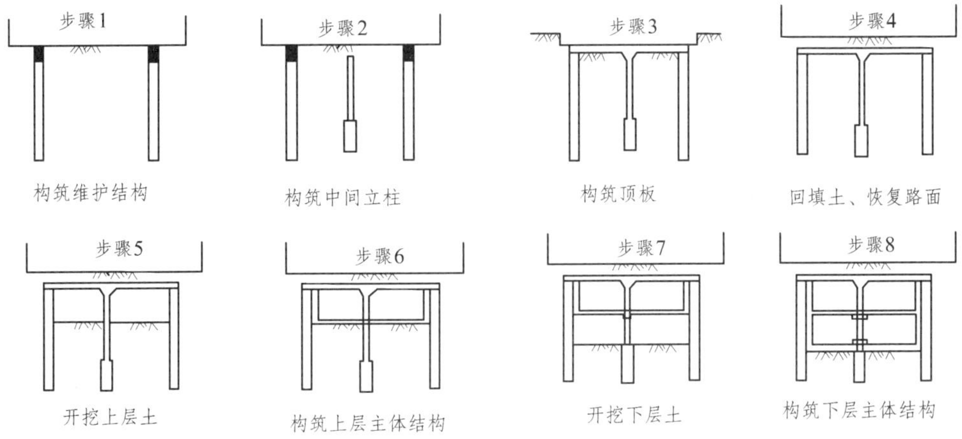

图 2.4.2　盖挖逆作法的一般步骤

采用盖挖逆作法施工时，若采用单层墙或复合墙，结构的防水层较难施作。只有采用双层墙，即围护结构与主体结构墙体完全分离，且中间无连接钢筋，才能在两者之间敷设完整的防水层。但需要特别注意中层楼板在施工过程中因悬空而引起的稳定和强度问题，一般可在顶板和楼板之间设置吊杆予以解决。

盖挖逆作法施工时，顶板一般都搭接在围护结构上，以增加顶板与围护结构之间的抗剪能力和便于铺设防水层，所以，需将围护结构外露部分凿除，或将围护结构仅做到顶板搭接处标高，其余高度用便于拆除的临时挡土结构围护。

3. 盖挖半逆作法

盖挖半逆作法类似于逆作法。盖挖半逆作法与逆作法的区别仅在于顶板完成及恢复路面后，向下挖土至设计标高后先浇筑底板，再依次序向上逐层浇筑侧墙、楼板。在半逆作法施工中，一般都必须设置横撑并施加预应力。盖挖半逆作法的施工步骤如图 2.4.3 所示。

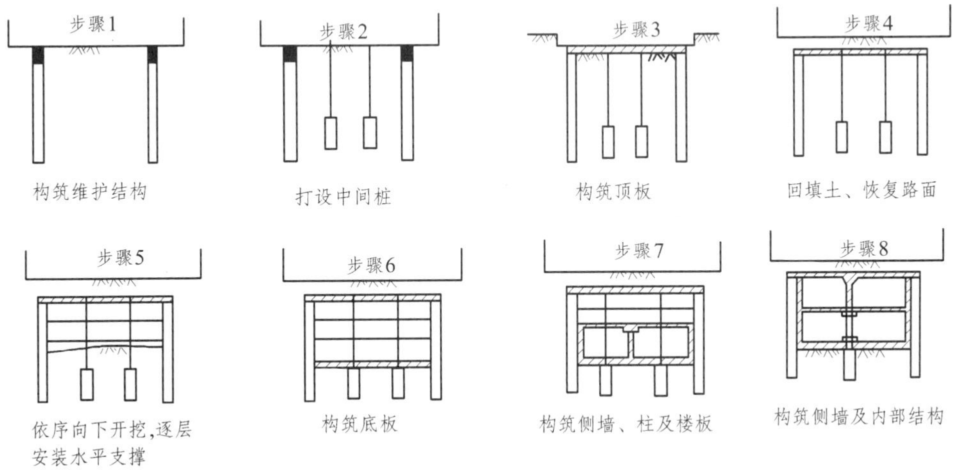

图 2.4.3　盖挖半逆作法的一般步骤

采用逆作或半逆作法施工时都要注意混凝土施工缝的处理问题，由于它是在上部混凝土达到设计强度后再接着往下浇筑的，而由于混凝土的收缩及析水性，施工缝处不可避免地要出现 3~10 mm 宽的缝隙，将对结构的强度、耐久性和防水性产生不良影响。针对混凝土施工缝存在的上述问题，可采用直接法、注入法或充填法予以处理。其中直接法是在先浇混凝土的下面继续浇筑，浇筑口高出施工缝，利用混凝土的自重使其密实，对接缝处实行二次振捣，尽可能排除混凝土中的气体，增加密实性；注入法是通过预先设置的注入孔向缝隙内注入水泥浆或环氧树脂；充填法是在下部混凝土浇筑到适当高度时，清除浮浆后再用无收缩或微膨胀的混凝土或砂浆充填。试验证明注入法和充填法能保证结构的整体性，在构件破坏前不会出现施工缝滑移破坏的现象。

在逆作法和半逆作法施工中，如主体结构的中间立柱为钢管混凝土柱，而柱下基础为钢筋混凝土灌注桩时，需要解决好两者之间的连接问题。一般是将钢管柱直接插入灌注桩的混凝土内 1.0 m 左右，并在钢管柱底部均匀设置几个孔，以利混凝土流动，同时也加强柱、桩之间连接。有时也可在钢管柱和灌注桩之间插入 H 形钢以加强连接。

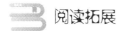

阅读拓展

杭州地铁基坑坍塌事故

任务五 地下铁道盾构区间施工

【学习任务】

（1）了解盾构法施工工序；

（2）了解盾构法施工的准备工作；

（3）熟悉盾构掘进的施工方法。

一、盾构法施工工序

盾构法施工的主要工序如下：

（1）在盾构法施工的隧道起始端和终端各建一个工作井。

（2）盾构在起始端工作井内安装就位。

（3）依靠盾构千斤顶推力（作用在已拼装好的衬砌环和工作井后壁上）将盾构从起始工作井的墙壁开孔处推出。

（4）盾构在地层中沿着设计轴线推进，在推进的同时不断出土和安装衬砌管片。

（5）及时向衬砌背后的空隙注浆，防止地层移动和固定衬砌环位置。

（6）盾构进入终端工作井并被拆除，如施工需要，也可穿越工作井再向前推进。

二、施工准备工作

采用盾构法施工，除了一般工程应进行的施工准备工作外，还必须修建盾构始发井和到达井；拼装盾构、附属设备和后续车架；进行洞口地层加固等。

（一）修建盾构始发井和到达井（或称拼装室、拆卸室、工作井）

盾构掘进前，必须先在地下开辟一个空间，以便在其中拼装（拆卸）盾构、附属设备和后续车架以及出渣、运料等。同时，拼装好的盾构也是从此开始掘进，故在此空间内尚需设置临时支承结构，为盾构的推进提供必要的反力。

开辟地下空间最常用的方法就是在盾构掘进始终点的线路中线上方，由地面向下开凿一座直达未来区间隧道底面以下的竖井，其底端即可用作盾构拼装（拆卸）室。盾构正式掘进时，此竖井即可用作出渣、进料和人员进出的孔道；运营时则可用作通风井。根据不同的地形条件，竖井可采用地下连续墙，用沉井法、冻结法或普通矿山法修建。盾构始发（到达）井的平面形状多数为矩形，平面净空尺寸要根据盾构直径、长度、需要同时拼装的盾构数目及运营时的功能而定，一般在盾构外侧留下 0.75 ~ 0.80 m 的空间，容许一个拼装工人工作即可。在盾构拼装（拆卸）室的端墙上应预留出盾构通过的开口，又称为封门。这些封门最初起挡土和防止渗漏的作用，一旦盾构安装调试结束，盾构刀盘抵住端墙，要求封门能尽快拆除或打开。根据拼装（拆卸）室周围的地质条件，可以采用不同的封门制作方案。

1. 现浇钢筋混凝土封门

一般按盾构外径尺寸在井壁（或连续墙钢筋笼）上预埋环形钢板，钢板厚 8 ~ 10 mm，宽度同井壁厚，环向钢板切断了连续墙或沉井壁的竖向受力钢筋，故封门周边要作构造处理。环向钢板内的井壁可按周边弹性固定的钢筋混凝土圆板进行内力分析和截面配筋设计，这种封门制作和施工简单，结构安全，但拆除时要用大量的人力铲凿，费工费时，如能将静态爆破技术引入封门拆除作业，可加快施工速度，减低劳动强度。

2. 钢板桩封门

这种封门结构较适宜于用沉井修建的盾构工作井。在沉井制作时，按设计要求在井壁上预留圆形孔洞，沉井下沉前，在井壁外侧密排钢板桩，封闭预留的孔洞，以挡住侧向水土压力，沉井较深时，钢板桩可接长。盾构刀盘切入洞口靠近钢板桩时，用起重机将其逐根拔起，用过的钢板桩经修理后可以重复使用。钢板桩通常按简支梁计算。钢板桩封门受埋深、地层特性、环境要求等的影响较大。

3. 预埋 H 形钢封门

将位于预留孔洞范围内的连续墙或沉井壁的竖向钢筋用塑料管套住，以免其与混凝土黏结，同时，在连续墙或沉井壁外侧预埋 H 形钢，封闭孔洞，抵抗侧向水土压力。盾构刀盘抵住墙壁时，凿除混凝土，切断钢筋，逐根拔起 H 形钢。

（二）盾构拼装

在盾构拼装前，先在拼装室底部铺设 50 cm 厚的混凝土垫层，其表面与盾构外表面相适应，在垫层内埋设钢轨，轨顶伸出垫层约 5 cm，可作为盾构推进时的导向轨，并能防止盾构旋转。若拼装室将来要作他用，则垫层将凿除，费工费时。此时，可改用由型钢拼成的盾构支承平台，其上亦需要有导向和防止旋转的装置。

由于起重设备和运输条件的限制，通常盾构都拆成切口环、支承环、盾尾三节运到工地，然后用起重机将其逐一放入井下的垫层或支承平台上。切口环与支承环用螺栓连成整体，并在螺栓连接面外圈加薄层电焊，以保持其密封性。盾尾与支承环之间则采用对接焊连接。

在拼接好的盾构后面，尚需设置由型钢拼成的、刚度很大的反力支架和传力管片。根据推出盾构需要开动的千斤顶数目和总推进力进行反力支架的设计和传力管片的排列。一般来说，这种传力管片都不封闭成环，故两侧都要将其支撑住。

（三）洞口地层加固

当盾构工作井周围地层为自稳能力差、透水性强的松散砂土或饱和含水黏土时，如不对其进行加固处理，则在凿除封门后，必将会有大量土体和地下水向工作井内坍陷，导致洞周大面积地表下沉，危及地下管线和附近建筑物。目前常用的加固方法有：注浆、旋喷、深层搅拌、井点降水、冻结法等，可根据土体种类（黏性土、砂性土、砂砾土、腐殖土）、渗透系数和标贯值、加固深度和范围、加固的主要目的（防水或提高强度）、工程规模和工期、环境要求等条件进行选择。加固后的土体应有一定的自立性、防水性和强度，一般以单轴无侧限抗压强度 $q_u = 0.3 \sim 1.0$ MPa 为宜，太高则刀盘切土困难，易引发机器故障。

三、盾构掘进

（一）盾构密封装置和盾构出洞顺序

为了增加开挖面的稳定性，在盾构未进入加固土体前，就需要适当地向开挖面注水或注入泥浆，因此洞口要有妥善的密封止水装置，以防止开挖面泥浆流失。

（二）土体开挖与推进

盾构施工首先使切口环切入土层，然后再开挖土体。千斤顶将切口环向前顶入土层，其最大距离是一个千斤顶行程。盾构的位置与方向以及纵坡度等均依靠调整千斤顶的编组及辅助措施加以控制。土体开挖方式根据土质的稳定状况和选用的盾构类型确定。具体开挖方式有以下几种：

1. 敞开式开挖

在地质条件好，开挖面在掘进中能维持稳定或采取措施后能维持稳定，用手掘式及半机械式盾构时，均为敞开式开挖。开挖程序一般是从顶部开始逐层向下挖掘。

2. 机械切削开挖

利用与盾构直径相当的全断面旋转切削大刀盘开挖，配合运土机械可使土方从开挖到装运均实现机械化。

3. 网格式开挖

开挖面用盾构正面的隔板与横撑梁分成格子，盾构推进时，土体从格子里呈条状挤入盾构中。这种出土方式效率高，是我国大、中型盾构常用的方式。

4. 挤压式开挖

挤压式和局部挤压式开挖，由于不出土或部分出土，对地层有较大的扰动，施工中应精心控制出土量，以减小地表变形。

思政小链接

地铁是如何进行维修保养的?

1. 地铁钢轨如何承受列车的压力?

与普通路面不同，地铁列车行走的“路”是由两根钢轨铺设而成的。钢轨是指用来铺设轨道的钢条，横断面形状像“工”字。列车的一对车轮是行走在两根钢轨上的，车轮轮对内侧的轮缘保证了车轮能稳定待在钢轨上，笔直地走在“钢轨路”上。列车在行走的过程中，轮缘会不断地冲击钢轨，给钢轨施加水平方向的推力。为了防止车辆把钢轨冲击失位，钢轨底部一般会安装“扣件”，相当于一把锁，把钢轨锁在轨枕上。但在车轮轮缘长期的撞击作用下，钢轨难免会发生一定程度的偏移。这时，就需要工作人员把它调整到正确的位置上。

2. 如何判断钢轨位置是否正确呢?

首先，检修工作人员会每周定期对钢轨整体状态全面检查，观察钢轨表面状态、钢轨是否存在明显扭曲变形等情况。同时，检修工作人员会对轨道的几何线型进行定期手工检查、静态轨检小车检查，及时发现并处理轨道几何尺寸超限位置情况。另外，检修工作人员也会根据季节变化规律及特点，对轨道实施季节性专项检查，预防因季节变化导致轨道位移，确保线路状态全年稳定可靠。线路的几何尺寸都是以毫米级为单位计量的，轨道任何细微变化都能通过上述检查及时发现哦。

3. 日常如何进行线路保养呢?

工作人员会根据年度保养计划，分段检查数据，通过数据判断“轨距、水平、高低、方向”等线路指标是否达标，对于不达标数据，会采用道尺、改道器等专用工具对线路进行精确调整。有经验的师傅还会在几何尺寸检查的基础上，凭借“火眼金睛”检查轨道局部碎弯等细微问题，并充分利用动态轨检车检查数据，全面调整轨道的平顺性，提升轨道线路舒适性。

工作人员还会针对性地开展轨道联结零件全面整治，及时更换补充老化、变形的轨道零部件，保障轨道基础的稳定性。每年，工作人员都会对线路开展一遍全面维护保养，确保以更好的状态服务于广大乘客安全、舒适出行。

温馨警示：地铁进行日常维修保养是保证地铁正常运行的重要手段。同学们在今后的工作中应严格按照作业要求完成地铁的日常维修保养工作，确保地铁安全运营。

【项目小结】

本项目以城市轨道交通工程为主线，系统地介绍了城市轨道交通工程的平面设计、轨道工程结构、轨道工程施工、地铁车站施工和地铁盾构区间施工等内容。使学生熟悉城市轨道工程的结构组成和施工工艺流程，能够识读施工图纸和施工方案，培养学生的职业素养和职业能力。

【练习巩固】

（1）试述城市轨道交通的特点，以及它在城市交通中发挥的作用。

（2）整体道床维修的主要内容有哪些?

（3）机械铺设道岔的组装工序是什么?

（4）明挖法的施工顺序、特点及适用条件?何时采用敞口放坡明挖法，何时采用具有围护结构的明挖法?

（5）盖挖法的适用条件?说明盖挖顺作法、盖挖逆作法及盖挖半逆作法的施工工序及各自特点。

（6）各种排桩围护结构的特点、应用及各自的施工工艺。

（7）盾构法施工的一般程序包括哪些环节?

（8）盾构在掘进过程中有哪些控制因素和技术手段?

项目三

公路工程

项目描述

本项目通过对公路路线、路基、路面和桥涵工程基本理论的学习，熟悉《公路工程技术标准》和《公路工程施工技术规范》等最新标准和规范，从而能够识读公路工程施工图纸，掌握路基路面工程的施工方法和施工质量控制措施，培养学生公路工程施工方面的职业素养、职业能力与创新意识。

项目导学

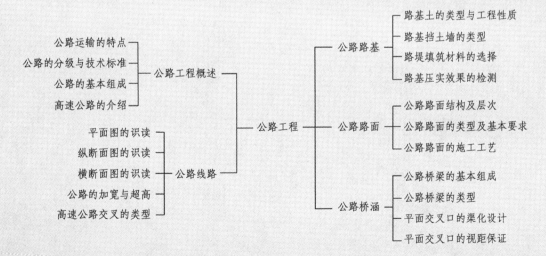

- 公路工程
  - 公路工程概述
    - 公路运输的特点
    - 公路的分级与技术标准
    - 公路的基本组成
    - 高速公路的介绍
  - 公路线路
    - 平面图的识读
    - 纵断面图的识读
    - 横断面图的识读
    - 公路的加宽与超高
    - 高速公路交叉的类型
  - 公路路基
    - 路基土的类型与工程性质
    - 路基挡土墙的类型
    - 路堤填筑材料的选择
    - 路基压实效果的检测
  - 公路路面
    - 公路路面结构及层次
    - 公路路面的类型及基本要求
    - 公路路面的施工工艺
  - 公路桥涵
    - 公路桥梁的基本组成
    - 公路桥梁的类型
    - 平面交叉口的渠化设计
    - 平面交叉口的视距保证

学习目标

◆ 知识目标

（1）熟悉公路路基、路面、桥涵的结构组成；
（2）熟悉路基路面施工相关规范；
（3）掌握路基路面施工的方法和质量控制措施；
（4）了解路基路面施工先进的施工工艺。

◆ 能力目标

（1）能识读公路施工图；
（2）能选择路基路面材料并组织施工；
（3）能初步编制路基路面施工方案；
（4）能从事工程施工现场管理。

◆ 素质目标

（1）具备较好的团队协作精神；
（2）具备较强的责任心与良好的职业道德；
（3）具备准确的语言表达及沟通交流的能力；
（4）具备安全防护能力。

任务一　公路工程概述

【学习任务】

（1）了解公路运输的特点；
（2）掌握公路的分级与技术标准；
（3）掌握公路的基本组成；
（4）了解高速公路的相关知识。

一、公路运输的特点

现代交通运输由铁路、公路、水运、航空及管道 5 种运输方式组成，其中公路运输机动灵活，分布广，对于客货运输有着显著的效益，主要特点有：

（1）机动灵活。能够在需要的时间、规定的地点迅速集散货物。

（2）迅速直达。能深入到货物集散点进行直接装卸而不需要中转，可以节省时间和费用，并减少货损，对短途运输效益特别显著。

（3）适应性强。既可用于小批量运输，也可大宗运输，受固定性交通设施的限制也较小，可以适应近距离运输和远距离运输。

（4）由于汽车燃料贵、服务人员多、单位运量较小等，致使其运输成本较高。但随着汽车技术改造，公路状况、运输管理水平等的不断改善和提高，这些缺点将得到逐步改善和克服。

二、公路的分级与技术标准

（一）公路的分级

公路根据功能和适应的交通量分为 5 个等级：高速公路、一级公路、二级公路、三级公路和四级公路，具体如表 3.1.1 所示。

表 3.1.1　公路的分级

公路等级	车道数	适应的交通量/辆	功　　能
高速公路	4	25 000 ~ 55 000	专供汽车分向、分车道行驶并应全部控制出入的多车道公路
	6	45 000 ~ 80 000	
	8	60 000 ~ 100 000	

续表

公路等级	车道数	适应的交通量/辆	功　能
一级公路	4	15 000～30 000	供汽车分向、分车道行驶并可根据需要控制出入的多车道公路
	6	25 000～55 000	
二级公路	2	5 000～15 000	供汽车行驶的双车道公路
三级公路	2	2 000～6 000	主要供汽车行驶的双车道公路
四级公路	1	< 2 000	供汽车行驶的双车道或单车道公路
	2	< 400	

注：交通量为将各种汽车折合成小客车的年平均日交通量。

（二）公路的技术标准

在公路设计、施工和养护中，必须严格执行《公路工程技术标准》（以下简称《标准》）中的有关规定。同时，在符合《标准》要求和不过分增加工程造价的前提下，根据技术经济原则应尽可能采用较高的技术指标，以充分提高公路的使用质量和效益。

我国现行《标准》规定的各级公路主要技术指标如表 3.1.2 所示。

表 3.1.2　各级公路主要技术指标汇总

<table>
<tr><td colspan="2">公路等级</td><td colspan="9">高速公路、一级公路</td><td colspan="6">二、三、四级公路</td></tr>
<tr><td colspan="2">设计速度/（km/h）</td><td colspan="3">120</td><td colspan="3">100</td><td colspan="2">80</td><td>60</td><td>80</td><td>60</td><td>40</td><td>30</td><td colspan="2">20</td></tr>
<tr><td colspan="2">车道数</td><td>8</td><td>6</td><td>4</td><td>8</td><td>6</td><td>4</td><td>6</td><td>4</td><td>4</td><td>2</td><td>2</td><td>2</td><td>2</td><td colspan="2">2 或 1</td></tr>
<tr><td colspan="2">单车道宽度/m</td><td colspan="3">3.75</td><td colspan="3">3.75</td><td colspan="2">3.75</td><td>3.50</td><td>3.75</td><td>3.50</td><td>3.50</td><td>3.25</td><td colspan="2">3.00（单车道时为 3.50）</td></tr>
<tr><td rowspan="2">路基宽度/m</td><td>一般值</td><td>45.00</td><td>34.50</td><td>28.00</td><td>44.00</td><td>33.50</td><td>26.00</td><td>32.00</td><td>24.50</td><td>23.00</td><td>12.00</td><td>10.00</td><td>8.50</td><td>7.50</td><td>6.50（双车道）</td><td>4.50（单车道）</td></tr>
<tr><td>变化值</td><td>42.00</td><td>—</td><td>26.00</td><td>41.00</td><td>—</td><td>24.50</td><td>—</td><td>21.50</td><td>20.00</td><td>10.00</td><td>8.50</td><td>—</td><td>—</td><td colspan="2">—</td></tr>
<tr><td rowspan="2">平曲线最小半径/m</td><td>极限值</td><td colspan="3">650</td><td colspan="3">400</td><td colspan="2">250</td><td>125</td><td>250</td><td>125</td><td>60</td><td>30</td><td colspan="2">15</td></tr>
<tr><td>一般值</td><td colspan="3">1000</td><td colspan="3">700</td><td colspan="2">400</td><td>200</td><td>400</td><td>200</td><td>100</td><td>65</td><td colspan="2">30</td></tr>
<tr><td colspan="2">停车视距/m</td><td colspan="3">210</td><td colspan="3">160</td><td colspan="2">110</td><td>75</td><td>110</td><td>75</td><td>40</td><td>30</td><td colspan="2">20</td></tr>
<tr><td colspan="2">最大纵坡/%</td><td colspan="3">3</td><td colspan="3">4</td><td colspan="2">5</td><td>5</td><td>5</td><td>5</td><td>6</td><td>8</td><td colspan="2">9</td></tr>
</table>

三、公路的基本组成

公路由线形和结构两大部分组成。

（一）线形组成

公路是一种线形带状的三维空间体，其中心线为一条空间曲线，这条中心线在水平面上的投影简称为公路路线的平面；沿着中心线竖直剖切公路，再把这条竖直曲面展开成直面，即为公路路线的纵断面；中心线上任意一点处公路的法向剖面称为公路路线在该点处的横断面。

（二）结构组成

公路的结构组成主要包括路基、路面、桥涵、隧道、排水系统、防护工程和沿线设施等。

1. 路基

公路路基是在天然地面上填筑成路堤（填方地段）或挖成路堑（挖方地段）的带状结构物，主要承受路面传递的行车荷载，是支撑路面的基础，如图 3.1.1 所示。设计时必须保证路基具有足够的强度、变形小和足够的稳定性，并防止水分及其他自然因素对路基本身的侵蚀和损害。

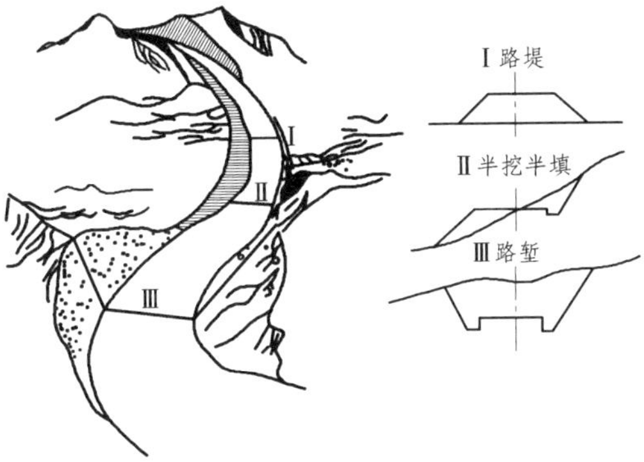

图 3.1.1 路基

2. 路面

公路路面是用各种材料或混合料，分单层或多层铺筑在路基顶面供车辆行驶的层状结构物，如图 3.1.2 所示。设计时必须保证路面具有足够的强度、刚度、平整度和粗糙度，以满足车辆在其表面能安全、迅速、舒适地行驶。

3. 桥涵

桥梁是公路跨越河流、山谷或人工构造物而修建的建筑物。涵洞是为了排泄地面水流或满足农业需要而设置的横穿路基的小型排水构造物。当桥涵的单孔跨径大于或等于

5 m、多孔跨径总长大于或等于 8 m 时称为桥梁，反之则称为涵洞，如图 3.1.3 所示。

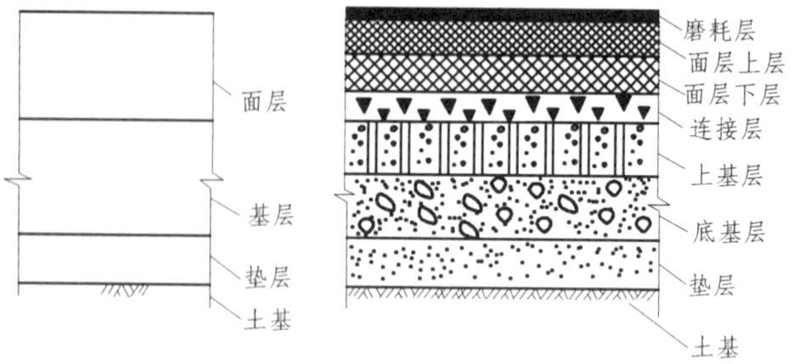

图 3.1.2 路面

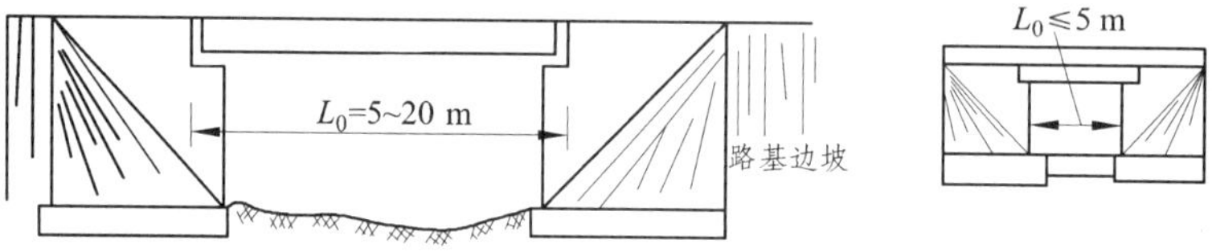

（a）小桥 （b）涵洞

图 3.1.3 桥涵

4. 隧道

隧道是公路根据设计需要为穿越山岭、地下或水底而建造的构造物，如图 3.1.4 所示。

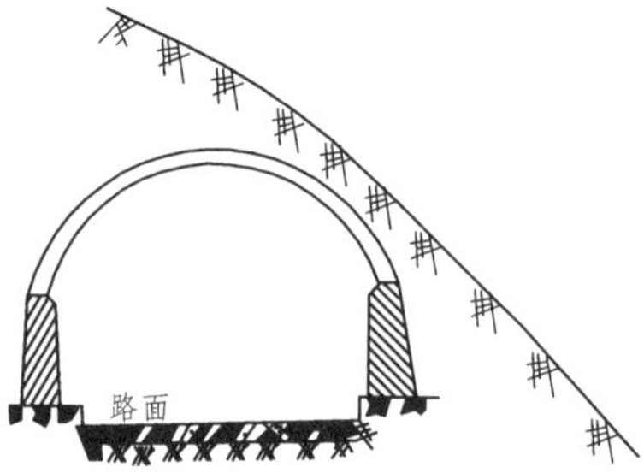

图 3.1.4 隧道

5. 排水系统

公路排水系统是为了排除地面水和地下水而设置的，由各种拦截、汇集、疏导及排放等排水设施组成的构造物。除桥梁、涵洞外，排水系统主要有路基边沟、截水沟、排水沟、暗沟、渗沟、渗井、跌水与急流槽、倒虹吸管、渡槽及蒸发池等。

6. 防护工程

防护工程是为了加固路基边坡，确保路基稳定而修建的结构物；按其作用不同，可分为坡面防护、冲刷防护及支挡结构物等 3 大类。

7. 交通工程及沿线设施

交通工程及沿线设施包括交通安全设施、服务设施和管理设施 3 种。

（1）交通安全设施：主要包括人行地下通道、人行天桥、标志、标线、交通信号灯、护栏、防护网、反光标志等设施。

（2）服务设施：主要包括服务区、停车区和公共汽车停靠站等。

（3）管理设施：主要包括监控、收费、通信、配电、照明和管理养护等设施。

四、高速公路简介

高速公路，简称高速路，是指专供汽车高速行驶的公路。根据中国《公路工程技术标准》（JTG B01—2014）规定：高速公路为专供汽车分向行驶、分车道行驶，全部控制出入的多车道公路。高速公路年平均日设计交通量宜在 15 000 辆小客车以上，设计速度为 80~120 km/h。

截至 2020 年年底，中国公路总里程 519.81 万 km，其中高速公路里程 16.1 万 km。《中华人民共和国 2021 年国民经济和社会发展统计公报》显示：2021 年，新改建高速公路里程 9028 km。

（一）高速公路是社会经济发展的必然产物

（1）高速公路适应工业化和城市化的发展。城市是产业与人口集聚地，其汽车增长远比乡村快得多，成为汽车集聚中心，高速公路建设多从城市环路、辐射路和交通繁忙路段开始，逐步形成以高速公路为骨干的城市交通。

（2）汽车技术发展对高速公路建设提出客观要求。汽车已成为人类社会重要的交通工具，高速公路等基础设施能配合汽车轻型化和重载化两大发展趋势，同时满足客运汽车高速度以及货运汽车大载重的需求。

（3）高速公路经济效益好、资金回收率高。如日本名神高速公路占全国公路总里程的 0.35%，承担日本公路货运总量的 12.3%；美国高速公路占全国公路总里程的 1.3%，承担美国公路货运总量的 19.3%；法国高速公路占全国公路总里程的 0.6%，承担全国公路货运总量的 20%；英国高速公路占全国高速公路总里程的 1%，承担全国陆地货运总量的 10%。2012 年，我国高速公路以占全国公路 2.27%的里程，完成 34.06%的公路营业性货运周转量。

高速公路的发展影响着城市群空间结构的演化，吸引着大批工业在沿线选址，修建厂房、建设基地；扩大人们活动范围，促进卫星城镇形成和城乡之间经济文化交流，减轻交通压力，调整城市布局；通过促进工业发展带动第三产业兴旺发达，增加就业机会和收入、汽车消费以及提升人们的生活质量；改善运输结构，提高港口集散能力，分流铁路压力，有利于形成综合运输网络系统。高速公路是现代化标志，是一个国家综合国力的体现，其建设和运营涉及国家经济和社会生活的各个方面。

（二）高速公路的发展历史

世界公路建设有着悠久的历史，1886 年，世界上第一辆汽车在德国“奔驰”公司诞生，开创了公路运输的新纪元。在世界上，许多国家运输发展都有一个共同的规律：水运、铁路运输发展在先，公路运输后来居上，其发展速度大大超过铁路和其他运输方式。

高速公路是专供汽车分向、分车道行驶并全部控制出入且通行能力特大的公路。早在 1919 年，德国就修建了世界上最早设有上、下行车道，中间设分隔带的公路，称为 AVUS，是高速公路的雏形。意大利也是较早修建高速公路的国家，美国、日本、荷兰等先进国家其高速公路的发展速度也非常迅猛。我国的高速公路出现比较晚，但发展速度却很快，1988 年建成的沪嘉高速公路是我国最早修建的高速公路，全长 18.5 km。

（三）高速公路的沿线设施

高速公路有非常系统、完善的沿线设施，包括交通安全、服务、管理等设施。这些设施是保证安全行车及调节驾驶员和乘客疲劳、方便乘客、保护环境而设置的不可缺少的公路组成部分。

1. 交通安全设施

为了保证行车安全和充分发挥高速公路的作用，高速公路的沿线应按规定设置必要的交通安全设施。常见的交通安全设施有护栏、防护网、防眩设施、交通标志和照明等。

1）护　栏

护栏设于中央分隔带和路基两侧。其主要作用是防止高速行驶的车辆在失去控制的情况下越出路外或冲向对向车道，使车辆恢复到正常行驶方向。同时，护栏还起到诱导司机视线的作用。一般护栏在中央分隔带上应全面连续设置，在路基两侧可根据需要部分设置，通常当路基高度达到 3 m 以上时都应设置。

护栏按刚度不同划分为柔性护栏、半刚性护栏和刚性护栏；按位置不同划分为路侧护栏、中央分隔带护栏、路桥过渡段护栏和活动护栏。

2）防护网

防护网是为了防止牲畜、行人、非机动车等闯入或横穿高速公路，而在公路用地外缘设置的一种禁入栅栏。一般设置在靠近高速公路设有其他道路的地段，或互通式立体交叉、服务区等设施的地段，或有居民区，人、家畜有可能进入的周围地段。防护网一般采用铁刺栏禁入栅栏或金属网型禁入栅栏，其高度一般为 1.0 ~ 1.5 m。

3）防眩设施

设置防眩设施的目的是使夜间行驶中的车辆不受对向行驶车辆的影响。如果采用宽中央分隔带可不设置。防眩设施一般分为百叶板式和金属网式两种，其高度一般为 1.4 ~ 1.7 m。

4）交通标志与标线

交通标志是用图形、符号和文字传递特定信息，对公路上行驶的司机给予指路、指示、警告、禁令等，用以管理交通的安全设施；包括警告标志、禁令标志、指示标志和指路标志等。

交通标线是由各种标线、箭头、文字、立面标记等构成的交通安全设施，其作用是管理和引导交通；包括行车道中心线、车道分界线、停止线等。

5）照明设施

为使夜间交通顺畅和保证行车安全，在运输特别繁忙和重要的路段内，应尽可能按一定的间距配置路灯，使整个路段得以照明。

2. 服务设施

高速公路是全部控制出入的公路，汽车在行驶途中不能随意出入和停车。为了方便司乘人员临时休息、汽车加油和排除临时故障，沿线必须设置必要的服务设施。服务设施根据服务内容和设备规模一般分为服务区和停车场两大类。

服务区规模较大，设备齐全，设置有停车坪、加油站、汽车修理部、饭店、商店、旅馆、公用电话等，为了能给司乘人员提供良好的休息环境，服务区一般选择在风景优美的地方。停车场的服务内容和规模比服务区小得多，一般仅包括停车坪和厕所。停车场和服务区最主要的区别在于没有加油站和修车设施。

服务区和停车场的形式一般可分为两侧分离式、单侧集中式和中央集中式 3 种类型。服务区的间距一般情况下不超过 50 km，大型服务区不超过 100 km。停车场的间距一般为 15 ~ 25 km。

3. 管理设施

管理设施主要包括监控、收费、通信、配电和管理养护等设施，实时收集交通流信息并及时发布，迅速采取相应对策，疏导交通、保障行车安全。管理设施的建设规模应根据预测交通量进行总体设计，并据此实施基础工程、地下管线及预留预埋工程等。

4. 环境保护设施

高速公路设计应重视环境保护，注意由于公路修建和使用对环境所产生的影响。这些问题主要有噪声、污水及汽车废气等造成的污染。

1）防噪音设施

交通噪声是公路运输的公害之一。噪声会损害听觉、危及健康，影响正常的工作和生活，并对建筑物和仪器也产生损害。为此，不少国家都制定有噪声的限度标准，一般规定路上噪声不超过 60 dB，并限制住宅区噪声白天不超过 45 dB，晚上不超过 35 dB。

为了防止噪声干扰，首先在高速公路选线时就应注意使路线尽量离开住宅区及居民点，不得已时尽量缩短通过长度并采取相应措施。目前，高速公路上常用的防噪声措施有以下 3 类，如图 3.1.5 所示。

隔音墙：通常墙高 3 ~ 5 m，多用隔音水泥板制成，适用于路侧有建筑物的隔音。

隔音堤：在高速公路的路基两侧设置顶宽 2 ~ 3 m，边坡 1∶2，高度以能挡住受音点为宜的土堤，并在堤上绿化进行隔音。隔音堤一般适用于路侧有建筑物且用地较宽的情况。

隔音林带：植树林带宽度一般为 10 ~ 20 m，隔音效果好，但占地较多，适用于路侧有建筑物且用地较宽的情况。

图 3.1.5　防噪音设施

2）污水处理

对带有污染的路面排水、服务区和停车场产生的污水，要以不影响水源、农田为原则，设置必要的排水设施或沉淀池进行处理。

3）公路绿化

公路绿化具有减轻污染、净化空气、美化环境、诱导司机视线等作用，并且可以使人心情舒畅，增加行车的舒适感和安全感。因此，高速公路的用地范围内应大力进行绿化，尽量通过绿化减轻施工和运营对周围环境的影响。

阅读拓展

秦驰道

任务二　公路路线

【学习任务】

（1）掌握平面图的识读及平曲线里程复核；

（2）掌握纵断面图的识读及设计标高计算；

（3）掌握横断面图的识读与绘制；

（4）了解公路加宽与超高的相关知识，能读懂超高设计图；

（5）能够判断高速公路交叉的类型，说出各部分名称。

公路是一种带状的三维空间体，其中心线是一条空间曲线，其平面、纵断面和横断面如图 3.2.1 所示。路线设计应对公路的平、纵、横 3 个面进行综合设计，使之在视觉上能诱导视线，保持线形的连续性，在生理和心理上有安全感和舒适感。同时，还应同沿线环境相协调。

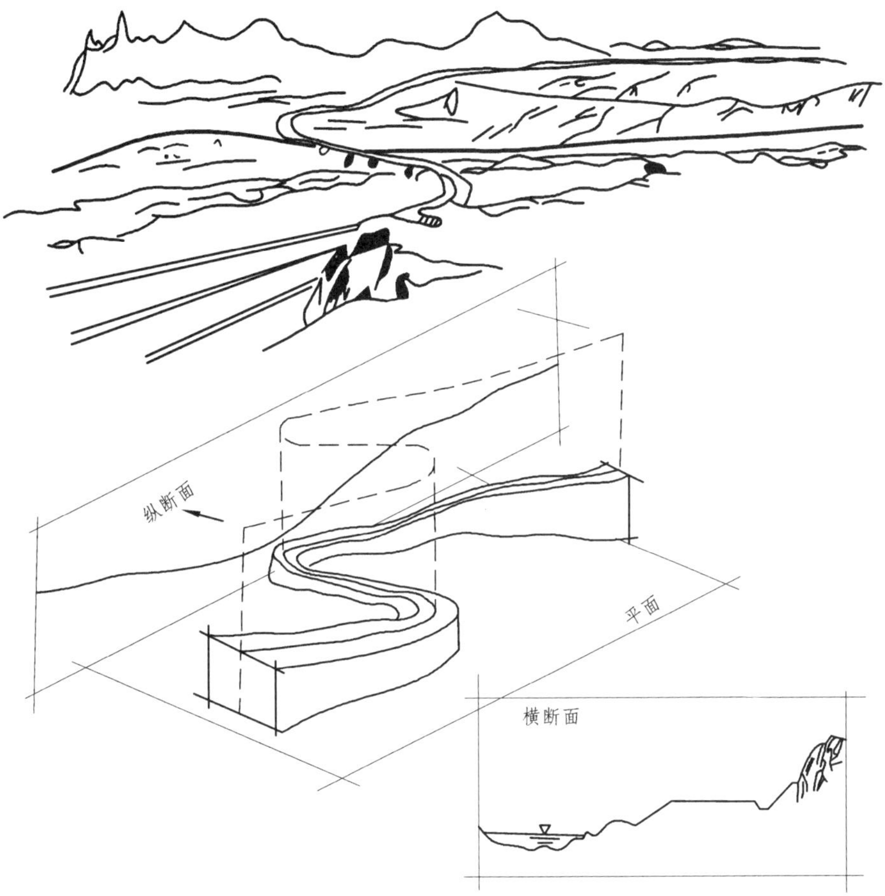

图 3.2.1　公路的平面、纵断面和横断面

一、平面

（一）平曲线设计

由于受各种人为因素和自然因素的影响，公路从起点至终点在平面上不可能是一条直线，而是由许多直线段和曲线段（包括圆曲线和缓和曲线）组合而成，如图 3.2.2 所示。

公路平面

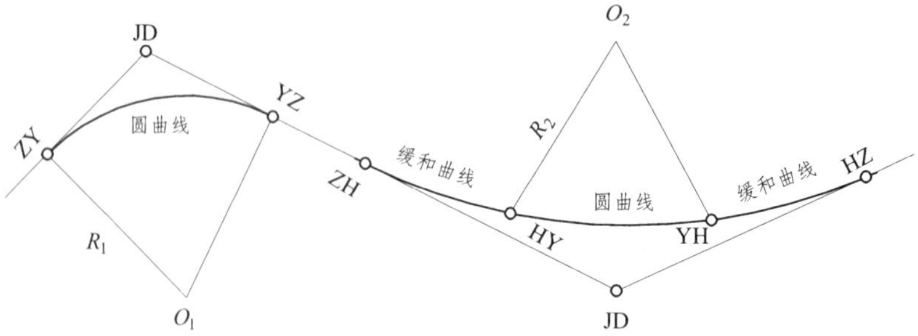

图 3.2.2 平曲线

1. 圆曲线

汽车在弯道上行驶时，除重力外还受到离心力的影响，要使汽车在平曲线上安全行驶，平曲线半径就不能太小。《标准》中规定了公路的圆曲线最小半径，如表 3.2.1 所示。

表 3.2.1 圆曲线最小半径

设计速度/（km/h）		120	100	80	60	40	30	20
极限最小半径/m		650	400	250	125	60	30	15
一般最小半径/m		1000	700	400	200	100	65	30
不设超高最小半径/m	路拱≤2.0%	5500	4000	2500	1500	600	350	150
	路拱>2.0%	7500	5250	3350	1900	800	450	200

圆曲线半径的选用原则是：

（1）在路线设计中，如果条件允许应尽可能选用大于或等于“不设超高的最小曲线半径”，一般情况下应不小于“一般最小半径”，只有在特殊情况下才考虑采用“极限最小半径”。

（2）最大圆曲线半径不宜超过 10 000 m。

2. 缓和曲线

为改善行车条件，在直线与圆曲线间插入的一条曲率半径由无穷大逐渐变到与圆曲线半径相同的曲线，称为缓和曲线，如图 3.2.3 所示。

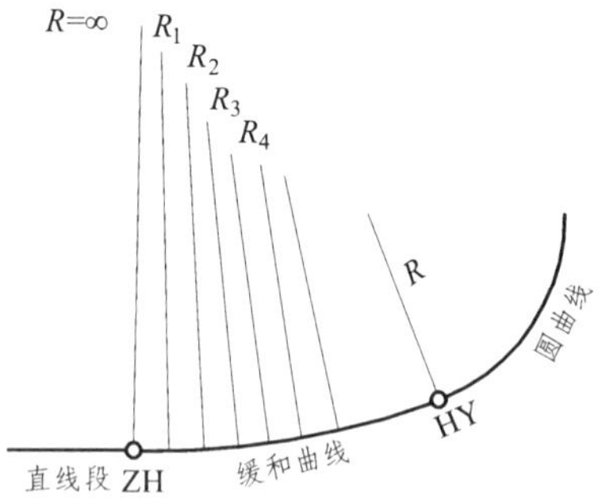

图 3.2.3 缓和曲线

《标准》规定：除四级公路可不设缓和曲线外，其他各级公路，当平曲线半径小于不设超高的最小半径时，均应设置缓和曲线，缓和曲线采用回旋线的形式。《标准》还规定了公路的缓和曲线最小长度，如表 3.2.2 所示。

表 3.2.2 公路缓和曲线最小长度

设计速度/（km/h）	120	100	80	60	40	30	20
最短缓和曲线长度/m	100	85	70	50	35	25	20

3. 线形组合

当直线、圆曲线、缓和曲线相互组合时，可根据具体情况选用以下几种线形组合形式，如图 3.2.3 所示。

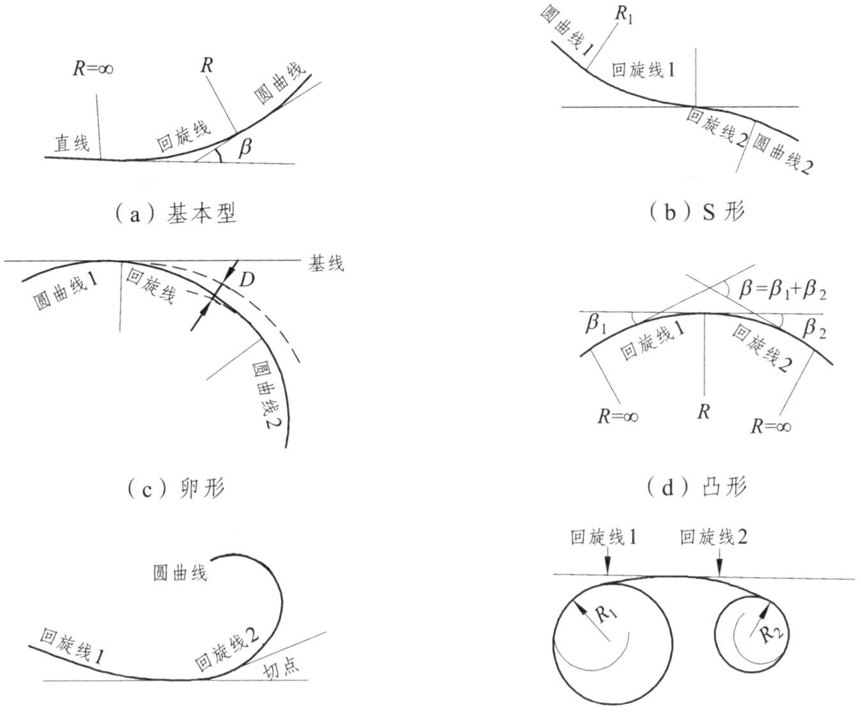

（a）基本型　（b）S 形　（c）卵形　（d）凸形　（e）复合型　（f）C 形

图 3.2.4　平面线形组合形式

（1）基本型：按直线—回旋线—圆曲线—回旋线—直线的顺序组合起来的线形称为基本型，如图 3.2.4（a）所示。

（2）S 形：两个反向圆曲线用回旋线径向连接起来的组合线形称为 S 形，如图 3.2.4（b）所示。

（3）卵形：用一个回旋线连接两个同向圆曲线的组合形式称为卵形，如图 3.2.4（c）所示。

（4）凸形：两个同向回旋线间不插入圆曲线而径向衔接的平面线形称之凸形，如图 3.2.4（d）所示。通常，只有在路线严格受地形、地物限制处方可采用凸形。

（5）复合型：两个以上同向回旋线间在曲率相等处相互连接的形式为复合型，如图 3.2.4（e）所示。复合型仅在受地形或其他特殊原因限制时（互通式立体交叉除外）使用。

（6）C 形：同向曲线的两回旋线在曲率为零处径向衔接（即连接处曲率为 0，$R=\infty$）的形式称之为 C 形，如图 3.2.4（f）所示。C 形只有在特殊地形条件下方可采用。

（二）平曲线上视距的保证

汽车在公路上行驶时，必须使司机能看清楚前方一定距离范围内的公路路面上的各种事物，遇到意外情况可及时处理，如避让、减速或紧急停车等，从而避免事故的发生，这一必要距离称为行车视距。在公路交叉口、曲线内侧及公路上坡的转坡点等处均应保证行车视距的最短距离。

行车视距可分为停车视距、会车视距、超车视距 3 种。

1. 停车视距

停车视距是指从驾驶员发现障碍物到立即采取制动措施，汽车沿着行驶路线到障碍物前能安全停车所需的最短距离，如图 3.2.5 所示。

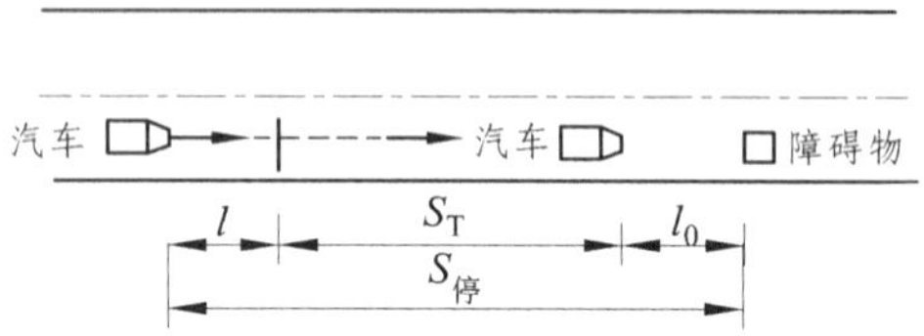

图 3.2.5 停车视距

各级公路的停车视距如表 3.2.3 及表 3.2.4 所示。

表 3.2.3 高速公路和一级公路停车视距

设计速度/（km/h）	120	100	80	60
停车视距/m	210	160	110	75

表 3.2.4 二、三、四级公路停车视距、会车视距与超车视距

设计速度/（km/h）	80	60	40	30	20
停车视距/m	110	75	40	30	20
会车视距/m	220	150	80	60	40
超车视距/m	550	200	350	150	100

2. 会车视距

当障碍物为对向来车时，就必须保证两倍的停车视距，即为会车视距。

由于高速公路和一级公路均采用中央分隔带分隔往返车辆，所以只需考虑停车视距；而二、三、四级公路一般不做分隔带，所以应考虑会车视距。会车视距的最小长度，如表 3.2.4 所示。

3. 超车视距

超车视距是指汽车超车后在与对向车辆相遇前驶回到原来的车道所必需的最短距离，如图 3.2.6 所示。我国《标准》规定了超车视距的最小长度（见表 3.2.4）。

二、三、四级公路除符合停车视距和会车视距的要求外，还应在适当间隔（宜在 3 min 的行程）内提供一次满足超车视距要求的超车路段。

4. 视距的保证

汽车在直线上行驶时，一般停车视距和超车视距是容易保证的。但当汽车在曲线上行驶时，其内侧行车视线可能被树木、建筑物、路堑边坡或其他障碍物所遮挡，因此，

在设计时必须检查平曲线上的视距是否能满足要求，如不能满足，则必须清除视距范围内的障碍物，以保证汽车的行驶安全，如图 3.2.7 所示。

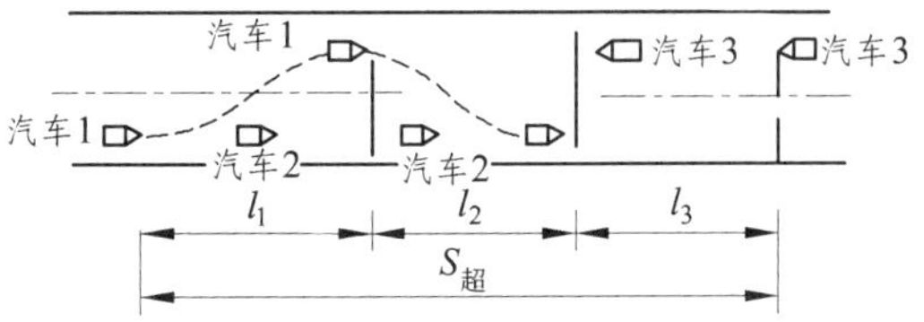

图 3.2.6　超车视距

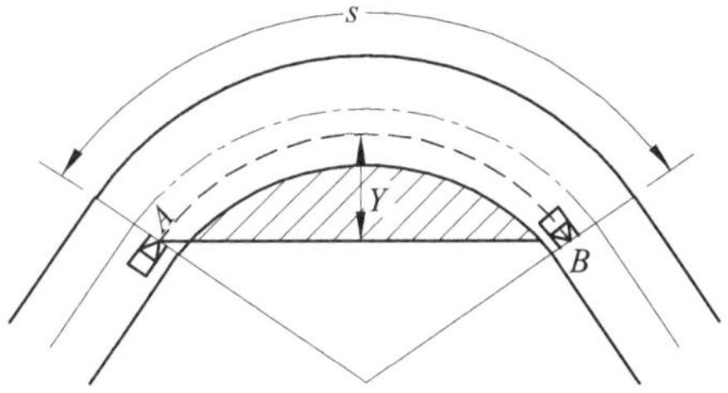

图 3.2.7　曲线平面视距障碍的清除

总之，各级公路都应保证停车视距，无分隔带的双车道公路应保证两倍的停车视距（即会车视距），全路应有一定长度能保证超车视距的超车路段。

（三）平面设计成果

完成路线平面设计以后应提供各种图纸和表格，以下仅介绍主要表格“直线、曲线及转角一览表”及“路线平面设计图”。

1. 直线、曲线及转角一览表

直线、曲线及转角一览表是平面设计的主要成果之一。它是通过测角、丈量中线和设置曲线后获得的成果，反映了设计者对平面线形的布设意图，是绘制路线平面图的依据，同时也为路线纵断面设计和横断面设计提供了设计依据。其格式一般如表 3.2.5 所示。

表 3.2.5　直线、曲线及转角一览表

交点号JD	交点桩号	转角值 α		曲线要素值/m							曲线位置			曲线位置		直线长度及方向			测量断链			备注
		左转角 α_z	右转角 α_y	半径 R	缓和曲线参数 A	缓和曲线长度 l	切线长度 T	曲线长度 L	外距 E	校正值 J	第一缓和曲线或超高缓和段长度、加宽缓和段长度起点 ZH	第一缓和曲线终点或圆曲线起点 HY（ZY）	曲线中点 QZ	第二缓和曲线或圆曲线终点 YH（YZ）	第二缓和曲线或超高缓和长度、加宽缓和长度起点 HZ	直线长度/m	交点间距/m	计算方位角或计算方向角	桩号	增长/m	减短/m	
1	2	3	4	5	6	7	8	9	10	11	12	13	14	15	16	17	18	19	20	21	22	23

2. 路线平面图

路线平面图也是平面设计的主要成果之一。通过路线平面图可以体现出路线平面的位置、走向和高程，还可反映沿线人工构造物和工程设施的布置以及它们与地形、地物的关系。路线平面图是直线、曲线及转角一览表的形象化和具体化。路线平面图实例如图 3.2.8 所示。

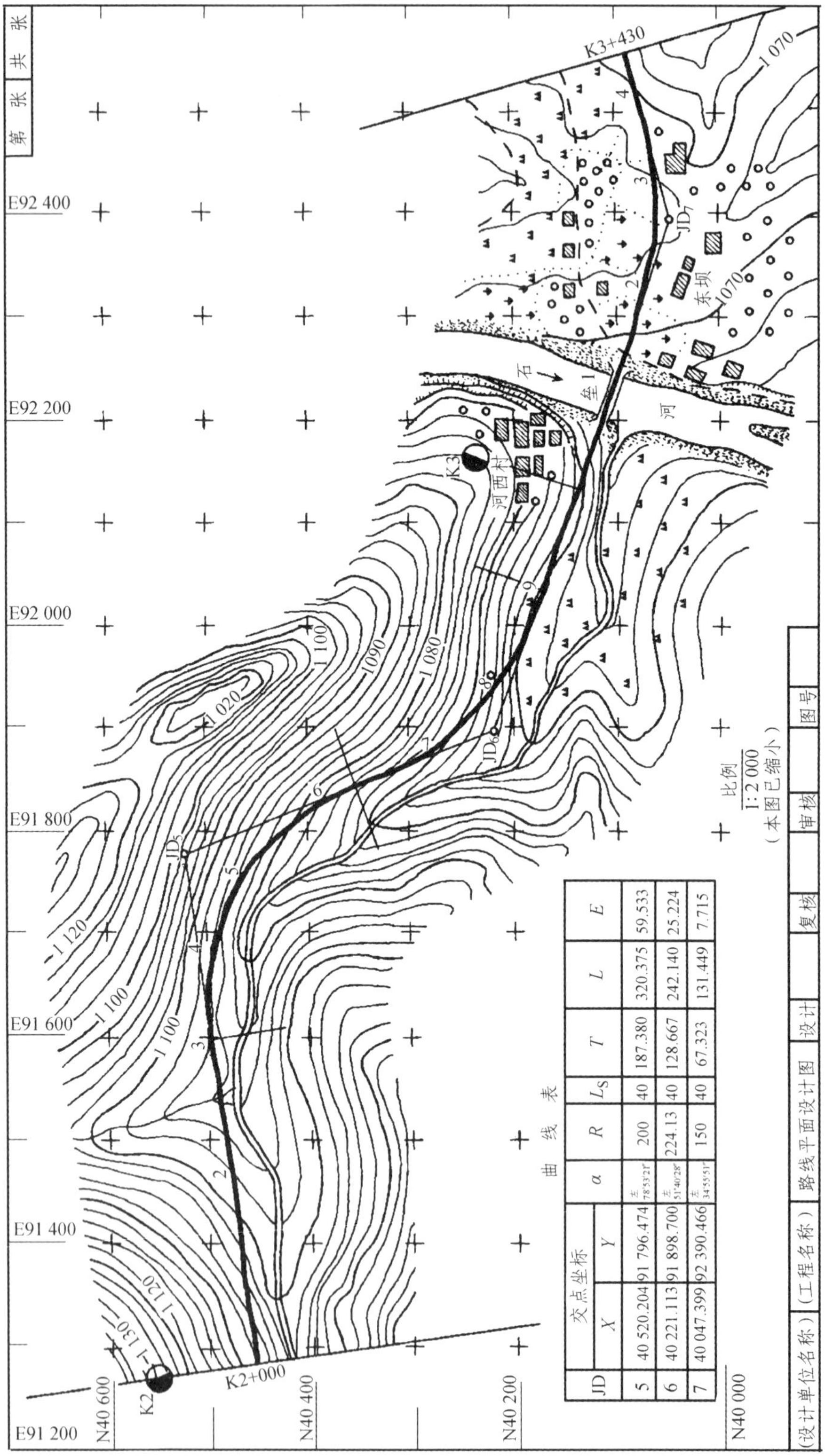

曲 线 表

JD	交点坐标 X	交点坐标 Y	α	R	L_S	T	L	E
5	40 520.204	91 796.474	左 78°53′21″	200	40	187.380	320.375	59.533
6	40 221.113	91 898.700	左 51°40′28″	224.13	40	128.667	242.140	25.224
7	40 047.399	92 390.466	左 34°55′51″	150	40	67.323	131.449	7.715

图 3.2.8 路线平面示意

二、纵断面

由于地形、地质、地物、水文等因素的影响，公路路线在平面上不可能从起点到终点是一条直线，在纵断面上也不可能从起点到终点是一条水平线，而是有起伏的空间线，如图 3.2.8 所示。在纵断面图上，有两条主要线条：一条是地面线，它是根据中线上的各个桩点高程而点绘出来的一条不规则折线，基本上反映了公路中线所经处地面高低变化情况，各个桩点高程称为地面高程；另一条是设计线，它是根据公路等级、地形条件等经过多方面比较后确定下来的，设计线由纵坡线和竖曲线组成，设计线上表示各个桩点处路肩边缘的高程（高速公路和一级公路指中央分隔带的外侧边缘高程），称为设计高程。同一桩号处的地面高程与设计高程之差称为施工高度，分为填方高度和挖方深度。施工高度的大小直接反映了路堤的高度和路堑的深度。

公路纵断面

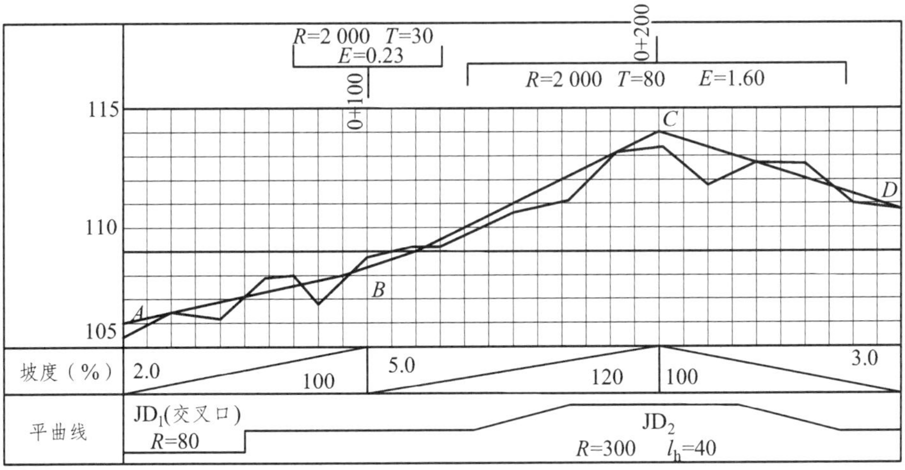

图 3.2.9　路线纵断面简图

（一）纵坡设计

1. 纵坡坡度

纵断面设计线上每相邻两个变坡点之间连线的坡度称为纵坡度，如图 3.2.10 所示。纵坡度 i 用高差 h 与水平长度 L 之比量度，即 $i=h/L$（%）。按行车前进方向，上坡 i 为“+”，下坡 i 为“-”。

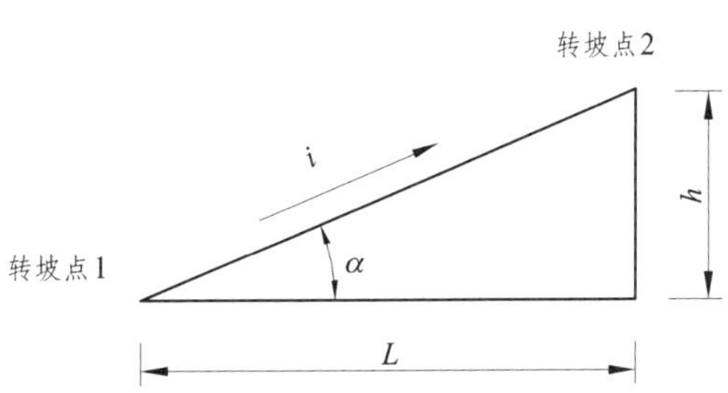

图 3.2.10　纵坡度计算图

2. 最大纵坡

最大纵坡是公路纵断面设计的重要控制指标，特别是在山岭地区，纵坡的大小直接影响到路线的长短、使用质量和工程造价。我国公路的最大纵坡规定如表 3.2.6 所示。

最大纵坡只是在线形受地形限制严重的路段才准采用。在一般情况下应尽量采用较小的纵坡，以便改善行车条件及将来提高公路等级。

表 3.2.6　最大纵坡

设计速度/（km/h）	120	100	80	60	40	30	20
最大纵坡/（%）	3	4	5	5	6	8	9

3. 最小纵坡

《标准》规定：各级公路的长路堑地段以及其他横向排水不畅的路段，均应采用不小于 0.3% 的纵坡，否则应对边沟做纵向排水设计。

4. 坡长限制

过长的陡坡对行车十分不利，因此，当纵坡大于某一数值时，应限制其坡段长度。

太长的纵坡对行车不利，太短的纵坡路段同样对行车不利，这是因为如果纵坡太短，使得纵坡上变坡点太多，车辆行驶上下颠簸频繁，所以应对最小坡长也加以限制。

5. 合成坡度

公路在平曲线地段，若纵向有纵坡并且横向有超高横坡时，则最大纵坡不在纵坡上，也不在横坡上，而在其合成坡度上，如图 3.2.11 所示。其合成坡度计算如下式。

$$i_H = \sqrt{i_z^2 + i_c^2}$$

式中　i_H——合成坡度；

i_z——路线纵坡；

i_c——超高横坡。

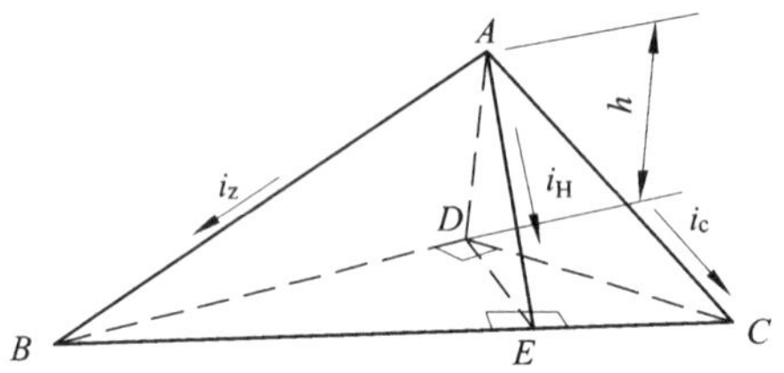

图 3.2.11　合成坡度

合成坡度不宜太大，否则高速行驶的车辆可能沿合成坡度方向冲出弯道之外，慢速行驶或停车时车辆可能沿合成坡度方向产生侧滑。考虑到排水要求，合成坡度也不宜小于 0.5%。

（二）竖曲线设计

当纵断面上遇到变坡点时，汽车行驶是不顺适的，故在变坡点处必须用圆曲线或二次抛物线将相邻坡段顺适地连接起来，以利于行车，这条曲线称为竖曲线。我国《标准》规定各级公路在纵坡变更处，均应设置竖曲线，《标准》还规定采用二次抛物线形作为竖曲线的基本线形。竖曲线可分为凸形竖曲线和凹形竖曲线两种形式，如图 3.2.12 所示。所以纵断面设计线是由均坡段和竖曲线组成的。

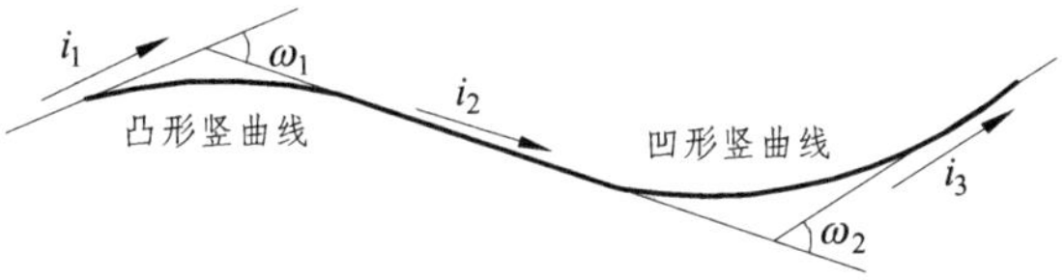

图 3.2.12　纵断面竖曲线

1. 竖曲线要素的计算

（1）转坡角 ω 的计算（见图 3.2.13）。

$$\omega = i_1 - i_2$$

式中　i_1、i_2——两相邻坡段的坡度值，上坡为“+”，下坡为“-”。

ω 为正时，为凸形竖曲线；ω 为负时，为凹形竖曲线。

（2）竖曲线的几何要素主要有：竖曲线长 L、切线长 T 和外矢距 E，如图 3.2.12 所示。竖曲线几何要素计算：

$$L = R\omega$$

$$T = \frac{L}{2}$$

$$E = \frac{T^2}{2R}$$

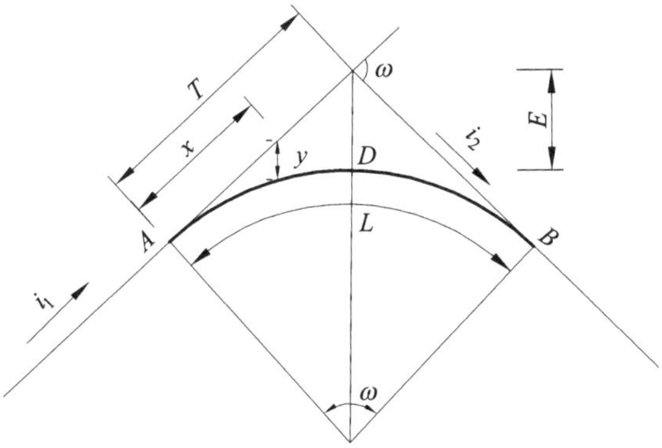

图 3.2.13　竖曲线要素计算图

切线上任意一点至竖曲线上的竖向距离为

$$y = \frac{x^2}{2R}$$

式中　R——竖曲线半径（m）；

x——竖曲线上任意点距起点或终点的水平距离（m）；

y——竖曲线上任意点距切线的纵距（m）。

2. 竖曲线的最小长度和半径

1）凸形竖曲线

汽车在凸形竖曲线上行驶时，由于竖曲线向上凸起，使驾驶员的视线受到影响，产生盲区，如图 3.2.14 所示，所以凸形竖曲线的最小长度和半径是按视距的要求进行计算的。

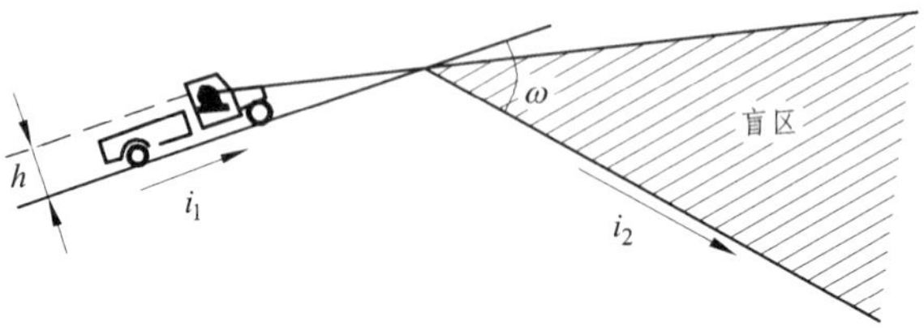

图 3.2.14　凸形竖曲线上的视线盲区

我国各级公路凸形竖曲线的最小长度和半径如表 3-12 所示。

2）凹形竖曲线

汽车在竖曲线上行驶，会受到径向离心力作用。在凸形竖曲线上，使汽车减少重力，可以不考虑；而在凹形竖曲线上，如果这个力达到某种程度，旅客会产生不舒适的感觉，对汽车的悬挂系统也有不利影响。所以凹形竖曲线的最小长度和半径主要根据离心力来进行计算。我国各级公路对凹形竖曲线的最小长度和半径都做了相关规定。

3. 竖曲线设计

竖曲线的设计一般按如下步骤进行：

（1）选定竖曲线半径。

（2）计算竖曲线要素。

（3）计算竖曲线起、终点桩号。

（4）计算竖曲线上各里程桩号的切线设计标高和相应的路基设计标高（即施工标高）。指定桩号的路基设计标高：

凸形竖曲线：路基设计标高=切线设计标高$-y$；

凹形竖曲线：路基设计标高=切线设计标高$+y$。

（三）纵断面设计成果

纵断面设计的最后成果，主要反映在路线纵断面图和路基设计表上。

1. 纵断面设计图

纵断面设计图是公路设计的主要文件之一，它反映路线中心线所经地面的起伏情况与设计标高之间的关系。把它与平面线形结合起来，就能反映出公路中心线在空间的位置。

纵断面图采用直角坐标，以横坐标表示水平距离，纵坐标表示垂直高程。为了明显地表明地形起伏，通常横坐标的比例尺采用 1∶2000，纵坐标的比例尺采用 1∶200，如图 3.2.15 所示。

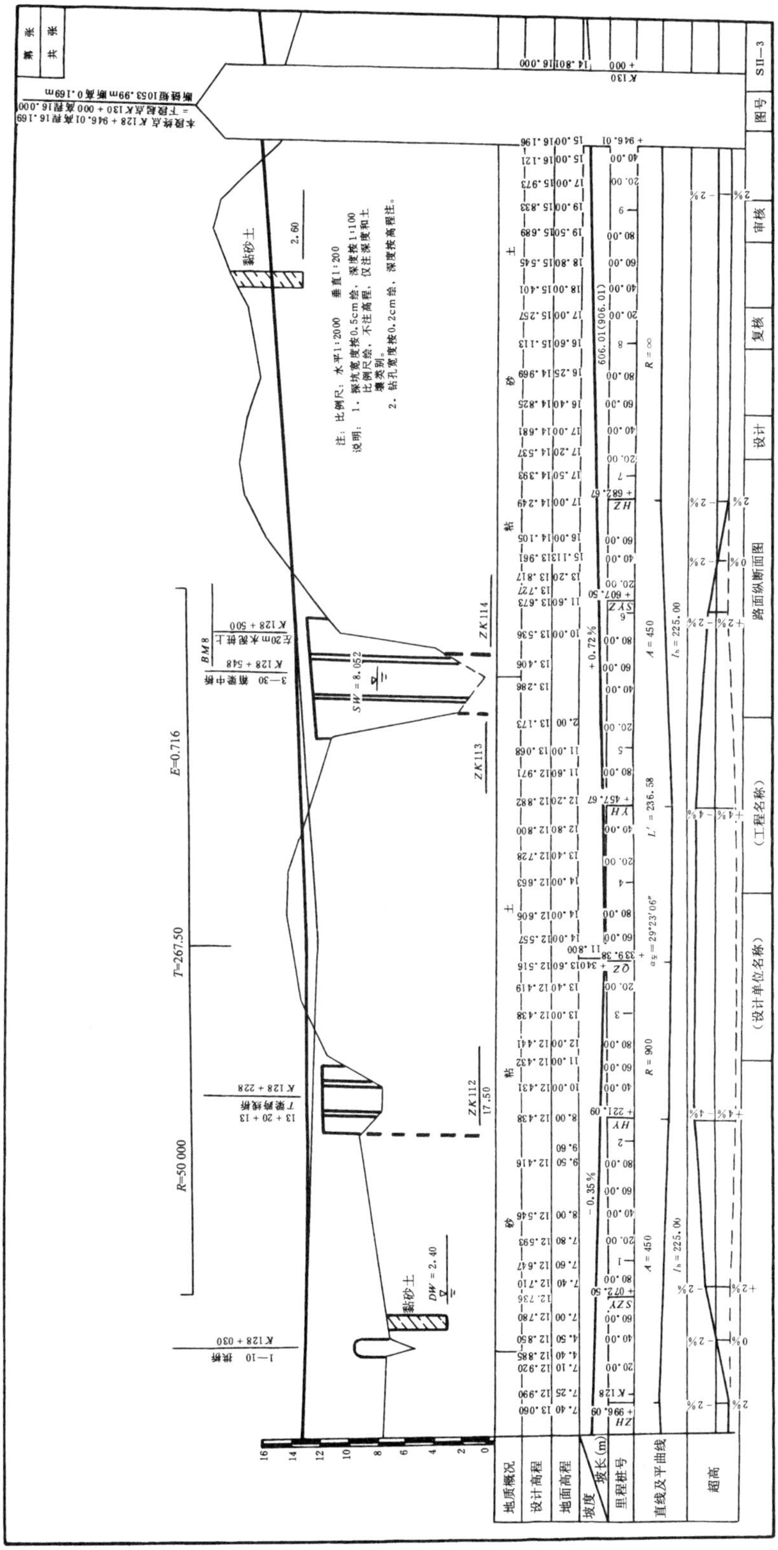

图 3.2.15　纵断面设计图

2. 路基设计表

路基设计表是公路设计文件的组成内容之一，它是平、纵、横等主要测设资料的综合。表中填列整桩、加桩及填挖高度、路基宽度（包括加宽）、超高值等有关资料，为路基横断面设计提供了基本数据，也是施工的依据之一。路基设计表可参照表 3.2.7 所示。

表 3.2.7　路基设计表

桩号	平曲线	变坡点高程桩号及纵坡坡度、坡长	竖曲线	地面标高	设计标高	填挖高度/m		路基宽/m		路边及中桩与设计高之高差/m			施工时中桩/m		边坡1：m		护坡道				边沟						坡脚坡口至中桩距离/m		备注
																	护坡道宽/m		坡度1：m		坡度/%		形状	底宽/m	沟深/m	内坡			
						填	挖	左	右	左	中桩	右	填	挖	左	右	左	右	左	右	左	右					左	右	
1	2	3	4	5	6	7	8	9	10	11	12	13	14	15	16	17	18	19	20	21	22	23	24	25	26	27	28	29	30

三、横断面

公路中线的法向剖面图称为公路横断面图，简称横断面。横断面一般都包括行车道、路肩、边坡、截水沟、护坡道以及专门设计的取土坑、弃土堆、环境保护等设施，高速公路还包括中间带、紧急停车带、变速车道等。各级公路的横断面组成如图 3.2.16 所示。

公路横断面

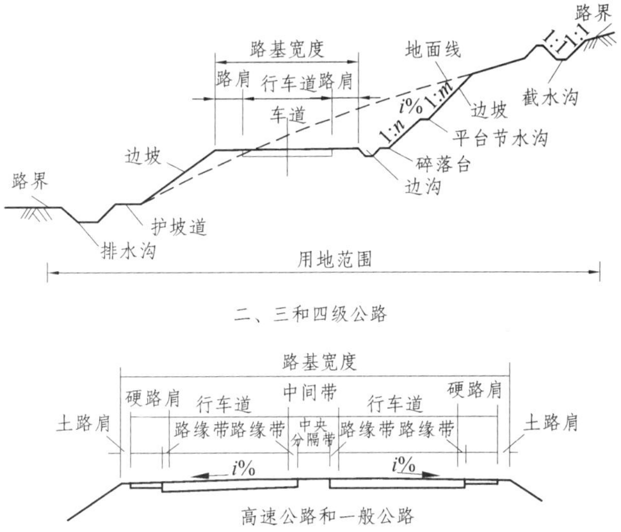

图 3.2.16　各级公路横断面组成

（一）公路横断面的组成

1. 标准横断面

路基标准横断面是交通部根据设计交通量、交通组成、设计车速、通行能力和满足交通安全的要求，按公路等级、横断面的类型、路线所处地形规定的路基横断面各组成部分横向尺寸的行业标准。各级公路的标准横断面如图 3.2.17 所示。

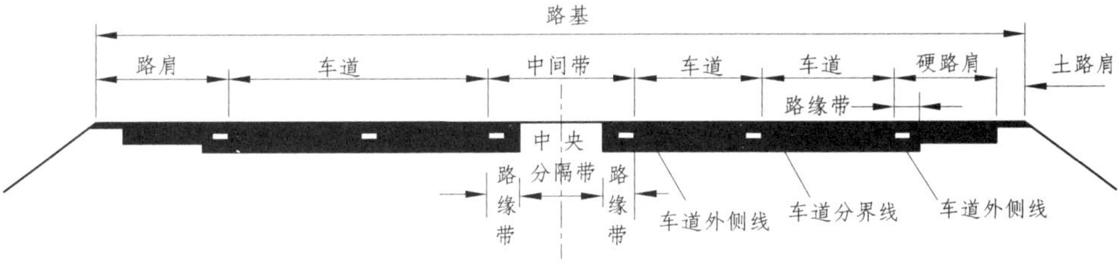

（a）高速公路、一级公路路基标准横断面

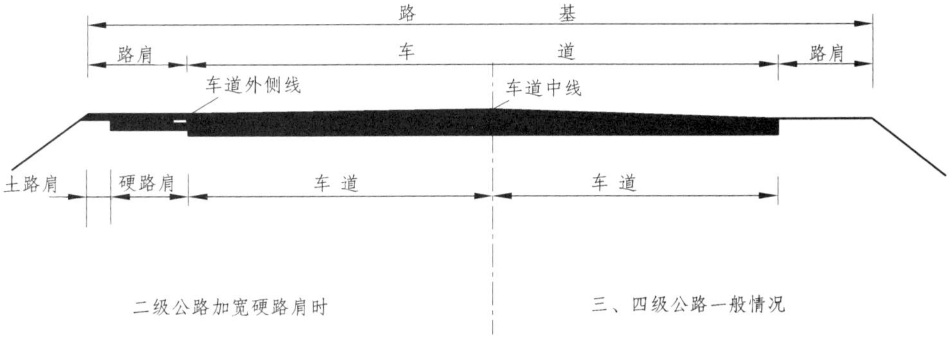

（b）二、三、四级公路路基标准横断面

图 3.2.17　各级公路标准横断面

图 3.2.17 中公路的路基宽度为行车道宽度与路肩宽度之和；当有中间带、紧急停车带、爬坡车道、变速车道、错车道等时，应包括在路基宽度内。我国《标准》规定的各级公路路基宽度如表 3.2.8 所示。

表 3.2.8 各级公路路基宽度

<table>
<tr><td colspan="2">公路等级</td><td colspan="10">高速公路、一级公路</td></tr>
<tr><td colspan="2">设计速度/（km/h）</td><td colspan="3">120</td><td colspan="3">100</td><td colspan="3">80</td><td>60</td></tr>
<tr><td colspan="2">车道数</td><td>8</td><td>6</td><td>4</td><td>8</td><td>6</td><td>4</td><td>6</td><td colspan="2">4</td><td>4</td></tr>
<tr><td rowspan="2">路基宽度/m</td><td>一般值</td><td>45.00</td><td>34.50</td><td>28.00</td><td>44.00</td><td>33.50</td><td>26.00</td><td>32.00</td><td colspan="2">24.50</td><td>23.00</td></tr>
<tr><td>变化值</td><td>42.00</td><td>—</td><td>26.00</td><td>41.00</td><td>—</td><td>24.50</td><td>—</td><td colspan="2">21.50</td><td>20.00</td></tr>
<tr><td colspan="2">公路等级</td><td colspan="10">二、三、四级公路</td></tr>
<tr><td colspan="2">设计速度/（km/h）</td><td colspan="2">80</td><td colspan="2">60</td><td colspan="2">40</td><td colspan="2">30</td><td colspan="2">20</td></tr>
<tr><td colspan="2">车道数</td><td colspan="2">2</td><td colspan="2">2</td><td colspan="2">2</td><td colspan="2">2</td><td colspan="2">2 或 1</td></tr>
<tr><td rowspan="2">路基宽度/m</td><td>一般值</td><td colspan="2">12.00</td><td colspan="2">10.00</td><td colspan="2">8.50</td><td colspan="2">7.50</td><td>6.50（双车道）</td><td>4.50（单车道）</td></tr>
<tr><td>变化值</td><td colspan="2">10.00</td><td colspan="2">8.50</td><td colspan="2">—</td><td colspan="2">—</td><td colspan="2">—</td></tr>
</table>

1）行车道宽度

行车道应根据车辆组成和交通量等因素来选定。我国《标准》规定了各级公路一条车道的宽度，如表 3.2.9 所示。

表 3.2.9 行车道宽度

设计速度/（km/h）	120	100	80	60	40	30	20
一条车道宽度/m	3.75	3.75	3.75	3.50	3.50	3.25	3.00（单车道时为 3.50）

2）路肩

路肩位于行车道外缘至路基边缘之间，其主要作用是保护行车道和临时停车。高速公路和一级公路的路肩包括硬路肩和土路肩两部分；二、三、四级公路的路肩一般只设土路肩。各级公路路肩宽度如表 3.2.10 所示。

表 3.2.10 路肩宽度

<table>
<tr><td colspan="2">公路等级</td><td colspan="4">高速公路、一级公路</td><td colspan="5">二级公路、三级公路、四级公路</td></tr>
<tr><td colspan="2">设计速度/（km/h）</td><td>120</td><td>100</td><td>80</td><td>60</td><td>80</td><td>60</td><td>40</td><td>30</td><td>20</td></tr>
<tr><td rowspan="2">右侧硬路肩宽度/m</td><td>一般值</td><td>3.00 或 3.50</td><td>3.00</td><td>2.50</td><td>2.50</td><td>1.50</td><td>0.75</td><td rowspan="2">—</td><td rowspan="2">—</td><td rowspan="2">—</td></tr>
<tr><td>极限值</td><td>3.00</td><td>2.50</td><td>1.50</td><td>1.50</td><td>0.75</td><td>0.25</td></tr>
<tr><td rowspan="2">土路肩宽度/m</td><td>一般值</td><td>0.75</td><td>0.75</td><td>0.75</td><td>0.50</td><td>0.75</td><td>0.75</td><td rowspan="2">0.75</td><td rowspan="2">0.50</td><td rowspan="2">0.25（双车道）
0.50（单车道）</td></tr>
<tr><td>极限值</td><td>0.75</td><td>0.75</td><td>0.75</td><td>0.50</td><td>0.50</td><td>0.50</td></tr>
</table>

3）中间带

中间带是用来分隔往返交通流的，以此可保证车速、减少事故、提高通行能力，也可作为设置路上设施和标志的场地。高速公路和一级公路应设置中间带。中间带由中央分隔带和两条左侧路缘带组成，路缘带应起到诱导驾驶员视线的作用。各国有宽、窄中间带之分，一般不应低于 3 m。中间带不一定等宽，也不一定等高，应与地形、景观相配合。中央分隔带不应从头到尾是封闭的，而应每隔 2 km 设置一个开口，以便于车辆在必要时到反向车道行驶。中央分隔带的端部有弹头形和半圆形，如图 3.2.18 所示。中央分隔带的形式有下凹形、上凸形和齐平形 3 种，如图 3.2.19 所示。

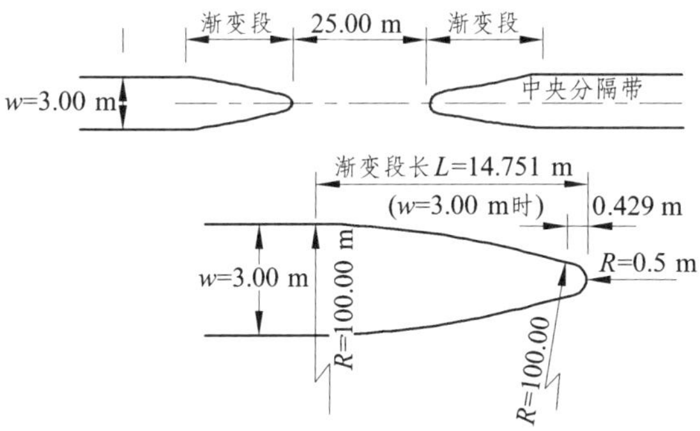

图 3.2.18　中央分隔带开口图（弹头形）

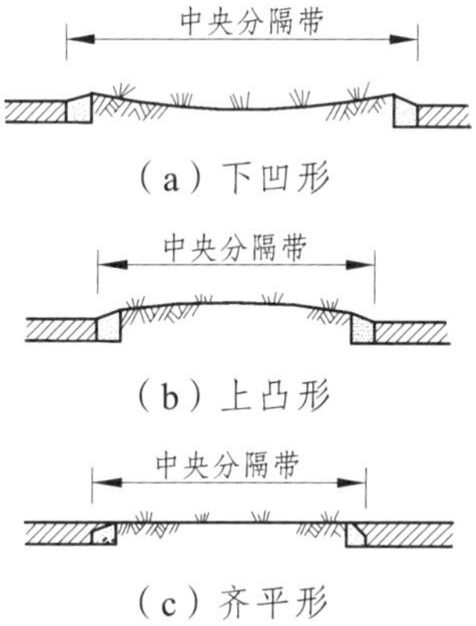

图 3.2.19　中央分隔带的形式

4）变速车道

变速车道是指当车辆从快速车道进入慢速车道或从慢速车道进入快速车道时，应设置的速度过渡段。高速公路和一级公路的互通式立体交叉、服务区、公共汽车停靠站等与主线连接处，均应设置变速车道。其宽度一般为 3.5 m，如图 3.2.20 所示。

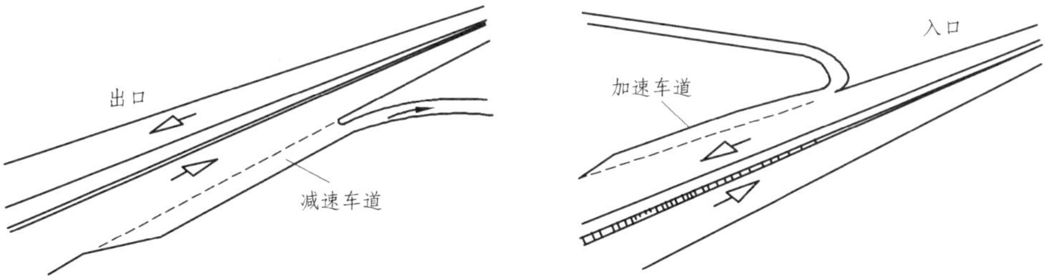

图 3.2.20　变速车道

5）紧急停车带

高速公路和一级公路，当右侧路肩宽度小于 2.25 m 时，应设置紧急停车带。其设置间距：平原微丘区为 300 m 左右；山岭重丘区为 500 m 左右。其宽度包括硬路肩在内为 3 m，有效长度应不小于 30 m。紧急停车带原则上在往返方向的右侧对称设置。

6）错车道

四级公路路基采用 4.5 m 时，路面只能做成单车道，为解决双向行车的错车问题，应在每隔不足 300 m 的距离内选择有利地点设置错车道。错车道处的路基宽度应≥6.5 m，有效长度≥20 m，如图 3.2.21 所示。

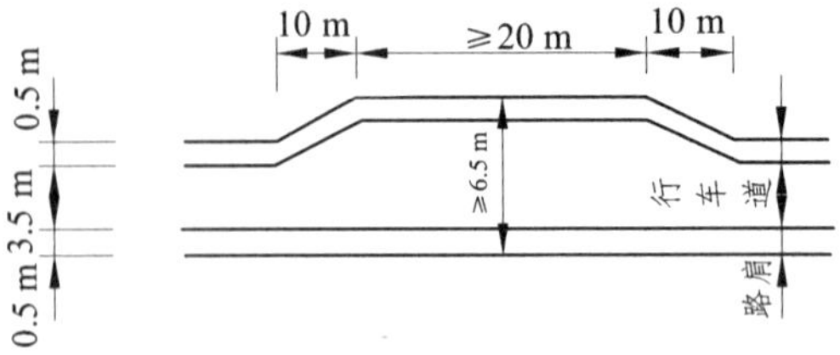

图 3.2.21　错车道

2. 典型横断面

经常采用的横断面称为典型横断面，如图 3.2.22 所示。为设计计算简便，通常用左右侧路肩边缘的连线来代替路面和路拱。这样，在一般情况下，路基顶面为一水平线；有超高时，顶面则为超高横坡的坡线；加宽时，顶面则按规定予以加宽。

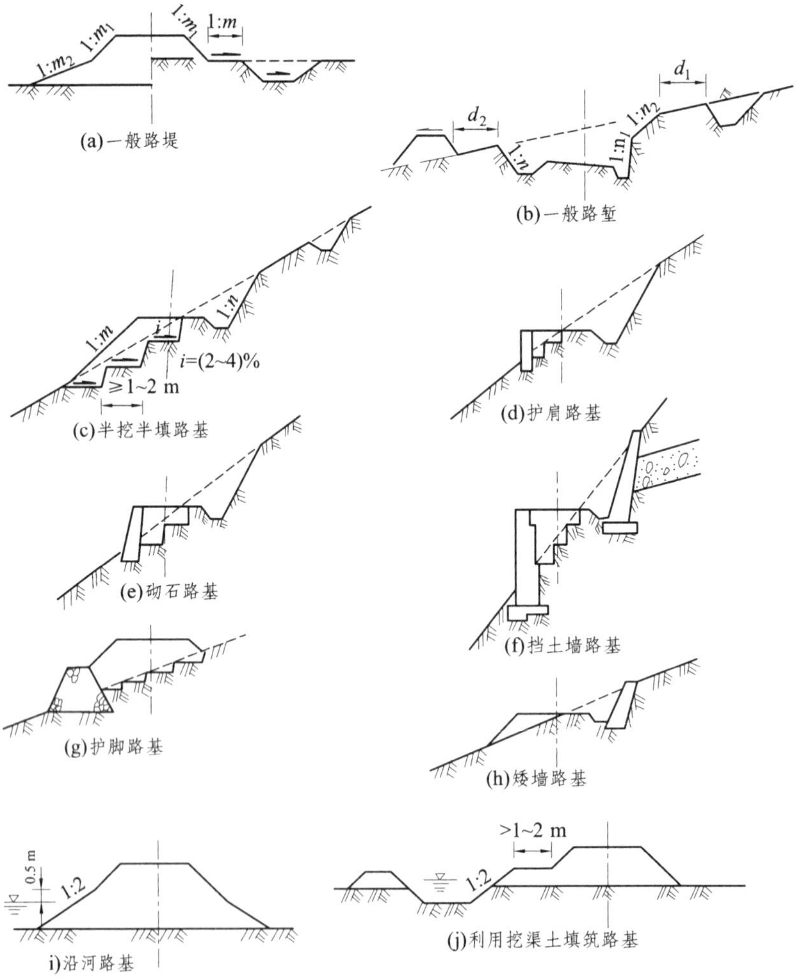

图 3.2.22　公路典型横断面

3. 路基的附属设施

为了保证路基稳定和行车安全，根据实际需要应设置取土坑、弃土堆、护坡道、碎落台、堆料坪等路基附属设施，这些都是路基主体工程不可缺少的部分。

1）取土坑和弃土堆

公路土石方数量在调配过程中或公路养护中，不可避免地会在公路沿线附近借土或弃土。借土后留下的整齐土坑称为取土坑，如图 3.2.23 所示。将开挖路基所废弃的土按一定的规则形状堆放于公路沿线一定距离内称为弃土堆，如图 3.2.24 所示。

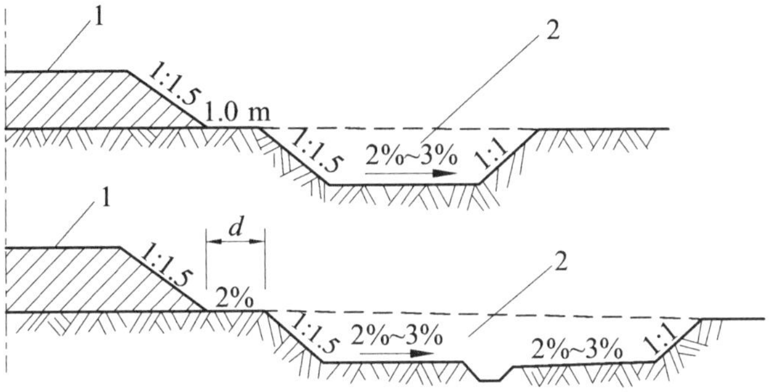

1—路堤；2—取土坑。

图 3.2.23　取土坑示意

2）护坡道

当路堤较高时，为保证边坡稳定，在取土坑与坡脚之间或边坡坡面上，沿纵向保留或筑成有一定宽度的平台称为护坡道，如图 3.2.24 中的 *d* 所示。

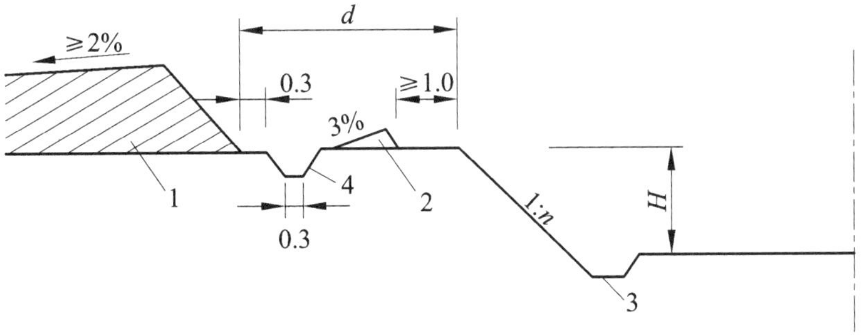

1—弃土堆；2—三角平台；3—边沟；4—截水沟；*d*—弃土堆内侧坡脚与路堑坡顶的距离；*H*—路堑边坡高度。

图 3.2.24　弃土堆和护坡道示意

3）碎落台

设在路堑边坡坡脚与边沟外侧边缘之间（有时也设在边坡中部）的平台，称为碎落台，如图 3.2.25 所示。其作用是防止土石碎落物落入边沟。

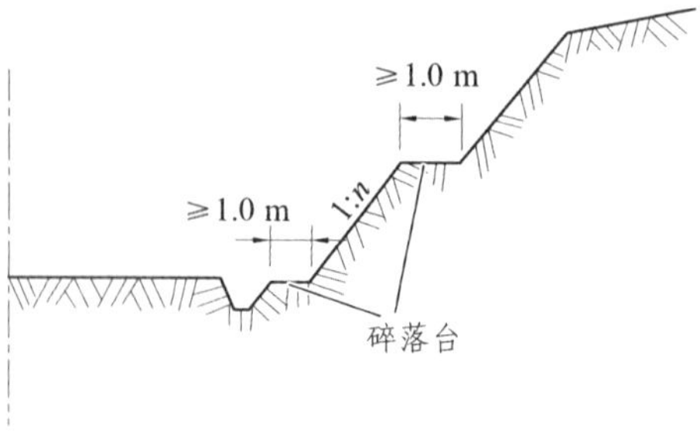

图 3.2.25　碎落台示意

（二）路基边坡

路基边坡即路肩的外边缘与坡脚（路堑则为边沟外侧沟底与坡顶）所构成的坡面。是支撑路基主体的重要组成部分。路基边坡的坡度习惯上用边坡的高度与宽度的比值来表示，如 1∶0.5、1∶1、1∶1.5 等。

路堤边坡形式和坡率应根据填料的物理力学性质、边坡高度和工程地质条件确定。当地质条件良好，边坡高度不大于 20 m 时，其边坡坡率不宜陡于表 3.2.11 的规定值。

表 3.2.11　路堤边坡坡度

填料类别	边坡坡率	
	上部高度（$H \leqslant 8$ m）	下部高度（$H \leqslant 12$ m）
细粒土	1∶1.5	1∶1.75
粗粒土	1∶1.5	1∶1.75
巨粒土	1∶1.3	1∶1.5

（三）横断面设计方法

横断面设计俗称“戴帽子”或“戴帽”，即在横断面测量所得的各桩号的横断面图上按纵断面设计所确定的填挖高度和平面设计所确定的路基宽度、超高、加宽值，结合当地的地形、地质等自然条件，参照典型路基横断面图式，逐桩号绘出路基横断面图。

横断面图的比例尺通常采用 1∶200，当有特殊情况时可采用 1∶100。

一般横断面图的绘制步骤如下：

（1）根据横断面地面线测量资料记录表（见表 3.2.12），绘制地面横断面图。

表 3.2.12　横断面记录表

左侧	桩号	右侧
$\frac{0.8}{2.5}$ $\frac{-0.5}{2.0}$ $\frac{-1.0}{3.0}$ $\frac{-0.8}{2.5}$	K1+100	$\frac{0.6}{2.5}$ $\frac{0.8}{2.0}$ $\frac{1.2}{2.5}$ $\frac{-0.7}{3.0}$
…	K1+115	…

记录一般均自中桩分别向左、右两侧由近及远逐点按分数形式记录，其中分子表示相邻点间高差，“+”为升高，“-”为降低，分母表示相邻点间的水平距离。

（2）根据纵断面设计、平面设计或路基设计表，在地面横断面图上，逐桩号标注填（T）挖（W）高度、路基宽度、超高的数值。

（3）按上述资料逐桩号绘出横断面如图 3.2.26 所示。

① 直线段。

路堤：在中桩点上按填土高度作水平线，在其上截取路基宽度得左、右两侧路基的边缘点，再按边坡坡度绘出边坡线，与地面线相交得坡脚点。

路堑：按挖方高度及路基宽度得路基边缘点后，在路基边缘点外绘出边沟断面，在边沟沟底的外侧边缘点作边坡线，与地面线相交得坡顶点。

半填半挖：分别按路堤和路堑的方法得填挖部分的坡脚点或坡顶点。

② 圆曲线段。

无超高、加宽时：与直线段相同。

无超高、有加宽时：在加宽一侧按所需加宽值求得该侧路基边缘点，其他与直线段相同。

有超高、无加宽时：以超高前路基顶面水平线为准，按路基左、中、右的超高值绘出路基顶面横坡线及两侧路基边缘点，再绘出路基坡脚点。

有超高、有加宽时：按所需超高、加宽值，采用与上相同方法绘出。

③ 缓和曲线段。

按各桩号断面所需的超高和加宽值，采用上述圆曲线段设计方法绘出。

其他如护坡道、边沟、截水沟、挡土墙等路基组成部分按尺寸分别绘出。

（4）分别计算各桩号断面的填方面积（A_T）和挖方面积（A_W）并标注于图上。

（四）横断面设计成果

横断面设计成果主要有横断面设计图、路基土石方数量计算与调配表。

1. 横断面设计图

横断面设计图的比例通常采用 1∶200。在图纸上绘制横断面设计图时，必须从图纸的左下方开始，按顺序逐个桩号向图纸上方排列，换列时仍然由下向上排列，直至图纸的右上方为本页的最后一个桩号的横断面设计图。每页图纸的右上角应规范地标有横断面图纸的总页数和本页图纸的编码数，如图 3.2.26 所示。

2. 路基土石方数量计算与调配表

路基土石方数量计算和土石方调配直接影响到工程投资，务须正确计算和周密调配。

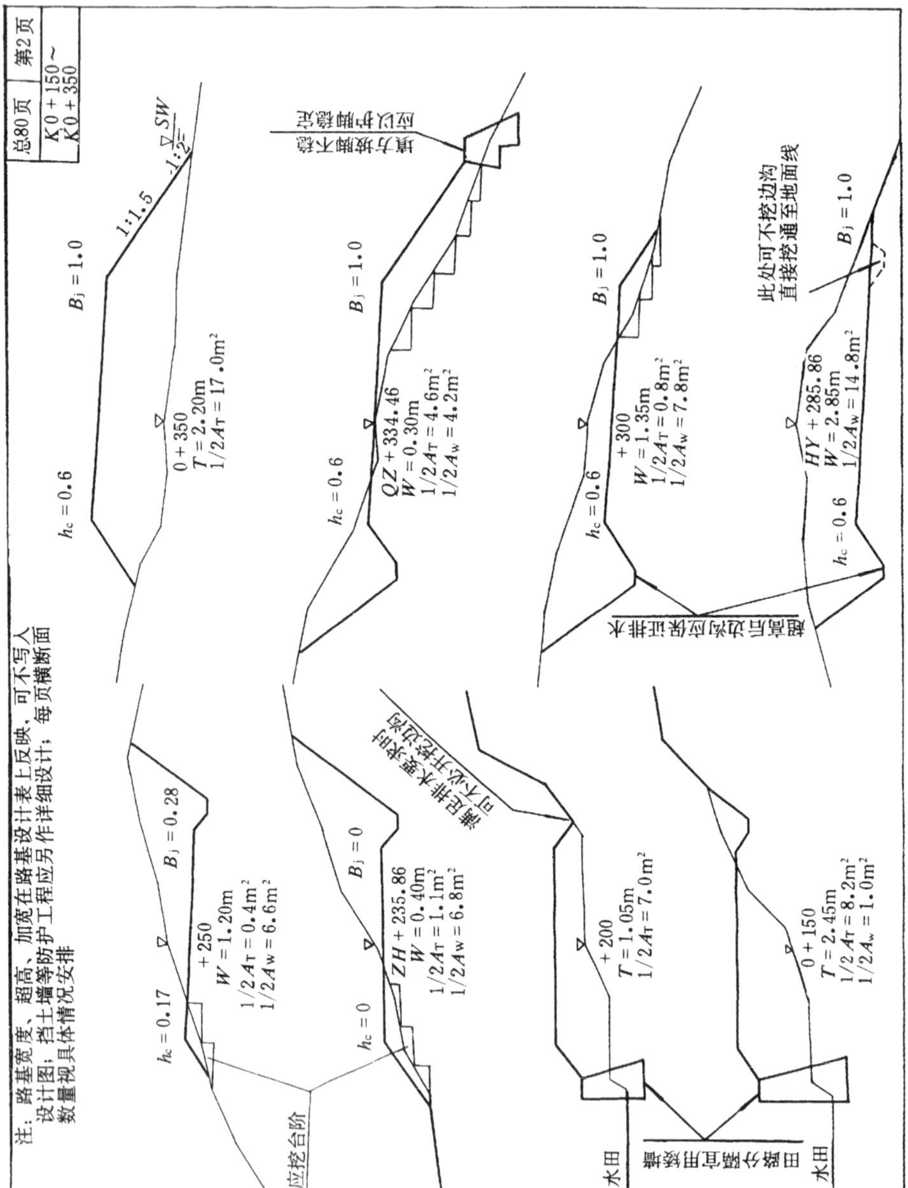

图 3.2.26 横断面设计图

四、平曲线加宽

公路横断面加宽

（一）加宽的原因

《标准》规定：当公路圆曲线半径 $R\leqslant 250$ m 时，应在圆曲线内侧设置加宽，如图 3.2.27 所示。双车道路面的全加宽值如表 3.2.13 所示。

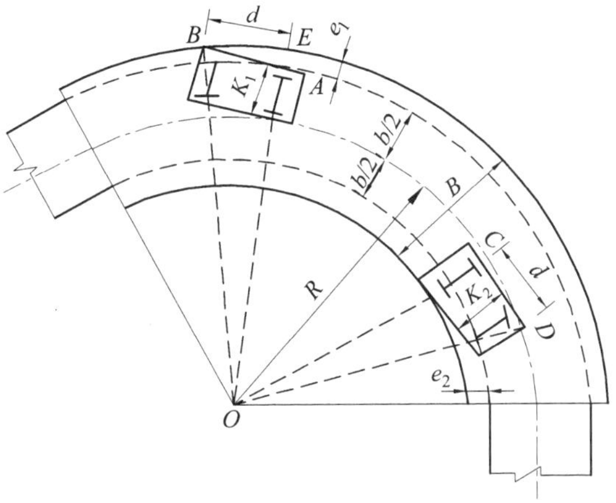

b/2——一个车道宽；B—加宽后的路面宽。

图 3.2.27　圆曲线上的加宽

表 3.2.13　圆曲线部分全加宽值

加宽类别	汽车轴距加前悬/m	圆曲线半径/m								
		250 ~ 200	< 200 ~ 150	< 150 ~ 100	< 100 ~ 70	< 70 ~ 50	< 50 ~ 30	< 30 ~ 25	< 25 ~ 20	< 20 ~ 15
1	5	0.4	0.6	0.8	1.0	1.2	1.4	1.8	2.2	2.5
2	8	0.6	0.7	0.9	1.2	1.5	2.0	—	—	—
3	5.2 + 8.8	0.8	1.0	1.5	2.0	2.5	—	—	—	—

注：1. 3 条以上（含 3 条）车道构成的行车道，其路面加宽应另行计算。单车道公路的路面全加宽为表所列值的一半。

2. 加宽分为 3 类，各级汽车专用公路、二级公路和三级公路平原微丘区应采用第 3 类加宽值；对不经常通行集装箱运输半挂车的公路，可采用第 2 类加宽；四级公路和山岭重丘区的三级公路可采用第 1 类加宽。

（二）加宽缓和段

一般在平曲线的圆曲线部分是全加宽段，而直线段的加宽值为零，所以在直线和圆曲线间应插入一段缓和段用于加宽的过渡，称为加宽缓和段。在加宽缓和段内，加宽是逐渐变化的，其过渡方式有以下几种：

1. 按直线比例逐渐加宽

该加宽方式适用于二、三、四级公路，有外接法和内切法两种，如图 3.2.28 所示。

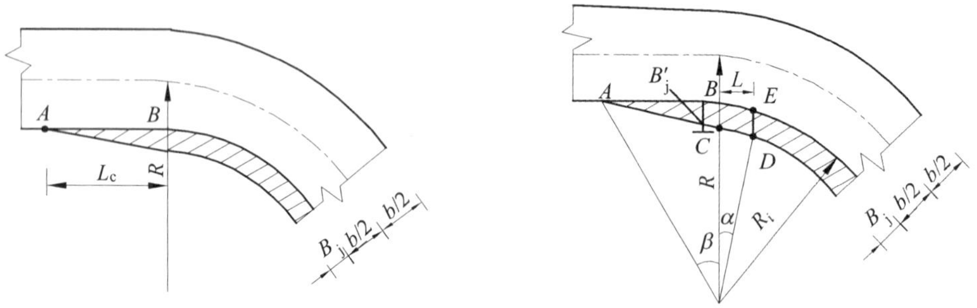

（a）外接法加宽　　（b）内切法加宽

图 3.2.28　二、三、四级公路的加宽方式

2. 按高次抛物线方法过渡

这种加宽方式加宽后的边缘线圆滑、舒顺，所以，高速公路和一级公路一般都采用此种加宽方式，如图 3.2.29（a）所示。

3. 可插入回旋线过渡

在城郊路段、桥梁、高架桥、挡土墙、隧道等构造物处及设置各种安全防护设施的地段，可插入回旋线过渡，如图 3.2.29（b）所示。

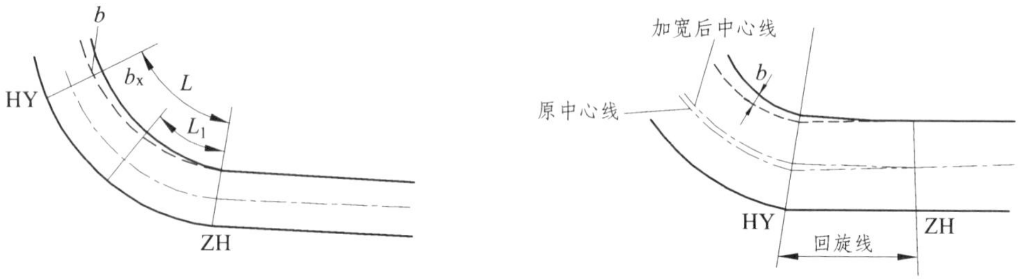

（a）高次抛物线加宽形式　　（b）回旋线加宽形式

图 3.2.29　加宽形式

五、平曲线超高

公路横断面超高

（一）超高的概念

在曲线上行驶的汽车，由于受到离心力的作用，影响行车的横向稳定，为了使汽车能够在曲线上不减速，应有一个朝向平曲线内侧的自重分力，以抵消部分离心力，使乘客在曲线上没有不舒适的感觉，就需要把该部分的路面作成向曲线内侧倾斜的单向坡面，这就是平曲线的超高，如图 3.2.30 所示。

超高的位置应设置在全部圆曲线范围内（也称之为全超高）。从直线上的双向路拱横坡过渡到圆曲线上具有超高横坡度的单向横坡断面，需有一个渐变的过渡段，如图 3.2.30 中所示的 L_c，称为超高缓和段。

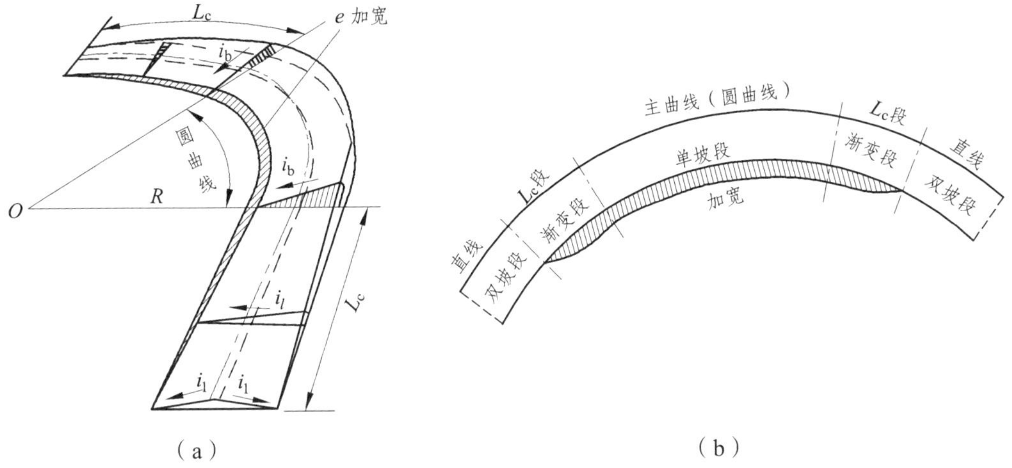

图 3.2.30　平曲线上的超高、加宽示意

（二）超高横坡度

超高的大小一般用超高横坡度 i_b 来表示，i_b 太小，会影响到乘客的舒适性，i_b 太大，车辆操纵又比较困难，所以《标准》规定了各级公路的最大全超高横坡度，一般地区为 10%，积雪冰冻地区为 6%。另外《标准》还规定了不同半径下的超高值。

（三）超高缓和段的形式

超高缓和段上超高的过程其实就是公路路面随前进方向在逐渐旋转的过程。按其超高旋转轴在公路横断面上的位置可分为两种情况（无中央分隔带和有中央分隔带）共 6 种形式，如图 3.2.31 所示。

1. 无中央分隔带公路的超高方式

（1）绕路面未加宽前的内侧边缘旋转，简称内边轴旋转。一般新建公路多采用此方式，如图 3.2.31（a）所示。

（2）绕路面中心线旋转，简称中轴旋转。一般改建公路多采用此方式，如图 3.2.31（b）所示。

（3）绕路面外侧边缘旋转，简称外边轴旋转。此种方式仅在高路堤或特殊设计中采用，以节省工程量，如图 3.2.31（c）所示。

2. 有中央分隔带公路的超高方式

（1）绕分隔带两侧边缘旋转，一般采用较多，如图 3.2.31（d）所示。

（2）绕分隔带的中心线旋转，一般采用较少，只有行车道窄时才采用，如图 3.2.31（e）所示。

（3）绕分隔带两侧路面中心旋转，一般多用于单方向大于4车道的公路，如图3.2.31（f）所示。

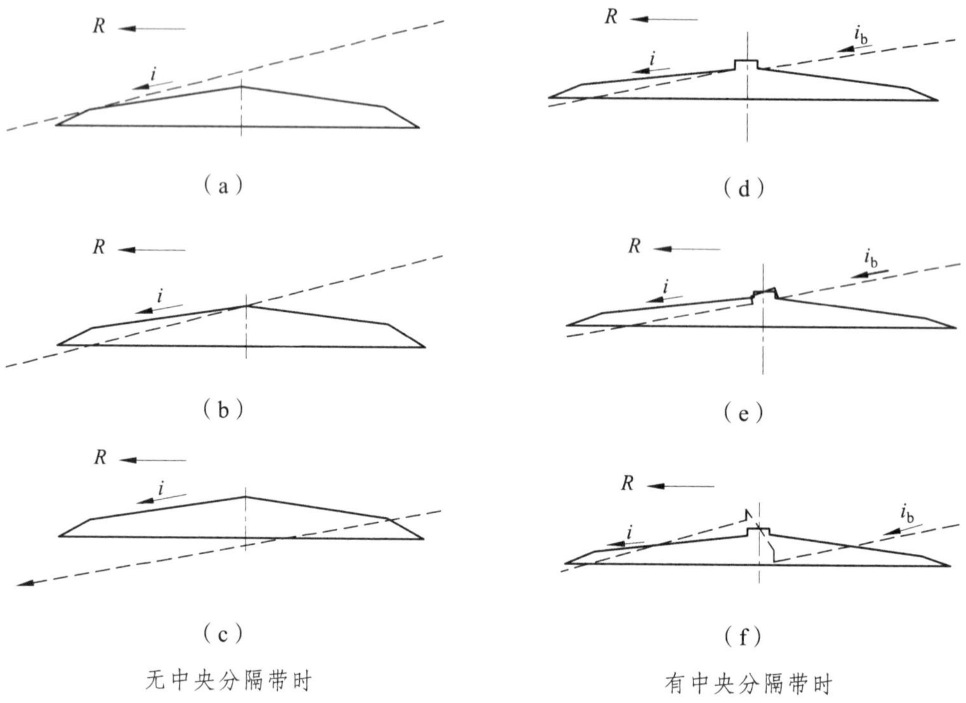

图3.2.31　超高缓和段的形式

六、公路交叉

公路与公路、公路与铁路及公路与其他道路或管线相交的形式称为交叉，相交的地方称为交叉口。相交公路在同一平面上的交叉称为平面交叉；相交公路分别在不同平面上的交叉称为立体交叉。

（一）公路与公路平面交叉

1. 平面交叉口的基本类型和特点

平面交叉的类型按几何形状可分为“十”字形、“T”字形及其演变而来的X形、Y形、错位、多路交叉等。

（1）十字形交叉：相交公路夹角为90°±15°范围内的四路交叉，如图3.2.32（a）所示。

（2）X形交叉：相交公路交角小于75°或大于105°范围内的四路交叉，如图3.2.32（b）所示。

（3）T形交叉：相交公路交角为90°或在90°±15°范围的三路交叉，如图3.2.32（c）所示。

（4）Y形交叉：夹角小于75°或大于105°范围内的三路交叉，如图3.2.32（d）所示。

（5）错位交叉：由两个方向相反距离相近的 T 形交叉所组成的交叉口，如图 3.2.32（e）所示；若由两个 Y 形交叉所组成的则为斜交错位交叉，如图 3.2.32（f）所示。

（6）环形交叉：在交叉口中央设置较大的圆形或其他形状的中央岛，所有车辆绕岛作逆时针行驶直至离岛驶去，如图 3.2.32（g）所示。

（7）复合交叉：指 5 条及以上的公路交汇的地方，交叉口中心较突出，但交通组织不便，且占地较大，必须慎重全面地考虑，如图 3.2.32（h）所示。

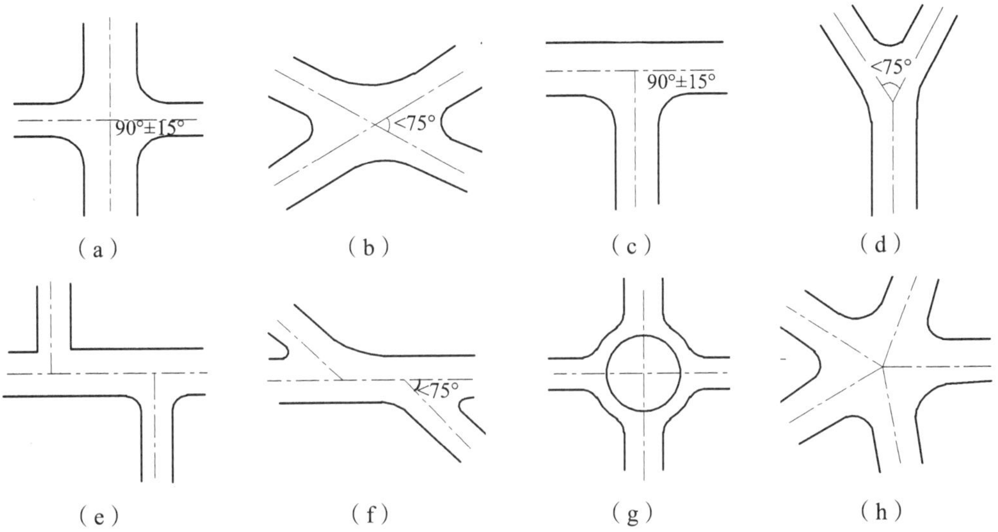

图 3.2.32　平面交叉的形式

2. 平面交叉口的视距保证

为了保证交叉口的行车安全，司机在进入交叉口前的一段距离内，必须能看清楚相交公路上车辆的行驶情况，以便能顺利驶过交叉口或及时采取相应措施，避免相撞。这段必要的距离必须大于或等于停车视距 S_T。

由两条相交公路的 S_T 作为边长，在交叉口处所组成的三角形称为视距三角形，如图 3.2.33 中阴影部分所示。在视距三角形内不得有妨碍司机视线的障碍物存在。

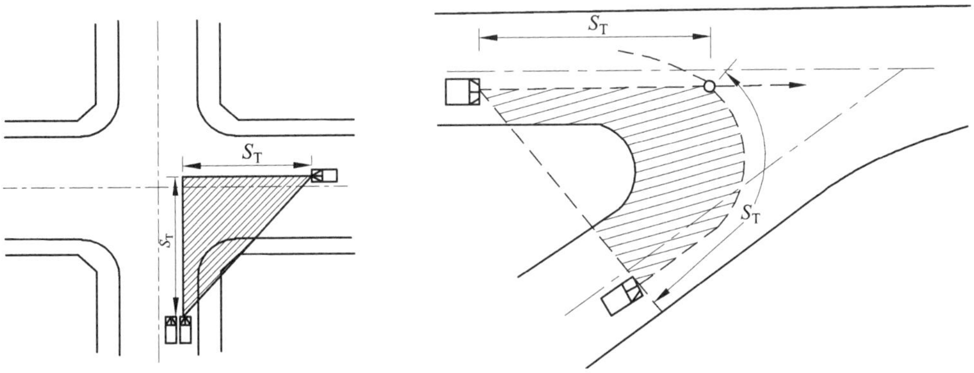

（a）十字形交叉口的视距三角形　　（b）Y 字形交叉口的视距三角形

图 3.2.33　交叉口的视距三角形

3. 交叉口立面（竖向）设计

交叉口立面设计的目的是通过调整交叉口范围的行车道、人行道及附近地面等有关各点的设计高程，合理确定各相交公路之间及交叉口和周围建筑物之间共同面的形状，以符合行车舒适、排水迅速和建筑艺术三方面的要求。通常，竖向设计图中用等高线来表示交叉口各部位的设计高程和排水方向。如图 3.2.34 所示为十字形交叉口的 6 种基本形式。

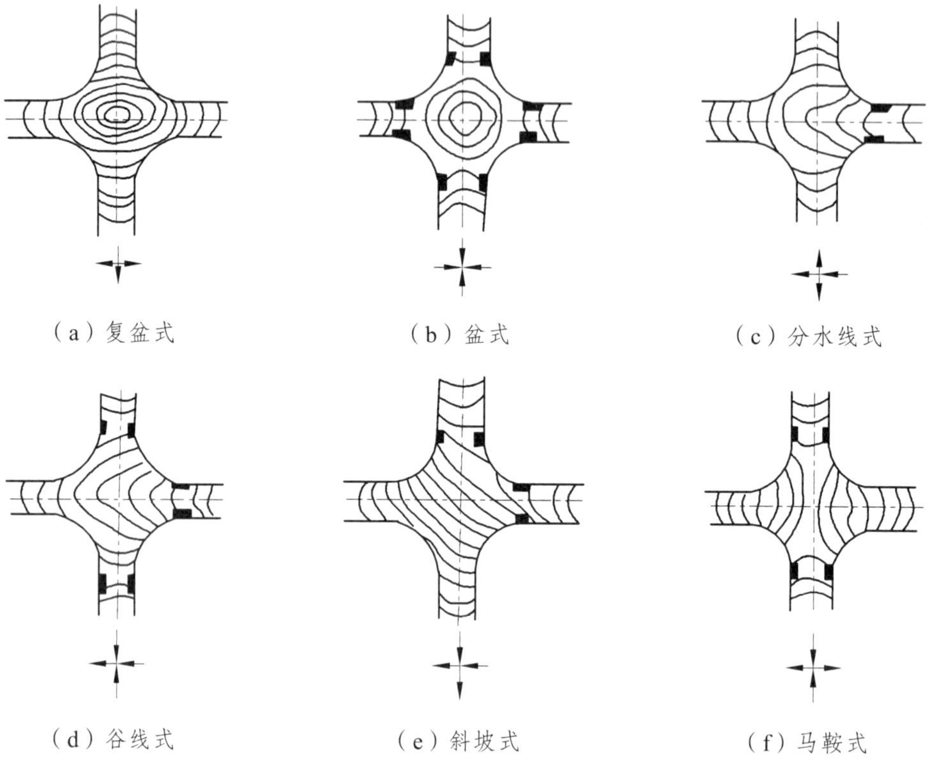

图 3.2.34　平面交叉口的立面基本形式

（二）公路与公路立体交叉

1. 立体交叉的基本组成

立体交叉通常由跨线构造物、主线、匝道、出入口、变速车道（加速、减速车道）等部分组成，如图 3.2.35 所示。

（1）跨线构造物：是立体交叉实现车流空间分离的主体构造物，包括设于地面以上的跨线桥（上跨式）以及设于地面以下的地道（下穿式）。

（2）主线：它是组成立体交叉的主体，指两条相交公路的直行车道，主要包括连接跨线构造物两端到地坪高程的引道和交叉范围内引道以外的直行路段。

（3）匝道：它是立交的重要组成部分，是指供上、下相交公路转弯车辆行驶的连接道，有时包括匝道与主线以及匝道与匝道之间的跨线桥（或地道），按作用有右转匝道和左转匝道之分。

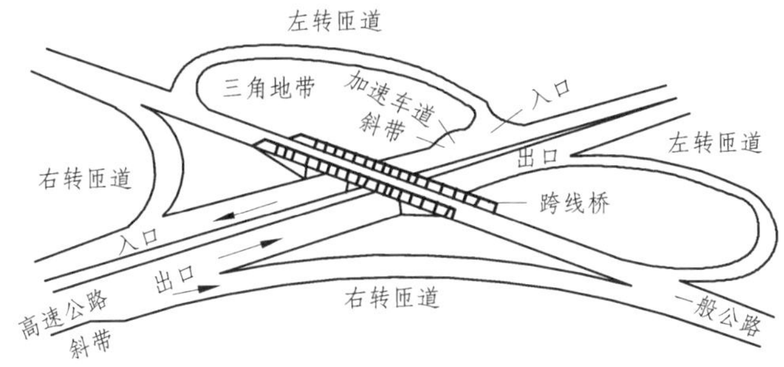

图 3.2.35　立体交叉的组成

（4）出入口：由主线驶出进入匝道的路口为出口；由匝道驶入主线的路口为入口。

（5）变速车道：由于匝道采用比主线低的车速，因此进出主线都要改变车速。为车辆进出变速而设的附加车道，称为变速车道，入口处为加速车道，出口处为减速车道。

（6）斜带及三角形地带：变速车道与主线衔接的三角形渐变段称为斜带。匝道与主线间、或匝道与匝道间所围成的地区统称为三角形地带。三角形地带是交叉口绿化、美化环境、照明等的用地。

2. 立体交叉的类型

1）按结构物形式分类

立体交叉按相交公路结构物形式划分为上跨式和下穿式两类。

（1）上跨式。

上跨式是指用跨线桥从相交公路上方跨过的交叉形式，如图 3.2.36 所示。这种立交施工方便，造价较低，排水易处理，但占地大，引道较长，高架桥影响视线和市容，宜用于市区以外或周围有高大建筑物处。

（2）下穿式。

下穿式是指用地道（或隧道）从相交公路下方穿过的交叉形式，如图 3.2.37 所示。这种立交占地较少，立面易处理，对视线和市容影响小，但施工期较长，造价较高，排水困难，多用于市区。

图 3.2.36　上跨式立交

图 3.2.37　下穿式立交

2）按交通功能分类

按交通功能立交可划分为分离式立交和互通式立交两类。

（1）公离式立体交叉。

分离式立体交叉是指采用上跨或下穿方式相交的立体交叉。车辆只能直行通过交叉口，不能互相转道。这种立交不多占地，构造简单，设计的重点应考虑路线的上下位置。

（2）互通式立体交叉。

互通式立体交叉不仅设跨线构造物使相交公路空间分离，而且上、下公路之间有匝道连接，以供转弯车辆行驶的交叉形式。这种立交构造较复杂，占地亦多，但车辆可安全转道、连续行驶。互通式立交适用于高速公路与其他各类公路、大中城市出入口公路以及重要港口、机场或游览胜地的公路相交处。

互通式立交根据交叉处车流轨迹线的交错方式和几何形状的不同，又可分为部分互通式、完全互通式和环形立交 3 种类型。

① 部分互通式立交：相交公路的车流轨迹线之间至少有一个平面冲突点的交叉。这是一种低级的互通式立体交叉，代表形式有菱形立交（见图 3.2.38）和部分苜蓿叶式立交（见图 3.2.39）。其特点是形式简单，仅需一座跨线的构造物，用地和工程费用小，但次线与匝道连接处为平面交叉，影响了通行能力和行车安全。

图 3.2.38　菱形立交

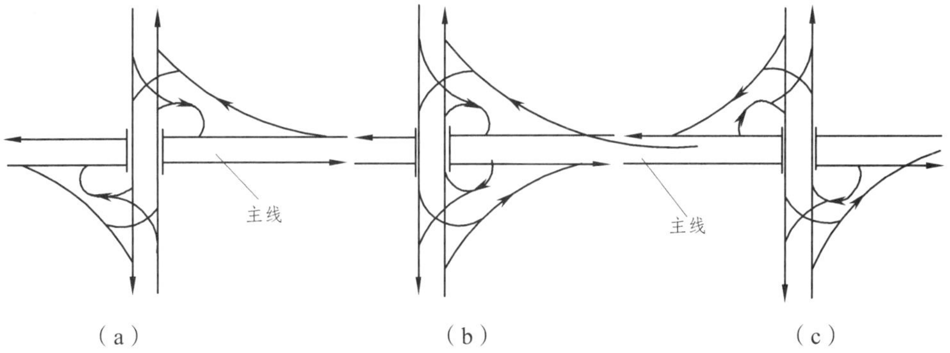

图 3.2.39 部分苜蓿叶式立交

② 完全互通式立交：相交公路的车流轨迹线全部在空间分离的交叉。它是一种比较完善的高级形式立交，代表形式有喇叭形立交（见图 3.2.40）、苜蓿叶形立交（见图 3.2.41）等。其特点是匝道数与转弯方向数相等，各转向都有专用匝道，无冲突点，行车安全，通行能力大，但立交占地面积大、造价高。完全互通式立交适用于高速公路之间及高等级公路与其他较高等级公路相交。

图 3.2.40 喇叭形立交

图 3.2.41 苜蓿叶形立交

③ 环形立交：相交公路的车流轨迹线因匝道数不足而共同使用，且有交织路段的交叉，如图 3.2.42 所示。其特点是保证主要公路直通，交通组织方便，占地少且无冲突点，但通行能力受到环道交织能力的限制。车速也受到环岛半径的限制，绕行距离长，构造物多。适用于较高等级公路与次高等级公路之间的交叉，以用于 5 条以上公路相交为宜。布设时应让主线直通，中心岛可采用圆形、椭圆形或其他形状。

图 3.2.42　环形立交

（三）公路与其他路线交叉

1. 公路与铁路相交叉

高速公路、一级公路与铁路交叉时必须采用立体交叉，其他各级公路与铁路交叉时应尽可能采用立交。公路与铁路立体交叉时，桥下净空应满足有关要求；公路与铁路平面交叉时交叉角宜为正交，必须斜交时交叉角应大于 45°。

2. 公路与乡村道路相交叉

高速公路、一级公路与乡村道路交叉时必须采用立体交叉，其他各级公路与乡村道路交叉时可采用平面交叉。公路与乡村道路立体交叉时，桥下净空应满足有关要求。

3. 公路与管线等相交叉

各种管线和管道均不得侵入公路建筑限界。架空管线和管道与公路交叉时宜为正交，其距离路面的最小垂直距离应满足有关规定；埋入地下的管线和管道其埋置深度应满足有关规定。

阅读拓展

中国高速公路编号解读

任务三　公路路基

【学习任务】

（1）掌握路基土的分类及工程性质；
（2）掌握路基挡土墙类型；
（3）掌握路堤填料的选择和压实效果的检测。

路基是公路的主体和路面的基础，没有坚固稳定的路基，就没有稳固的路面。路基横断面形式及尺寸应符合《标准》的有关规定和要求，同时路基应满足足够的整体稳定性、强度和水温稳定性。

一、路基土的分类及工程性质

（一）路基土的分类

我国公路用土依据土的颗粒组成特征，土的塑性指标和土中有机质存在情况进行分类。首先，按有机质含量多少，划分成有机土和无机土两大类；其次，将无机土按粒组含量由粗到细划分为巨粒土、粗粒土和细粒土三类；最后，若为巨粒土和粗粒土，则按其细粒土含量和级配情况进一步细分，若为细粒土，则按其塑性指数（I_P）和液限（W_L）在塑性图上的位置进一步细分。土分类总体系包括巨粒土、粗粒土、细粒土和特殊土 4 类并且细分为 11 种，如图 3.3.1 所示。

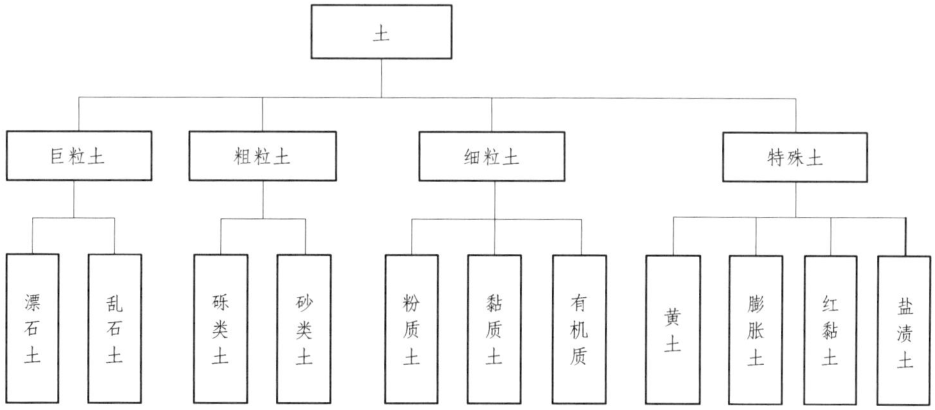

图 3.3.1　土分类总体系

（二）路基土石工程分级

对路基设计、施工和确定工程概、预算定额来说，最有实用意义的是将土石按其开挖的难易程度分级。我国公路、铁路工程将土石分为六级，即将土分为松土、普通土和硬土三级；将岩石分为软石、次坚石和坚石三级。

（三）各类土的工程性质

各类公路用土具有不同的工程性质，在选择路基填筑材料，以及修筑稳定土路面结构层时，应根据不同的土类分别采取不同的工程技术措施。

1. 巨粒土

巨粒土有很高的强度和稳定性，是填筑路基很好的材料；用以填筑路堤时，应正确选用边坡值，以保证路基稳定。

2. 粗粒土

级配良好的砾石混合料，由于粒径较大，内摩擦系数亦大，密实程度好，强度和稳定性均能满足要求；级配不良的砾砂混合料，填筑时应保证密实程度，防止由于空隙大而造成路基渗水、不均匀沉陷或表面松散等病害。

砂类土分为砂、含细粒土砂和细粒土质砂 3 种。砂和含细粒土砂无塑性，透水性强，毛细水上升高度很小，具有较大的内摩擦系数，采用其修筑路基，强度和水稳定性均较好。但由于其黏性小，易于松散，压实困难，须用振动法才能压实，经充分压实后的路基压缩变形小。在有条件时，可掺加一些粉质土，以提高其稳定性，改善路基的使用品质。细粒土质砂既含有一定数量的粗颗粒，使路基获得足够的内摩擦力，又含有一定数量的细颗粒，使其具有一定的黏聚力，不致过分松散。其颗粒组成接近最佳级配，渗水性好，不膨胀，湿时不黏着，雨天不泥泞，晴天不扬尘，在行车作用下，易被压实成平整坚实的路基。因此，细粒土质砂是修筑路基的良好材料。

3. 细粒土

粉质土含有较多的粉土颗粒，干时虽稍有黏性，但分散后易扬尘，浸水时很快被湿透，易成流体状态（稀泥）。粉质土的毛细水上升高度大（可达 1.5 m）。在季节性冰冻区，水分积聚现象严重，引起路基结冰期冻胀、春融期翻浆，故它又称为翻浆土。因此，粉质土是最差的筑路材料。如果必须用粉质土填筑路基，宜掺配其他材料，改善其性质，并加强排水以及采取设置隔离层等措施。

黏质土中细颗粒含量多，内摩擦角小，黏聚力大，透水性小，吸水能力强，具有较大的可塑性、黏结性和膨胀性，毛细水上升现象显著。黏质土干燥时较坚硬，不易破碎，亦不易被水浸湿；但浸水后，能比较长时间保持水分，因而承载力很小。在季节性冰冻地区或不良水温状况下，黏质土路基也容易产生冻胀和翻浆。黏质土如能在适当含水量时充分压实和采取良好的排水和隔水措施，修筑的路基也能保持稳定。

有机质土（如泥炭、腐殖土等）不宜作路基填料，如遇有机质土均应在设计和施工上采取一定的措施。

4. 特殊土

黄土属大孔和多孔结构，具有湿陷性；膨胀土受水浸湿发生膨胀，失水则收缩；红黏土失水后体积收缩量较大；盐渍土潮湿时承载力很低。因此，特殊土也不宜作路基填料。

综上所述，填方路基宜选用级配较好的粗粒土作为填料。细粒土质砂是修筑路基的最好材料；黏质土次之；粉质土是不良材料，最易引起路基路面病害；高液限黏土，特别是蒙脱土，也是不良的路基土。此外，对于特殊性质的土类，如泥炭、淤泥、冻土、强膨胀土及易溶盐超过允许限量的土，均不得直接用于填筑路基。

二、路基挡土墙

1. 挡土墙的分类

为防止路基填土或山坡土体坍塌而修筑的承受土体侧压力的墙式构造物，称为挡土墙。公路工程中的挡土墙主要可以按下述几种方法分类：

按照挡土墙设置的位置，挡土墙可分为路堑墙、路堤墙、路肩墙、山坡墙等，如图 3.51 所示。

按照挡土墙的结构形式，挡土墙可分为重力式挡土墙、锚定式挡土墙、薄壁式挡土墙、加筋土挡土墙等。

按照挡土墙的墙体材料，挡土墙可分为石砌挡土墙、混凝土挡土墙、钢筋混凝土挡土墙、钢板挡土墙等。

挡土墙各部分名称如图 3.3.2（a）所示。靠回填土或山体的侧面称为墙背；外露的侧面称为墙面（墙胸）；墙的顶面部分称为墙顶；墙的底面部分称为墙底（基底）；墙面与墙底的交线称为墙趾；墙背与墙底的交线称为墙踵；墙背与铅垂线的夹角称为墙背倾角 α 。

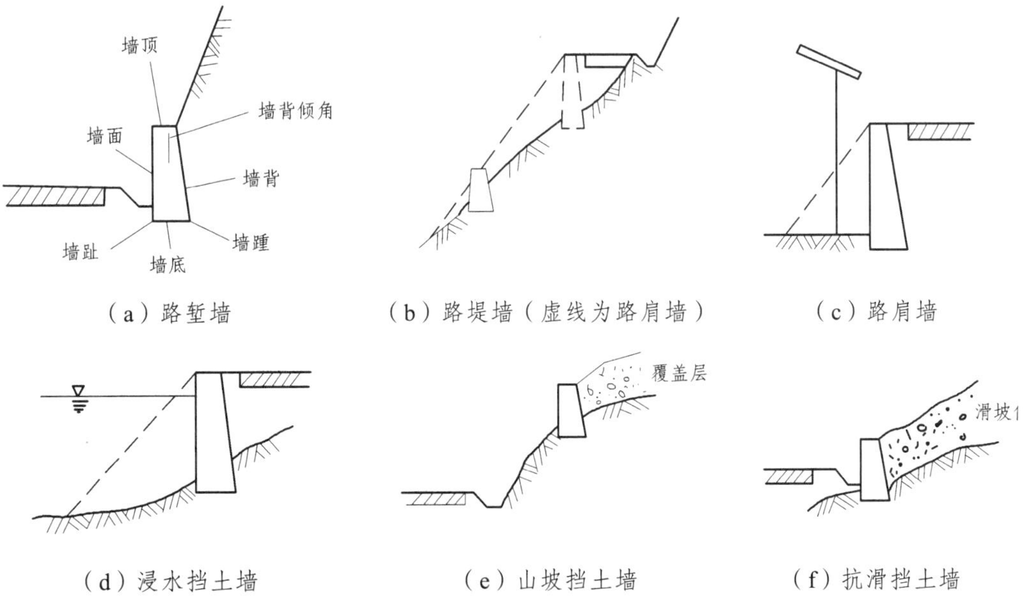

图 3.3.2　设置挡土墙的位置

2. 挡土墙的使用条件

1）重力式挡土墙

依靠墙身自重支撑土压力维持稳定，形式简单，施工方便，可就地取材，适用性较强，被广泛应用，但其圬工数量较大，对地基承载力要求较高，如图 3.3.3 所示。

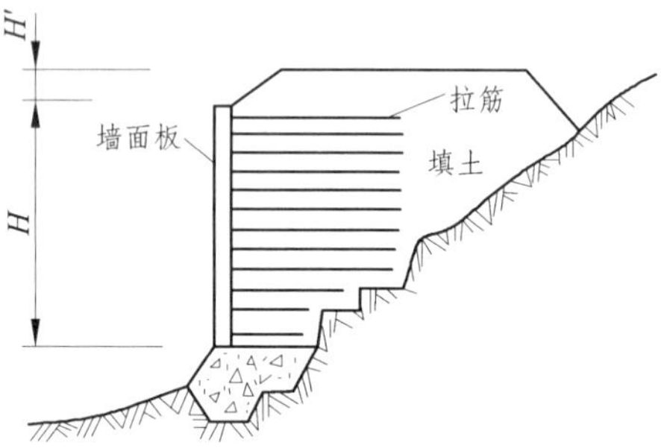

图 3.3.3　加筋土挡土墙

2）加筋土挡土墙

填土、拉筋、面板三者的结合体，依靠填土和拉筋之间的摩擦力改善土的物理力学性质，使之结合为一整体。属柔性结构，对地基变形适应性较大，建筑高度大，具有省工、省料、施工方便、快速等优点，适用于填土路基，如图 3.3.3 所示。

3）锚定式挡土墙

分为锚杆式和锚定板式两种，由锚杆与稳定岩层之间的锚固力使墙稳定。前者适用于墙高较大，缺乏石料或挖基困难地区，具有锚固条件的路堑挡土墙；后者适用于缺乏石料地区的路肩墙或路堤墙，如图 3.3.4 所示。

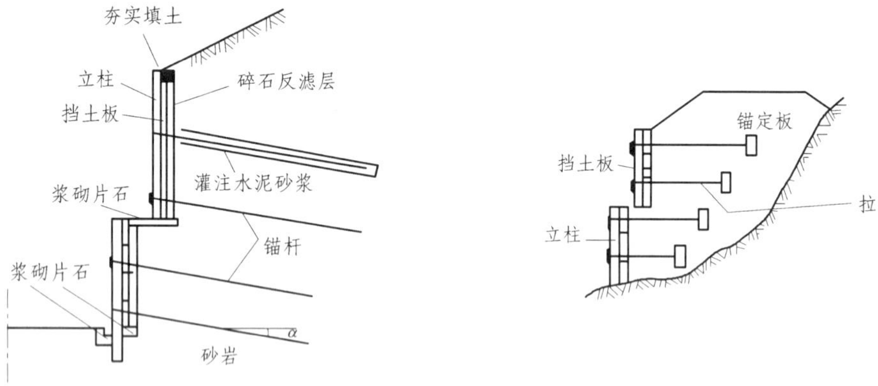

（a）锚杆式　　（b）锚定板式

图 3.3.4　锚杆式挡土墙

4）薄壁式挡土墙

分为悬臂式和扶壁式两种，依靠墙踵板上的填土重量保证稳定。断面尺寸较小，自重轻，能修建在较弱的地基上，适用于城市或缺乏石料的地区；缺点是耗用一定数量的水泥和钢筋，施工工艺较为复杂，如图 3.3.5 所示。

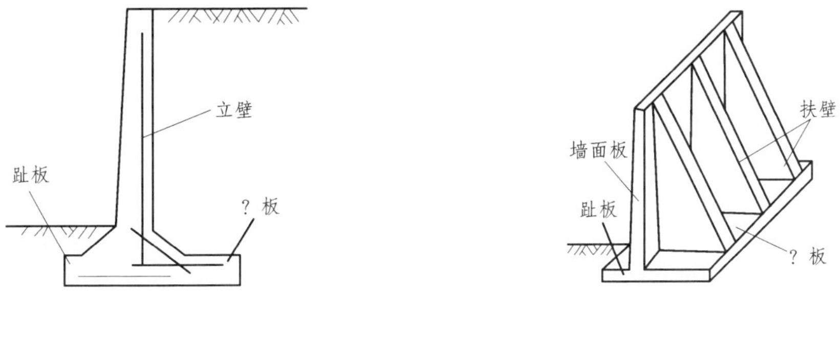

（a）悬臂式　　　　（b）扶壁式

图 3.3.5　薄壁式挡土墙

三、路基施工方法

公路路基的施工方法与铁路路基施工方法基本相似，区别主要在于施工规范和质量验收标准的不同，详见有关书籍的相关内容，下面仅介绍不同之处：

道路基层施工全流程

（一）路堤填料选择

一般的土和石都可以用作路堤的填料。用卵石、碎石、砾石、粗砂等透水性良好的填料，只要分层填筑分层压实，可不控制含水量；用黏性土等透水性不良的填料，应在接近最佳含水量情况下分层填筑与压实。

《公路路基施工技术规范》（JTG/T 30—2019）及《公路软土地基路堤设计与施工技术细则》（JTG/T D31-02—2013）中对路基用土有如下规定：

（1）路堤填料不得使用淤泥、沼泽土、冻土、有机土、含草皮土、生活垃圾、树根和含有腐朽物质的土。采用盐渍土、黄土、膨胀土填筑路堤时，应遵照有关规定执行。

（2）液限大于 50%、塑性指数大于 26 的土，以及含水量超过规定的土，不得直接作为路堤填料。需要应用时，必须采取满足设计要求的技术措施，经检查合格后方可使用。

（3）钢渣、粉煤灰等材料，可用作路堤填料，其他工业废渣在使用前应进行有害物质的含量试验，避免有害物质超标，污染环境。

（4）捣碎后的种植土，可用于路堤边坡表层。

（5）路基填方材料，应有一定的强度。各级公路的路基填方材料，应符合表 3.3.1 的规定。

应当指出，有多种料源可供选择时，应优先选用那些挖取方便、压实容易、强度高、水稳性好的土料。路堤受水浸淹部分，应尽量选用水稳性好的填料。

表 3.3.1　路基填方材料最小强度要求

项目分类（路面底面以下深度）/cm		填料最小强度（CBR）/（%）		
		高速公路及一级公路	二级公路	三、四级公路
路堤	上路床（0～30）	8.0	6.0	5.0
	下路床（30～80）	5.0	4.0	3.0
	上路堤（80～150）	4.0	3.0	3.0
	下路堤（＞150）	3.0	2.0	2.0
零填及路堑路床	上路床（0～30）	8.0	6.0	5.0
	下路床（30～80）	5.0	4.0	3.0

注：1. 当路基填料的 CBR 值达不到表列要求时，可掺石灰或其他稳定材料处理。

2. 当三、四级公路铺筑沥青混凝土和水泥混凝土路面时，应采用二级公路的规定。

（二）路基压实标准

路基施工，使天然结构的土体经过挖、运、填等工序后变为松散状态，为使路基具有足够的强度、稳定性，必须将路基填土碾压密实。为了便于检查和控制压实质量，路基的压实标准常用压实度来表示。路基的压实度（压实系数）K 是工地路基土经压实后实际达到的干密度 ρ_d 与其室内标准击实试验所得的最大干密度 $\rho_{d\max}$ 的比值，用百分数表示，即

$$K = \frac{\rho_d}{\rho_{d\max}} \times 100\%$$

式中　K——压实度，%；

ρ_d——压实土的干密度，g/cm^3，$\rho_d = \dfrac{\rho}{1+0.01W}$，其中，$\rho$ 为工地压实土的湿密度，W 为工地压实土的实测含水量百分数；

$\rho_{d\max}$——压实土的标准最大干密度，g/cm^3。

根据《公路路基施工技术规范》（JTGF 10—2006）规定，土质路堤（含土石路堤）各层填土的压实度应不低于表 3.3.2 所列标准。

路堤基底应在路堤填筑前进行压实。高速公路、一级公路和二级公路路堤基底的压实度不应小于 90%。当路堤填土高度小于路床厚度（80 cm）时，基底的压实度不宜小于路床的压实度标准。

表 3.3.2　土质路基压实度标准

填挖类别	路床顶面以下深度/m	路基压实度/%		
		高速公路、一级公路	二级公路	三级公路、四级公路
零填及挖方	0～0.30	≥96	≥95	≥94
	0.30～0.80	≥96	≥95	—

续表

填挖类别		路床顶面以下深度/m	路基压实度/%		
			高速公路、一级公路	二级公路	三级公路、四级公路
填方	路　床	0～0.80	≥96	≥95	≥94
	上路堤	0.80～1.50	≥94	≥94	≥93
	下路堤	＞1.50	≥93	≥92	≥90

注：1. 表列压实度系按《公路土工试验规程》（JTG 3430—2020）中重型击实试验法求得的最大干密度的压实度。

2. 当三、四级公路铺筑沥青混凝土和水泥混凝土路面时，应采用二级公路的规定值。

3. 路堤采用特殊填料或处于特殊气候地区时，压实度标准可根据试验路的论证在保证路基强度要求的前提下适当降低。

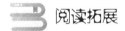

阅读拓展

穿越 522 公里“死亡之海”　中国最牛沙漠公路

任务四　公路路面

【学习任务】

（1）掌握公路路面结构及层次划分；

（2）掌握公路路面类型及基本要求；

（3）熟悉公路路面施工工艺。

路面是用各种筑路材料铺筑在路基上供车辆行驶的层状构造物，是公路的重要组成部分。路面除了直接承受行车荷载外，还受到温度、水等自然因素的影响。路面质量的好坏直接影响行车速度、运输成本、行车安全和舒适性。为此，对路面施工应予以足够重视，以确保路面工程具有良好的使用品质。

一、路面结构及其层次划分

（一）路面断面与宽度

路面的标准构造横断面如图 3.4.1 所示。路面宽度视公路等级而定，如表 3.4.1 所示。

表 3.4.1　路面宽度

公路等级	车道数	行车道宽度/m	中央分隔带/m	左侧路缘带/m	路　肩/m	
					硬路肩	土路肩
高速公路	4～8	（4～8）×3.75	3.0（1.5）	0.75（0.5）	3.25（3.0）	≥0.75
一级公路	4	4×3.75	2.0（1.5）	0.75（0.5）	3.00（2.5）	≥0.75
二级公路	2	7～9	—	—	0.75～1.5	
三级公路	2	7	—	—	0.75	
四级公路	1（2）	3.5（6.0）	—	—	0.5 或 1.5	

路面结构断面有槽式和全铺式两类，如图 3.4.1 所示。

路基填挖到设计高程位置后，在路基上按路面设计宽度范围将路基挖成与路面厚度相同的浅槽；或路基填筑到路床顶面位置后，按路面设计宽度范围在两侧的路肩部位培土（压实）形成与路面厚度相同的浅槽；也可采用半挖半培的方法形成浅槽，然后在浅槽内铺筑路面。一般公路路面都采用槽式横断面，如图 3.4.1（a）所示。槽式断面的特点是路面厚度均匀并节省材料。

全铺式路面，即在路基全部宽度内都铺筑路面，如图 3.4.1（b）所示；主要用于路基较窄的中级或低级路面。它可以加固路肩，防止边坡冲刷。

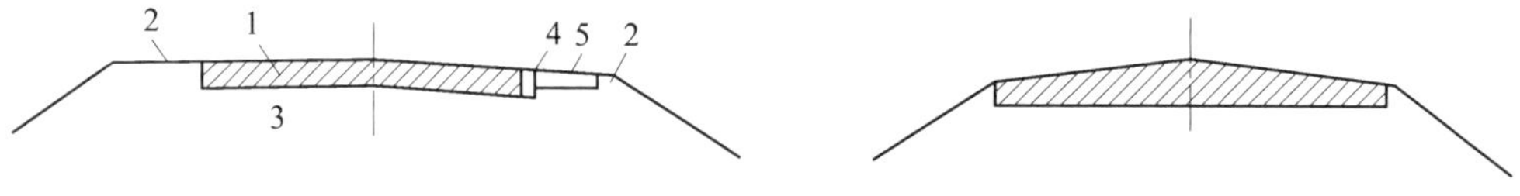

（a）槽式　　（b）全铺式

1—路面；2—土路肩；3—路基；4—路缘石；5—硬路肩。

图 3.4.1　路面结构断面

（二）路拱及路拱横坡度

为了保证路面上雨水及时排出，减少雨水对路面的浸润和渗透，从而保证路面结构强度，路面表面应做成中间高、两侧低的形状，称之为路拱，常采用直线形或抛物线形两种路拱形式。路面表面的高差与水平距离的百分比称为路拱横坡度。路拱横坡度的大小与路面类型、公路等级和当地气候有关，既要有利于行车平稳，又要有利于路面排水。高级路面透水性小，平整度和水稳性好，通常采用直线形路拱和较小的路拱横坡度；低级路面为了有利于迅速排除路表积水，一般采用抛物线形路拱和较大的路拱横坡度。干旱和积雪地区也应采用较小路拱横坡度，潮湿多雨地区选用较大路拱横坡度。

高速公路和一级公路设有中央分隔带，通常采用两种方式布置路拱横断面。若分隔带未设置排水设施，则做成中间高、两侧路面低，由单向横坡向路肩方向排水；若分隔带设置排水设施，则两侧路面分别单独做成中间高、两侧低的路拱，向中间排水设施和路肩两个方向排水。

路面的路拱横坡度如表 3.4.2 所示，路肩横坡度一般较路面横坡度大 1%，以利排水。但是，高速公路和一级公路的硬路肩采用与路面行车道相同的结构时，应采用与路面行车道相同的路面横坡度。

表 3.4.2　路拱横坡度

路面类型	沥青混凝土、水泥混凝土	其他黑色路面	半整齐石块	碎、砾石路面	低级路面
路拱横坡度/(%)	1～2	1.5～2.5	2～3	2.5～3.5	3～4

（三）路面结构层的划分

行车荷载和自然因素对路面的影响随深度的增加而逐渐减弱。因此，对路面材料的强度、抗变形能力和稳定性的要求也随深度的增加而逐渐降低。为了适应这一特点，路面结构通常是多层次的，按使用要求、受力状况、土基支承条件和自然因素影响程度的不同，划分不同的结构层次，选用不同的材料进行铺筑。

路面结构层一般由面层、基层和垫层组成。沥青混凝土路面还可按需要，将面层再区分为磨耗层、面层上层、面层下层、联结层等。如基层厚度大时，也可再区分为基层（上基层）、底基层。路面结构的组成如图 3.1.2 所示。

1. 面　层

面层位于整个路面结构的最上层，直接同交通荷载和大气接触，承受较大的行车荷载的垂直力、水平力、冲击力以及轮胎真空抽吸力的作用，并且还受到降水和温度变化的影响，是最直接地反映路面使用品质的层次。因此，同路面结构的其他层次相比，面层应具有较高的结构强度、刚度和稳定性、耐久性，并且应耐磨、不透水，其表面还应具有良好的抗滑性和平整度等。此外，还需适应道路所在地区的环境要求。

修筑面层所用的材料主要有：水泥混凝土、沥青混凝土、沥青碎砾石混合料、砂砾或碎石掺土或不掺土的混合料以及块料等。

面层可由一层或数层组成（高等级公路的面层常由 2～3 层组成）。沥青混合料路面的面层自上而下分别称之为上（表）面层、中面层和下面层，并根据各分层的要求采用不同的级配等级。水泥混凝土路面的面层通常为单一层次组成，也有分上下两层铺筑，分别采用不同强度等级的水泥混凝土组成复合面层。水泥混凝土路面上加铺 5 cm 厚沥青混凝土这样的复合式结构也是常见的。但是砂石路面上所铺筑的 2～3 cm 厚的磨耗层或厚 1 cm 的保护层，厚度不超过 1 cm 的简易沥青表面处治以及为加强路面各结构层之间的共同作用或为减少基层的反射裂缝而在各结构层之间设置的联结层，不能作为一个独立的层次，应看作是面层或基层的一部分。

2. 基　层

直接位于路面面层之下、用高质量材料铺筑的主要承重层称为基层。铺筑在基层下的次要承重层称为底基层，但一般常将二者统称为基层。基层主要承受由面层传递来的行车荷载垂直应力作用，抵御环境因素的影响，使传递到垫层或土基的应力限制在其容许的范围内。基层是构成路面整体强度的主要组成部分，因此，路面基层既要具有足够的强度，又要具有良好的水温稳定性和耐久性。基层表面虽不直接供车辆行驶，但仍然要求具有较好的平整度，这是保证面层平整性的基本条件。

根据材料组成及使用性能的不同，可将基层分为有结合料稳定类（包括有机结合料类和无机结合料类）和无结合料的粒料类，如图3.4.2所示。无机结合料稳定类又称为半刚性型或整体型，常包括水泥稳定类、石灰稳定类和综合稳定类等。粒料类常分为嵌锁型和级配型。其具体分类如下：

有机结合料稳定类：包括热拌沥青碎石或乳化沥青碎石混合料、沥青灌入碎石等。

无机结合料稳定类
- 水泥稳定类：包括水泥稳定砂砾、砂砾土、碎石土、未筛分碎石、石屑、土等，以及水泥稳定经加工、性能稳定的钢渣、矿渣等
- 石灰稳定类：包括石灰稳定土（石灰土）、天然砂砾土、天然碎石土以及用石灰土稳定级配砂砾、级配碎石和矿渣
- 综合稳定类
  - 石灰粉煤灰类：包括石灰粉煤灰（二灰）、二灰土、二灰砂、二灰碎石、二灰矿渣等
  - 水泥粉煤灰类：包括水泥粉煤灰砂砾、碎石及砂等
  - 石灰煤渣类：包括石灰煤渣、石灰煤渣土、石灰煤渣碎石、石灰煤渣砂砾等

无结合料粒料类
- 嵌锁型：包括泥结碎石、泥灰结碎石、填隙碎石等
- 级配型：包括级配碎石、级配砾石、符合级配的天然砂砾、部分经扎制掺配而成的级配砾、碎石等

图3.4.2　基层的分类

基层、底基层视公路等级或交通量的需要可设置一层或两层。当基层或底基层较厚需分两层施工时，可分别称为上基层、下基层或上底基层、下底基层。

3. 垫　层

垫层是设置在基层或底基层和土基之间的结构层，主要用于潮湿土基和北方地区的冻胀土基，用以改善土基的湿度和温度状况，即起隔水（地下水、毛细水）、排水（其上面层次下渗的水分）、隔温（防冻胀、翻浆）以及传递荷载和扩散荷载的作用。此外，对于碎石基层，铺设垫层还可以防止路基土挤入基层而影响碎石基层结构的性能，即起隔土作用。

修筑垫层的材料，强度要求不一定高，但是水稳定性要好。此外，还应根据该垫层在路面结构中的具体作用，有针对性地选择隔温、隔水、排水和隔土性能好的材料。

常用的垫层材料分为两类，一类是由松散粒料，如砂、砾石、炉渣等组成的透水性垫层；另一类是用水泥或石灰稳定土等修筑的稳定类垫层。

为了保护路面面层边缘，基层宽度每侧宜比面层宽出 25 cm，底基层每侧宜比基层宽出 15 cm。高速公路、一级公路、二级公路的排水垫层应铺至路基同宽，三、四级公路的垫层可比基层或底基层每侧至少宽出 25 cm。

应当指出，不是任何路面结构都需要上述几个层次，而应根据具体情况设定，而且层次的划分也不是一成不变的。例如，在道路改建中，旧路的面层则可成为新路面的基层。

二、路面类型及基本要求

（一）路面类型

路面类型可以从不同的角度来划分，一般按面层所用的材料区别，可以分为水泥混凝土路面、沥青路面、砂石路面等。路面面层类型的选用应符合表 3.4.3 规定。

在工程设计中，主要从路面结构的力学特性和设计的相似性出发，将路面划分为柔性路面、刚性路面和半刚性路面 3 类。

表 3.4.3　路面面层类型及适用范围

面层类型	适用范围
沥青混凝土	高速公路、一级公路、二级公路、三级公路、四级公路
水泥混凝土	高速公路、一级公路、二级公路、三级公路、四级公路
沥青灌入式、沥青碎石、沥青表面处治	三级公路、四级公路
砂石路面	四级公路

1. 柔性路面

用有机结合料或有一定塑性细粒土稳定各种集料的基层、沥青灌入碎石基层、热拌沥青碎石或乳化沥青碎石混合料、不加任何结合料的各种集料基层和泥灰结碎石等结构均称为柔性基层。在柔性基层上铺筑沥青面层或用有一定塑性的细粒土稳定各种集料的中、低级路面结构，因具有较大的塑性变形能力而称这类结构为柔性路面。柔性路面的整体刚度较小，在荷载作用下弯沉变形较大，抗剪、抗弯拉强度较低，荷载通过各种结构层向下传递到土基，通常土基受到较大的单位压力。土基的强度和稳定性对路面结构整体强度有较大的影响。路面结构按弹性层状体系理论计算。

2. 刚性路面

刚性路面主要是指用水泥混凝土作面层或基层的路面结构。水泥混凝土的各种强度和刚度均比其他路面材料高出很多，但形变能力较小，属脆性材料。水泥混凝土路面在车轮荷载作用下弯沉变形极小，对荷载的扩散能力强，传到基础上的单位压力比柔性路面小得多。路面结构按弹性地基板理论计算。要求地基有连续均匀的支承，不容许地基下沉，以免导致水泥混凝土路面板脱空而被折断。

3. 半刚性路面

整体型的水泥或石灰稳定粒料、石灰工业废渣混合料、石灰土、水泥土等，在前期具有柔性路面的力学性质，后期的强度和刚度均有较大幅度的增长，但最终的刚度介于柔性、刚性之间，当用作基层时称为半刚性基层。铺筑在半刚性基层上的沥青路面结构称为半刚性路面。

柔性路面、刚性路面和半刚性路面，这种以力学特性为标准的分类方法主要是为了便于从功能原理和设计方法出发进行区分，并没有绝对的定量分界界限。近年来，材料科学的发展正在逐步改变这种属性，如水泥混凝土的增塑研究正在使它的刚性降低而保留它的高强性质，沥青的改性研究使得沥青混凝土随气候而变化的力学性质趋向于稳定，大幅度提高其刚度。这说明事物都在相互转化之中。

（二）对路面的基本要求

路面是公路的重要组成部分，路面的好坏直接影响行车速度、运输成本、行车安全和舒适性，所以，修好路面对发挥整个公路的运输经济效益，具有十分重要的意义。路面应满足下述各项基本要求。

1. 具有足够的强度和刚度

路面结构整体及各组成部分必须具有足够的强度和刚度，以抵抗行车荷载的作用，避免路面产生过大的变形与破坏。

2. 具有足够的稳定性

路面不仅承受行车荷载的作用，路面结构袒露在大气之中，还经常受到水分和温度的影响，有的路面材料又较敏感，其性能也随之不断发生变化，强度和刚度不稳定。例如：沥青路面在夏季高温时会变软而产生车辙和推挤，冬季低温时又可能因收缩或变脆而产生开裂；水泥混凝土路面在高温时可能发生拱胀现象，低温时可能出现收缩裂缝，温度急剧变化时也可能出现翘曲而破坏；砂石路面在雨季时因雨水渗入路面结构而强度下降，产生沉陷、车辙等现象。因此，要求路面结构在各种气候条件下应能保持其强度。

3. 具有足够的平整度

路面的平整度（或不平整度）通常是以试验汽车每行驶 1 km 距离，车身和后桥相对垂直位移的累计数（m）来表示。不平整的路面会增大行车阻力，并使车辆产生附加的振动作用。振动作用会造成行车颠簸，影响行车速度、行车安全和舒适性。振动作用还会对路面施加冲击力，从而加剧路面和汽车机件的损坏与轮胎的磨耗，并增大油料的消耗。不平整的路面还会积滞雨水，加速路面的破坏。因而路面应保持一定的平整度。公路等级越高，设计行车速度越大，对路面的平整度要求也就越高。

平整的路面要依靠优良的施工机具、精细的施工工艺、严格的施工质量控制以及经常和及时的养护来保证。路面的平整度还与整个路面结构和面层材料的强度和抗变形能力有关。强度和抗变形能力差的路面结构和面层混合料，经不起车轮荷载的反复作用，极易出现沉陷、车辙和推挤等破坏，从而形成不平整的路表面。

4. 具有足够的抗滑性能

汽车在光滑的路面上行驶时，车轮与路面之间缺乏足够的附着力（或摩擦阻力），在雨天高速行车、紧急制动或突然起动、爬坡或转弯时，车轮易产生空转或打滑，致使行车速度降低，油料消耗增多，甚至引起严重的交通事故。因此，路面应具有足够的抗滑性能。设计车速越大，对路面抗滑性能的要求也越高。

要保证路面的抗滑性能，要求路面面层采用坚硬、耐磨及表面粗糙的集料和有良好黏结力的沥青来修筑。水泥混凝土路面可以采取在表面刷毛或拉槽等措施。雨天应及时清除路面表面的污泥、煤粉等滑溜性污染物，加强养护措施，及时清除积雪、浮冰等。

5. 具有足够的耐久性

路面结构承受行车荷载和冷热、干湿气候因素的多次重复作用，由此而逐渐产生疲劳破坏和塑性形变累积，路面材料还可能由于老化衰变而导致破坏，这些都将缩短路面的使用年限，增加养护工作量。因此，路面结构必须具备足够的抗疲劳强度、抗老化和抗形变累积的能力，以保持或延长路面的使用寿命。

6. 具有环保性

砂石路面在汽车行驶时会产生尘土飞扬，导致路面结构松散，形成坑洞等破坏，也会加速汽车机件损坏，而且对旅客、货物及路旁农作物等带来不利影响。各类路面的行车噪声会对沿线居民造成不良影响。因此，要求路面在行车过程中尽量减少扬尘和噪声。

三、路面施工准备

路面施工前的准备工作除与路基施工准备有相同之处外，主要有确定料源及进场材料的质量检验、机械选型与配套、拌和场选址、修筑试验路段等项工作。

（一）确定料源及进场材料的质量检验

所有路面结构材料均应进行质量检验，合格后方可进场。

1. 结合材料

每批到货均应检验生产厂家所附的试验报告，检查装运数量、装运日期、订货数量、试验结果等。对每批进行抽样检测，试验中如有一项达不到规定要求，应加倍抽样试验，如仍不合格，则退货并索赔。结合材料的试验项目应按规范要求进行常规检测，有时根据合同要求，可增加其他非常规测试项目。

2. 石　料

料场选择主要是根据路面要求检查石料的技术标准能否满足要求，是否具备开采条件，并对各个料场采集样品，制备试件，进行试验，并考虑经济性等问题后确定。

3. 砂、石屑及矿粉

砂、石屑及矿粉的质量是确定砂料场的主要条件，进场的砂、石屑及矿粉应满足规定的质量要求。

（二）拌和设备的选型及场地布置

1. 拌和设备选型

通常，根据工程量和工期选择拌和设备的生产能力，其生产能力应和摊铺能力相匹配，不应低于摊铺能力，最好能高于摊铺能力 5% 左右。高等级公路路面施工，应选用拌和能力较大的设备。生产能力大的设备，其单位产品所消耗的人工、燃料和易损配件等费用较低。以沥青混合料设备为例，根据生产能力与工程需要，目前，可选用 80 ~ 300 t/h 的拌和设备。

2. 拌和场的选址与布置

稳定土拌和设备与沥青混合料拌和设备均是由若干个能独立工作的装置所组成的综合性设备。因此，拌和设备的各个组成部分的总体布置都应满足紧凑、相互密切配合又互不干扰各自工作的原则。厂址不应选在居民区，离施工工地的距离要近。

（三）现场准备

1. 土基检查

路面施工前，应按照有关路面结构层的施工技术规范的规定，对土基进行严格的检查，如发现软弱、弹簧等现象，必须及时处理。

2. 路面施工放样

在路面施工前，根据路面施工和施工放样精度要求，恢复路面中线。还要根据路面结构层的宽度和厚度分别放样，钉施工指示边桩、标宽度线、钉钢筋架、挂钢丝线等，以指导路面施工。

3. 交通管理

对施工范围内的公路两端和必经的交叉路口，要采取有效的措施，进行交通管理维护交通秩序，以确保施工安全。对于交通开放的旧路施工，更应做好交通管理工作。

（四）施工机械配套与检查

路面施工机械主要有拌和与运输设备、洒油车、摊铺机和压路机等。施工时应根据工程量大小、工期要求、施工现场条件、工程质量要求，按施工机械相互匹配的原则，确定合理的机械类型、数量及组合方式，并对选用的各种施工机具作全面检查。

（五）修筑试验段

高速公路和一级公路或采用新工艺、新技术、新方法或缺乏施工经验的路面在大面积施工前，应采用计划使用的机械设备和混合料配合比铺筑试验段。通过试验段修筑，优化拌和、运输、摊铺、碾压机械设备的组合和施工工序，提出验证混合料生产配合比，明确人员的岗位职责，最后提出标准施工方法。

四、常见的公路路面施工工艺流程

热拌沥青混合料路面施工工艺流程如图 3.4.3 所示，水泥混凝土路面施工工艺流程如图 3.4.4 所示。

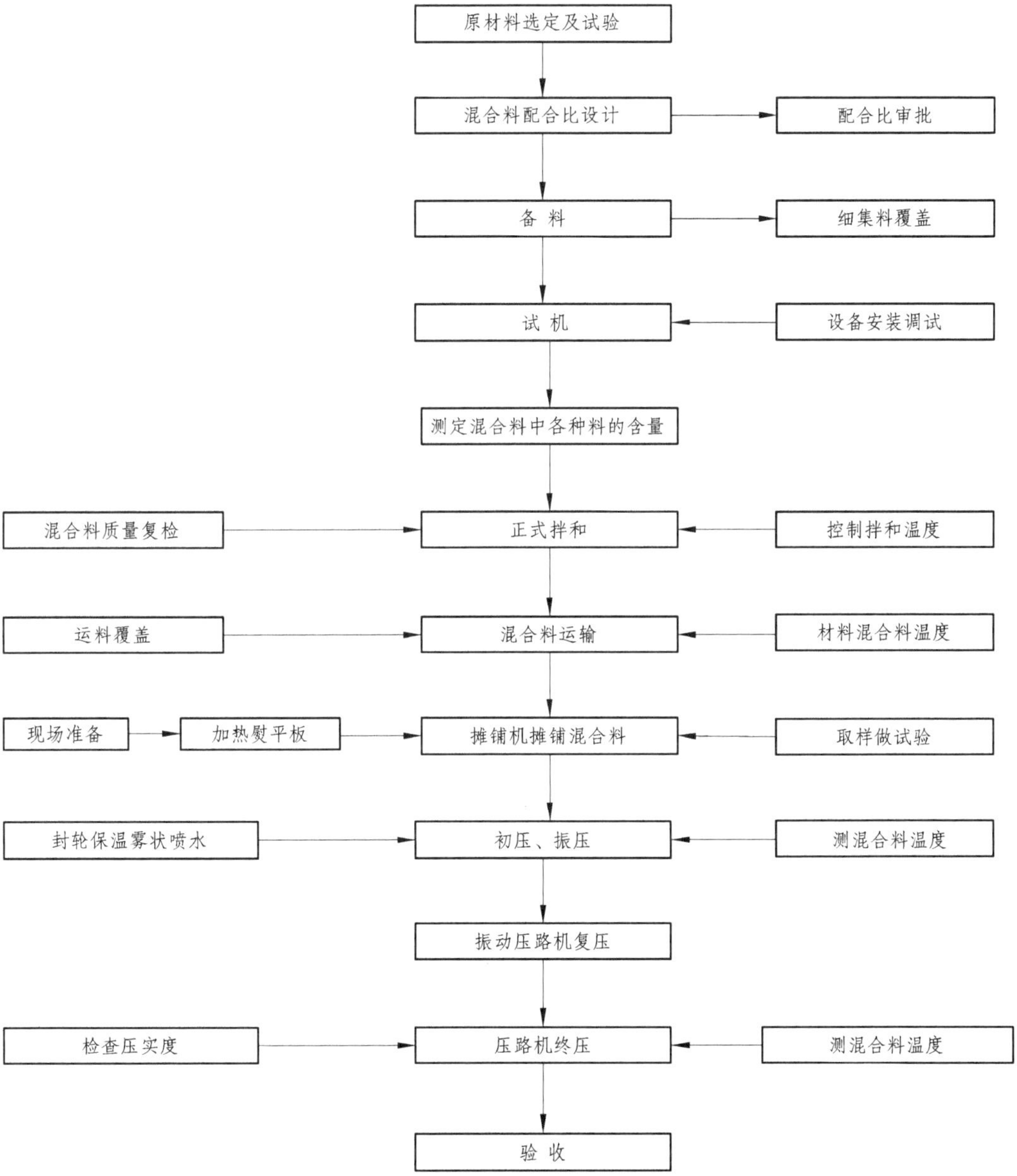

图 3.4.3　热拌沥青混合料施工工艺流程

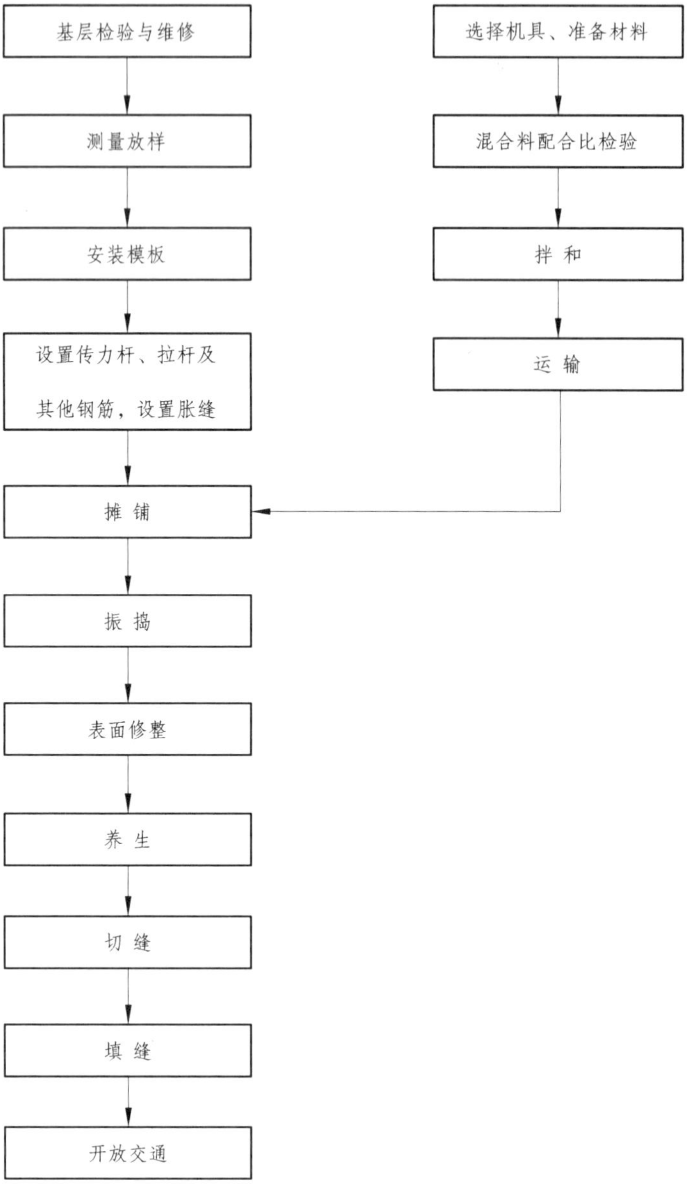

图 3.4.4 水泥混凝土路面的施工工艺流程

阅读拓展

中国最美的高速公路

任务五　公路桥梁与涵洞

【学习任务】

（1）掌握公路桥梁的基本组成部分；
（2）掌握公路桥梁的分类；
（3）掌握公路涵洞的类型及组成。

一、公路桥梁的基本组成部分

（一）常见梁式桥的组成

1. 上部结构

上部结构包括桥跨结构和支座系统两部分。桥跨结构是指桥梁中直接承受桥上交通荷载、跨越障碍的部分。支座是设置在墩台顶的传力结构装置，其作用是支撑上部结构并把荷载传递给墩台。

桥梁的组成　　桥梁的作用

2. 下部结构

下部结构包括桥墩、桥台和基础，是支撑上部结构，向下传递荷载的结构物。

桥台设在桥两端，设置在桥中间部分称为桥墩。桥台除了承受荷载、传递荷载以外，还与路堤相连接，起到承受台后土压力、防止路堤填土坍塌的作用。

基础是墩台的最下面部分，修筑在地基上，具有承上启下的作用。它既要保证墩台安全，同时将荷载传给地基。

3. 桥梁附属设施

桥梁附属设施主要包括桥面结构、锥体护坡、护岸、导流结构物等几个部分。桥面结构包括桥面铺装、排水防水系统、栏杆（或防撞护栏）、桥面伸缩装置、灯光照明系统等几部分。

锥体护坡是桥台两侧用来保护路堤、桥台不受水流冲刷的结构物。护岸、导流结构物是保证桥位附近水流顺畅，河槽、河岸不受严重冲刷变形而设置的调治水流的结构物。根据水流状况、地形、地质等不同条件，可以采用不同的结构形式，如顺坝、丁坝、河底铺砌等。

桥台的认知

通常情况下，我们把桥跨结构、支座系统、桥墩、桥台和基础称为公路桥梁的 5 大部件；把桥面铺装、排水防水系统、栏杆

（或防撞护栏）、桥面伸缩装置和灯光照明系统称为公路桥梁的 5 小部件。

（二）桥梁布置的有关尺寸名称和术语（见图 3.5.1、图 3.5.2）

1. 净跨径

梁式桥：设计洪水位上相邻两个桥墩（或桥台）之间的净距，用 l_0 表示（见图 3.5.1）。
拱式桥：每孔拱跨两个拱脚截面最低点之间的水平距离（见图 3.5.2）。

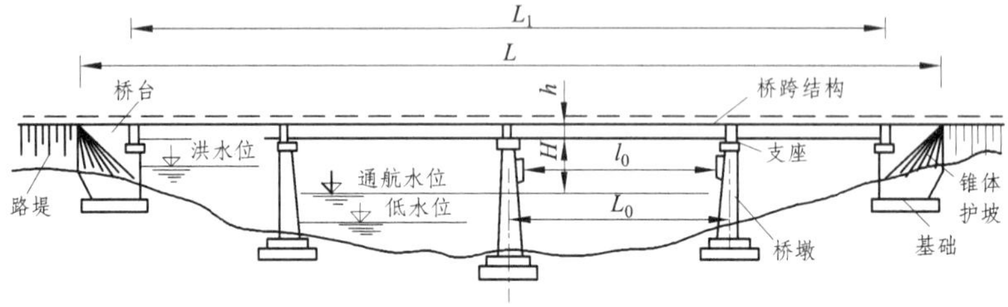

图 3.5.1　梁式桥

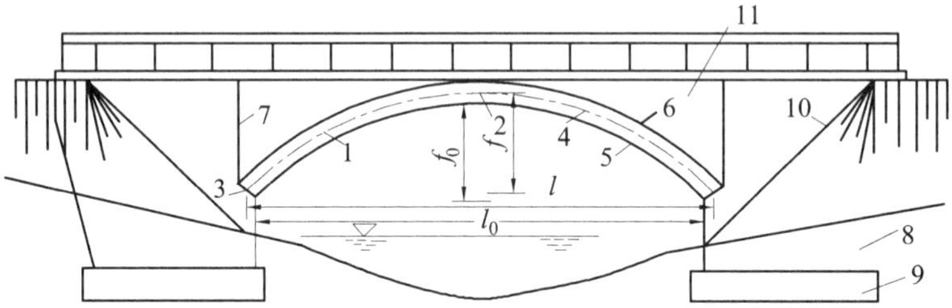

1—拱圈；2—拱顶；3—拱脚；4—拱轴线；5—拱腹；6—拱背；7—伸缩缝；
8—桥台台身；9—基础；10—锥体护坡；11—拱上建筑。

图 3.5.2　拱式桥

2. 总跨径

总跨径是多孔桥梁中各孔净跨径的总和，它反映了桥下宣泄洪水的能力。

3. 计算跨径

具有支座的桥梁的计算跨径是指桥跨结构相邻两个支座中心之间的距离，用 l 表示。

拱式桥的计算跨径是两相邻拱脚截面形心点之间的水平距离。拱圈（或拱肋）各截面形心点的连线称为拱轴线，也就是拱轴线两端点之间的水平距离。桥跨结构的力学计算是以 l 为基准的。

4. 标准跨径

标准跨径是指相邻两桥墩中线之间的距离，或桥墩中线至桥台台背前缘之间的距离。

我国《公路桥涵设计通用规范》（JTGD 60—2015）规定，当标准设计或新建桥涵的跨径在 50 m 及以下时，宜采用标准跨径。桥涵标准跨径规定如下：0.75 m、1.0 m、1.25 m、1.5 m、2.0 m、2.5 m、3.0 m、4.0 m、5.0 m、6.0 m、8.0 m、10 m、13 m、16 m、20 m、

25 m、30 m、35 m、40 m、45 m、50 m。

5. 桥梁全长

桥梁全长简称桥长，是桥梁两端两个桥台的侧墙或八字墙后端点之间的距离，以 L 表示。对于无桥台的桥梁为桥面系行车道的全长。

6. 水　位

枯水季节的最低水位称为低水位；丰水季节时的最高水位称为高水位或洪水位。桥梁设计中按规定的设计洪水频率计算所得到的高水位，称为设计水位。在有通航要求的各级航道中，能够保持船舶正常航行时的水位，称为通航水位。

7. 桥梁高度

桥梁高度简称桥高，是指桥面与低水位之间的高差，或为桥面与桥下线路路面之间的距离。桥高在某种程度上反映了桥梁施工的难易性。

8. 桥下净空

桥下净空高度是设计洪水位或计算通航水位至桥跨结构最下缘之间的距离，以 H 表示，它应保证能安全排洪，并不得小于对该河流通航所规定的净空高度。

9. 桥面净空

桥面净空是指桥梁行车道、人行道上方应保持的空间界限，公路、铁路和城市桥梁对桥面净空有不同的规定。

10. 建筑高度

建筑高度是桥上行车路面高程至桥跨结构最下缘之间的距离（见图 3.5.1 中的 h）。它不仅与桥梁结构的体系和跨径的大小有关，而且还随行车部分在桥上布置的高度位置而异。公路（或铁路）定线中所确定的桥面（或轨顶）高程与通航净空顶部高程之差，又称为容许建筑高度。桥梁的建筑高度不得大于其容许建筑高度，否则就不能保证桥下的通航要求。

二、桥梁分类

桥梁的类型

目前，人们所见到的桥梁种类繁多，根据不同的分类方法可以分为不同的类型。

连续梁与连续刚构桥区别

1. 按受力结构体系分类

结构工程上的受力构件，总离不开拉、压和弯 3 种基本受力方式。由基本构件所组成的各种结构物，在力学上也可归结为梁式、拱式、悬吊式 3 种基本体系以及它们之间的各种组合。桥梁的结构体系包括梁、拱、刚架、悬索、斜拉与组合体系，具体可参考相关书籍的内容。

2. 按桥梁全长分类

我国《公路桥涵设计通用规范》（JTGD 60—2015）规定了特大、大、中、小桥按总长和跨径的划分，如表 3.5.1 所示。

表 3.5.1 桥梁分类

桥梁分类	多孔跨径总长/m	单孔跨径 L_K/m
特大桥	$L > 1000$	$L_K > 150$
大　桥	$100 \leqslant L < 1000$	$40 \leqslant L_K < \leqslant 150$
中　桥	$30 < L < 100$	$20 \leqslant L_K < 40$
小　桥	$8 \leqslant L \leqslant 30$	$5 \leqslant L_K < 20$
涵　洞	—	$L_K < 5$

在国际上，一般认为单孔跨径小于 150 m 的属于中小桥，大于 150 m 为大桥。而特大桥的起点与跨径与桥型有关，悬索桥为 1000 m，斜拉桥和钢拱桥为 500 m，其他桥型为 300 m。

3. 按行车道的位置分类

分为上承式、中承式、下承式。

4. 按跨越障碍的性质分类

分为跨河桥、跨线桥（立体交叉）、高架桥、跨海桥。

5. 按主要承重结构所用的材料分类

分为圬工桥、钢筋混凝土桥、预应力混凝土桥、钢桥、混合梁桥。

三、桥梁的施工

公路桥梁的施工方法与铁路桥梁施工方法基本相似，区别主要在于施工规范和质量验收标准的不同，具体可参考项目一任务四中相关内容。

桥梁防排水施工　　桥梁伸缩装置施工　　钻孔设备的比选

桥面铺装施工　　无底套箱施工　　钻孔桩施工工艺

四、涵　洞

（一）涵洞的分类

1. 按建筑材料分类

（1）石涵。石涵是以石料为主要材料建造的涵洞，这是公路上传统的涵洞类型，现已很少使用。石涵按力学性能不同又有石盖板涵、石拱涵等类型；按构成涵洞的砌体有无砂浆分为浆砌和干砌两种类型。

（2）混凝土涵。混凝土涵是以混凝土为主要材料建造的涵洞。按力学性能不同，混凝土涵洞又有四铰管涵、混凝土圆管涵、混凝土盖板涵和混凝土拱涵之分。

砖、石料和混凝土材料在工程结构物中以承受压力为主，统称圬工材料，由这些材料组成的涵洞称为圬工涵洞。

（3）钢筋混凝土涵。钢筋混凝土涵是以钢筋混凝土为主要材料建造的涵洞。由于钢筋混凝土材料坚固耐用、力学性能好，是公路上常用的结构类型。

（4）其他材料组成的涵洞。对于小孔径涵洞有时也可以采用其他材料建造，如砖、陶瓷、铸铁、钢波纹管、石灰三合土等。这类涵洞有砖涵、陶瓷管涵、波纹管涵、石灰三合土涵等，在正式公路工程中很少使用。

2. 按构造形式分类

按构造形式的不同，涵洞可以分为管涵（通常为圆管涵）、盖板涵、拱涵、箱涵等。

（1）圆管涵。圆管涵主要由管身、基础、接缝及防水层组成。圆管涵受力性能和适应基础的性能较好，不需要墩台，圬工数量少，造价较低，适于有足够填土高度的小跨径暗涵。

（2）盖板涵。盖板涵主要由盖板、墙身、基础、出入口铺砌、伸缩缝及防水层等部分组成。盖板涵构造简单，维修容易，有利于在低填土路基上设置，且能做成明涵。一般用钢筋混凝土盖板。

盖板涵施工图识读

（3）拱涵。拱涵主要由拱圈、护拱、拱上结构、墙身、基础、铺底、沉降缝及排水设施等组成。拱涵承载能力大，砌筑技术易掌握，但自重引起的恒载也较大，施工工序多，适于跨越深沟或高路堤时采用。

（4）箱涵。箱涵主要由钢筋混凝土涵身、翼墙、基础、变形缝等部分组成。箱涵整体性好，自重小，适用于软土地基；但施工困难，用钢量大，造价较高。

3. 按涵洞顶填土高度分类

（1）暗涵。当涵洞洞顶填土高度大于或等于 0.5 m 时叫暗涵，一般用在高填方路段。

（2）明涵。当涵洞洞顶填土高度小于 0.5 m 时叫明涵，常在低填方或挖方路段采用。当涵洞洞顶填土不能满足大于或等于 0.5 m 时，必须按明涵设计。

4. 按水力性质分类

水流通过涵洞的深度不同，直接影响涵洞过水的水力状态，从而产生不同涵洞水力计算的图式。因此，按涵洞过水的水力性质不同，涵洞可分为无压力式、半压力式、压力式和倒虹吸管等几种。

（1）无压力式涵洞，即涵洞入口水流深度小于洞口高度，并在洞身全长范围内水面都不触及洞顶，洞内具有自由水面的涵洞。

（2）半压力式涵洞，即涵洞入口水流深度大于洞口高度，水流充满洞口，但在洞身全长范围内（进水口处除外）都具有自由水面的涵洞。

（3）压力式涵洞，即涵洞入口水深大于洞口高度，并在洞身全长范围内都充满水流且无自由水面的涵洞。

（4）倒虹吸管，路线两侧的水深都大于涵洞进出水口高度，水流充满整个涵身，且进出水口必须设置竖井；适用于横穿沟渠的水面标高基本等于或略高于路基顶面标高的情况。

（二）洞身和洞口建筑

涵洞是由洞身和洞口建筑组成的排水构造物。

洞身是涵洞的主体部分，承受活载压力和土压力等并将其传递给地基基础。

洞口建筑连接着洞身和路基边坡，应该与洞身较好地衔接并形成良好的宣泄水流的条件。位于涵洞上游的洞口称为进水口；位于涵洞下游的洞口称为出水口。

1. 洞身构造

洞身是形成过水孔道的主体，如图 3.5.3 所示，它应具有保证设计流量通过的必要孔径，同时又要求本身坚固而稳定。洞身通常由承重结构（如拱圈、盖板）、墙身、基础以及防水层、伸缩缝等部分组成。钢筋混凝土箱涵及圆管涵为封闭结构，墙身、盖板、基础连成整体，其涵身断面由箱节或管节组成，为了便于排水，涵洞涵身还应有适当的纵坡，其最小坡度为 0.4%。

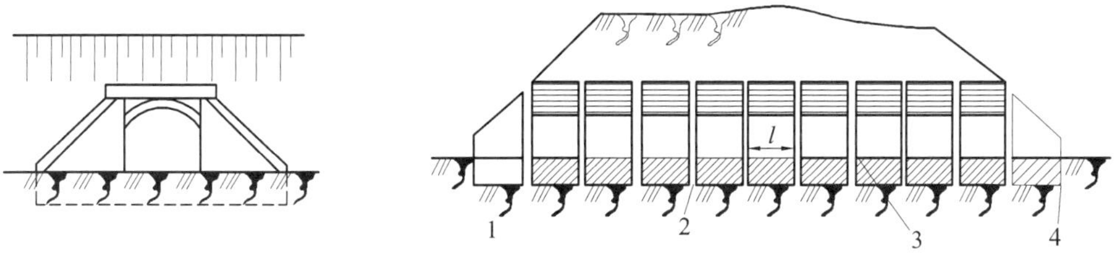

（a）正面图　（b）纵剖面图

1—进水口建筑；2—变形缝；3—洞身；4—出水口建筑。

图 3.5.3　涵洞组成

1）管　涵

圆管涵洞身主要由各分段圆管节和支承管节的基础垫层组成。圆管涵常用孔径为 75 cm、100 cm、125 cm、150 cm、200 cm，对应的管壁厚度分别为 8 cm、10 cm、12 cm、14 cm、15 cm。基础垫层厚度应根据基底土质确定：当为卵石、砾石、粗中砂及整体岩石地基时，可无基础垫层；当为亚砂土、黏土及破碎岩层地基时，基础垫层厚度为 15 cm；当为干燥地区的黏土、亚黏土、亚砂土及细砂的地基时，基础垫层厚度为 30 cm。

2）盖板涵

盖板涵洞身由墙身、基础和盖板组成，如图 3.5.4 所示。盖板一般为钢筋混凝土盖板。

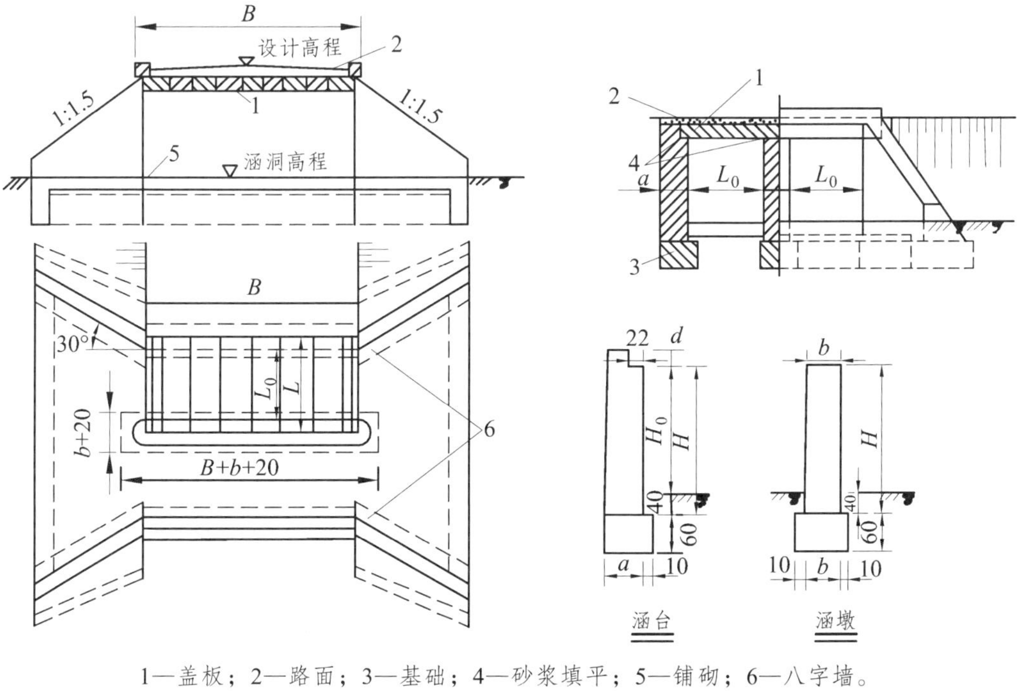

1—盖板；2—路面；3—基础；4—砂浆填平；5—铺砌；6—八字墙。

图 3.5.4　盖板涵构造（单位：cm）

钢筋混凝土盖板涵跨径 L 为 150 cm、200 cm、250 cm、300 cm、400 cm 等，相应的盖板厚度 d 为 15 ~ 22 cm。圬工墙身的临水面一般采用垂直面，背面采用垂直或斜坡面，墙身顶面可做成平面，也可做成 L 形，借助盖板的支撑作用来加强墙身的稳定。同时，在墙身顶面预埋栓钉，使盖板与墙身加强连接。

基础有分离式（即基础与河底铺砌分离）和整体式（即基础与河底铺砌连成整体）两种，前者适用于地基较好的情况，后者适用于地基较差的情况。当基础采用分离式时，河底铺砌层下应垫 10 cm 厚的砂垫，并在基础与河底铺砌间设纵向沉降缝。分离式基础为加强基础的稳定，基础顶面间设置支撑梁数道。

3）拱　涵

拱涵洞身主要由拱圈、墙身及基础组成，如图 3.5.5 所示。拱圈一般采用等截面圆弧拱。

跨径 L 为 100 cm、150 cm、200 cm、250 cm、300 cm、400 cm、500 cm 等，相应拱圈厚度 d 为 25 ~ 35 cm。墙身临水面为竖直面，背面为斜坡，以适应拱脚水平推力的要求。基础有整体式和分离式两种。

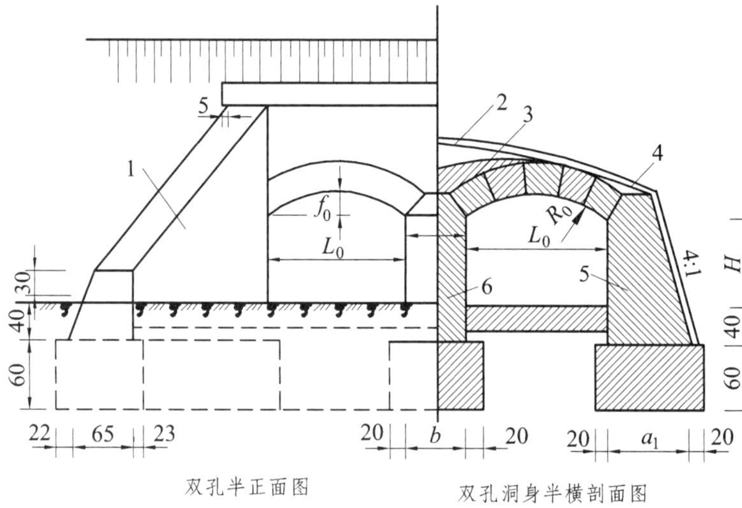

1—八字翼墙；2—胶泥防水层；3—拱圈；4—护拱；5—边墙；6—中墙。

图 3.5.5　双孔拱涵构造（单位：cm）

2. 洞口建筑

洞口是洞身、路基、河道三者的连接构造物。洞口建筑由进水口、出水口和沟床加固 3 部分组成。洞口的作用是：一方面使涵洞与河道顺接，使水流进出顺畅；另一方面确保路基边坡稳定，使之免受水流冲刷。为使水流安全顺畅地通过涵洞，减小水流对涵底的冲刷，需对涵洞洞身底面及进出口底面进行加固铺砌。

按涵洞与路线相交形式，可分为正交涵洞和斜交涵洞。涵洞纵轴线方向和路线轴线方向相互垂直时为正交涵洞；涵洞纵轴线方向和路线轴线方向不相互垂直时为斜交涵洞。

1）正交涵洞的洞口建筑

常用的洞口形式有端墙式、八字式、走廊式和平头式 4 种，如图 3.5.6 所示。

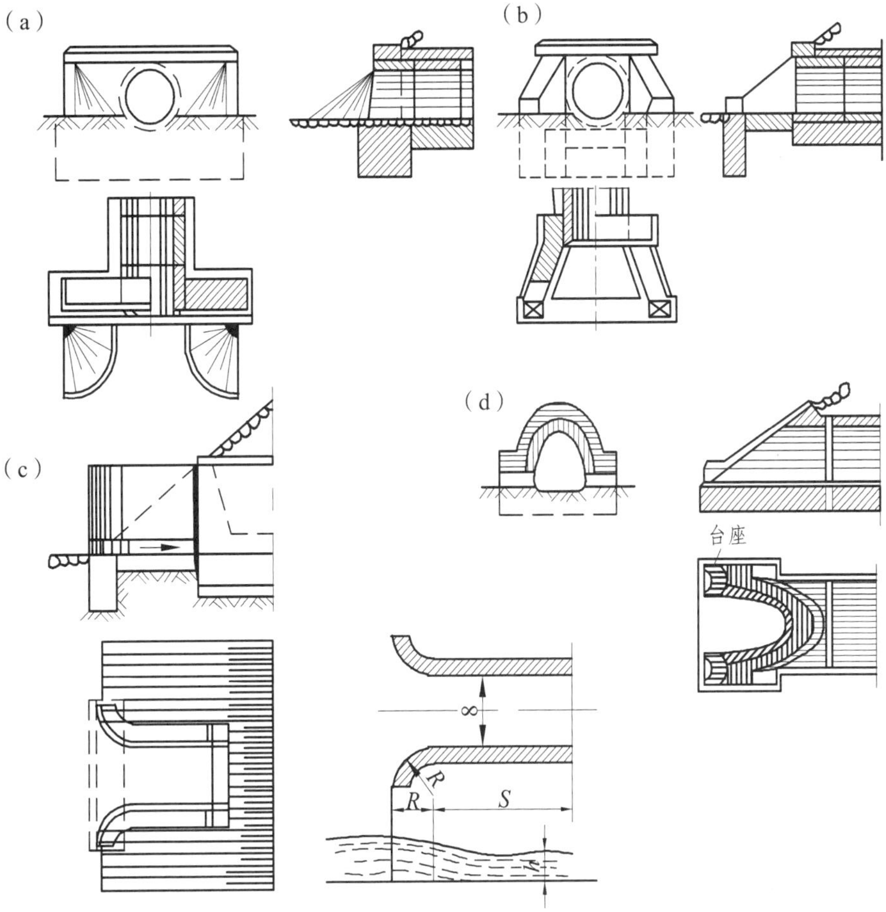

图 3.5.6　正交涵洞的洞口构造

（1）端墙式：端墙式洞口由一道垂直于涵洞轴线的竖直端墙以及盖于其上的帽石和设在其下的基础组成［见图 3.5.6（a）］。这种洞口构造简单，但泄水能力小，适用于流速较小的人工渠道或不易受冲刷影响的岩石河上。

（2）八字式：在洞口两侧设张开成八字形的翼墙［见图 3.5.6（b）］。为缩短翼墙长度并便于施工，可将其端部建成平行于路线的矮墙。八字翼墙与涵洞轴线的夹角，按水力条件最适宜的角度设置，但习惯上都按 30° 设置。这种洞口工程数量小、水力性能好、施工简单、造价较低，因而是最常用的洞口形式。

（3）走廊式：走廊式洞口建筑是由两道平行的翼墙在前端展开成八字形或呈曲线形构成的［见图 3.5.6（c）］。这种洞口使涵前壅水水位在洞口部分提前收缩跌落，可以降低涵的设计高度，提高了涵洞的宣泄能力；但是由于施工困难，目前较少采用。

（4）平头式，又称领圈式：常用于混凝土圆管涵［见图 3.5.6（d）］；因为需要制作特殊的洞口管节，所以模板耗用较多；但它较八字式洞口可节省材料 45%～85%，而宣泄能力仅减少 8%～10%。

2）斜交涵洞的洞口建筑

（1）斜交斜做［见图 3.5.7（a）］：涵洞洞身的端部与路线平行，这种做法称为斜交斜做。此法费工较多，但外形美观且适应水流，较常采用。对于盖板涵和箱涵，运用斜交斜做比较普遍。这种情况下，除洞口建筑外，还需对盖板及箱涵涵身的两端进行设计，以适应斜边的需要。

（2）斜交正做［见图 3.5.7（b）］：涵洞洞口与涵洞纵轴线垂直，即与正交时完全相同。此做法构造简单，在圆管涵或拱涵工程中，为避免两端圆管或拱的施工困难，可采用斜交正做处理洞口。

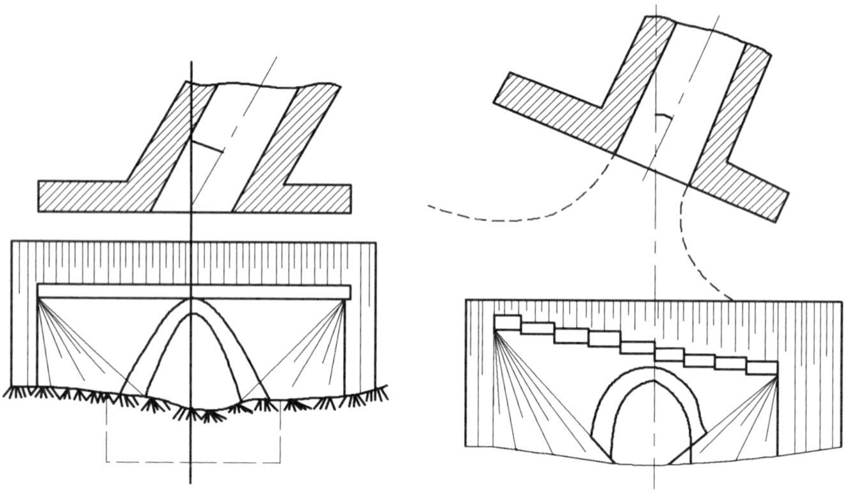

（a）斜交斜做　（b）斜交正做

图 3.5.7　斜交涵洞的洞口构造

（三）涵洞的施工方法

公路涵洞的施工方法与铁路基本相似，区别主要在于施工规范和质量验收标准的不同，具体详见相关书籍的内容。

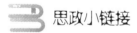

思政小链接

中国十大著名桥梁

NO.10：第一座中国自行设计建造的双层式铁路、公路两用桥梁——南京长江大桥

南京长江大桥，长江上第一座中国自行设计建造的双层式铁路、公路两用桥梁。南京长江大桥作为南京的标志性建筑、江苏的文化符号、中国的辉煌，也是著名景点，被列为金陵四十八景。

南京长江大桥从 1970 年至 1993 年，先后接待了 100 多个国家和地区的国家元首、政府首脑及 600 多个外国代表团，来此观览的游客更是难以数计。1960 年以“世界最长的公铁两用桥”被载入《吉尼斯世界纪录大全》，2014 年 7 月入选不可移动文物，2016 年 9 月入选首批中国 20 世纪建筑遗产名录。

NO.9：我国首次将钢管混凝土拱用于铁路的桥梁——水柏铁路北盘江大桥

水柏铁路北盘江大桥，长 468.20 米，高 280 米，2001 年 11 月建成通车。该桥当时为国内第二大跨度铁路桥梁，钢管拱采用转体法施工。桥面与江面高差为 280 米，是我国首次将钢管混凝土拱用于铁路的桥梁，也是当时世界上最大跨度、最大单铰转体重量的铁路钢管混凝土拱桥。

NO.8：世界上跨度最大的拱桥——朝天门长江大桥

重庆朝天门长江大桥，位于长江水道之上，主跨长 552 米，全长 1741 米，若含前后引桥段则长达 4881 米。重庆朝天门长江大桥作为重庆市境内连接南岸区与江北区的过江通道，是重庆主城区向外辐射的东西向快速干道，为世界上跨度最大的拱桥，2009 年 4 月大桥正式通车。

NO.7：杭州湾上的“金三角”，从江河时代推进到了海洋时代——杭州湾跨海大桥

杭州湾跨海大桥，全长 36 公里，是继上海浦东东海大桥之后，中国改革后第二座跨海跨江大桥。比连接巴林与沙特的法赫德国王大桥还长 11 公里，曾保持中国世界纪录协会世界最长的跨海大桥世界纪录，现为继美国的庞恰特雷恩湖桥和青岛胶州湾大桥之后世界第三长的跨海大桥。

杭州湾跨海大桥的建设，不仅将直接加速中国繁荣的长江三角洲地区经济和社会的一体化，还把中国的桥梁建设从江河时代推进到了海洋时代。使得了上、杭、宁三地成为长江三角洲的经济中心，而杭州湾跨海大桥本身将成为杭州湾三角洲网络的“金边”，形成具有本土特色的“金三角”文化区。

NO.6：当今世界“最深基础、最高桥塔、最大主跨、最长拉索”——苏通大桥

苏通长江公路大桥，简称苏通大桥，位于中国江苏省境内，是国家高速沈阳，海口高速公路跨越长江的重要枢纽，也是江苏省公路主骨架网“纵一”—赣榆至吴江高速公路的重要组成部分。全长 32.4 千米，其中跨江部分长 8146 米，桥面为双向六车道高速公路，设计速度 100 千米 1 小时，是当时中国建桥史上工程规模最大、综合建设条件最复杂的特大型桥梁工程。

苏通大桥全长32.4公里、主跨1088米，大桥通车一刻，就成为世界最大跨径斜拉桥，创造了最深桥梁桩基础、最高索塔、最大跨径、最长斜拉索等4项斜拉桥世界纪录，其雄伟的身姿成为横跨在长江之上的一道亮丽风景。

NO.5：世界首座跨度达900米以上的山区特大悬索桥——四渡河大桥

四渡河大桥位于湖北宜昌与恩施交界处，是沪渝高速公路控制性桥梁工程，大桥主跨为900米，桥面宽24.5米；大桥恩施岸索塔高118.2米，宜昌岸索塔高113.6米，塔顶至峡谷谷底高差达650米，桥面距谷底560米，相当于200层楼高，是目前国内在深山峡谷里修建的全桥最长悬索桥，同时也是世界首座跨度达900米以上的山区特大悬索桥。

NO.4：一跨惊天地，天堑变通途——矮寨特大悬索桥

矮寨特大悬索桥，简称矮寨大桥，位于湖南省湘西州吉首市矮寨镇境内，是国家重点规划的8条高速公路之一。矮寨大桥分为双层公路、观光通道两用桥梁，四车道高速公路特大桥。桥型方案为钢桁加劲梁单跨悬索桥，全长1073.65 m，悬索桥的主跨为1176 m，极大地改善湘渝两省市的交通现状。

NO.3：世界第一高桥——北盘江第一大桥

北盘江第一大桥，又称北盘江大桥，尼珠河大桥，2016年12月建成。北盘江第一大桥横跨贵州省都格镇和云南省普立乡，是杭瑞高速贵州省毕节至都格镇公路的三座大桥之一。大桥建成后以565米的垂高稳居世界第一，成为当之无愧的世界第一高桥，同时还以720米的主跨成为世界上主跨最长的连续钢桁梁斜拉桥，同类桥梁跨度上的世界第二。

NO.2：吉尼斯世界纪录所记载的世界第一长桥——丹昆特大桥

丹昆特大桥起自丹阳，途经常州、无锡、苏州，终到昆山，位于京沪高铁江苏段，全长164.851公里。丹昆特大桥起是目前吉尼斯世界纪录所记载的世界第一长桥，是美国庞恰特雷恩湖桥的四倍多。

NO.1：桥梁界的“珠穆朗玛峰”——港珠澳大桥

港珠澳大桥是中国境内一座连接香港、广东珠海和澳门的桥隧工程，位于中国广东省珠江口伶仃洋海域内，为珠江三角洲地区环线高速公路南环段。全长为49.968公里，主体工程“海中桥隧”长35.578公里，设计时速为100公里。是一座连接香港、珠海和澳门的巨大桥梁，投资超1000多亿元。港珠澳大桥于2009年12月15日动工建设，于2018年10月24日通车，共花了八年时间。这一超级工程集桥梁、隧道和人工岛于一体，其建设难度之大，被誉为桥梁界的“珠穆朗玛峰”。它的建成，不仅标志着中国从桥梁大国走向桥梁强国，也意味着粤港澳大湾区建设正式驶入快车道。

【项目小结】

本项目以公路工程结构组成为主线，系统介绍了公路工程的发展概述、公路施工图识读、公路路基施工、路基附属结构施工、公路路面结构施工以及公路桥梁涵洞组成等相关知识。本项目按我国最新公路工程技术标准、设计规范和施工规范编写，本着“能力为主，需要为准，够用为度”的原则，强调针对性和实用性。

【练习巩固】

1. 公路主要的技术指标有哪些？
2. 我国公路如何分级？
3. 公路主要由哪几部分组成？
4. 《标准》中规定圆曲线的最小半径有哪 3 种？
5. 行车视距分为哪几种，设计时如何考虑？如何保证平曲线内的视距？
6. 直线、圆曲线和缓和曲线有哪几种组合形式？
7. 纵断面图上有哪两条主要线条？各代表什么？何谓填挖高度？
9. 绘图说明典型的路基横断面形式有哪几种？
8. 何谓平曲线的全超高和全加宽？如何设置？
9. 超高缓和段有哪几种形式，如何选用？
10. 画图说明互通式立体交叉的基本组成有哪些？
12. 我国公路用土是怎样分类、分级的？
13. 简述路基施工前的准备工作。
14. 路基填筑施工有哪些主要工序？
15. 路基压实度标准是什么？土石路堤和填石路堤压实度如何控制？
16. 路基地面和地下排水设施有哪些？
17. 路基防护与加固的设施主要有哪几种？
18. 垫层的作用有哪些？
19. 简述路面结构及其层次划分。
20. 从路面结构的力学特性出发，将路面划分为哪 3 类？
21. 绘制常见的公路路面施工工艺流程图。
22. 简述公路桥梁的基本组成部分。
23. 简述公路桥梁的分类。
24. 简述公路涵洞的类型及组成。

项目四

建筑工程

项目描述

本项目按施工技术基础知识学习—施工质量检验能力训练—施工方案制定能力训练层层展开。引导学生了解建筑工程相关概念和构造组成，熟悉地基与基础、主体、防水、装饰等分部工程的施工工艺和施工方法。以真实的学习工作任务组织教学，理实一体、工学交替，培养学生解决工程施工技术问题的职业能力。

项目导学

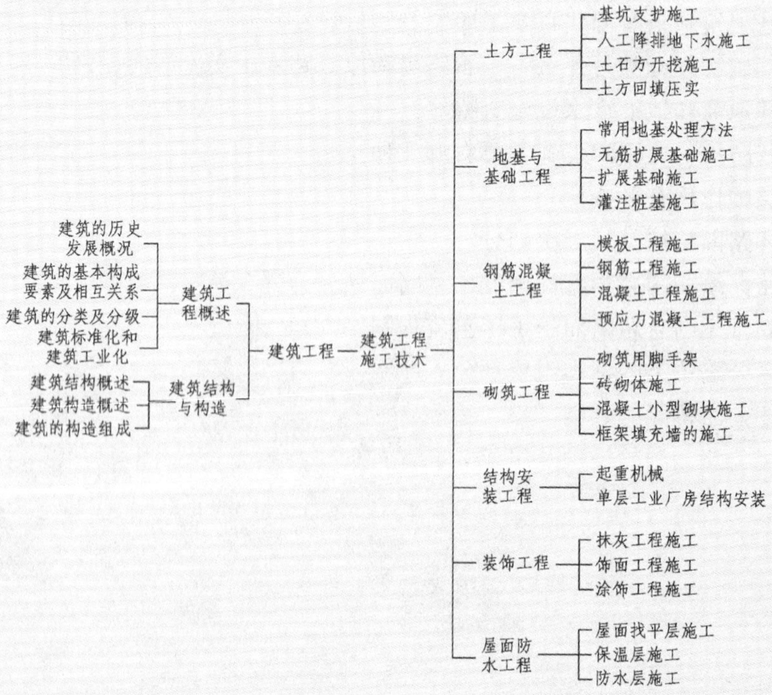

学习目标

◆ 知识目标

（1）了解建筑的分类、分级，以及建筑标准化和建筑工业化；

（2）熟悉房屋建筑的结构构造和组成部分；

（3）熟悉一般建筑工程的施工程序、施工标准和规范；

（4）熟悉主要工种和分部分项工程的施工方法、施工工艺、技术要求和质量验收标准。

◆ 能力目标

（1）能够识读房屋建筑施工设计图；

（2）具备读懂建筑工程施工方案的能力；

（3）初步具备对一般建筑工程施工过程质量与安全控制、施工质量检验与评定的能力。

◆ 素质目标

（1）培养学生的爱国精神和民族精神，形成正确的理想和信念；

（2）树立职业自豪感和使命感，培养勇于担当的精神；

（3）培养学生爱岗敬业，吃苦耐劳的职业精神。

任务一　建筑工程概述

【学习任务】

（1）熟悉中国建筑发展演变的历程；
（2）了解西方建筑发展演变的基本脉络；
（3）会进行建筑工程相关设计标准和规范等专业资料的查阅和使用。

建筑是为满足人们的各种社会活动需要（包括生产、生活、文化等）而人工创造的空间环境，包含建筑物和构筑物。建筑物是指供人们在其内进行生产、生活或其他活动的房屋（或场所）。构筑物是只为满足某一特定的功能建造的，人们一般不直接在其内进行活动的场所，比如桥梁、水坝、纪念碑等。

一、建筑的历史发展概况

建筑物是人类祖先为了遮风挡雨，防范野兽的侵袭，以及满足人们精神领域的需求而诞生的，最初是利用树枝、泥土、石块等一些容易从自然界中获得的天然材料，经过粗略的加工，盖起树枝棚、石屋等原始的建筑物。随着社会生产力的不断发展，文明程度日新月异的提高，人们对建筑物的要求也逐渐的复杂和多样，从而出现了许多不同的建筑类型，它们在使用功能、所用材料、建筑技术和建筑艺术等方面，都得到了很大的发展和提高。

（一）中国建筑的发展概况

1. 中国古代建筑

中国古代建筑在世界建筑史上占有重要的位置。我国最早的原始人群住所是北京猿人居住的岩洞。新石器时代末期（距今约六七千年以前），我国建筑就已经有了一定的水平，例如西安的半坡遗址（见图 4.1.1），半地穴建筑的斜坡道多由人字形屋顶覆盖，居住面周围的壁面是以“木骨泥墙”的方式构成向内倾斜的壁体，面内以木柱构成支架，支撑着壁体的木骨泥墙和屋顶。

到了奴隶社会，我国不仅城邑、宗庙、宫殿等均已出现，而且已有了相当规模的有计划的城市建设，之后，中国经历了 2000 多年的封建社会，在这漫长的岁月中，中国古建筑逐步发展成独特的建筑体系，在城市规划、园林、民居、建筑技术与艺术等方面都取得了很大的成就。中国的古代建筑，大体上可分为以下 10 种类型：宫廷府第建筑、防御守卫建筑（见图 4.1.2）、纪念性和点缀性建筑、陵墓建筑、园囿建筑（见图 4.1.3）、祭祀性建筑、桥梁及水利建筑、民居建筑、宗教建筑、娱乐性建筑。

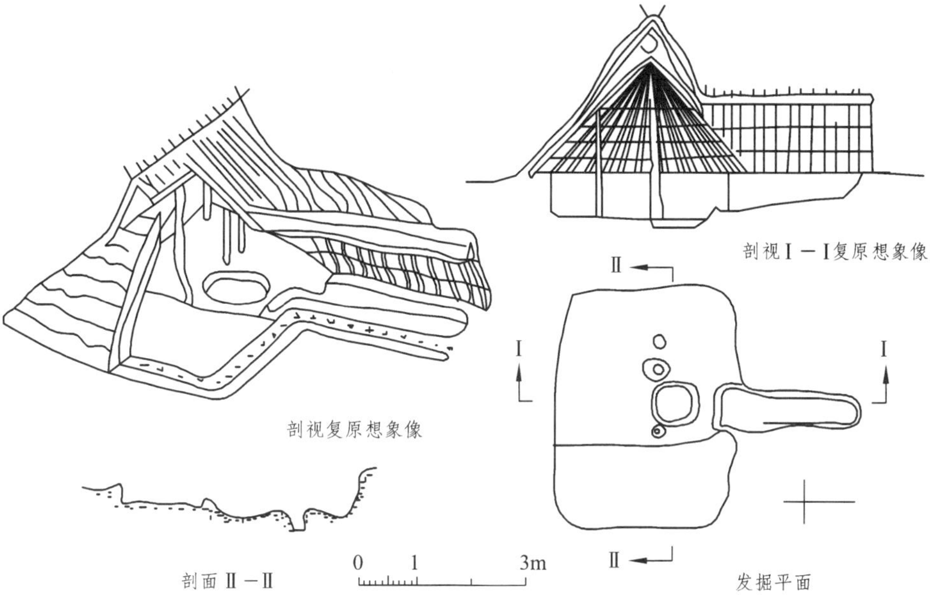

图 4.1.1　陕西半坡村原始社会的建筑物

图 4.1.2　万里长城

图 4.1.3　留园

唐代是我国古代建筑发展的成熟时期。第一，建筑艺术加工的真实和成熟。唐代建筑风格特点是气魄宏伟，严整又开朗。第二，设计与施工水平的提高。掌握设计与施工的技术人员“都料”，专业技术熟练，专门从事公私房设计与现场指挥，并以此为生。著名的山西五台山佛光寺大殿（见图 4.1.4）兴建于唐朝，是我国保存得最早、最完整的木构架之一。它的造型端庄浑厚，反映出唐代木构架的形象特征。

宋代总结了隋唐以来的建筑成就，制订了设计模数和工料定额制度。编著了《营造法式》，这是一部当时世界上较为完整的建筑著作。《营造法式》的现代意义在于它揭示了北宋统治者的宫殿、寺庙、官署、府第等木构建筑所使用的施工方法，使我们能在实物遗存较少的情况下，对当时的建筑有非常详细的了解，填补了中国古代建筑发展过程中的重要环节。

明清时期，随着生产力的发展，建筑技术与艺术也有了突破性的发展，又一次形成了我国古代建筑的高潮。当时建造的北京故宫（见图 4.1.5）等都是我国古代建筑师们的智慧和技巧的结晶。

图 4.1.4 山西五台山佛光寺大殿

图 4.1.5 北京故宫

2. 中国近代建筑

近代中国建筑发展，自然深深地受制于二元社会经济结构的影响，导致发展不平衡，其最主要、最突出的体现就是近代中国建筑没有取得全方位的转型，明显呈现出新旧两大建筑体系并存局面。新建筑体系是近代化、城市化相联系的建筑体系，是向工业文明转型的建筑体系。它的形成有两个途径：一是从早现代化国家输入和引进的；二是从中国原有建筑改造、转型的。

3. 中国现代建筑

20世纪50年代，北京市兴建了人民大会堂、北京火车站、民族文化宫等十大建筑；60到70年代,我国兴建了一批大型公共建筑,如1977年兴建的33层广州白云宾馆,1970年兴建的上海体育馆等建筑；进入80至90年代，我国的建设事业蓬勃发展，如我国最大的展览建筑北京国际展览中心等，此外还兴建了一大批高层建筑，如北京京广中心、上海金茂大厦（见图4.1.6）、广州中信广场大厦（见图4.1.7）等。

图 4.1.6 上海金茂大厦

图 4.1.7 广州中信广场大厦

尤为值得一提的是，2008 年 8 月 8 日，中国承办了第 29 届奥林匹克运动会，作为本届奥林匹克运动会的主体育场——“鸟巢”和国家游泳中心“水立方”（见图 4.1.8），分别位于中轴线两侧，一方一圆，遥相呼应，构成了“人文奥运”的独特风景线；还有于 2013 年 11 月 7 日获世界高层都市建筑学会（CTBUH）“2013 年度全球最佳高层建筑奖”的中央电视台总部大楼（见图 4.1.9）。

图 4.1.8　鸟巢和水立方

图 4.1.9　中央电视台总部大楼

（二）西方建筑的发展概况

西方建筑的形式和风格的演变非常复杂，这一点和我们中国的建筑是很不一样的。旧石器时代人类栖息的地方只有大自然提供的山洞。欧洲的史前建筑中比较有代表性的是树枝棚。希腊神庙的代表——雅典的帕提侬神庙（见图 4.1.10）、罗马的代表性建筑大角斗场、神秘埃及的象征——金字塔、西亚的巴比伦城、哥特式建筑中的法国兰斯大教堂、意大利的米兰大教堂，以及洛可可式建筑里的波茨坦宫（见图 4.1.11）在建筑史上都有着特殊的位置。

图 4.1.10　雅典的帕提侬神庙

图 4.1.11　波茨坦宫

随着建筑技术的不断发展，现代西方也出现了许多代表性的建筑物，如阿拉伯联合酋长国首都迪拜的帆船酒店（见图 4.1.12）、巴黎歌剧院（见图 4.1.13）、英国国会大厦（见图 4.1.14）以及沙特王国塔（Kingdom Tower）（见图 4.1.15）。王国塔是沙特阿拉伯计划耗资 300 亿美元建造，集合酒店、写字楼、住宅公寓于一体的超级摩天大厦。

图 4.1.12　迪拜帆船酒店

图 4.1.13　巴黎歌剧院

图 4.1.14　英国国会大厦

图 4.1.15　沙特王国塔

二、建筑的基本构成要素及相互关系

公元前 1 世纪，古罗马有位名叫维特鲁威的建筑师在其《建筑十书》中提出“适用、坚固、美观”的建筑原则。后来经过长期的发展，逐步形成了现在的“建筑三要素”，即建筑功能、建筑物质技术条件、建筑形象。构成建筑的三大基本要素分别是：建筑的使用功能、建筑的物质技术条件和建筑的艺术形象。

（一）建筑的使用功能

建筑的使用功能是指建筑物在物质和精神方面的具体使用要求，建筑的使用功能不同就产生了不同的建筑，例如观演建筑要求有良好的视听环境，交通建筑要求人流线路流畅，工业建筑必须符合生产工艺流程的要求，等等。同时，建筑还必须满足人体尺度和人体活动所需的空间尺度以及人的生理要求，如保温隔热、良好的朝向、防水、防潮、采光、隔声、通风条件等。

（二）建筑的物质技术条件

建筑施工技术、建筑所使用的材料和建筑设备是构成建筑的基本物质要素。其中，材料是物质基础，结构是构成建筑空间的骨架，施工技术是实现建筑生产的过程和方法，设备是改善建筑环境的技术条件。

（三）建筑的艺术形象

建筑的艺术形象是建筑物内外观感的具体体现，它包括建筑体型、立面形式、内外空间组织、细部装饰、材料的质感及色彩处理等内容。

三者的相互关系为辩证统一、不可分割并且相互制约。建筑的使用功能往往是处于主导地位的，它对物质技术条件和建筑形象二者起着决定性作用，而物质技术条件又会对建筑功能和建筑形象起着制约或促进发展的作用。建筑形象是功能和技术的反映，如果充分发挥设计者的主观作用，在一定的功能和技术条件下，可以把建筑设计得更加美观。

三、建筑的分类与分级

（一）按建筑物的使用功能分类

建筑物按照它们的使用功能通常可分为生产性建筑（工业建筑、农业建筑）和非生产性建筑（民用建筑）。

1. 民用建筑

民用建筑根据建筑物的使用功能分为居住建筑和公共建筑两大类。

居住建筑是供人们日常起居用的建筑物，主要有住宅、公寓、宿舍等。公共建筑是供人们进行各项社会活动的建筑物，公共建筑根据其使用功能的特点，可以分为以下建筑类型，如行政办公建筑、交通建筑、生活服务性建筑、体育建筑、文教建筑、园林建筑、托幼建筑、通信广播建筑、科研建筑、商业建筑、医疗建筑、旅馆建筑、观演建筑、纪念性建筑、展览建筑等。

2. 工业建筑

工业建筑是指从事各类工业生产及直接为生产服务的辅助房屋，一般称为厂房。

按厂房的用途分类，主要有生产厂房、辅助生产厂房、动力类生产厂房、贮藏类生产厂房。

按车间的内部生产状况分为热加工车间、冷加工车间、有侵蚀介质生产车间、恒温恒湿车间、洁净车间。

按层数分为多层厂房、单层厂房（单跨和多跨）、混合厂房。

3. 农业建筑

农业建筑是指供人们从事农、牧业生产和加工用的房屋，如温室、农产品仓库、畜禽饲养场、农机修理厂（站）、水产品养殖场、畜舍、农畜产品加工厂等。

（二）按建筑物的高度或层数分类

建筑高度是指自室外设计地面至建筑主体檐口顶部的垂直高度。

（1）低层建筑：层数为 1 ~ 3 层的建筑。

（2）多层建筑：层数为 4 ~ 6 层的建筑。

（3）中高层建筑：层数为 7 ~ 9 层的建筑。

（4）高层建筑：高层建筑是指超过一定层数和高度的建筑。

（5）超高层建筑：指建筑高度超过 100 m 的民用建筑。

我国《建筑设计防火规范》GB 50016—2014 对高层建筑的规定：建筑高度大于 27 m 的住宅建筑和建筑高度大于 24 m 的非单层厂房、仓库和其他民用建筑。民用建筑根据其建筑高度和层数可分为单、多层民用建筑和高层民用建筑。高层民用建筑根据其建筑高度、使用功能和楼层的建筑面积可分为一类和二类。民用建筑的分类应符合表 4.1.1 的规定。

表 4.1.1　民用建筑的分类

名称	高层民用建筑		单、多层民用建筑
	一类	二类	
住宅建筑	建筑高度大于 54 m 的住宅建筑（包括设置商业服务网点的住宅建筑）	建筑高度大于 27 m，但不大于 54 m 的住宅建筑（包括设置商业服务网点的住宅建筑）	建筑高度不大于 27 m 的住宅建筑（包括设置商业服务网点的住宅建筑）
公共建筑	（1）建筑高度大于 50 m 的公共建筑； （2）建筑高度 24 m 以上部分任一楼层建筑面积大于 1000 m^2 的商店、展览、电信、邮政、财贸金融建筑和其他多种功能组合的建筑； （3）医疗建筑、重要公共建筑、独立建造的老年人照料设施； （4）省级及以上的广播电视和防灾指挥调度建筑、网局级和省级电力调度建筑； （5）藏书超过 100 万册的图书馆、书库	除一类高层公共建筑外的其他高层公共建筑	（1）建筑高度大于 24 m 的单层公共建筑； （2）建筑高度不大于 24 m 的其他公共建筑

（三）按建筑物的规模和数量分类

（1）大量性建筑。大量性建筑是指单体建筑规模不大但兴建数量多、分布广的建筑，如居住建筑和为居民服务的一些中小型公共建筑（如中小学校、托儿所、医院、小商店等）。

（2）大型性建筑。大型性建筑是指单体建筑规模大、影响较大的建筑，建造数量较少，如大型体育馆、博物馆，大型火车站、航空港等。

（四）按建筑结构的承重方式分类

（1）墙承重式：用墙承受楼板及屋顶传来的全部荷载的建筑。

（2）骨架承重式：用柱与梁组成骨架承受全部荷载的建筑，即为框架结构建筑。

（3）内骨架承重式：当建筑物的内部用梁、柱组成骨架承重，四周用外墙承重时，称为内骨架承重式建筑。

（4）空间结构承重式：用空间构架或结构承受荷载的建筑。

（五）按主要承重结构的材料分类

（1）土木结构建筑：以生土墙和木屋架作为主要承重结构的建筑。

（2）砖木结构建筑：用砖（石）墙（或柱）、木屋顶或木楼板作为主要承重结构的建筑。

（3）砖混结构建筑：用砖墙（或柱）、钢筋混凝土楼板和屋顶作为主要承重结构的建筑。这是当前建造数量最大、采用最普遍的结构类型。

（4）钢筋混凝土结构建筑：主要承重构件（柱、梁、板）全部采用钢筋混凝土结构的建筑。主要用于大型公共建筑、高层建筑和工业建筑。

（5）钢结构建筑：主要承重构件（柱、梁）全部用钢材制作的建筑。

（6）其他结构建筑。

（六）按耐火等级分类

建筑物的耐火等级是由建筑物主要构件的燃烧性能和耐火极限两方面决定的。现行《建筑设计防火规范》GB 50016—2014 把民用建筑物的耐火等级划分成四级。一级的耐火性能最好，四级最差。总的来讲，我国新建的工业与民用建筑耐火等级以二级居多。不同耐火等级建筑物相应构件的燃烧性能和耐火极限不应低于相关规定。

1. 构件的耐火极限

建筑构件的耐火极限，是指按建筑构件的时间-温度标准曲线进行耐火试验，从受到火的作用时起到出现以下任一现象：失去支持能力、完整性被破坏和失去隔火作用为止的这段时间，用小时表示。具体判定条件如下：

（1）失去支持能力：非承重构件失去支持能力的表现为自身解体或垮塌。梁、板等受弯承重构件失去支持能力的表现为挠曲率发生大的突变。

（2）完整性被破坏：楼板、隔墙等具有分隔作用的构件，在试验中，当出现穿透裂缝或穿火的孔隙时，表明试件的完整性被破坏。

（3）失去隔火作用：具有防火分隔作用的构件，试验中背火面测点测得的平均温度升到 140 °C（不包括背火面的起始温度）或背火面测温点任一测点的温度到达 220 °C 时，则表明试件失去隔火作用。

2. 构件燃烧性能

（1）非燃烧体：即用非燃烧材料建成的建筑构件，如砖石材、混凝土、有保护层的金属柱。

（2）燃烧体：即用燃烧材料建成的建筑构件，如木材、塑料、纤维板。

（3）难燃烧体：即用难燃烧材料建成的建筑构件，或用燃烧材料做成而用非燃烧材料做保护层的建筑构件，如石膏板、石棉板、沥青混凝土构件、木板条抹灰构件。

（七）按耐久等级分类

建筑物的耐久性等级主要根据建筑物的重要性和规模大小划分，并以此作为基建投资和建筑设计的重要依据。使用年限的长短是依据建筑物的性质决定的。影响建筑寿命长短的主要因素是结构构件的选材和结构体系。耐久等级的指标是使用年限。

耐久等级一般分为四级：

一级建筑：耐久年限为 100 年以上，适用于重要建筑和高层建筑。

二级建筑：耐久年限为 50~100 年，适用于一般建筑。

三级建筑：耐久年限为 25~50 年，适用于一般建筑。

四级建筑：耐久年限为 15 年以下，适用于临时性建筑。

四、建筑标准化和建筑工业化

建筑标准化是在建筑工程方面建立和实现有关标准、规范、规则等的过程，其目的是合理利用原材料，促进构配件的通用性和互换性，实现建筑工业化，以取得最佳经济效果。

建筑标准化要求建立完善的标准化体系，其中包括建筑构配件、零部件、制品以及建筑物及其各部位的统一参数，从而实现产品的通用化、系列化。建筑标准化工作还要求提高建筑多样化的水平，以满足各种功能的要求，适应美化和丰富城市景观并反映时代精神和民族特色。

建筑工业化是指建筑业从传统的以手工操作为主的小生产方式逐步向社会化大生产方式过渡，即以技术为先导，采用先进、适用的技术和装备，在建筑标准化的基础上，发展建筑构配件、制品和设备的生产，使建筑业生产逐步走上专业化、社会化道路。

建筑工业化主要包括设计标准化、构件与配件生产工厂化和施工机械化。设计标准化是建筑工业化的前提，生产工厂化是建筑工业化的手段，施工机械化是建筑工业化的核心。

阅读拓展

全球最高绿色建筑——上海中心大厦

任务二　建筑结构与构造

【学习任务】

（1）能读懂房屋的构造方案；

（2）会查阅学习建筑工程相关设计标准和规范等专业资料；

（3）能正确识读建筑工程施工图。

一、建筑结构概述

建筑结构是指建筑物中用来承受各种荷载或者作用，起骨架作用的空间受力体系，它主要由梁、柱、板等构件连接而成。根据建筑结构所采用的构件类型和特点可分为墙体承重结构体系（见图 4.2.1）、骨架结构体系（见图 4.2.2）、空间结构体系和特种结构。

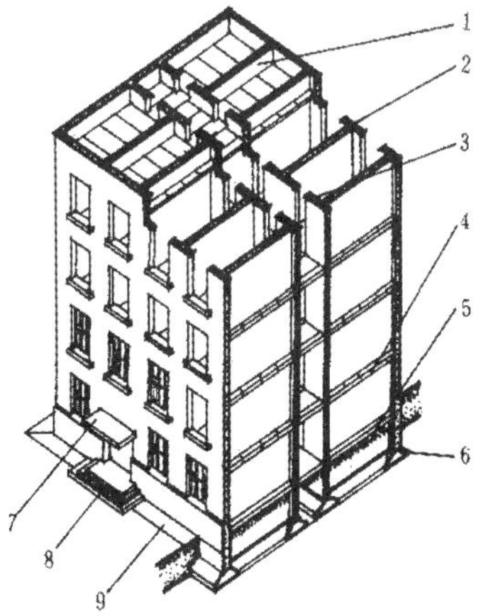

1—横向内墙；2—外墙；3—纵向内墙；4—楼板；5—首层地面；6—条形基础；7—雨篷；8—台阶；9—散水。

图 4.2.1　墙承重式结构

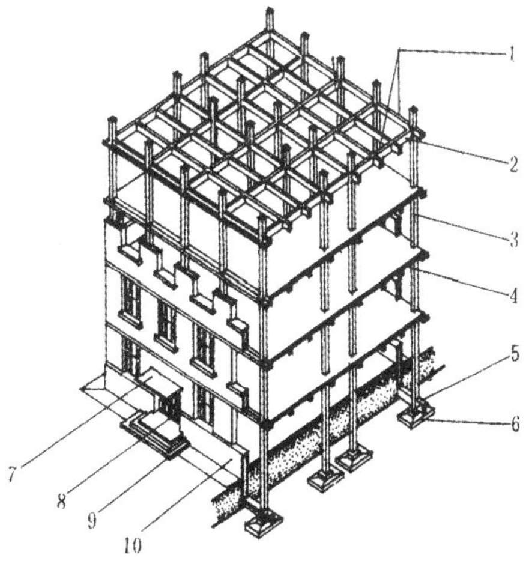

1—次梁；2—主梁；3—柱；4—楼板；5—基础梁；6—基础；7—雨篷；8—外门；9—台阶；10—外墙。

图 4.2.2　骨架承重式结构

墙体承重体系广泛应用于多层建筑中，按照承重墙体不同分为横墙承重体系、纵墙承重体系、纵横墙承重体系和局部框架承重体系。

骨架结构体系是指建筑以骨架为主要承重结构，其中骨架可以是由梁、柱组成的框架结构系统，也可以是由柱、板组成的板柱结构体系，还可以是由墙、柱和梁组成的部分框架结构体系，等等。常见的骨架结构体系有框架结构体系，其中高层与超高层结构的主要形式有框架结构、框架-剪力墙结构、剪力墙结构、框支剪力墙和筒体结构，而工业建筑常采用单层刚架和排架体系等。

空间结构体系是指结构构件三向受力的大跨度中间不放柱子，用特殊结构解决的结构，常见的空间结构如网架结构（见图 4.2.3）、悬索结构、壳体结构、膜结构（见图 4.2.4）等，由于它可创造巨大内部空间而被广泛应用于大型公共建筑当中。

特种结构是指具有特种用途的工程结构，包括海洋工程结构、高耸结构、容器结构、管道结构和核电站结构等。

图 4.2.3　上海大舞台（网架结构）

图 4.2.4　北京国家大剧院（膜结构）

二、建筑构造概述

（一）建筑构造研究的对象及主要任务

建筑物是由许多部分构成的，这些构成部分在建筑工程中被称为构件或配件。建筑构造是一门研究建筑物各组成部分的构造原理和构造方法的学科，它的主要任务是综合多方面的技术知识，根据多种客观因素，以选材、选型、工艺和安装为依据，研究各种构、配件及其细部构造的合理性（包括安全、适用、经济、美观），使其能有效地满足建筑的使用功能。

（二）影响建筑构造的主要因素

（1）自然环境的影响：自然界的风霜雨雪、冷热寒暖、太阳辐射、大气腐蚀等都时时作用于建筑物，对建筑物的使用质量和使用寿命有着直接的影响。

（2）外力的影响：外力的形式多种多样，如风力，地震力，构配件的自重力，温度变化、热胀冷缩所产生的温度内应力，正常使用中，人群、家具设备作用于建筑物上的各种力等。

（3）人为因素的影响：人们在生产生活中，常伴随着产生一些不利于环境的负效应，诸如噪声、机械振动、化学腐蚀、烟尘，有时还有可能产生火灾等，设计时要认真分析这些因素，采取相应的防范措施。

（4）技术经济条件的影响：所有建筑构造措施的具体实施，必将受到材料、设备、施工方法、经济效益等条件的制约。

（三）构造设计的基本原则

在构造设计过程中，应遵守以下基本原则：必须满足建筑使用功能要求；确保结构安全可靠；必须适应建筑工业化的需要；执行行业政策和技术规范，注意环保，讲求建筑经济的综合效益；必须注意美观。所以，在建筑构造设计中，应全面考虑坚固适用、技术先进、经济合理、美观大方。

三、建筑物的构造组成

（一）民用建筑

民用建筑一般由基础、墙（柱）、地坪层、楼板层、楼梯、屋顶和门窗等几大部分组成，如图 4.2.5 所示。各组成部分的作用和构造要求分述如下。

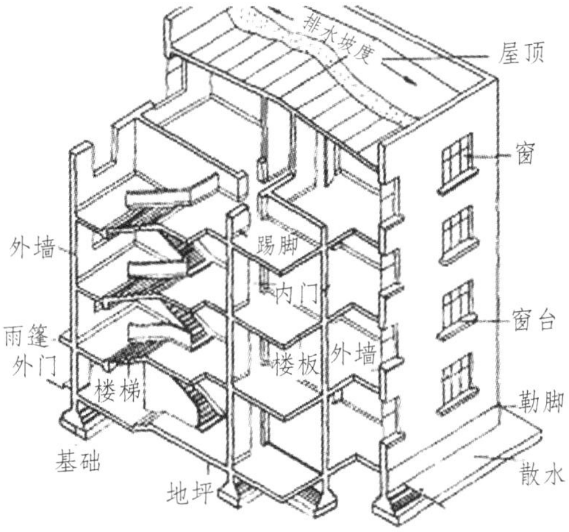

图 4.2.5　民用建筑构造组成

基础：位于建筑物的最下部，埋于自然地坪以下，承受上部传来的所有荷载，并把这些荷载传递给下面的土层（该土层称为地基）。

墙或柱：墙或柱是房屋的竖向承重构件，它承受着由屋盖和各楼层传来的各种荷载，并把这些荷载可靠地传给基础。作为墙体，外墙还有围护的功能，抵御风霜雪雨及寒暑对室内的影响，内墙还有分隔房间的作用，所以对墙体还常提出保温、隔热、隔声等要求。

楼地层：楼地层指楼板层与地坪层。楼板层直接承受着各楼层上的家具、设备、人的重力和楼层自重，同时楼层对墙或柱有水平支撑的作用，传递着风、地震等侧向水平荷载，并把上述各种荷载传递给墙或柱。楼层常由面层、结构层和顶棚 3 部分组成，对房屋有竖向分隔空间的作用。

屋顶：屋顶既是承重构件又是围护构件；作为承重构件，与楼板层相似，承受着直接作用于屋顶的各种荷载，同时在房屋顶部起着水平传力构件的作用，并把本身承受的各种荷载直接传给墙或柱。屋顶也分为屋面层、结构层和顶棚。屋面层用以抵御自然界风霜雪雨、太阳辐射等寒暑作用。

楼梯：楼梯是建筑的竖向通行设施。楼梯应有足够的通行能力，以满足人们在平时和紧急状态时的通行和疏散；同时还应有足够的承载能力，并且应满足坚固、耐磨、防滑等要求。

门、窗：门与窗属于围护构件，都有采光通风的作用。门的基本功能还有保持建筑物内部与外部或各内部空间的联系与分隔。对门窗的要求有保温、隔热、隔声等。

1. 基础和地下室

1）基础埋置深度和影响因素

基础埋深是指自室外设计地面至基础底面的垂直距离，如图 4.2.6 所示，基础按其埋置深度大小分为浅基础和深基础。基础埋深<5 m 时，开挖、排水用普通方法，此类基础称为浅基础。影响基础埋深的因素包括建筑物的使用要求、基础形式、荷载、工程地质和水文地质条件、冻胀层深度、相邻建筑物的埋深等。

2）基础的类型

（1）按基础的材料及受力特点可分为刚性基础和柔性基础。刚性基础是指由砖石、素混凝土、灰土等刚性材料制作的基础，这种基础抗压强度高而抗拉、抗剪强度低；钢筋混凝土基础称为柔性基础。

（2）按构造形式可分为单独基础、条形基础、片筏基础、箱形基础和桩基础。

① 单独基础。单独基础（见图 4.2.7）是独立的块状形式。常用的形式有踏步形、锥形、杯形，适用于多层框架结构或厂房排架柱下基础。当柱为预制时，则将基础作成杯口形，然后将柱子插入，并嵌固在杯口内，故称杯口基础。

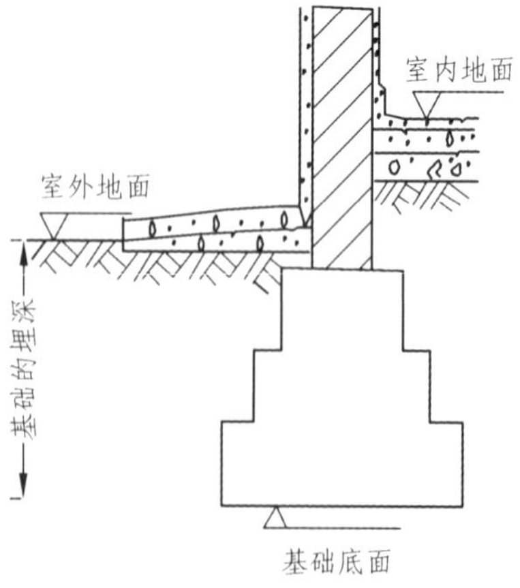

图 4.2.6 基础埋置深度

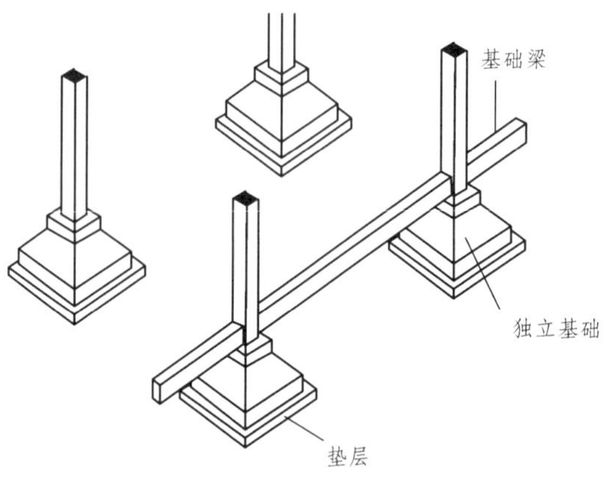

图 4.2.7 独立基础

② 条形基础。条形基础是连续带形，也称带形基础。有墙下条形基础和柱下条形基础。墙下条形基础一般用于多层混合结构的承重墙下，低层或小型建筑常用砖、混凝土等刚性条形基础。柱下条形基础因上部结构为框架结构或排架结构，荷载较大或荷载分布不均匀，地基承载力偏低，为增加基底面积或增强整体刚度，以减少不均匀沉降，常用钢筋混凝土条形基础，将各柱下基础用基础梁相互连接成一体，形成井格基础，如图 4.2.8 所示。

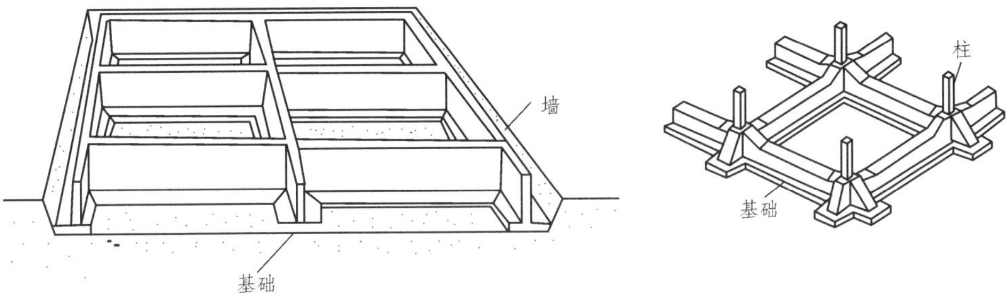

图 4.2.8　条形基础

③ 片筏基础。建筑物的基础由整片的钢筋混凝土板组成，板直接由地基土承担，称为片筏基础，如图 4.2.9 所示。

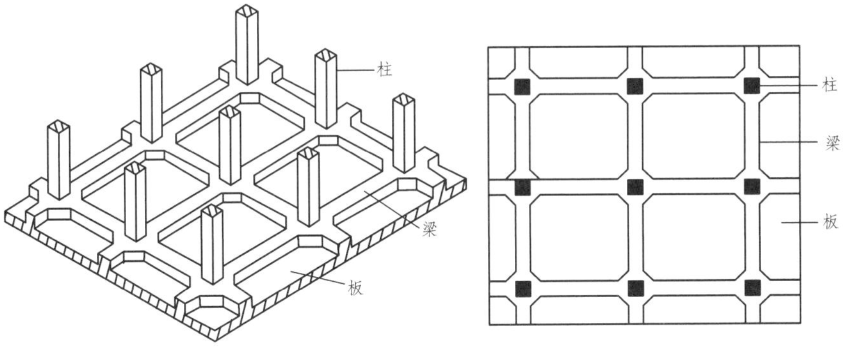

图 4.2.9　片筏基础

④ 箱形基础。当上部建筑物为荷载大、对地基不均匀沉降要求严格的高层建筑、重型建筑以及软弱土地基上多层建筑时，为增加基础刚度，将地下室的底板、顶板和墙整体浇成箱子状的基础，称为箱形基础。

⑤ 桩基础。当浅层地基不能满足建筑物对地基承载力和变形的要求，而又不适宜采取地基处理措施时，就要考虑以下部坚实土层或岩层作为持力层的深基础，桩基础应用最为广泛。

3）地下室

建筑物首层下面的房间称为地下室，它充分利用地下空间，从而节约了建设用地。

（1）地下室的类型。地下室按使用功能分为普通地下室和防空地下室。

按顶板高程分为半地下室（埋深为 1/3 ~ 1/2 倍的地下室净高）和全地下室（埋深为地下室净高的 1/2 以上）。

按结构材料分为砖混结构地下室和钢筋混凝土结构地下室。

（2）地下室的组成。地下室由墙体、底板、顶板、门窗、楼（电）梯 5 大部分组成。

① 墙体：地下室的外墙应按挡土墙设计，如用钢筋混凝土或素混凝土墙，应按计算确定，其最小厚度除应满足结构要求外，还应满足抗渗厚度的要求，一般最小厚度不低于 300 mm，如用砖墙（现在较少采用）其厚度不小于 490 mm。外墙应作防潮或防水处理。

② 顶板：可用预制板、现浇板或者预制板上作现浇层（装配整体式楼板）；如为防空地下室，必须采用现浇板，并按有关规定决定厚度和混凝土强度等级；在无采暖的地下室顶板上，即首层地板处应设置保温层，以利首层房间的使用舒适性。

③ 底板：底板处于最高地下水位以上，并且无压力产生作用时，可按一般地面工程处理，即垫层上现浇厚 60 ~ 80 mm 的混凝土，再做面层；如底板处于最高地下水位以下时，底板不仅承受上部垂直荷载，还承受地下水的浮力荷载，因此应采用钢筋混凝土底板，并双层配筋，底板下垫层上还应设置防水层，以防渗漏。

④ 门窗：普通地下室的门窗与地上房间门窗相同，地下室外窗如在室外地坪以下时，应设置采光井和防护蓖，以利室内采光、通风和室外行走安全。防空地下室一般不允许设窗，如需开窗，应设置战时堵严措施。防空地下室的外门应按防空等级要求，设置相应的防护构造。

⑤ 楼梯：可与地面上房间结合设置，层高小或用作辅助房间的地下室，可设置单跑楼梯，防空要求的地下室至少要设置两部楼梯通向地面的安全出口，并且必须有一个是独立的安全出口。这个安全出口周围不得有较高建筑物，以防空袭倒塌堵塞出口影响疏散。

（3）地下室的防水、防潮构造

① 地下室防潮构造

当设计最高地下水位低于地下室底板，且无形成上层滞水可能时，地下水不能浸入地下室内部，地下室底板和外墙可以做防潮处理，地下室防潮只适用于防无压水。地下室防潮的构造要求是：砖墙体必须采用水泥砂浆砌筑，灰缝必须饱满，在外墙外侧设垂直防潮层。此外，地下室所有墙体必须设两道水平防潮层，一道设在底层地坪附近，一般设置在结构层之间，另一道设在室外地面散水以上 150 ~ 200 mm 的位置。

② 地下室防水构造

目前，采用的防水措施有卷材防水和混凝土自防水两类。卷材防水的施工方法有两种：外防水和内防水。卷材防水层设在地下工程围护结构外侧（即迎水面）时，称为外防水，这种方法防水效果较好；卷材粘贴于结构内表面时称为内防水，这种做法防水效果较差，但施工简单，便于修补，常用于修缮工程。钢筋混凝土自防水抗渗标号是根据最高计算水头与防水混凝土结构最小壁厚比而确定。防水混凝土的制备可采用集料级配法和防水外加剂法。除上述防水措施外，采取辅助降、排水措施，可以有效地加强地下室的防水效果。降、排水法可分为外排法和内排法两种。

2. 墙　体

1）墙体的类型

按墙体所处的位置不同分为外墙和内墙。

根据墙体的受力情况不同可分为承重墙和非承重墙。

按墙体所用材料的不同，墙体有砖和砂浆砌筑的砖墙、利用工业废料制作的各种砌块砌筑的砌块墙、现浇或预制的钢筋混凝土墙、石块和砂浆砌筑的石墙等。

按构造形式不同，墙体可分为实体墙、空体墙和复合墙 3 种。

根据施工方法不同墙体可分为块材墙、板筑墙和板材墙 3 种。

2）墙体的承重方案

墙体有 4 种承重方案：横墙承重、纵墙承重、纵横墙承重和墙与柱混合承重。

（1）横墙承重是将楼板及屋面板等水平承重构件搁置在横墙上，楼面及屋面荷载依次通过楼板、横墙、基础传递给地基。这一布置方案适用于房间开间尺寸不大，墙体位置比较固定的建筑，如宿舍、旅馆、住宅等。

（2）纵墙承重是将楼板及屋面板等水平承重构件均搁置在纵墙上，横墙只起分隔空间和连接纵墙的作用。这一布置方案适用于使用上要求有较大空间的建筑，如办公楼，商店，教学楼中的教室、阅览室等。

（3）纵横墙承重。这种承重方案的承重墙体由纵横两个方向的墙体组成。纵横墙承重方式平面布置灵活，两个方向的抗侧力都较好。这种方案适用于房间开间、进深变化较多的建筑，如医院、幼儿园等。

（4）墙与柱混合承重。房屋内部采用柱、梁组成的内框架承重，四周采用墙承重，由墙和柱共同承受水平承重构件传来的荷载，称为墙与柱混合承重。这种方案适用于室内需要大空间的建筑，如大型商店、餐厅等。

3）砖墙的细部构造

（1）墙脚。墙脚一般是指基础以上，室内地面以下的这段墙体。

墙身防潮层在构造形式上有水平防潮层和垂直防潮层。水平防潮层一般应在室内地面不透水垫层（如混凝土）范围以内，通常在–0.060 m 高程处设置，而且至少要高于室外地坪 150 mm，以防雨水溅湿墙身。当地面垫层为透水材料时（如碎石、炉渣等），水平防潮层的位置应平齐或高于室内地面 60 mm，即在+0.060 m 处。当两相邻房间之间室内地面有高差时，应在墙身内设置高低两道水平防潮层，并在靠土壤一侧设置垂直防潮层，以避免回填土中的潮气侵入墙身。

勒脚是墙身接近室外地面的部分，高度一般位于室内地坪与室外地面的高差部分。对一般建筑，可采用 20 mm 厚 1∶3 水泥砂浆抹面，1∶2 水泥白石子水刷石或斩假石抹面；标准较高的建筑，可用天然石材或人工石材贴面，如花岗石、水磨石等；整个墙脚采用强度高，耐久性和防水性好的材料砌筑，如条石、混凝土等。

明沟[见图 4.2.10（a）]是设置在外墙四周的排水沟，将水有组织地导向集水井，然后流入排水系统。明沟一般用素混凝土现浇，或用砖石铺砌成 180 mm 宽，150 mm 深的沟槽，然后用水泥砂浆抹面。沟底应有不小于 1% 的坡度，以保证排水通畅。明沟适合于降雨量较大的南方地区。

为了将积水排离建筑物，建筑物外墙四周地面做成 3% ~ 5% 的倾斜坡面，即为散水[见图 4.2.10（b）]。散水又称排水坡或护坡。散水可用水泥砂浆、混凝土、砖、块石等材料做面层，其宽度一般为 600 ~ 1 000 mm，当屋面为自由落水时，其宽度应比屋檐挑出宽度长 150 ~ 200 mm。由于建筑物的沉降，勒脚与散水施工时间的差异，在勒脚与散水交接处应留有缝隙，缝内填粗砂或米石子，上嵌沥青胶盖缝，以防渗水。散水整体面层纵向距离每隔 6 ~ 12 m 做一道伸缩缝，缝内处理同勒脚与散水相交处。散水适用于降雨量较小的北方地区。季节性冰冻地区的散水，还需在垫层下加设防冻胀层，防冻胀层应选用砂石、炉渣石灰土等非冻胀材料，其厚度可结合当地经验采用。

（a）明沟　　　　（b）散水

图 4.2.10　明沟和散水

（2）门窗洞口构造。

门窗过梁：分为钢筋混凝土过梁、砖砌平拱过梁和钢筋砖过梁 3 种。

钢筋混凝土过梁梁高应与砖的皮数相适应，如 60 mm、120 mm、180 mm、240 mm 等。过梁在洞口两侧伸入墙内的长度应不小于 240 mm。为了防止雨水沿门窗过梁向外墙内侧流淌，过梁底部的外侧抹灰时要做滴水。过梁的断面形式有矩形和 L 形，矩形多用于内墙和混水墙，L 形多用于外墙和清水墙。在寒冷地区，为防止钢筋混凝土过梁产生冷桥问题，也可将外墙洞口的过梁断面做成 L 形。

砖砌平拱过梁的平拱高度多为一砖长，灰缝上部宽度不宜大于 15 mm，下部宽度不应小于 5 mm，中部起拱高度为洞口跨度的 1/50。砖不低于 MU7.5，砂浆不低于 M2.5，净跨宜≤1.2 m，不应超过 1.8 m。

钢筋砖过梁是配置了钢筋的平砌砖过梁。通常将间距小于 120 mm 的 $\phi6$ 钢筋埋在梁底部厚度为 30 mm 的水泥砂浆层内，钢筋伸入洞口两侧墙内的长度不应小于 240 mm，并设 90° 直弯钩，埋在墙体的竖缝内。在洞口上部不小于 1/4 洞口跨度的高度范围内（且不应小于 5 皮砖），用不低于 M2.5 的砂浆砌筑。钢筋砖过梁净跨宜≤1.5 m，不应超过 2 m。

窗台构造做法分为外窗台和内窗台两个部分。

外窗台应有不透水的面层，并向外形成不小于 20% 的坡度，以利于排水。外窗台有悬挑窗台和不悬挑窗台两种。处于阳台等处的窗不受雨水冲刷，可不必设挑窗台；外墙面材料为贴面砖时，也可不设挑窗台。悬挑窗台常采用顶砌一皮砖出挑 60 mm 或将一砖侧砌并出挑 60 mm，也可采用钢筋混凝土窗台。挑窗台底部边缘处抹灰时应做宽度和深度均不小于 10mm 的滴水线或滴水槽。内窗台一般为水平放置，通常结合室内装修做成水泥砂浆抹灰、木板或贴面砖等多种饰面形式。在寒冷地区室内如为暖气采暖时，为便于安装暖气片，窗台下应预留凹龛，此时应采用预制水磨石板或预制钢筋混凝土窗台板形成内窗台。

（3）墙身加固措施。

对于多层砖混结构的承重墙，由于可能承受上部集中荷载、开洞以及其他因素，会造成墙体的强度及稳定性有所降低，因此要考虑对墙身采取加固措施。

墙身加固措施分为增加壁柱（门垛）、设置圈梁和设置构造柱等 3 种方法。

圈梁有钢筋砖圈梁和钢筋混凝土圈梁 2 种。

构造柱下端应伸入地梁内，无地梁时应伸入底层地坪下 500 mm 处。为加强构造柱与墙体的连接，该处墙体宜砌成马牙槎，并应沿墙高每隔 500 mm 设 2 根 $\phi6$ 拉结钢筋，每边伸入墙内不少于 1 m。施工时应先放置构造柱钢筋骨架，后砌墙，随着墙体的升高而逐段现浇混凝土构造柱身。

4）墙面装修的作用及分类

常用的墙面装修可以保护墙体、提高墙体的耐久性，改善墙体的热工性能、光环境、卫生条件等使用功能，美化环境，丰富建筑的艺术形象。

墙体装修按其所处的部位可分为室外装修和室内装修；按材料及施工方式的不同，可分为抹灰类、贴面类、涂料类、裱糊类和铺钉类等 5 大类。

3. 楼板层

1）楼板层的组成

楼板层的组成包括面层、结构层、附加层、顶棚层。

面层又称为楼面，起着保护楼板、承受并传递荷载的作用，同时对室内有很重要的清洁及装饰作用。

结构层即楼板，是楼层的承重部分。

附加层又称功能层，根据楼板层的具体要求而设置，主要作用是隔声、隔热、保温、防水、防潮、防腐蚀、防静电等；根据需要，有时和面层合二为一，有时又和吊顶合为一体。

顶棚层位于楼板层最下层，主要作用是保护楼板、安装灯具、装饰室内、敷设管线等。

2）现浇钢筋混凝土楼板的构造

（1）板式楼板。

楼板内不设置梁，将板直接搁置在墙上的称为板式楼板。板有单向板与双向板之分。当板的长边与短边之比大于 2 时，板基本上沿短边方向传递荷载，这种板称为单向板，板内受力钢筋沿短边方向加置。双向板长边与短边之比不大于 2，荷载沿双向传递，短边方向内力较大，长边方向内力较小，受力主筋平行于短边，并摆在下面。

（2）肋梁楼板。

肋梁楼板是最常见的楼板形式之一，当板为单向板时，称为单向板肋梁楼板，当板为双向板时，称为双向板肋梁楼板。梁有主梁、次梁之分，次梁与主梁一般垂直相交，板搁置在次梁上，次梁搁置在主梁上，主梁搁置在墙或柱上。其主次梁布置对建筑的使用、造价和美观等有很大影响，如图 4.2.11 所示。

图 4.2.11　肋梁楼板

（3）井式楼板。

井式楼板是肋梁楼板的一种特殊形式。当房间尺寸较大，并接近正方形时，常沿两个方向布置等距离、等截面高度的梁（不分主次梁），板为双向板，形成井格形的梁板结构，纵梁和横梁同时承担着由板传递下来的荷载。井式楼板的跨度一般为 6 ~ 10 m，板厚为 70 ~ 80 mm，井格边长一般在 2.5 m 之内。井式楼板有正井式和斜井式两种。梁与墙之间成正交梁系的为正井式；长方形房间梁与墙之间常作斜向布置形成斜井式。井式楼板常用于跨度为 10 m 左右、长短边之比小于 1.5 的公共建筑的门厅、大厅，如图 4.2.12 所示。

（4）无梁楼板。

无梁楼板是将楼板直接支承在柱上，不设主梁和次梁。柱网一般布置为正方形或矩形，柱距以 6 m 左右较为经济。为减少板跨、改善板的受力条件和加强柱对板的支承作用，一般在柱的顶部设柱帽或托板。由于其板跨较大，板厚不宜小于 120 mm，一般为 160 ~ 200 mm。

无梁楼板楼层净空较大，顶棚平整，采光通风和卫生条件较好，适于活荷载较大的商店、仓库和展览馆等建筑。

图 4.2.12　井式楼板

（5）压型钢板组合楼板。

压型钢板组合楼板是由钢梁、压型钢板和现浇混凝土 3 部分组成。

压型钢板组合楼板的整体连接是由栓钉（又称抗剪螺钉）将钢筋混凝土、压型钢板和钢梁组合成整体。栓钉是组合楼板的抗剪连接件，楼面的水平荷载通过它传递到梁、柱上，所以又称剪力螺栓，其规格和数量是按楼板与钢梁连接的剪力大小确定的，栓钉应与钢梁焊接。

3）预制装配式钢筋混凝土楼板的分类及构造

（1）预制装配式钢筋混凝土楼板的分类。

预制钢筋混凝土楼板根据其截面形式可分为实心平板、槽形板和空心板 3 种类型。

实心平板上下板面平整，制作简单，宜用于跨度小的走廊板、楼梯平台板、阳台板、管沟盖板等处。板的两端支承在墙或梁上，板厚一般为 50 ~ 80 mm，跨度在 2.4 m 以内为宜，板宽约为 500 ~ 900 mm。由于构件小，起吊机械要求不高。槽形板是一种梁板结合的构件，即在实心板两侧设纵肋，构成槽形截面。它具有自重轻、省材料、造价低、便于开孔等优点。空心板孔洞形状有圆形、长圆形和矩形等，以圆孔板的制作最为方便，应用最广。

（2）预制装配式钢筋混凝土楼板的结构布置和连接构造。

在进行楼板结构布置时，应先根据房间开间、进深的尺寸确定构件的支承方式，然后选择板的规格进行合理的安排。在结构布置时，应注意以下几点原则：

① 尽量减少板的规格、类型。板的规格过多，不仅给板的制作增加麻烦，而且施工也较复杂。

② 为减少板缝的现浇混凝土量，应优先选用宽板，窄板作调剂用。

③ 板的布置应避免出现三面支承情况，即楼板的长边不得搁置在梁或砖墙上，否则，在荷载作用下，板会产生裂缝。

④ 按支承楼板的墙或梁的净尺寸计算楼板的块数，不够整块数的尺寸可通过调整板缝、于墙边挑砖或增加局部现浇板等办法来解决。

⑤ 遇有上下管线、烟道、通风道穿过楼板时，为防止圆孔板开洞过多，应尽量将该处楼板现浇。

（3）板缝构造。

安装预制板时，为使板缝灌浆密实，要求板块之间离开一定距离，以便填入细石混凝土。对整体性要求较高的建筑，可在板缝配筋或用短钢筋与预制板吊钩焊接。板的侧缝下口缝宽一般要求不小于 20 mm，缝宽在 20 ~ 50 mm 之间时，可用 C20 细石混凝土现浇；当下口缝宽为 50 ~ 200 mm 时，用 C20 细石混凝土现浇并在缝中配纵向钢筋。

（4）板与墙、梁的连接构造。

预制板直接搁置在砖墙或梁上时，均应有足够的支承长度。支承于梁上时其搁置长度不小于 80 mm；支承于墙上时其搁置长度不小于 110 mm，并在梁或墙上座 M5 水泥砂浆，厚度为 20 mm，以保证板的平稳，传力均匀。另外，为增加建筑物的整体刚度，板与墙、梁之间或板与板之间常用钢筋拉结，拉结程度随抗震要求和对建筑物整体性要求不同而异，各地有不同的拉结锚固措施。

（5）楼板上隔墙的处理。

在预制钢筋混凝土楼板上设立隔墙时，宜采用轻质隔墙，可搁置在楼板的任何位置。若隔墙自重较大时，如采用砖隔墙、砌块隔墙等，则应避免将隔墙搁置在一块板上，通常将隔墙设置在两块板的接缝处。当采用槽形板或小梁搁板时，隔墙可直接搁置在板的纵肋或小梁上；当采用空心板时，须在隔墙下的板缝处设现浇板带或梁来支承隔墙。

4）装配整体式钢筋混凝土楼板

（1）密肋填充块楼板。

密肋填充块楼板的密肋小梁有现浇和预制两种。现浇密肋填充块楼板是以陶土空心砖、矿渣混凝土实心块等作为肋间填充块来现浇密肋和面板而成。预制小梁填充块楼板是在预制小梁之间填充陶土空心砖、矿渣混凝土实心块、煤渣空心块，上面现浇面层而成。密肋填充块楼板板底平整，有较好的隔声、保温、隔热效果，在施工中空心砖还可起到模板作用，也有利于管道的敷设。此种楼板常用于学校、住宅、医院等建筑中。

（2）预制薄板叠合楼板。

预制薄板叠合楼板是由预制薄板和现浇钢筋混凝土层叠合而成的装配整体式楼板。叠合楼板的预制板部分通常采用预应力或非预应力薄板。为了保证预制薄板与叠合层有较好的连接，薄板上表面需做处理，如将薄板表面作刻槽处理、板面露出较规则的三角形结合钢筋等。预制薄板跨度一般为 4 ~ 6 m，最大可达到 9 m，板宽为 1.1 ~ 1.8 m，板厚通常不小于 50 mm。现浇叠合层厚度一般为 100 ~ 120 mm，以大于或等于薄板厚度的两倍为宜。叠合楼板的总厚度一般为 150 ~ 250 mm。

5）顶棚构造

（1）直接式顶棚。

① 直接喷刷涂料顶棚：当楼板底面平整，室内装饰要求不高时，可在楼板底面填缝刮平后直接喷刷大白浆、石灰浆等涂料，以增加顶棚的反射光照作用。

② 抹灰顶棚：当楼板底面不够平整或室内装修要求较高时，可在楼板底抹灰后再喷刷涂料。顶棚抹灰可用纸筋灰、水泥砂浆和混合砂浆等，其中纸筋灰应用最普遍。纸筋

灰抹灰应先用混合砂浆打底，再用纸筋灰罩面。

③ 粘贴顶棚：对于某些有保温、隔热、吸声要求的房间，以及楼板底不需要敷设管线而装修要求又高的房间，可于楼板底面用砂浆打底找平后，用黏结剂粘贴墙纸、泡沫塑料板、铝塑板或装饰吸音板等，形成贴面顶棚。

（2）悬吊式顶棚。

木龙骨吊顶的主龙骨截面一般为 50 mm×70 mm 方木，间距 900 ~ 1 200 mm，用 $\phi 8$ 螺栓钢筋或 $\phi 6$ 钢筋与钢筋混凝土楼板固定。次龙骨截面为 40 mm×40 mm 方木，间距根据面板规格，一般为 400 ~ 500 mm，通过吊木垂直于主龙骨单向布置。

当面板采用板条抹灰时，可直接在龙骨上钉板条，再抹灰，即形成传统的板条抹灰顶棚。这种吊顶造价较低，但抹灰湿作业量大，面层易出现龟裂，甚至破坏脱落，且防火性能差。若在板上加钉一层钢板网再抹灰，即形成板条钢板网抹灰吊顶，这种吊顶可防止抹灰层的开裂脱落，防火性好，适用于要求较高的建筑中。

木龙骨的面层还可采用木质板材。木质板材品种多，如胶合板、纤维板、木丝板、刨花板等，其优点主要是施工速度快、干作业，故比抹灰吊顶应用更广。

金属龙骨吊顶一般以轻钢或铝合金型材作龙骨，具有自重轻、刚度大、防火性能好、施工安装快、无湿作业等特点，得到广泛应用。主龙骨一般是通过 $\phi 6$ 钢筋或 $\phi 8$ 螺栓悬挂于楼板下，间距为 900 ~ 1 200 mm，主龙骨下挂次龙骨。龙骨截面有 U 形、⊥形和凹形。为铺钉装饰面板和保证龙骨的整体刚度，应在龙骨之间增设横撑，间距视面板类型及规定而定。最后在次龙骨上固定面板。面板有各种人造板和金属板。人造板一般有纸面石膏板、浇筑石膏板、水泥石棉板、铝塑板等；金属板有铝板、铝合金板、不锈钢板等，形状有条形、方形、长方形、折棱形等。面板可借用自攻螺丝固定在龙骨上或直接搁放于龙骨内。

4. 楼　梯

楼梯分为现浇钢筋混凝土楼梯和预制装配式钢筋混凝土楼梯两种。

1）现浇网筋混凝土楼梯的分类及其构造

现浇钢筋混凝土楼梯可分为钢筋混凝土板式楼梯和梁板式楼梯两种。

（1）钢筋混凝土板式楼梯。

板式的楼梯段作为一块整浇板，斜向搁置在平台梁上，楼梯段相当于一块斜放的板，平台梁之间的距离即为板的跨度。楼梯段应沿跨度方向布置受力钢筋。也有带平台板的板式楼梯，即把两个或一个平台板和一个梯段组合成一块折形板。这样处理平台下净空扩大了，但斜板跨度增加了。板式楼梯常用于楼梯荷载较小，楼梯段的跨度也较小的住宅等，如图 4.2.13 所示。

（2）梁板式楼梯。

梁板式楼梯是由踏步板、楼梯斜梁、平台梁和平台板组成。荷载由踏步板传给斜梁，再由斜梁传给平台梁，而后传到墙或柱上。梁板式梯段在结构布置上有双梁布置和单梁布置之分，如图 4.2.14 所示。

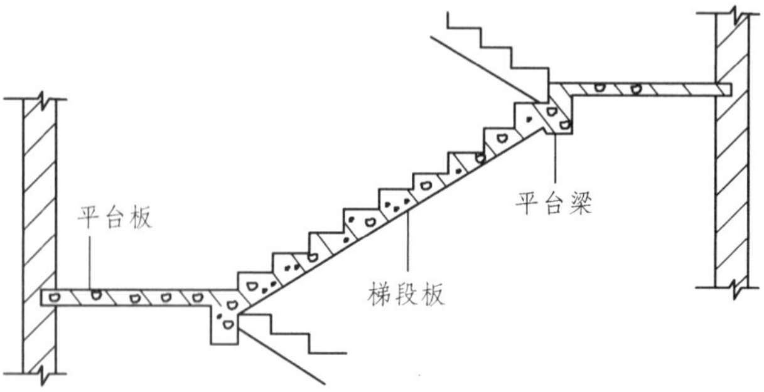

图 4.2.13 板式楼梯

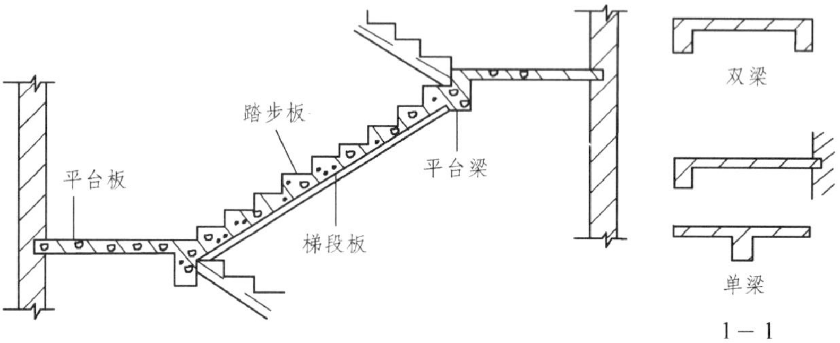

图 4.2.14 梁板式楼梯

双梁式梯段系将梯段斜梁布置在踏步板的两端，这时踏步板的跨度便是梯段的宽度。梁板式楼梯与板式楼梯相比，板的跨度小，故在板厚相同的情况下，梁板式楼梯可以承受较大的荷载。双梁式楼梯在有楼梯间的情况下，有时为了节约用料，通常在楼梯段靠墙一边也可不设斜梁，用承重的砖墙代替斜梁，则踏步板一端搁在墙上，另一端搁在斜梁上。

2）预制装配式钢筋混凝土楼梯的分类及构造

（1）小型构件装配式楼梯。

钢筋混凝土预制踏步从断面形式看，一般有一字形、正反 L 形和三角形 3 种。L 形踏步有正反 2 种，即 L 形和倒 L 形。L 形踏步的肋向上，每两个踏步接缝在踢面上、踏面下，踏面板端部可凸出于下面踏步的肋边，形成踏口。同时下面的肋可作为上面板的支承。倒 L 形踏步的肋向下，每两个踏步接缝在踢面下踏面上，踏面和踢面上部交接处看上去较完整。踏步稍有高差，可在拼缝处调整。此种接缝需处理严密，否则在楼梯段清扫时污水或灰尘可能下落。影响下面楼梯段的正常使用。不管正 L 形还是倒 L 形踏步，均可简支或悬挑。悬挑时须将压入墙的一端做成矩形截面。三角形踏步最大特点是安装后底面严整。为减轻踏步自重，踏步内可抽孔。预制踏步多采用简支的方式。

预制踏步的支承有梁支承和墙支承两种形式。

梁承式支承的构件是斜向的梯梁。预制梯梁的外形随支承的踏步形式而变化，当梯梁支承保留三角形踏步时，梯梁常做成上表面平齐的等截面矩形梁，如果梯梁支承保留一字形或 L 形踏步时，梯梁上表面须做成锯齿形。

墙承式楼梯依其支承方式不同可以分为悬挑踏步式楼梯和双墙支承式楼梯。

（2）中型构件装配式楼梯。

中型构件装配式楼梯一般由楼梯段和带平台梁的平台板两个构件组成。带梁平台板把平台板和平台梁合并成一个构件，当起重能力有限时，可将平台梁和平台板分开。这种构造作法的平台板可以和小型构件装配式楼梯的平台板一样，采用预制钢筋混凝土槽形板或空心板两端直接支承在楼梯间的横墙上，或采用小型预制钢筋混凝土平板直接支承在平台梁和楼梯间的纵墙上。

（3）大型构件装配式楼梯。

大型构件装配式楼梯是把整个梯段和平台预制成一个构件，按结构形式不同可分为有板式楼梯和梁板式楼梯 2 种。为减轻构件的重量可以采用空心楼梯段。楼梯段和平台这一整体构件支承在钢支托或钢筋混凝土支托上。

大型构件装配式楼梯构件数量少，装配化程度高，施工速度快，但施工时需要大型的起重运输设备，主要用于大型装配式建筑中。

5. 屋　顶

1）柔性防水屋面的基本构造层次

柔性防水屋面的基本构造层次包括结构层、找坡层、找平层、结合层、防水层和保护层。

（1）结构层：通常为预制或现浇的钢筋混凝土屋面板，对于结构层的要求是必须有足够的强度和刚度。

（2）找坡层：只有当屋面采用材料找坡时才设，通常的做法是在结构层上铺垫 1:（6 ~ 8）水泥焦砟或水泥膨胀蛭石等轻质材料来形成屋面坡度。

（3）找平层：防水卷材应铺贴在平整的基层上，否则卷材会发生凹陷或断裂，所以在结构层或找坡层上必须先做找平层。找平层可选用水泥砂浆、细石混凝土和沥青砂浆等，厚度视防水卷材的种类和基层情况而定。找平层宜设分格缝，分格缝也叫分仓缝，是为了防止屋面不规则裂缝以适应屋面变形而设置的人工缝。

（4）结合层：采用油毡卷材时，为了使第一层热沥青能和找平层牢固地结合，须涂刷一层既能和热沥青黏合，又容易渗入水泥砂浆找平层内的稀释沥青溶液，俗称冷底子油。另外，为了避免油毡层内部残留的空气或湿气，在太阳的辐射下膨胀而形成鼓泡，导致油毡皱折或破裂，应在油毡防水层与基层之间设有蒸汽扩散的通道，故在工程实际操作中，通常将第一层热沥青涂成点状（俗称花油法）或条状，然后铺贴首层油毡，该层即为结合层。

（5）防水层：防水卷材有沥青防水卷材、高聚物改性沥青防水卷材和合成高分子防水卷材等。当屋面坡度小于 3% 时，卷材宜平行屋脊从檐口到屋脊向上铺贴；屋面坡度在 3% ~ 15% 之间时，卷材可以平行或垂直屋脊铺贴；屋面坡度大于 15% 或屋面受震动荷载时，沥青卷材应垂直屋脊铺贴。铺贴卷材应采用搭接法，上下搭接不小于 70 mm，左右搭接不小于 100 mm。多层卷材铺贴时，上下层卷材的接缝应错开。当屋面防水层为二毡三油时，可采用逐层搭接半张的铺设方法，操作较为简便。

（6）保护层：应根据防水层所用材料和屋面的利用情况而定。

2）刚性防水屋面的基本构造层次

刚性防水屋面的基本构造层次包括结构层、找平层、隔离层和防水层。

（1）结构层：刚性防水屋面的结构层必须具有足够的强度和刚度，故通常采用现浇或预制的钢筋混凝土屋面板。刚性防水屋面一般为结构找坡，坡度以 3%～5%为宜。屋面板选型时应考虑施工荷载，且排列方向一致，以平行屋脊为宜。为了适应刚性防水屋面的变形，屋面板的支承处应做成滑动支座。

（2）找平层：为了保证防水层厚薄均匀，通常应在预制钢筋混凝土屋面板上先做一层找平层，若屋面板为现浇时可不设此层。

（3）隔离层：隔离层的做法一般是先在屋面结构层上用水泥砂浆找平，再铺设沥青、废机油、油毡、油纸、黏土、石灰砂浆、纸筋灰等。有保温层或找坡层的屋面，也可利用它们作隔离层。

（4）防水层：刚性防水屋面防水层的做法有防水砂浆抹面和现浇配筋细石混凝土面层两种。

3）屋顶的保温

（1）散料类：如炉渣、矿渣等工业废料，以及膨胀陶粒、膨胀珍珠岩等。

（2）整体类：一般是以散料类保温材料为骨料，掺入一定量的胶结材料，现场浇筑而形成的整体保温层，如水泥炉渣、水泥膨胀珍珠岩及沥青蛭石、沥青膨胀珍珠岩等。同散料类保温材料相同，也应先做水泥砂浆找平层，再做卷材防水层。以上两种类型的保温材料都可兼作找坡材料。

（3）板块类：一般现场浇筑的整体类保温材料都可由工厂预先制作成板块类保温材料，如预制膨胀珍珠岩、膨胀蛭石以及加气混凝土、泡沫塑料等块材或板材。

4）屋顶的隔热

（1）通风隔热屋面：架空通风隔热屋面是将通风层设在结构层的上面，一般做法是用预制板块架空搁置在防水层上，这样对结构层和防水层都能起到保护作用。

（2）实体材料隔热屋面：包括蓄水屋面和种植屋面等。

（3）反射降温屋顶：利用材料表面的颜色和光滑度对热辐射的反射作用，将一部分热量反射回去，从而达到降温的目的。屋顶表面可以铺浅颜色材料，如浅色的砾石，或刷白色的涂料及银粉，都能使屋顶产生降温的效果。如果在顶棚通风屋顶的基层中加一层铝箔纸板，就会产生二次反射作用，这样会进一步改善屋顶的隔热效果。

6. 门和窗

1）窗的开启方式和尺度

（1）窗以开启方式分为固定窗、平开窗、悬窗、立转窗、推拉窗。

（2）窗的尺度应综合考虑采光、使用、节能、结构、美观几方面因素及符合《建筑门窗洞口尺寸系列》（GB/T 5824—2008）这一标准。

2）门的开启方式和尺度

（1）门以开启方式分为平开门、弹簧门、推拉门、折叠门、转门。

（2）门的尺度应考虑到人体的尺度和人流量，搬运家具、设备所需高度尺寸等，以及有无其他特殊需要。例如，门厅前的大门往往由于美观及造型需要，常常考虑加高、加宽门的尺度。与窗的尺寸一样，应遵守国家标准《建筑门窗洞口尺寸系列》（GB/T 5824—2021）。

7. 变形缝

常用的变形缝包括伸缩缝、沉降缝和防震缝。

1）伸缩缝

伸缩缝要求把建筑物的墙体、楼板层、屋顶等地面以上部分全部断开，基础部分因受温度变化影响较小，不需断开，缝宽一般在 20～40 mm。砖混结构的墙和楼板及屋顶结构布置可采用单墙，也可采用双墙承重方案，最好设置在平面图形有变化处，以利隐藏处理。框架结构一般采用悬臂梁方式，也可采用双梁双柱方式，但施工较复杂。

（1）墙体伸缩缝构造：砖墙伸缩缝一般做成平缝或错口缝，一砖半厚外墙应做成错口缝或企口缝。外墙外侧常用浸沥青的麻丝或木丝板及泡沫塑料条、油膏弹性防水材料塞缝，缝隙较宽时，可用镀锌铁皮、铝皮做盖缝处理，内墙可用金属皮或木条做盖缝处理。

（2）楼地板层伸缩缝构造（见图 4.2.15）：伸缩缝位置大小应与墙体、屋顶变形缝一致。缝内以可压缩变形的油膏、沥青麻丝、金属或塑料调节片等材料做封缝处理，上铺活动盖板或橡皮等以防灰尘下落。顶棚处的盖缝条只能固定于一端，以保证缝两端构件自由伸缩。

图 4.2.15 楼板伸缩缝

（3）屋顶伸缩缝构造：不上人屋面一般在伸缩缝处加砌矮墙，屋面防水和泛水基本上同常规做法，不同之处在于盖缝处铁皮混凝土板或瓦片等均应能允许自由伸缩变形而不造成渗漏，上人屋面则用嵌缝油膏嵌缝并注意防水处理。

2）沉降缝

沉降缝是为了建筑物各部分由于不均匀沉降引起的破坏而设置的变形缝。下列情况须设置沉降缝：当建筑物建造在不同的地基土壤上，两部分之间；同一建筑物相邻部分高度相差两层以上或部分高度差超过 10 m 时。

沉降缝与伸缩缝最大的区别在于沉降缝不但将墙、楼层及屋顶部分脱开，而且其基础部分亦必须分离。沉降缝的宽度随地基情况和建筑物的高度不同而定。

沉降缝一般兼起伸缩缝的作用，其构造与伸缩缝基本相同，但盖缝条及调节片构造必须注意能保证在水平方向和垂直方向自由变形。

3）防震缝

对建筑防震来说，一般只考虑水平方向地震波的影响。在地震区建造房屋，应力求体形简单，重量、刚度对称并均匀分布，建筑物的形心和重心尽可能接近，避免在平面和立面上的突然变化。同时，在地震区最好不设变形缝，以保证结构的整体性，加强整体刚度。多层砌体房屋，在设计烈度为 8 度和 9 度的地震区，当建筑物立面高差大于 6 m，或建筑物有错层，且楼板错层高差较大，或建筑物各部分结构刚度、质量截然不同时，应设防震缝。

（二）工业建筑

单层工业厂房的结构支承方式基本上可分为排架结构与刚架结构两类(见图 4.2.16)。排架结构是指柱与基础为刚接，屋架与柱顶的连接为铰接。单层工业厂房通常由基础、柱子、屋盖结构、吊车梁、支撑和维护结构组成。

图 4.2.16 排架结构和刚架结构

多层工业建筑常用的结构形式为骨架结构，按材料可分为砖石混合结构、钢筋混凝土结构、钢结构。选择时应根据厂房的用途、规模、工艺和起重运输设备、施工条件、材料供应情况等因素，综合分析确定。

（1）砖石混合结构：它由砖柱和钢筋混凝土屋架或屋面大梁组成，也有砖柱和木屋架或轻钢及组合屋架组成的。

（2）装配式钢筋混凝土结构：这种结构坚固耐久、可预制装配、与钢结构相比可节约钢材，造价较低，故在国内外的单层厂房中得到了广泛的应用。但其自重大，抗震性能不如钢结构。

（3）钢结构：它的主要承重构件全部用钢材做成，这种结构抗震性能好、构件较轻（与钢筋混凝土比）、施工速度快，除用于吊车载重、高温或振动大的车间以外，对于要求建设速度快、早投产早受益的工业厂房，也可采用钢结构。但钢结构易锈蚀、耐火性能较差，使用时应采用相应的防护措施。

阅读拓展

中国节能环保集团总部——上海最“绿”智慧建筑

任务三　建筑工程施工技术

【学习任务】

（1）了解施工机械设备的选择方法；
（2）了解建筑工程施工过程质量检验与评定方法；
（3）熟悉建筑分部分项工程的施工方法和施工工艺。

一、土方工程

（一）土方工程施工辅助工作

土方工程常用的施工辅助工作包括支护和施工排水。

1. 支护结构

土方开挖过程中，当地质条件和周围环境不允许放坡时，可使用如下特殊支护结构：
（1）横撑式支撑如图 4.3.1 所示。
（2）护坡桩挡墙：主要有钢板桩挡墙、H 形钢桩挡墙、钻孔灌注桩及人工挖孔桩挡墙、深层搅拌水泥土桩及旋喷桩挡墙、锚固形式挡墙（见图 4.3.2）等。
（3）土钉墙支护：是指天然土体通过钻孔、插筋、注浆来设置土钉（亦称砂浆锚杆）并与喷射混凝土面板相结合，形成类似重力挡墙的土钉墙，以抵抗墙后的土压力，保持开挖面的稳定，也称为喷锚网加固边坡或喷锚网挡墙。

（4）地下连续墙支护：先建造钢筋混凝土地下连续墙，达到强度后在墙间用机械挖土。该支护刚度大、强度高，可挡土、承重、截水、抗渗，可在狭窄场地施工，适于大面积、有地下水的深基坑施工。

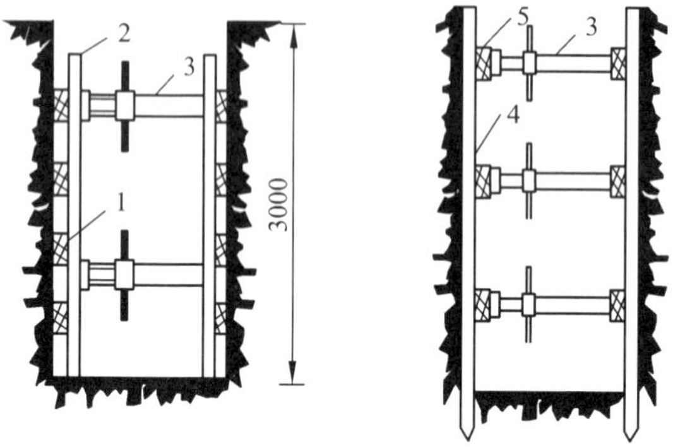

（a）继续式水平挡土板支撑　（b）垂直挡土板支撑

1—水平挡土板；2—竖楞木；3—工具式横撑；
4—竖直挡土板；5—横楞木。

图 4.3.1　横撑式支撑

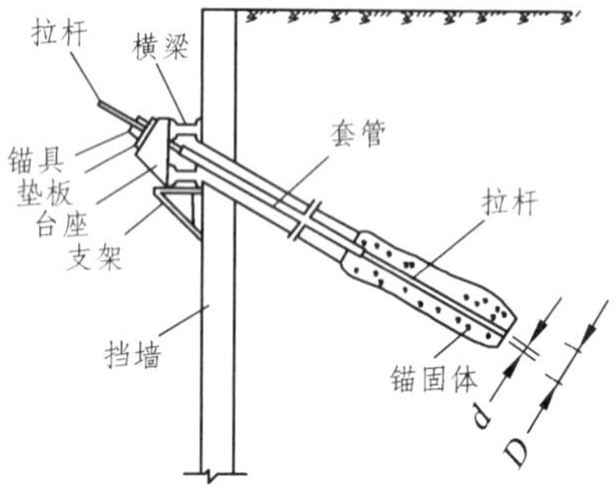

图 4.3.2　锚固形式挡墙

2. 施工排水

基坑开挖时，流入坑内的地下水和地表水如不及时排除，会使施工条件恶化、造成土壁塌方，亦会降低地基的承载力。施工排水可分为明排水法和人工降低地下水位法两种。

1）明排水法

明排水法一般采用截、疏、抽的方法，截是指在现场周围设临时或永久性排水沟、防洪沟或挡水堤，以拦截雨水、潜水流入施工区域；疏是指在基坑内设置纵横排水沟，疏通、排干场内地表积水；抽是指在低洼地段设置集水、排水设施，然后用抽水机抽走。

常采用的方式主要有 3 种，明沟与集水井排水（见图 4.3.3）是在基坑的一侧或四周设置排水明沟，在四角或每隔 20 ~ 30 m 设集水井，排水沟始终比开挖面低 0.4 ~ 0.5 m，集水井比排水沟低 0.5 ~ 1 m，在集水井内设水泵将水抽排出基坑。适用于土质好、地下水量不大的基坑排水；分层明沟排水（见图 4.3.4）是当基坑土层由多种土层组成，中部夹有透水性强的砂类土时，为防止上层地下水冲刷基坑下部边坡，宜在基坑边坡上分层设置；深层明沟排水（见图 4.3.5）是当地下基坑相连、土层渗水量和排水面积大，为减少大量设置排水沟的复杂性，可在基坑内的深基础或合适部位设置一条纵、长、深的主沟，其余部位设置边沟或支沟与主沟连通，在基础部位用碎石或砂子作盲沟，适用于深度大的大面积地下室、箱基的基坑施工排水。

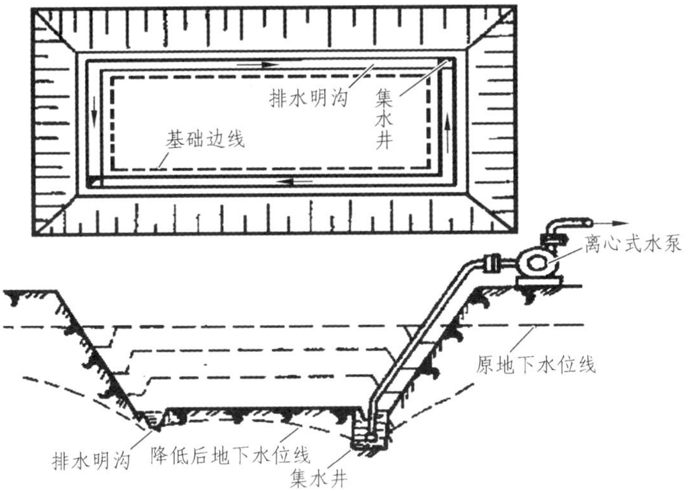

图 4.3.3　明沟与集水井排水

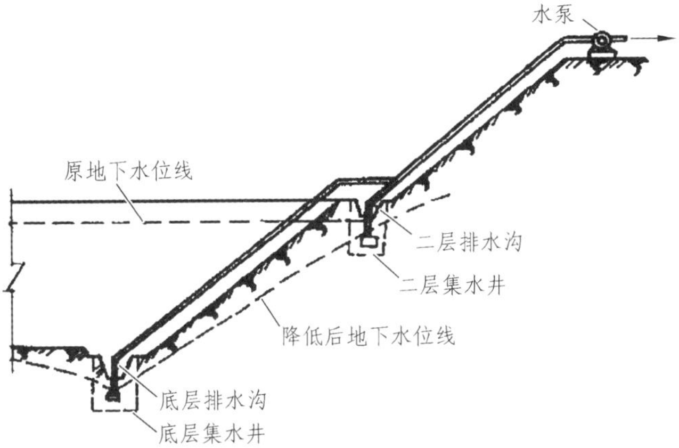

图 4.3.4　分层明沟排水

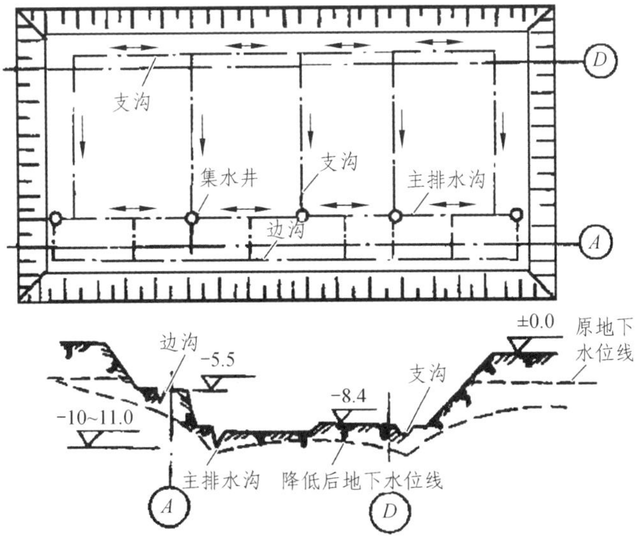

图 4.3.5　深层明沟排水

2）井点降水法

在含水丰富的土层中开挖大面积基坑时，明沟排水法难以排干大量的地下涌水，当遇粉细砂层时，还会出现严重的翻浆、冒泥、涌砂现象，不仅基坑无法挖深，还可能造成大量的水土流失、边坡失稳、地面塌陷，严重者危及邻近建筑物的安全。井点降水法是在基坑开挖前，预先在基坑四周埋设一定数量的滤水井（管），然后用抽水设备从中抽水，以使地下水位降到基坑底以下，同时在基坑的开挖过程中仍应不断抽水，以使所挖的土保持干燥状态，从而防止流砂现象的产生。井点降水法可分为轻型井点（见图 4.3.6）、喷射井点、管井井点、电渗井点及深井井点等降水法，一般根据土的渗透系数、工程特点、降低水位的深度及设备条件综合选用。通过井点降水使土中的水分排除，可以改变边坡的坡度，从而减少了土方开挖的数量，并且还能够防止基底隆起和加速地基的固结，有利于提高工程的质量。

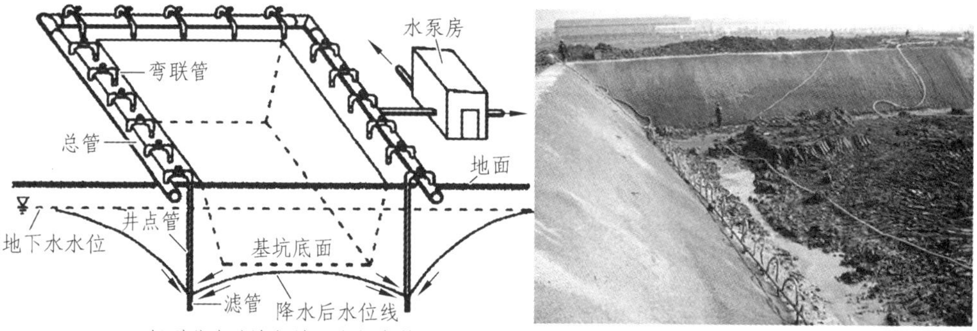

轻型井点法降低地下水位全貌图　　基坑轻型井点降水

图 4.3.6　轻型井点降水

（二）基坑（槽）施工

1. 房屋定位放线

在基础施工之前根据建筑总平面图设计要求，将拟建房屋的平面位置和零点高程在地面上固定下来。定位一般用经纬仪、水准仪和钢尺等测量仪器，根据主轴线控制点，将外墙轴线的 4 个交点用木桩测设在地面上。房屋外墙轴线测定后，根据建筑平面图将内部纵横的所有轴线都一一测出，并用木桩及桩顶面小钉标识出来。

房屋定位后，根据基础的宽度、土质情况、基础埋置深度及施工方法，计算确定基坑（槽）上口开挖宽度，拉通线后用石灰在地面上画出基坑（槽）开挖的上口边线即放线（见图 4.3.7）。

2. 开挖机械的选择

挖掘机主要用于挖掘基坑、沟槽，清理和平整场地，更换工作装置后还可进行装卸、起重、打桩等其他作业，能一机多用，工效高、经济效果好，是工程建设中的常用机械。按行走方式分：履带式、轮胎式；按工作装置分：正铲、反铲、抓铲、拉铲。常用的是

图 4.3.7　基础（坑）定位放线

正铲和反铲挖掘机，斗容量 0.1 ~ 2.5 m^3。基坑（槽）及管沟土方开挖宜优先选用反铲挖掘机，大型基坑整体开挖也可选择正铲挖掘机。

开挖基坑（槽）或管沟时，应合理确定开挖顺序、路线及开挖深度。正铲的特点是“前进向上，强制切土”。适用于开挖含水量较小的一类土和经爆破的岩石及冻土，主要用于开挖停机面以上的土方，需自卸汽车配合完成挖运作业，开挖大型基坑需设置上下坡道。当采用正铲挖掘机开挖基坑（槽）时，常用的开挖方式有两种：一种是正向开挖、侧向装土（见图 4.3.8），此法卸土时回转角小、运输方便、生产效率高、应用较广。另一种是正向开挖、后方装土（见图 4.3.9），此法卸土时回转角大、汽车需倒车开入，运输不方便，只适用于基坑宽度较小、深度较大的情况。

图 4.3.8　正向开挖　侧向装土

图 4.3.9　正向开挖　后方装土

当采用反铲、拉铲挖土机开挖基坑（槽）或管沟时，其施工方法有如下两种：

一种是沟端开挖法：挖土机从基坑（槽）或管沟的端头以倒退行驶的方法进行开挖，自卸汽车配置在挖土机的两侧装运土。挖掘宽度不受机械最大挖掘半径限制，同时可挖到最大深度。另一种是沟侧开挖法：挖土机沿着基坑（槽）或管沟的一侧移动，自卸汽车在另一侧装运土。当采用铲运机开挖大型基坑（槽）时，应纵向分行、分层按照坡度线向下铲挖，但每层的中心线地段应比两边稍高一些，以防积水。当挖土机沿挖方边缘移动时，机械距离边坡上缘的宽度不得小于基坑（槽）或管沟深度的 1/2。如挖土深度超过 5 m 时，应按专业性施工方案来确定。

拉铲的特点是“后退向下，自重切土”，其挖土半径和深度较大，能挖停机面以下的一至二类土，适于开挖深度较大的基坑、沟渠以及填筑路基、修筑堤坝、河道清淤。抓铲的特点是“直上直下，自重切土”，挖掘力稍小，能挖一至二类土。抓铲适于土质较松软、施工面狭窄而深的基坑、深槽、沉井挖土，清理河泥等，挖淤泥时，抓斗易被淤泥吸住，应避免用力过猛，以防翻车，抓铲施工一般均需加配重。

3. 基坑（槽）开挖施工要点

基坑（槽）和管沟开挖的一般规定：开挖前，应查明基坑周边及影响范围内建（构）筑物及水、电、燃气等地下管线情况，采取措施保护其使用安全；深度超过 3 m 的基坑支护、开挖应编制专题施工方案；深度超过 5 m 的基坑支护、开挖专题方案应召开专家论证会审查；危险性较大的深基坑施工应制订应急预案。开挖时，应先深后浅或相邻基坑同时进行，挖土应自上而下水平分段分层进行，边挖边检查坑底宽度及坡度，每 3 m 左右修一次坡，至设计高程再统一进行一次修坡清底。

（1）开挖程序：测量放线→切线分层开挖→排降水→修坡→整平→留足预留土层→验槽→挖去预留土层浇筑混凝土（砼）垫层。

（2）定位放线：根据基坑（槽）的开挖方式（直立或放坡），考虑施工操作面的预留坑底宽度，确定开挖宽度并放出灰线。

（3）基坑排降水：基坑周围应有截水沟，防止地表水流入坑内冲刷边坡、泡坏基土，引发塌方；地下水位以下挖土，应采取施工降水措施或设置排水沟、集水井排水，降水工作应持续到基础施工完成。

（4）开挖作业：开挖时应先深后浅或相邻基坑同时进行，挖土应自上而下水平分段分层进行，边挖边检查坑底宽度及坡度，每 3 m 左右修一次坡，至设计高程再统一进行一次修坡清底。

（5）渣土处置：多余渣土应及时运出，在基坑槽边缘上侧临时堆放渣土、材料或移动式施工机械时，应与基坑上边缘保持 2 m 以上的距离，堆置高度不超过 1.5 m，以保证坑壁或边坡的稳定。

（6）防止对基底持力层的扰动：基坑挖好后不能立即进入下道工序时，应预留 15（人工）~ 30 cm（机械）土层不挖，待基坑验槽后、浇筑混凝土垫层前再挖至设计高程，以防止持力层被阳光曝晒或雨水浸泡。在距槽底设计高程 50 cm 槽帮处，抄出水平线，钉上小木橛，然后用人工将暂留土层挖走。同时，由两端轴线（中心线）引桩拉通线（用小线或铅丝），检查距槽边尺寸，确定槽宽标准，以此修整槽边，最后清除槽底土方。槽底修理铲平后，进行质量检查验收。开挖基坑（槽）的土方，在场地有条件堆放时，一定要留足回填需用的好土，多余的土方应一次运走，避免二次搬运。

（7）基坑验槽：当基坑（槽）挖至设计高程后，应组织勘察、设计、监理、施工方和业主代表共同检查坑底土层是否与勘察、设计资料相符，是否存在填井、填塘、暗沟、墓穴等不良情况，这称为验槽。验槽以观察为主，辅以夯、拍或轻便勘探。基坑挖完后，应组织由业主、设计、勘察、监理四方参与的基坑验槽，并报质监站验证，符合要求后方可进入下一道工序。观察验槽的内容包括：检查基坑（槽）的位置、断面尺寸、高程和边坡等是否符合设计要求；检查槽底是否已挖至老土层（地基持力层）上，是否继续下挖或进行处理；对整个槽底土层进行全面观察：土的颜色是否均匀一致，土的坚硬程度是否均匀一致，有无局部过软或过硬，土的含水量情况，有无过干过湿，在槽底行走或夯拍有无震颤现象或空穴声音等。

夯、拍验槽是用木夯、蛙式打夯机或其他工具对干燥的基坑进行夯、拍（对潮湿和软土地基不宜夯、拍，以免破坏基底土层），从夯、拍声音判断土中是否存在土洞或墓穴，对可疑迹象，应用轻便勘探仪进一步调查。当基坑持力层明显不均匀，浅部有软弱下卧层或坑穴、古墓、古井等难以发现，按勘察、设计文件要求时，应采用钎探、轻便动力触探、手持螺纹钻、洛阳铲等对基坑底普遍进行轻型动力触探。

（8）雨季施工时基坑（槽）应分段开挖，挖好一段浇筑一段垫层。

（三）土方回填

机械回填土施工工艺的流程：基坑底地坪清理→检验土质→分层铺土→分层碾压密实→检验密实度→修整找平验收，具体要求如下：

（1）填土前，应将基土上的洞穴或基底表面上的树根、垃圾等杂物都处理完毕，清除干净。

（2）检验土质。检验回填土料的种类、粒径，有无杂物，是否符合规定；土料的含水量是否在控制范围内，如含水量偏高，可采用翻松、晾晒或均匀掺入干土等措施，如遇填料含水量偏低，可采用预先洒水润湿等措施。

（3）填土应分层铺摊，每层铺土的厚度应根据土质、密实度要求和机具性能确定，或按表 4.3.1 选用。

表 4.3.1 填土时每层的铺土厚度和压实遍数

压实机具	每层铺土厚度/mm	每层压实遍数/遍
平碾	200～300	6～8
羊足碾	200～350	8～16
振动平碾	600～1500	6～8
蛙式、柴油式打夯机	200～250	3～4

（4）填土的压实方法一般有碾压、夯实、振动压实等几种。碾压法是靠沿填筑面滚动的鼓筒或轮子的压力压实填土的，适用于大面积填土工程。碾压机械有平碾（压路机）、羊足碾、振动碾和汽胎碾。碾压机械进行大面积填方碾压，宜采用“薄填、低速、多遍”的方法。夯实方法是利用夯锤自由下落的冲击力来夯实填土，适用于小面积填土的压实。夯实机械有内燃式振动平板夯、冲击夯和蛙式打夯机（见图 4.3.10）等。

（5）碾压时，轮（夯）迹应相互搭接，防止漏压或漏夯，长宽比较大时，填土应分段进行。每层接缝处应做成斜坡形，碾迹重叠 0.5～1.0 m，上下层错缝距离不应小于 1 m。

（6）当填方超出基底表面时，应保证边缘部位的压实质量。填土后，如设计不要求边坡修整，宜将填方边缘宽填 0.5 m，如设计要求边坡修平拍实，可宽填 0.2 m。

（7）在机械施工碾压不到的填土部位，应配合人工推土填充，用蛙式或柴油打夯机分层夯打密实。

（8）回填土方每层压实后，应按规范规定进行环刀取样，测出干土的质量密度，达到要求后，再进行上一层的铺土。

（9）填方全部完成后，表面应进行拉线找平，凡超过标准高程的地方应及时依线铲平，凡低于标准高程的地方，应补土找平夯实。

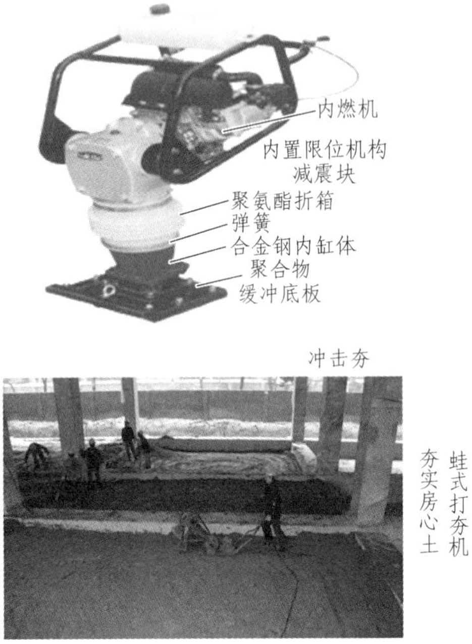

图 4.3.10　冲击夯和蛙式打夯机

二、地基与基础工程

（一）地基的处理

地基处理常用的方法主要有换填垫层法、排水固结法、强夯法、挤密法、化学加固法等（见图 4.3.11）。

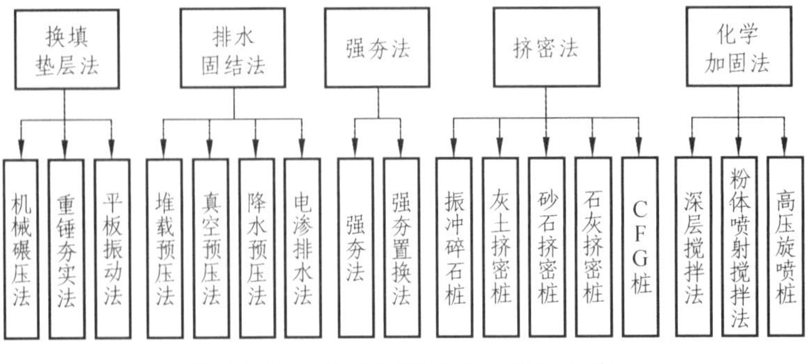

图 4.3.11　地基处理常用方法的分类

1. 换填垫层法

当建筑物的地基土为软弱土、不均匀土、湿陷性土、膨胀土、冻胀土等，不能满足上部结构对地基强度和变形的要求，而软弱土层的厚度又不是很大时，常采用换土法（也称为换土垫层法）处理，即将基础下一定范围内的土层挖去，然后换填密度大、强度高的砂、碎石、灰土、素土，以及粉煤灰、矿渣等性能稳定、无侵蚀性的材料，并分层夯（振、压）实至设计要求的密实度。换土法的处理深度通常控制在 3 m 以内时较为经济合理。从垫层采用的材料的不同，垫层类型包括混凝土垫层、砂石垫层、灰土垫层和“三合土”垫层等。

2. 排水固结法

排水固结法是为提高软弱地基的承载力、减少建筑物建成后的沉降，预先对拟建地基进行堆载或真空预压，使软弱地基土固结的地基处理方法，适用于淤泥质土、淤泥和冲填土等饱和黏性土地基。通过在场地加载预压，使土体中的孔隙水沿排水板排出，地基土压密、沉降、固结，地基发生沉降，强度逐步提高。预压荷载超过拟建建筑物荷载的称为超载预压；预压荷载等于拟建建筑物荷载的称为等载预压。

3. 强夯法

强夯法是利用起重设备将重锤（一般为 8 ~ 40 t）提升到较大高度（一般为 10 ~ 40 m）后，自由落下，将产生的巨大冲击能量和振动能量作用于地基，从而在一定范围内提高地基的强度，降低压缩性，是改善地基抵抗振动液化能力、消除湿陷性黄土的湿陷性的一种有效的地基加固方法。

强夯法适用于碎石土、砂土、低饱和度的粉土、黏性土、杂填土、素填土、湿陷性黄土等各类地基的处理。对淤泥和淤泥质土地基，强夯处理效果不佳，应慎重。另外，强夯法施工时振动大、噪声大，对邻近建筑物的安全和居民的正常生活有一定影响，所以在城市市区或居民密集的地段不宜采用。

4. 挤密法

挤密桩复合地基常用的有土挤密桩和灰土挤密桩，其原理是利用沉管、冲击或爆扩等方法成孔时的侧向挤土作用，使桩间一定范围内的土得以挤密、扰动和重塑，然后将桩孔用素土或灰土分层夯填密实，前者称为土挤密桩，后者称为灰土挤密桩。挤密桩复合地基属于深层挤密加固地基的一种方法，是一种人工复合地基。

土挤密桩和灰土挤密桩的施工工艺包括成孔和孔内回填夯实两部分。常用的成孔方法有锤击沉管成孔、振动沉管成孔、冲击成孔、爆扩成孔及人工挖孔等方法，通常应按设计要求、成孔设备、现场土质和周围环境等因素确定。夯实机械种类较多，按提锤方法有偏心轮夹杆式和卷扬机提升式两种。

挤密桩法适用于处理地下水位以上的湿陷性黄土、素填土和杂填土等地基，可处理的深度为 5 ~ 15 m（应根据建筑场地的土质情况，工程要求，成孔、夯实设备等综合因素确定）。当以消除地基土的湿陷性为主要目的时，宜选用土挤密桩法；当以提高地基土的承载力为主要目的时，宜选用灰土挤密桩法；当地基土的含水量大于 24%、饱和度大于 65%时，不宜选用土挤密桩法和灰土挤密桩法。

5. 水泥土搅拌法

水泥土搅拌法是通过深层搅拌机械（见图 4.3.12）在地基中就地将软黏土和固化剂（多数用水泥浆）强制拌和，使软黏土硬结成具有整体性、水稳性和足够强度的地基土。根据上部结构的要求，可对软土地基进行柱状、壁状和块状等不同形式的加固。水泥土搅拌法分为深层搅拌法（简称湿法）和粉体喷搅法（简称干法）。深层搅拌桩可作为竖向承载的复合地基；基坑工程围护挡墙、防渗帷幕等。加固深度不大于 20 m，桩径不小于 500 mm，适用于淤泥质土、粉土、素填土、黏性土及无流动地下水的饱和松散砂土等地基处理。

（1）材料：固化剂选用强度等级不小于 32.5 级普通硅酸盐水泥。水泥掺量除块状为 7% ~ 12%外，其余为 12% ~ 20%，水灰比为 0.45 ~ 0.55。

（2）施工步骤：桩机定位→预搅下沉→喷粉、搅拌、提升至预定停灰面→重复搅拌下沉至设计深度→重复喷粉、搅拌、提升至预定的停灰面→成桩。

图 4.3.12 深层搅拌机械

（二）无筋扩展基础施工

1. 施工工艺流程

基底土质验槽→施工垫层→在垫层上弹线抄平→基础施工。

2. 施工要点

基础施工前，应先行验槽并将地基表面的浮土及垃圾清除干净。在主要轴线部位设置引桩控制轴线位置，并以此放出墙身轴线和基础边线。在基础转角、交接及高低踏步处应预先立好皮数杆。基础底高程不同时，应从低处砌起，并由高处向低处搭接。砖砌大放脚通常采用一顺一丁砌筑方式，最下一皮砖以丁砌为主。水平灰缝和竖向灰缝的厚度应控制在 10 mm 左右，砂浆饱满度不得小于 80%，错缝搭接，在丁字及十字接头处要隔皮砌通。

毛石基础砌筑时，第一皮石块应座浆，并大面向下。砌体应分皮卧砌，上下错缝，内外搭接，按规定设置拉结石，不得采用先砌外边后填心的砌筑方法。阶梯处，上阶的石块应至少压下阶石块的 1/2。石块间较大的空隙应填塞砂浆后用碎石嵌实，不得采用先放碎石后灌浆或干填碎石的方法。基础砌筑完成验收合格后，应及时回填，回填土要在基础两侧同时进行，并分层夯实，压实系数应符合设计要求。

（三）扩展基础施工

1. 施工工艺流程

基底土质验槽→施工垫层→在垫层上弹线抄平→基础施工。

2. 施工要点

基础施工前，应进行验槽并将地基表面的浮土及垃圾清除干净，及时浇筑混凝土垫层，以免地基土被扰动。当垫层达到一定强度后，在其上弹线、绑扎钢筋、支模。钢筋底部应采用与混凝土保护层相同的水泥砂浆垫块垫塞，以保证位置正确。基础上有插筋时，要采取措施加以固定，保证插筋位置的正确，防止浇捣混凝土时发生位移。基础混凝土应分层连续浇筑完成。阶梯形基础应按台阶分层浇筑，每浇筑完一个台阶后应待其初步沉实后，再浇筑上层，以防止下台阶混凝土溢出造成上台阶根部出现烂根，台阶表面应基本抹平。锥形基础的斜面部分模板应随混凝土浇捣分段支设并顶压紧，以防模板上浮变形，边角处混凝土应注意捣实。严禁斜面部分不支模、采用铁锹拍实的方法。

（四）桩基础施工

桩基础由桩和承台组成。按受力情况可分为摩擦型桩和端承型桩，摩擦型桩是指桩顶竖向荷载主要由桩侧阻力承受；端承型桩是指桩顶竖向荷载主要由桩端阻力承受；按材料分为木桩、钢筋混凝土桩、预应力混凝土桩、钢管桩、H 形钢桩；按排土状况分为挤土桩（锤击桩、静压桩、振动桩、沉管桩、夯扩桩）和非挤土桩（钻孔桩、挖孔桩）。

桩基础按施工方法分为预制桩和灌注桩，其中灌注桩按成孔方法分为泥浆护壁成孔灌注桩、沉管灌注桩、干作业钻孔灌注桩和人工挖孔灌注桩等，灌注桩直接在桩位上成孔，然后在孔内灌注混凝土而成。该工艺能适应地层的变化、无须接桩、施工时无振动、无挤压、噪声小，适用于建筑物密集区，施工后需要一定的养护期，不能立即承受荷载，是较为常见的桩基础施工方法。

1. 灌注桩施工

1）泥浆护壁成孔灌注桩

泥浆护壁成孔灌注桩是机械成孔作业时，在桩孔内注入既可保护孔壁、又能循环排出土渣的泥浆，成孔后水下浇灌混凝土将泥浆置换出来的施工方法，宜用于地下水位以下的黏性土、粉土、砂土、填土、碎石土及风化岩层；按成孔工艺可分为泥浆护壁钻孔、冲孔两类灌注桩（见图 4.3.13）。其施工工艺流程如图 4.3.14 所示。

泥浆护壁钻孔灌注桩

泥浆护壁冲孔灌注桩

图 4.3.13 泥浆护壁钻孔、冲孔灌注桩

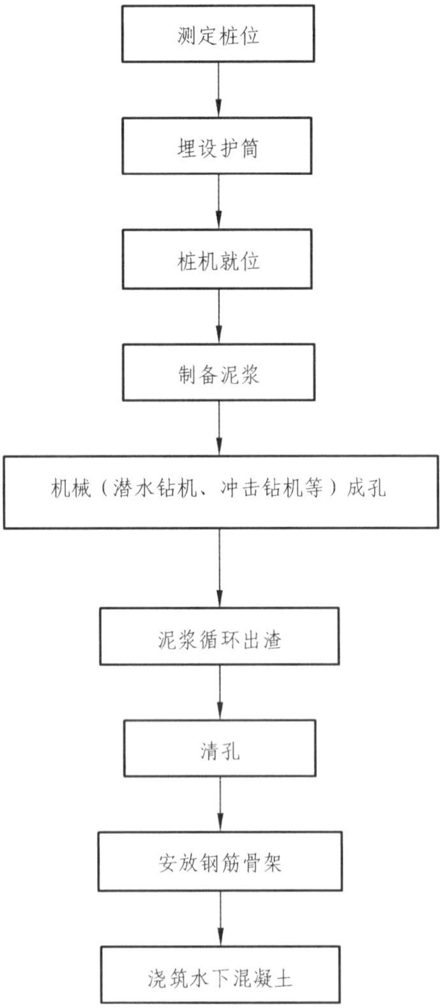

图 4.3.14 泥浆护壁成孔灌注桩施工流程

2）沉管灌注桩

沉管灌注桩又称套管成孔灌注桩，是利用锤击法或振动法将带有钢筋混凝土桩靴（或活辨式桩尖）的钢制桩管沉入土中，然后边拔管边灌注混凝土而成桩。利用激振器的振动沉管，称为“振动沉管灌注桩”，用锤击沉桩设备沉管时称为“锤击沉管灌注桩”。

锤击沉管灌注桩施工工艺：立管→套入桩靴、对准桩位压入土中→检查→低锤轻击→检查有无偏移→正常施打至设计高程→第一次浇灌混凝土→边拔管、边继续浇灌混凝土→安放钢筋笼、继续浇灌混凝土至桩顶设计高程。锤击沉管灌注桩施工要点如下：

（1）桩尖与桩管接口处应垫麻（或草绳）垫圈，以防地下水渗入管内，并可作为缓冲层。沉管时先用低锤锤击，观察无偏移后，才正常施打。

（2）拔管前，应先锤击或振动套管，在测得混凝土确已流出套管时方可拔管。

（3）桩管内混凝土尽量填满，拔管时要均匀，保持连续密锤轻击，并控制拔管速度，一般土层以不大于 1 m/min 为宜，软弱土层与软硬交界处，应控制在 0.8 m/min 以内为宜。

（4）在管底未拔到桩顶设计高程前，倒打或轻击不得中断，注意使管内的混凝土保持略高于地面，并保持到全管拔出为止。

（5）桩的中心距在 5 倍桩管外径以内或小于 2 m 时，均应跳打施工，中间空出的桩须待邻桩混凝土达到设计强度的 50%以后，方可施打。

振动沉管灌注桩施工工艺：立管→合拢活瓣桩尖、对准桩位压入土中→检查→初始沉管→检查有无偏移→正常沉管至设计高程→第一次浇灌混凝土→边拔管、边振动、边继续浇灌混凝土→安放钢筋笼、继续浇灌混凝土至桩顶设计高程（见图 4.3.15）。

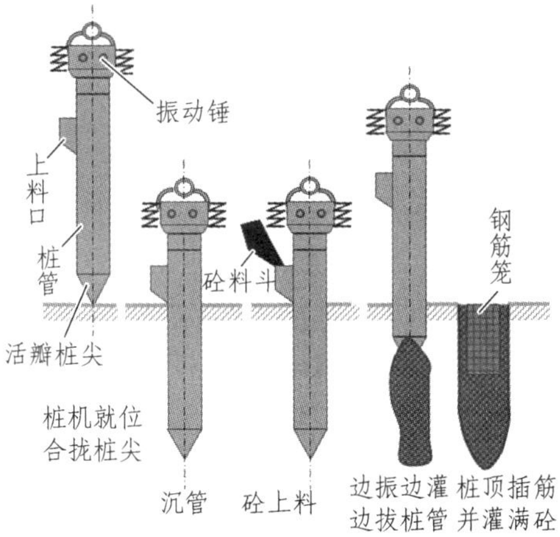

图 4.3.15　振动沉管灌注桩施工工艺

振动沉管的施工方法有单打法、反插法和复打法。单打法（又称一次拔管法）：拔管时，每提升 0.5 ~ 1.0 m，振动 5 ~ 10 s，然后再拔管 0.5 ~ 1.0 m，这样反复进行，直至全部拔出。复打法：在同一桩孔内连续进行两次单打，或根据需要进行局部复打。施工时，应保证前后两次沉管轴线重合，并在混凝土初凝之前进行。反插法：钢管每提升 0.5 m，再下插 0.3 m，这样反复进行，直至拔出。

3）人工挖孔灌注桩

人工挖孔灌注桩单桩承载力大、受力性能好、质量可靠、沉降量小、无振动无噪声、无环境污染，无须大型机械设备，一柱一桩时无须截桩、节省承台。可多桩同时施工，施工进度快。其施工工艺流程：放线、定桩位→挖第一节桩孔土方→支模浇筑第一节护壁混凝土→循环作业直至设计深度→检查持力层后进行扩底→清理虚土、排除积水、检查尺寸和持力层→吊放钢筋笼就位→浇筑桩身混凝土。

人工挖孔桩护壁有砖护壁和混凝土护壁（直径 1.2 m 以上）两种（见图 4.3.16），施工方法是分段开挖（每段 0.8 ~ 1 m）、分段砌筑或浇筑混凝土拱圈护壁，直至设计高程。混凝土护壁的厚度不小于 100 mm，混凝土强度等级不低于桩身混凝土强度等级，并应振捣密实；护壁应配置直径不小于 8 mm 的构造钢筋，竖向筋应上下搭接或拉接。现浇混凝土护壁法即分段开挖、分段浇筑混凝土护壁，既能防止孔壁坍塌，又能起到防水作用。桩孔采取分段开挖，每段高度取决于土壁直立状态的能力，一般 0.5 ~ 1.0 m 为一施工段，开挖井孔直径为设计桩径加混凝土护壁厚度。护壁施工段，即支设护壁内模板（工具式活动钢模板）后浇筑混凝土，其强度一般不低于 C15，护壁混凝土要振捣密实，当混凝土强度达到 1 MPa（常温下约 24 h）可拆除模板，进入下一施工段。如此循环，直至挖到设计要求的深度。

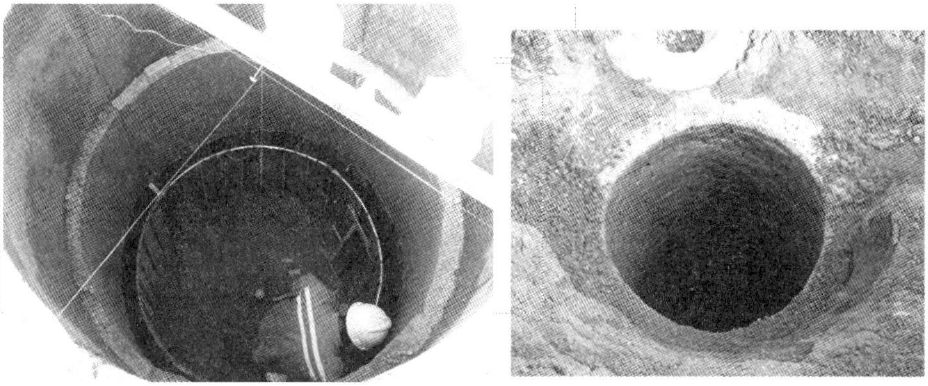

图 4.3.16　砖护壁和混凝土护壁

人工挖孔灌注桩安全措施：孔内须设置应急软爬梯供人员上下；使用的电葫芦、吊笼等应安全可靠，并配有自动卡紧保险装置；每日开工前须检测井下的有毒、有害气体；深度超过 10 m 的桩孔要有可靠的排水、通风和照明设施；井下送风的风量不宜少于 25 L/s；孔口须设置高度 0.8 m 护栏；防止孔壁坍塌和涌土、涌砂的处置预案，如减小护壁高度，随挖、随验、随灌注混凝土，强行穿越；钢护筒或混凝土沉井穿越；采取降水措施等。

2. 钢筋混凝土预制桩施工

钢筋混凝土预制桩的沉桩方法有锤击法、静力压桩法、振动法和水冲法（见图 4.3.17）。

锤击法也称打入法，是利用桩锤落到桩顶上的冲击力来克服土对桩的阻力，使桩沉到预定的深度或达到持力层的一种打桩施工方法。其施工程序为桩机就位→吊桩就位→扣桩帽、垂直度校核→落锤、松吊钩→低锤轻打、垂直度校核→正式打→接桩→送桩→

截桩→桩基检测→承台施工。

静力压桩是利用静压力将桩压入土中，施工中无振动、无噪声，但存在挤土效应。适用于软弱土层和邻近有怕振动的建（构）筑物的情况。静力压桩利用压桩架的自重和配重，通过卷扬机牵引，由钢丝绳、滑轮和压梁，将整个桩机的重力（800 ~ 1500 kN）反压在桩顶上，以克服桩身下沉时与土的摩擦力，迫使预制桩下沉。压桩施工一般采取分节压入、逐段接长的施工方法。当下节桩压入土中后上端距地面 0.8 ~ 1 m 时接长上节桩，继续压入。每根桩的压入、接长应连续。静力压桩多选用顶压式液压压桩机或抱压式液压压桩机，压力可达 8000 kN。场地地基承载力应不小于压桩机接地压强的 1.2 倍，且场地应平整。液压式压桩机的最大压桩力应取压桩机的机架重量与配重之和乘以 0.9，且不小于设计的单桩竖向极限承载力标准值，必要时可由现场试验确定。压桩顺序：对于场地地层中局部含砂、碎石、卵石时，先对该区域进行压桩；当持力层埋深或桩的入土深度差别较大时，先施压长桩后再施压短桩。

振动法是将振动锤吊至预制桩顶，将桩头套入与振动箱连接的桩帽或液压夹桩器内夹紧，振动锤产生的激振力通过桩身带动土体振动，使土颗粒间的摩擦力大大减小，桩在自重和机械力作用下沉入土中。振动法沉桩设备构造简单、使用方便、效率较高，主要用于钢板桩、钢管桩的沉桩施工，借助起重设备可以拔桩。钢筋混凝土预制桩一般不得使用。

射水沉桩法往往与锤击（或振动）法同时使用。在砂夹卵石层或坚硬土层中，一般以射水为主，锤击或振动为辅；在粉质黏土或黏土中，一般以锤击或振动为主，射水为辅，并控制射水时间和水量。水压与流量根据地质条件、沉桩机具、沉桩深度和射水管直径、数目等因素确定，通常在沉桩施工前经过试桩选定。下沉空心桩，一般用单管桩内射水，当下沉较深或土层较密实，可用锤击或振动配合射水；下沉实心桩，将射水管对称装在桩身两侧，并可沿桩身上下自由移动，以便在任何高度上射水冲土。

图 4.3.17　钢筋混凝土预制桩的沉桩方法

三、钢筋混凝土工程

钢筋混凝土工程包括模板工程、钢筋工程、混凝土工程和预应力混凝土工程。

（一）模板工程

模板工程施工包括模板的选材、选型、设计、制作、安装、拆除和周转等过程。模板系统包括模板、支架和紧固件 3 个部分。模板及其支架应满足如下要求：有足够的承载力、刚度和稳定性，能可靠地承受浇筑混凝土的重力、侧压力以及施工荷载；保证工程结构和构件各部位形状尺寸和相互位置的正确；构造简单，装拆方便，便于钢筋的绑扎与安装、混凝土的浇筑与养护等工艺；接缝严密，不得漏浆。

常用的模板有现浇整体式结构模板和组合钢模两种。

1. 现浇整体式结构模板支设方法

1）基础模板

阶梯形基础模板（见图 4.3.18）第一阶由四块边模拼成，其中一对侧板与基础边尺寸相同，另一对侧板比基础边尺寸长 150~200 mm，在两端加钉木档，用以拼装固定另一对模板，并用斜撑撑牢、固定。第二阶模板通过轿杠置于第一阶上，安装时找准基础轴线及高程，上、下阶中心线互相对准，在安装第二阶前应绑好钢筋。

2）柱子模板

矩形柱模板由两块相对的内拼板及两块相对的外拼板和柱箍组成。柱模底部留有清扫口，上部开有与梁模板连接的缺口，沿高度每隔 2 m 左右开有浇筑混凝土的口。独立柱子应在模板四周支斜撑，以保证其垂直度。

3）梁模板

梁模板主要由底模、侧模、夹木及支架系统组成（见图 4.3.19）。

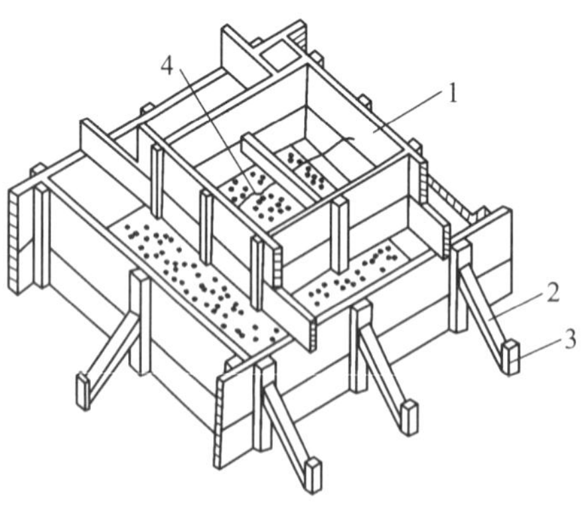

1—拼板；2—斜撑；3—木桩；4—铁丝。

图 4.3.18 阶梯形基础模板

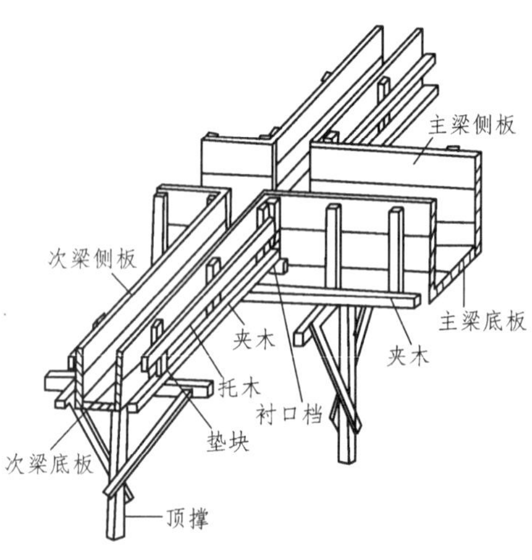

图 4.3.19 梁模板

梁模板安装方法如下：沿梁模板下方地面上铺垫板，在柱模板缺口处钉衬口档，把底板搁置在衬口档上，立起靠近柱或墙的顶撑，再将梁长度等分，立中间部分顶撑，顶撑底下打入木楔，并检查调整标高；把侧模板放上，两头钉于衬口档上，在侧板底外侧铺钉夹木，再钉上斜撑和水平拉条。

4）楼板模板

一般用定型模板支承在楞木上，楞木支承在梁侧模板外的托木上。跨度大的楼板，楞木中间再加一排或多排支撑排架作为支架系统。

5）楼梯模板

一般先支平台梁模板，再装楼梯斜梁或楼梯底模板、外边板。在两块边板上钉反扶梯基，下面再钉三角木，以形成踏步。

2. 组合钢模连接

组合钢模的连接一种方式是在边框上不钻孔，用楞木来固定模板；另一种方式是在边框上按一定的模数钻孔，再用回形销、U 形卡或螺栓连接。

3. 模板的拆除

拆模顺序一般是先支后拆，后支先拆，先拆除侧模板，后拆除底模板。肋形楼板的拆模顺序，首先拆除柱模板，然后拆除楼板底模板、梁侧模板，最后拆除梁底模板。多层楼板模板支架的拆除，应按下列要求进行：

层楼板正在浇筑混凝土时，下一层楼板的模板支架不得拆除，再下一层楼板模板的支架仅可拆除一部分；跨度≥4 m 的梁均应保留支架，其间距不得大于 3 m。

（二）钢筋工程

1. 钢筋的连接

钢筋的连接方式可分为 3 类：绑扎连接、机械连接和焊接连接。

1）绑扎连接

钢筋绑扎一般用 18～22 号铁丝，其中 22 号铁丝只用于绑扎直径 12 mm 以下的钢筋。钢筋绑扎时应满足如下要求：钢筋的交叉点应用铁丝扎牢；柱、梁的箍筋，除设计有特殊要求外，应与受力钢筋垂直；箍筋弯钩叠合处，应沿受力钢筋方向错开设置；柱中竖向钢筋搭接时，角部钢筋的弯钩平面与模板面的夹角，矩形柱应为 45°，多边形柱应为模板内角的平分角；板、次梁与主梁交叉处，板的钢筋在上，次梁的钢筋居中，主梁的钢筋在下；当有圈梁或垫梁时，主梁的钢筋应放在圈梁上，主筋两端的搁置长度应保持均匀一致。

2）机械连接

钢筋常用的机械连接方法有套筒挤压连接、锥螺纹连接和直螺纹连接等。

套筒挤压连接是把两根待接钢筋的端头先插入一个优质钢套管，然后用挤压机在侧向加压数道，套筒塑性变形后即与带肋钢筋紧密咬合达到连接的目的。

锥螺纹连接是用锥形纹套筒将两根钢筋端头对接在一起，利用螺纹的机械咬合力传递拉力或压力，所用的设备主要是套丝机，通常安放在现场对钢筋端头进行套丝。

直螺纹连接是目前钢筋常用的螺纹连接方式，它主要有 3 种连接方法，镦粗直螺纹连接、直接滚压直螺纹连接和剥肋滚压直螺纹连接（见图 4.3.20）。剥肋滚压直螺纹连接是先将钢筋接头纵、横肋剥切处理，使钢筋滚丝前的柱体直径达到同一尺寸，然后滚压成型。它集剥肋、滚压于一体，成型螺纹精度高，滚丝轮寿命长，是目前直螺纹套筒连接的主流技术。

3）焊接连接

钢筋常用的焊接方法有闪光对焊、电弧焊、电渣压力焊、埋弧压力焊和气压焊等。

闪光对焊是利用对焊机使两段钢筋接触，通过低电压的强电流，把电能转化为热能，当钢筋加热到一定程度后，施加轴向压力顶锻，形成对接焊头。闪光对焊工艺可分为连续闪光焊、预热闪光焊、闪光—预热—闪光焊三种。

图 4.3.20　剥肋滚压直螺纹连接

电弧焊是利用弧焊机使焊条与焊件之间产生高温电弧，使焊条和电弧燃烧范围内的焊件熔化，待其凝固便形成焊缝或接头。广泛用于钢筋接头与钢筋骨架焊接、装配式结构接头焊接、钢筋与钢板焊接及各种钢结构焊接。弧焊机有直流与交流之分，常用的是交流弧焊机。钢筋电弧焊的接头形式有 3 种：搭接接头、帮条接头及坡口接头。

电渣压力焊是利用电流通过渣池产生的电阻热将钢筋端部熔化，然后施加压力使钢筋焊合。钢筋电渣压力焊分手工操作和自动控制两种。电渣压力焊的焊接参数为焊接电流、渣池电压和通电时间等，可根据钢筋直径选择。

埋弧压力焊是利用焊剂层下的电弧，将两焊件相邻部位熔化，然后加压顶锻使两焊件焊合。

钢筋气压焊是利用乙炔、氧气混合气体燃烧的高温火焰加热钢筋结合端部，待钢筋达到热塑状态时对其施加轴向压力，使其在高温下顶锻接合。

2. 钢筋的加工与安装

1）钢筋的加工

钢筋的加工有除锈、调直、下料剪切及弯曲成形。

钢筋除锈一般可以通过以下两个途径：大量钢筋除锈可在钢筋冷拉或钢筋调直机调

直过程中完成；少量的钢筋局部除锈可采用电动除锈机或人工用钢丝刷、砂盘以及喷砂和酸洗等方法进行。

钢筋调直：宜采用机械方法，也可以采用冷拉。对局部曲折、弯曲或成盘的钢筋在使用前应加以调直。钢筋调直方法很多，常用的方法是使用卷扬机拉直和用调直机调直。

钢筋切断：可用钢筋切断机或手动剪切器，切断前应将同规格钢筋长短搭配，统筹安排，一般先断长料，后断短料，以减少短头和损耗。

弯曲成型：钢筋弯曲有人工弯曲和机械弯曲。钢筋弯曲的顺序是画线、试弯、弯曲成型。

2）钢筋的安装

钢筋安装或现场绑扎应与模板安装配合。柱钢筋现场绑扎时，一般在模板安装前进行，柱钢筋采用预制时，可先安装钢筋骨架，然后安装模板，或先安三面模板，待钢筋骨架安装后再钉第四面模板。梁的钢筋一般在梁模安装好后再安装或绑扎，对梁高度、跨度较大及钢筋较密的大梁，可留一面侧模，待钢筋绑扎或安装好后再钉楼板。楼板钢筋绑扎应在楼板模板安装后进行，并应按设计先划线，然后摆料、绑扎。板、次梁与主梁交叉处，板的钢筋在上，次梁钢筋居中，主梁钢筋在下；当有圈梁、垫梁时，主梁钢筋在上，如图 4.3.21 所示。

图 4.3.21　楼板主次梁交叉处钢筋位置

（三）混凝土工程

混凝土工程包括搅拌、运输、浇筑与振捣、养护等工序。

1. 混凝土的搅拌

混凝土搅拌机按搅拌原理分为自落式和强制式两类。自落式搅拌机多用于搅拌塑性混凝土和低流动性混凝土；强制式搅拌机多用于搅拌干硬性混凝土和轻骨料混凝土，也可以搅拌低流动性混凝土。

混凝土的搅拌时间是指从砂、石、水泥和水等全部材料投入搅拌筒起，到开始卸料为止所经历的时间。在一定范围内，随搅拌时间的延长，强度有所提高，但过长时间的搅拌既不经济，混凝土的和易性又将降低，影响混凝土的质量。

投料顺序包括以下几种方式：

（1）一次投料法：在上料斗中先装石子，再加水泥和砂，然后一次投入搅拌筒中进行搅拌。

（2）二次投料法：先向搅拌机内投入水和水泥，待其搅拌 1 min 后再投入石子和砂继续搅拌到规定时间。这种投料方法，能改善混凝土性能，提高混凝土的强度，在保证规定的混凝土强度的前提下节约水泥。

（3）水泥裹砂石法：分两次加水，两次搅拌。先将全部砂、石子和部分水倒入搅拌机拌和，使骨料湿润，称之为造壳搅拌，搅拌时间以 45 ~ 75 s 为宜，再倒入全部水泥搅拌 20 s，加入拌和水和外加剂进行第二次搅拌，60 s 左右完成。用这种方法拌制的混凝土称为造壳混凝土（简称 SEC 混凝土）。

2. 混凝土的运输

1）混凝土运输的要求

（1）运输的全部时间不应超过混凝土的初凝时间。

（2）运输中应保持匀质性，不应产生分层离析现象，不应漏浆；运至浇筑地点应具有规定的坍落度，并保证在混凝土初凝前能有充分的时间进行浇筑。

（3）运输混凝土的道路要求平坦，应以最少的运转次数、最短的时间从搅拌地点运至浇筑地点。

2）运输工具的选择

混凝土运输分地面水平运输、垂直运输和楼面水平运输等 3 种。

（1）地面运输时，短距离多用双轮手推车、机动翻斗车；长距离宜用自卸汽车、混凝土搅拌运输车。

（2）垂直运输可采用各种井架、龙门架和塔式起重机作为垂直运输工具。对于浇筑量大、浇筑速度比较稳定的大型设备基础和高层建筑，宜采用混凝土泵，也可采用自升式塔式起重机或爬升式塔式起重机运输。

（3）泵送混凝土利用泵的压力通过专用管道将混凝土运送到浇筑地点，一次完成地面水平运输、垂直运输及楼面水平运输。

3. 混凝土的浇筑

1）混凝土浇筑的一般规定

（1）混凝土浇筑前不应发生离析或初凝现象，如已发生，须重新搅拌。混凝土运至现场后，其坍落度应满足规范要求。

（2）混凝土自高处倾落时，其自由倾落高度不宜超过 2 m。若混凝土自由下落高度超过 2 m，应设串筒、斜槽、溜管或振动溜管等。

（3）混凝土的浇筑工作应尽可能连续进行。

（4）混凝土的浇筑应分段、分层连续进行，随浇随捣。混凝土浇筑层厚度应符合规范规定。

（5）在竖向结构中浇筑混凝土时，不得发生离析现象。

2）施工缝的留设与处理

如果由于技术或施工组织上的原因，不能对混凝土结构一次连续浇筑完毕，而必须停歇较长的时间，其停歇时间已超过混凝土的初凝时间，致使混凝土已初凝，当继续浇混凝土时，形成了接缝，即为施工缝。施工缝的留设与处理注意事项：

（1）施工缝一般宜留在结构受力（剪力）较小且便于施工的部位。

（2）柱子的施工缝宜留在基础与柱子交接处的水平面上，或梁的下面，或吊车梁牛腿的下面、吊车梁的上面、无梁楼盖柱帽的下面，如图 4.3.22 所示。

（3）高度大于 1 m 的钢筋混凝土梁的水平施工缝应留在楼板底面下 20 ~ 30 mm 处，当板下有梁托时，留在梁托下部；单向平板的施工缝可留在平行于短边的任何位置；对于有主次梁的楼板结构，宜顺着次梁方向浇筑，施工缝应留在次梁跨度的中间 1/3 范围内。

图 4.3.22　柱子留设施工缝的位置

3）混凝土的浇筑方法

（1）多层钢筋混凝土框架结构的浇筑。浇筑框架结构首先要划分施工层和施工段，施工层一般按结构层划分，而每一施工层的施工段划分，则要考虑工序数量、技术要求、结构特点等。混凝土的浇筑顺序：先浇捣柱子，在柱子浇捣完毕后，停歇 1 ~ 1.5 h，使混凝土达到一定强度后，再浇捣梁和板。

（2）大体积钢筋混凝土结构的浇筑。大体积钢筋混凝土结构多为工业建筑中的设备基础及高层建筑中厚大的桩基承台或基础底板等，特点是混凝土浇筑面和浇筑量大，整体性要求高，不能留施工缝，浇筑后水泥的水化热量大且聚集在构件内部形成较大的内外温差，易造成混凝土表面产生收缩裂缝等。为保证混凝土浇筑工作连续进行，不留施工缝，应在下一层混凝土初凝之前将上一层混凝土浇筑完毕。

大体积钢筋混凝土结构的浇筑方案一般分为全面分层、分段分层和斜面分层 3 种。

全面分层：即在第一层浇筑完毕后，再回头浇筑第二层，如此逐层浇筑，直至完工为止。

分段分层：混凝土从底层开始浇筑，进行 2 ~ 3 m 后再回头浇第二层，同样依次浇筑各层。

斜面分层：要求斜坡坡度不大于 1/3，适用于结构长度大大超过厚度 3 倍的情况。

4. 混凝土的振捣

混凝土振动机械按其工作方式分为内部振动器、表面振动器和振动台等。

（1）内部振动器操作要点。

① 插入式振动器的振捣方法有两种：一是垂直振捣，即振动棒与混凝土表面垂直；二是斜向振捣，即振动棒与混凝土表面成 40° ~ 45°。

② 振捣器的操作要做到快插慢拔，插点要均匀，逐点移动，顺序进行，不得遗漏，达到均匀振实。振动棒的移动，可采用行列式或交错式。

③ 混凝土分层浇筑时，应将振动棒上下来回抽动 50 ~ 100 mm；同时，还应将振动棒伸入下层混凝土中 50 mm 左右。

④ 每一振捣点的振捣时间一般为 20 ~ 30 s。

⑤ 使用振动器时，不允许将其支承在结构钢筋上或碰撞钢筋，不宜紧靠模板振捣。

（2）表面振动器是将电动机轴上装有左右两个偏心块的振动器固定在一块平板上而成。其振动作用可直接传递于混凝土面层上。这种振动器适用于振捣楼板、空心板、地面和薄壳等薄壁结构。

（3）外部振动器是直接安装在模板上进行振捣，利用偏心块旋转时产生的振动力通过模板传给混凝土，达到振实的目的，适用于振捣断面较小或钢筋较密的柱子、梁、板等构件。

（4）振动台一般在预制厂用于振实干硬性混凝土和轻骨料混凝土，宜采用加压振动的方法，加压力为 1 ~ 3 kN/m^2。

5. 混凝土的养护

在混凝土浇筑完毕后，应在 12 h 以内加以覆盖和浇水。干硬性混凝土应于浇筑完毕后立即进行养护。混凝土必须养护至其强度达到 1.2 N/mm^2 以上才允许在上面行人和架设支架、安装模板，但不得冲击混凝土。

（1）洒水养护是用吸水保温能力较强的材料（如草帘、芦席、麻袋、锯末等）将混凝土覆盖，经常洒水使其保持湿润。

（2）喷洒塑料薄膜养护适用于不易洒水养护的高耸构筑物和大面积混凝土结构及缺水地区。它是将过氯乙烯树脂塑料溶液用喷枪喷洒在混凝土表面上，溶液挥发后在混凝土表面形成一层塑料薄膜，使混凝土与空气隔绝，阻止其中水分的蒸发，以保证水化作用的正常进行。

（3）蒸汽养护是将构件放置在有饱和蒸汽或蒸汽与空气混合物的养护室（或窑）内，在较高温度和湿度的环境中进行养护，以加速混凝土的硬化，使之在较短的时间内达到规定的强度标准值。

（4）真空脱水工艺是对混凝土采取机械强制脱水的方法，利用真空负压将混凝土内的水吸出。

（四）预应力混凝土工程

根据生产过程中组织构件成型和养护的不同特点，预制构件制作工艺可分为先张法和后张法两种。

先张法是在混凝土构件浇筑前先张拉预应力筋，并用夹具将其临时锚固在台座或钢模上，再浇筑构件混凝土，待其达到一定强度后（约 75%）放松并切断预应力筋，预应力筋产生弹性回缩，借助混凝土与预应力筋间的黏结，对混凝土产生预压应力。先张法生产有台座法和台模法两种。

后张法是先制作构件并预留孔道，待构件混凝土达到规定强度后，在孔道内穿入预应力筋，张拉并锚固，然后孔道灌浆。后张法不需台座，构件在张拉过程中完成混凝土的弹性压缩，广泛应用于现场生产的大型预应力构件和现浇混凝土结构中。

四、砌筑工程

（一）砌筑用脚手架

砌筑用脚手架是墙体砌筑过程中堆放材料和工人进行操作的临时设施。工人在地面或楼面上砌筑砖墙时，劳动生产率受砌筑的高度影响，在距地面 0.6 m 左右时生产效率最高，砌筑到一定高度，不搭设脚手架则砌筑工作不能进行。考虑砌砖工作效率及施工组织等因素，每次搭设脚手架的高度确定为 1.2 m 左右，称为“一步架高度”，又叫作砖墙的可砌高度。工人可以在脚手架上进行施工操作，材料也可按规定在架子上堆放，有时还要在架子上进行短距离的水平运输。

1. 脚手架的分类及构造

脚手架的分类按搭设位置的不同，分外脚手架和里脚手架。凡搭在建筑物外圈的架子，称外脚手架；凡搭设在建筑物内部的架子，称里脚手架。按脚手架所用的材料分为木、竹和钢制脚手架等。

1）外脚手架

常用的外脚手架有扣件式、碗扣式和门式 3 种。

（1）钢管扣件式脚手架。

钢管扣件式脚手架是由钢管和扣件组成，如图 4.3.23 所示。扣件为钢管与钢管之间的连接件，其基本形式有直角扣件、对接扣件和回转扣件 3 种。钢管扣件式脚手架的主要构件有立杆、大横杆、斜杆和底座等，一般均采用外径 48 mm，壁厚 3.5 mm 的焊接钢管。底座有两种，一种用厚 8 mm、边长为 150 mm 的钢管做底板，用外径 60 mm、壁厚 3.5 mm、长 150 mm 的钢管做套筒，二者焊接而成；另一种是用可锻铸铁铸成，底板厚 10 mm，直径 150 mm，插芯直径 36 mm，高 150 mm。

（2）碗扣式钢管脚手架。

碗扣式钢管脚手架也称多功能碗扣型脚手架。这种新型脚手架的核心部件是碗扣接头，由上下碗扣、横杆接头和上碗扣的限位销等组成，如图 4.3.24 所示。其特点是杆件全部轴向连接，结构简单，力学性能好，接头构造合理，工作安全可靠，装拆方便，不存在扣件丢失问题。

碗扣式钢管脚手架的主要构配件有立杆、顶杆、横杆、斜杆和底座等，如图 4.3.25 所示。立杆和顶杆各有两种规格，在杆上均焊有间距为 600 mm 的下碗扣，每一碗扣接头可同时连接 4 根横杆，可以构成任意高度脚手架，立杆接长时接头应错开，至顶层再用两种顶杆找平。专用构件有支撑柱垫座、支撑柱转角座、支撑柱可调座、提升滑轮、悬挑架和爬升挑架等。

（3）门式钢管脚手架。

门式钢管脚手架由门式框架、剪刀撑和水平梁架或脚手板构成基本单元，如图 4.3.26 所示。将基本单元连接起来（或增加梯子和栏杆等部件）即构成整片脚手架。门式脚手架一般的搭设程序如图 4.3.27 所示。

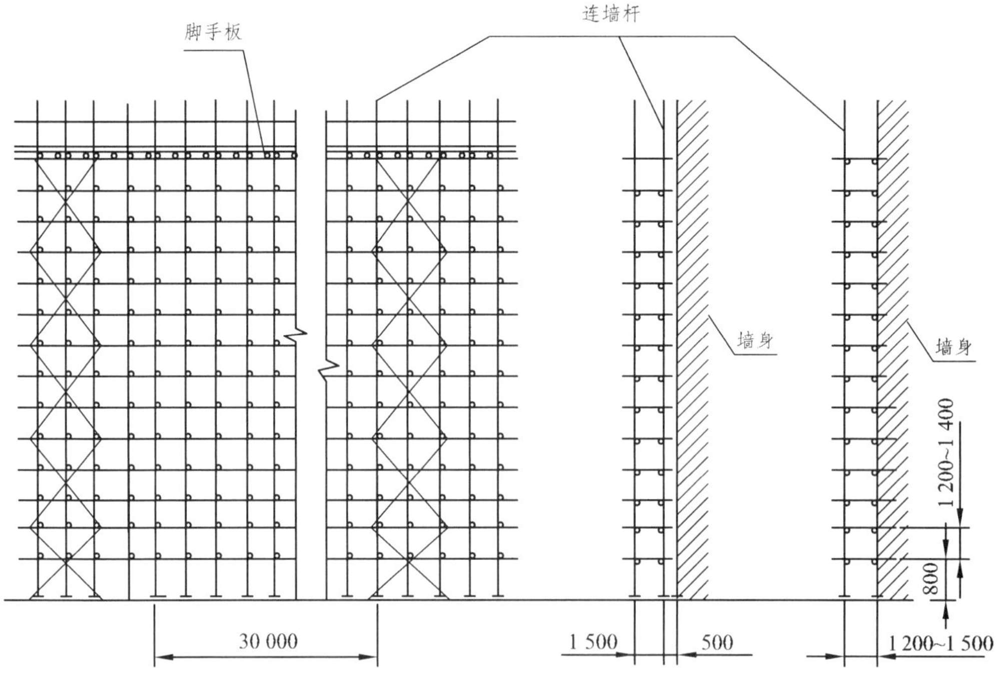

图 4.3.23　钢管扣件式脚手架

2）里脚手架

里脚手架是搭设在建筑物内部的一种脚手架，一般用于墙体高度不大于 4 m 的房屋。混合结构房屋墙体砌筑多采用工具式里脚手架，将脚手架搭设在各层楼板上，待砌完一层墙体后即将脚手架全部运到上一个楼层上。使用里脚手架，每一层楼只需要搭设 2~3 步架。里脚手架所用工料较少，比较经济，因而被广泛采用。但是，用里脚手架砌外墙时，特别是清水墙，工人在外墙的内侧操作，要保证外侧砌体表面平整度、灰缝平直度及不出现游丁走缝现象，对工人在操作技术上要求较高。常用的里脚手架有角钢（钢筋、钢管）折叠式里脚手架、支柱式里脚手架和木（竹、钢）制马凳式里脚手架。

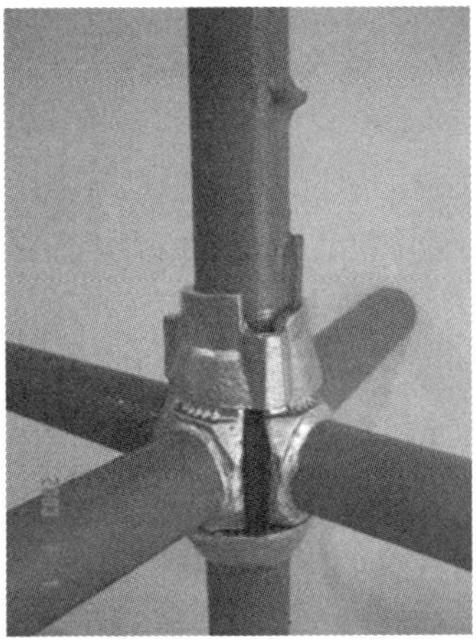

图 4.3.24　碗扣接头

图 4.3.25　碗扣式钢管脚手架

图 4.3.26　门式钢管脚手架

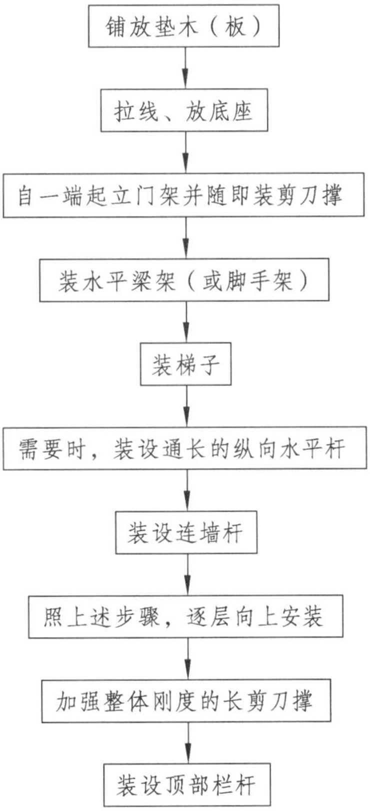
铺放垫木（板）
拉线、放底座
自一端起立门架并随即装剪刀撑
装水平梁架（或脚手架）
装梯子
需要时，装设通长的纵向水平杆
装设连墙杆
照上述步骤，逐层向上安装
加强整体刚度的长剪刀撑
装设顶部栏杆

图 4.3.27　门式钢管脚手架搭设程序

（二）砖砌体施工

砖砌体施工通常包括抄平、放线、摆砖样、立皮数杆、砌筑、清理和勾缝等工序。

抄平是指砌砖前应在基础顶面或楼面上定出各楼层标高，并用 M7.5 的水泥砂浆或 C10 细石混凝土找平，使各段砖墙能在同一标高位置开始砌筑。

放线是根据轴线桩或龙门板上轴线位置，在做好的基础顶面，弹出墙身中线及边线，同时弹出门洞口的位置，以确定各段墙体砌筑的位置。二层以上墙的轴线可以用经纬仪或锤球将轴线引上，并弹出各墙的轴线、边线、门窗洞口位置线。

常用的砌体的组砌形式如图 4.3.28 所示。

（1）“三一”砌砖法：即一块砖、一铲灰、一挤揉，并将挤出的砂浆刮去的砌筑方法。该方法灰缝饱满，黏结力好，墙面整洁。砌筑实心墙时宜选用“三一”砌砖法。

（2）挤浆法：即先在墙顶面铺一段砂浆，然后双手或单手拿砖挤入砂浆中，达到下齐边、上齐线，横平竖直要求。该方法可连续组砌几块砖，减少繁琐的动作，平推平挤可使灰缝饱满，效率高。

（3）满口灰法：即将砂浆刮满在砖面和砖棱上，随即砌筑的方法。该方法砌筑质量好，但效率低，仅适用于砌筑砖墙的特殊部位，如保暖墙、烟囱等。

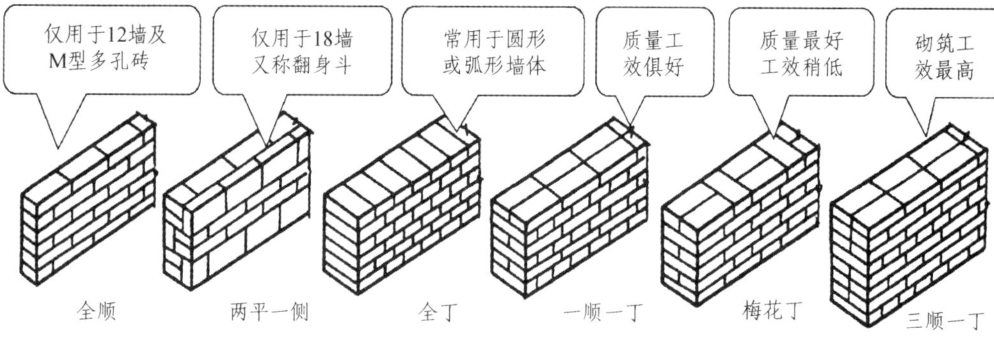

图 4.3.28　砖墙各种组砌形式

（三）砌块施工

砌块主要有混凝土小型空心砌块、加气混凝土砌块和石膏砌块。混凝土小型空心砌块砌体的施工要点：

（1）砌块排列应对孔、错缝、搭砌，上下皮小砌块要错缝 1/2 主规格长度对孔砌筑。无法对孔砌筑时，错缝搭接长度不小于 90 mm，否则应在水平灰缝中设置 $4\times\phi 4$ 钢筋点焊网片，网片两端与竖缝的距离不小于 400 mm，竖向通缝不超过 2 皮砌块。

（2）外墙转角及纵横墙交接处，应分皮咬槎、交错搭砌。

（3）墙体转角处和纵横墙交接处应同时砌筑，临时间断处应砌成斜槎，斜槎水平长度不小于斜槎高度。转角处及抗震设防区严禁留置直槎。非抗震设防区的内外墙临时间断处留斜槎有困难时，可从砌体面伸出 200 mm 砌成阴阳槎，并每 3 皮砌块设拉结筋或钢筋网片，接槎部位延至门窗洞口。

（4）砌块应逐块铺砌，砂浆随砌随铺。水平灰缝采用座浆法满铺砌块全部壁肋或封底面；竖向灰缝采用满铺端面法，即将砌块端面朝上铺满砂浆再上墙挤紧，然后加浆插捣密实。

（5）砌筑时上跟线、下跟棱，左右相邻要对平，每砌完一块原浆勾缝，灰缝凹进墙面 2 mm。

（6）砌块被移动或撞动时，应重新铺砌，砌体的日砌筑高度不大于 1.4 m 或一步架。

五、结构安装工程

（一）起重机械

结构安装用的起重机械主要有：桅杆式起重机、自行式起重机、塔式起重机以及索具设备。

1. 桅杆式起重机

在建筑工程中常用的桅杆式起重机有：独脚拔杆、悬臂拔杆、人字拔杆和牵缆式桅杆起重机。

2. 自行式起重机

自行式起重机可分为履带式起重机、汽车式起重机与轮胎式起重机。自行式起重机的优点是灵活性大，移动方便，能为整个建筑工地服务。这类起重机的缺点是稳定性较差。

3. 塔式起重机

塔式起重机的起重臂安装在塔身顶部，它具有较大的工作空间，起重高度大，广泛应用于多层及高层装配式结构安装工程。常用的塔式起重机的类型有：轨道式塔式起重机，轮胎式塔式起重机，爬升式塔式起重机，附着式塔式起重机等。

4. 索具设备

结构安装工程施工中要使用许多辅助工具，如卷扬机、滑轮组、钢丝绳、吊钩、卡环、横吊梁、柱销等，一般有定型产品可供选用。

（二）单层工业厂房构件吊装工艺

1. 柱子的安装

柱子的安装工艺包括绑扎、吊升、就位、临时固定、校正、最后固定等工序。

1）绑扎

绑扎柱子用的吊具有吊索、卡环和铁扁担等。为使在高空中脱钩方便，尽量采用活络式卡环。为避免起吊时吊索磨损构件表面，要在吊索与构件之间垫以麻袋或木板。一点绑扎时，绑扎位置常选在牛腿下，工字形截面和双肢柱绑扎点应选在实心处（工字形柱的矩形截面处和双肢柱的平腹杆处），否则，应在绑扎位置用方木垫平。特殊情况下，绑扎点要计算确定。常用的绑扎方法有斜吊绑扎法和直吊绑扎法，如图 4.3.29 所示。

图 4.3.29　柱的直吊绑扎法

2）吊升

柱子的吊升方法根据柱子重量、长度、起重机性能和现场施工条件而定，一般可分为旋转法和滑行法两种。

旋转法是在柱子吊升时，起重机边升钩，边回转起重杆，使柱子绕柱脚旋转而吊起之后插入杯口，如图 4.3.30 所示。

滑行法是指柱子起吊时，起重臂不动，仅起重钩上升，柱顶也随之上升，而柱脚则沿地面滑向基础，直至柱身转为直立状态，起重钩将柱提离地面，对准基础中心，将柱脚插入杯口。

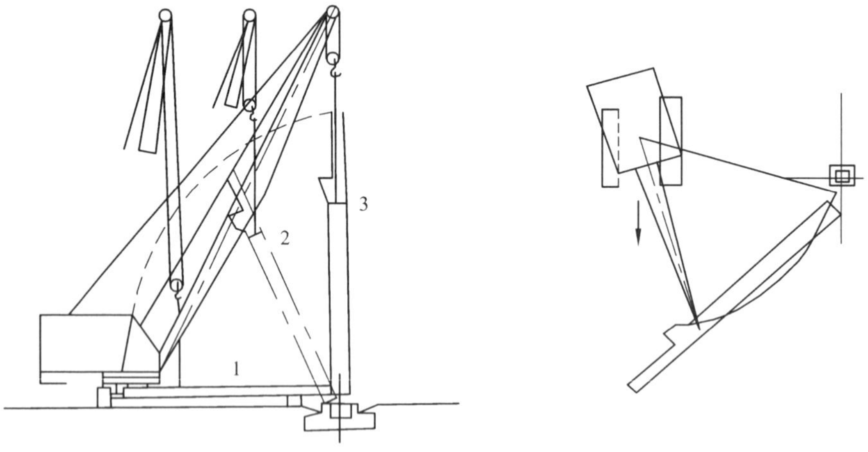

图 4.3.30　旋转法吊装柱

3）就位和临时固定

柱脚插入杯口后，并不立即降至杯底，而是在离杯底 30~50 mm 处进行悬空对位。就位的方法是用八只木楔或钢楔从柱的四边打入杯口，并用撬棍撬动柱脚，使柱的安装中心线对准杯口上的安装中心线，并使柱基本保持垂直。柱就位后，将八只楔块略加打紧，放松吊钩，让柱靠自重沉至杯底，再检查一下安装中心线对准的情况，若已符合要求，即将楔块打紧，将柱临时固定。吊装重型柱或细长柱时，除采用八只楔块临时固定外，必要时增设缆风绳拉锚。

4）校 正

在柱临时固定后，则需进行柱垂直度的校正。柱垂直偏差的检查方法是用两架经纬仪从柱相邻的两边（视线应基本与柱面垂直）检查柱安装中心线的垂直度。在没有经纬仪的情况下，也可用垂球进行检查。

5）最后固定

柱校正后，应立即进行最后固定。最后固定的方法是在柱脚与杯口的空隙中灌注细石混凝土，所用混凝土的强度等级可比原构件的混凝土强度等级提高一级。混凝土的灌注分两次进行：第一次：灌注混凝土至楔块下端；第二次：当第一次灌注的混凝土达到设计的强度标准值 25%时，即可拔出楔块，将杯口灌满混凝土。

2. 吊车梁的安装

吊车梁的安装必须在柱子杯口第二次浇筑的混凝土强度标准值达到 75%以后进行。其安装程序如下：

1）绑扎、起吊、就位、临时固定

吊车梁绑扎时，两根吊索要等长，绑扎点对称设置，吊钩对准梁的重心，以使吊车梁起吊后能基本保持水平，梁的两端设拉绳控制，避免悬空时碰撞柱子。吊车梁本身的稳定性较好，一般对位时仅用垫铁垫平即可，无须采取临时固定措施，起重机即可松钩移走。当梁高与底宽之比大于 4 时，可用 8 号铁丝将梁捆在柱上，以防倾倒。

吊车梁对位时应缓慢降钩，使吊车梁端部与柱牛腿面的横轴线对准。在对位过程中不宜用撬棍顺纵轴方向撬动吊车梁，因为柱子顺纵轴线方向的刚度较差，撬动后会使柱顶产生偏移。假如横线未对准，应将吊车梁吊起，再重新对位。

2）校正和最后固定

吊车梁的校正主要包括高程校正、垂直度校正和平面位置校正等。吊车梁的高程主要取决于柱子牛腿的高程。吊车梁的高程在做基础抄平时，已对牛腿面至柱脚的距离做过测量和调整，如仍存在误差，可待安装吊车轨道时，在吊车梁面上抹一层砂浆找平即可。吊车梁平面位置的校正，包括纵轴线和两吊车梁之间的跨距两项。检查吊车梁纵轴线偏差的方法有通线法、平移轴线法、边吊边校法等。

3. 屋架的安装

工业厂房的钢筋混凝土屋架一般在施工现场平卧预制。安装的施工顺序是：绑扎、扶直与就位、吊升、对位、临时固定、校正和最后固定。

1）绑 扎

屋架的绑扎点应选在上弦节点处，左右对称，并高于屋架重心，在屋架两端应加拉绳，以控制屋架转动。绑扎时，吊索与水平线的夹角不宜小于 45°，以免屋架承受过大的横向压力。必要时，为了减少屋架的起吊高度及所受横向压力，可采用横吊梁。

2）扶直与就位

屋架在安装前，先要翻身扶直，并将屋架吊运至预定地点就位。扶直屋架时，由于起重机与屋架相对位置不同，可分为正向扶直与反向扶直。

正向扶直是起重机位于屋架下弦一边，吊钩对准屋架上弦中点，收紧吊钩，然后略起臂使屋架脱模，接着起重机升钩并升起重臂，使屋架以下弦为轴转为直立状态，如图 4.3.31 所示。

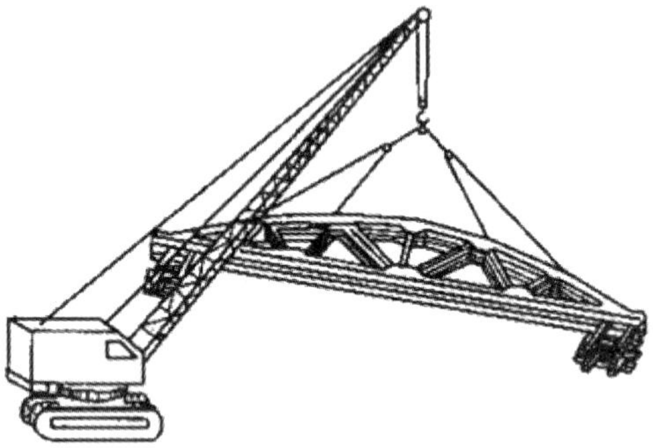

图 4.3.31　屋架的正向扶直

反向扶直是起重机立于屋架上弦一边，吊钩对准屋架上弦中点，收紧吊钩，接着升钩并降低起重臂，使屋架以下弦为轴缓缓转为直立状态。

3）吊升、对位与临时固定

屋架吊升是先将屋架吊离地面约 300 mm，然后将屋架转至吊装位置下方，再将屋架提升超过柱顶约 300 mm，然后将屋架缓缓降至柱顶，进行对位。屋架对位应以建筑物的定位轴线为准，因此在屋架吊装前，应用经纬仪或其他工具在柱顶放出建筑物的定位轴线，如柱顶截面中线与定位轴线偏差过大时，可逐渐调整纠正。屋架对位后，立即进行临时固定，临时固定稳妥后，起重机方可摘钩离去。

4）校正、最后固定

屋架经对位、临时固定后，主要校正垂直度偏差，检查时可用垂球或经纬仪。用经纬仪检查是将仪器安置在被检查屋架的跨外，距柱的横轴线约 1 m 左右，然后观测屋架中间腹杆上的中心线（安装前已弹好），如偏差超出规定数值，可转动工具式支撑上的螺栓加以纠正，并在屋架端部支承面垫入薄钢片。校正无误后，立即用电焊焊牢作为最后固定，应对角施焊，以防焊缝收缩导致屋架倾斜。

4. 屋面板的安装

屋面板四角一般预埋有吊环，用带钩的吊索钩住吊环即可安装。1.5 m×6 m 的屋面板有 4 个吊环，起吊时，应使 4 根吊索长度相等，屋面板保持水平。

屋面板的安装次序，应自两边檐口左右对称地逐块铺向屋脊，避免屋架承受半边荷载。屋面板对位后，立即进行电焊固定，每块屋面板可焊 3 个，最后一块只能焊 2 个。

（三）单层工业厂房

单层工业厂房的结构吊装方法主要有分件安装法和综合吊装法两种。

1. 分件吊装法（亦称大流水法）

起重机每开行一次，仅吊装一种或两种构件。第一次开行，吊完全部柱子，并完成校正和最后固定工作（见图 4.3.32）；第二次开行，安装吊车梁、联系梁及柱间支撑等；第三次开行，按节间吊装屋架、天窗架、屋面支撑及屋面板等。分件吊装的优点是构件可分批进场，更换吊具少，吊装速度快；缺点是起重机开行路线长，不能为后续工作及早提供工作面。

图 4.3.32 柱子的吊装、校正和最后固定

2. 综合吊装法

综合吊装法是将多层房屋划分为若干施工层，起重机在每一施工层只开行一次，先吊装一个节间的全部构件，再依次安装其他节间。待一层全部安装完再安装上一层构件。

六、装饰工程

（一）抹灰工程的施工

抹灰工程可以分为一般抹灰和装饰抹灰两种。

1. 一般抹灰

一般抹灰的施工程序包括基层处理、找规矩、底层抹灰、中层抹灰和面层抹灰等。

1）基层处理

基层处理包括表面污物的清除、各种孔洞（剔槽）的墙砌修补、凹凸处的剔平或补齐、墙体的浇水湿润等。对于光滑的混凝土墙，顶棚应凿毛，以增加黏结力，对不同用料的基层交接处应加铺金属网（见图 4.3.33），以防抹灰因基层吸湿程度和温度变化引起膨胀不同而产生裂缝。

2）找规矩

找规矩包括贴灰饼、标筋（冲筋）、阴阳角找方等工作。中级抹灰可不做阴角找方，高级抹灰应全部做好，普通抹灰不必做这道工序。

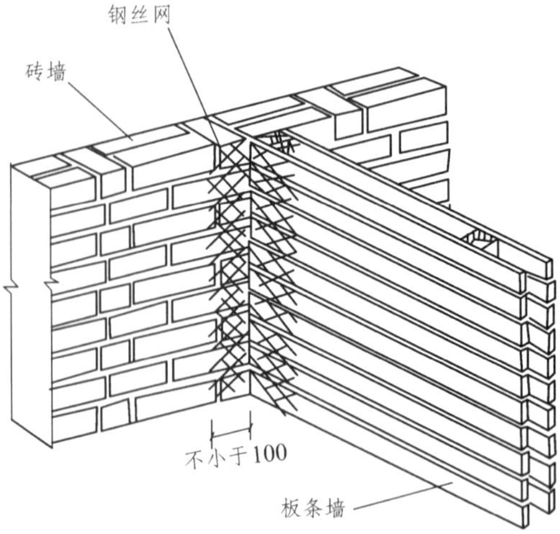

图 4.3.33　基层交接处金属网铺设

贴灰饼和标筋是为了满足墙面抹灰后垂直度、平整度要求，在墙面距阴角 100~200 mm 处的上下四角用砂浆各做一个标志块，然后在上下两标志块之间分几遍抹出若干条灰埂，使其通长上下标志块相平，作为控制抹灰层垂直、平整的依据（冲筋）。

阴阳角找方是指在待抹灰的房间内的阴角和阳角处，用方尺规方，并贴灰饼控制。同时，对门窗洞口应做水泥砂浆护角，护角每边宽度不小于 50 mm，高度距地面不低于 2 m。

顶棚抹灰无须贴饼、冲筋，抹灰前应在四周墙上弹出水平线，以控制顶棚抹灰层平整。

3）底层抹灰

底层抹灰俗称“刮糙”，是将砂浆抹于墙面两标筋之间，厚度应低于标筋，必须与基层紧密结合。对混凝土基层，抹底层前应先刮素水泥浆一遍。

4）中层抹灰

中层抹灰视抹灰等级分一遍或几遍成活。待底层灰凝结后抹中层灰，中层灰每层厚度一般为 5 ~ 7 mm，中层砂浆同底层砂浆。抹中层灰时，以灰筋为准满铺砂浆，然后用大木杠紧贴灰筋，将中层灰刮平，最后用木抹子搓平。

5）面层抹灰

当中层灰干后，普通抹灰可用麻刀灰罩面，高级抹灰应用纸筋灰罩面，用铁抹子抹平，并分两遍连续适时压实收光，如中层灰已干透发白，应先适度洒水湿润后，再抹罩面灰，一般采用钢皮抹子，两遍成活。

2. 装饰抹灰

装饰抹灰与一般抹灰的区别在于两者具有不同的装饰面层，其底层和中层的做法与一般抹灰基本相同。常用的装饰面层有水刷石、干粘石和斩假石等。水刷石、干粘石和斩假石施工工艺流程分别如图 4.3.34 所示。

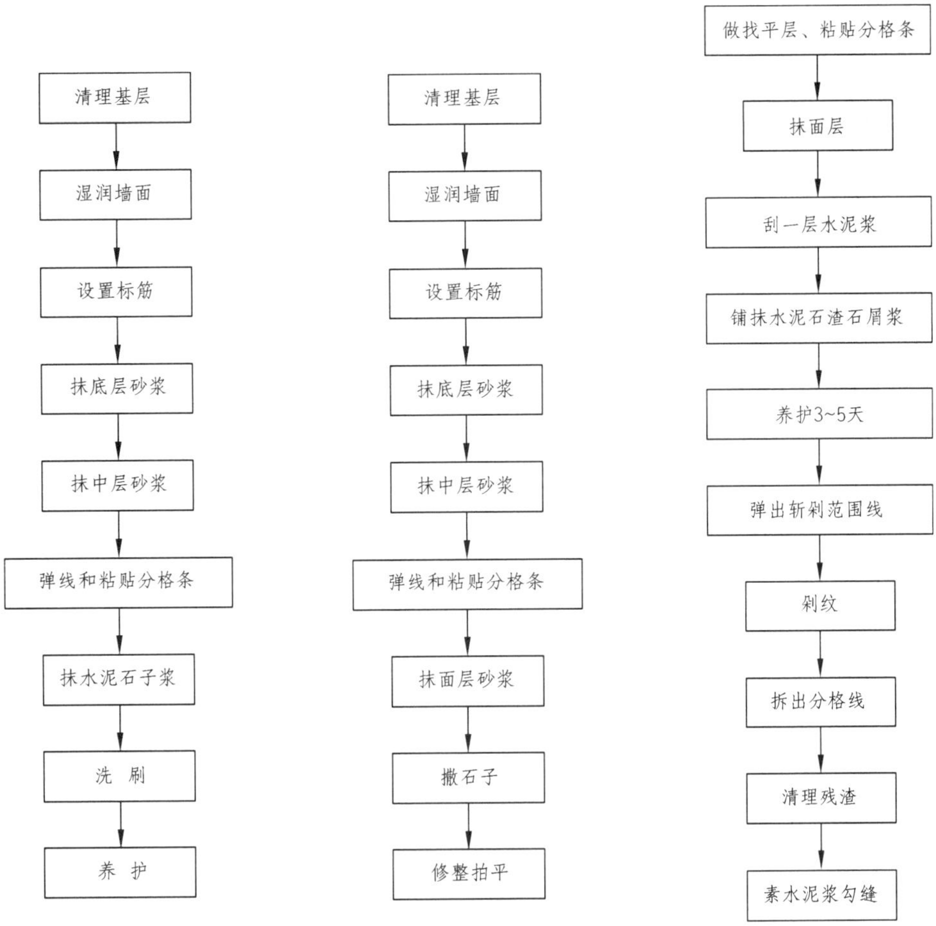

（a）水刷石施工工艺流程　（b）干粘石施工工艺流程　（c）斩假石施工工艺流程

图 4.3.34　常用装饰面层施工工艺流程

（二）饰面板（砖）工程的施工

饰面工程是将块材镶贴（安装）在基层上，以形成饰面层的施工，所用的材料主要有以下几种：

（1）天然石饰面板：大理石板、花岗岩板。

（2）人造石饰面板：人造大理石板、人造花岗岩板、水磨石板。

（3）金属饰面板：铝合金板、不锈钢板、镀锌钢板。

（4）塑料饰面板：聚氯乙烯（PVC）板、三聚氰胺板、贴面复合板、有机玻璃板等。

（5）饰面墙板：露石混凝土板、饰面预制板等。

（6）饰面砖：内外墙釉面砖、通体砖、缸砖、陶瓷锦砖等。

饰面板（砖）墙面安装可采用胶粘法、安装法和镶贴法 3 大类施工方法，大规格的天然石或人造石（边长>400 mm）一般采用安装法施工，小规格的饰面板（边长<400 mm）

一般采用镶贴法施工，胶粘法起步较晚、发展很快，是今后的发展方向。饰面板（砖）地面安装则采用铺贴法。

1. 安装法施工

预制水磨石、大理石、花岗石等较大石材（边长≥400 mm）通常采用的安装施工方法有湿贴法、干挂法（用不锈钢件或镀锌件）和 G.P.C 工艺。

1）湿贴法（传统施工法）（见图 4.3.35）

（1）先在结构表面固定 $\phi 6$ 筋骨架，或与埋件焊接，或埋膨胀螺栓焊接，或与顶模箍筋焊接。

（2）拉线、垫底尺，从阳角处或中间开始绑扎板块，离墙 20 mm。

（3）找垂直后，四周用石膏临时固定（较大者加支撑）。

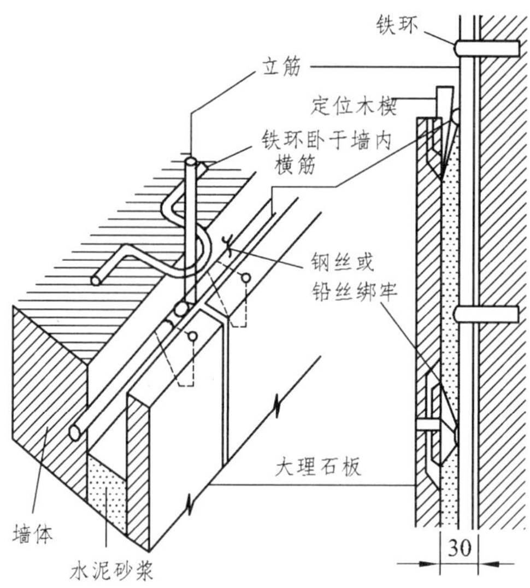

图 4.3.35　挂装灌浆法

（4）用纸或石膏堵侧、底缝，板后灌 1∶2.5 水泥砂浆，每层 200 ~ 300 mm 高，灌浆接缝留在板顶下 50 ~ 100 mm 处（白色石材用白水泥）。

（5）剔掉石膏块，清理后安第二行。

2）干挂法工艺（见图 4.3.66）

该方法是直接在板材上打孔，然后用不锈钢连接器与埋在混凝土墙体内的膨胀螺栓相连，板与墙体间形成 80 ~ 90 mm 空气层。该工艺多用于 30 m 以下的钢筋混凝土结构，造价较高，不适用于砖墙或加气混凝土基层。

3）G.P.C 工艺（见图 4.3.37）

该方法是干挂工艺的发展，它以钢筋混凝土作衬板，用不锈钢连接环与饰面板连接后浇筑成整体的复合板，再通过连接器悬挂到钢筋混凝土结构或钢结构上的做法，可用于超高层建筑，并满足抗震要求。

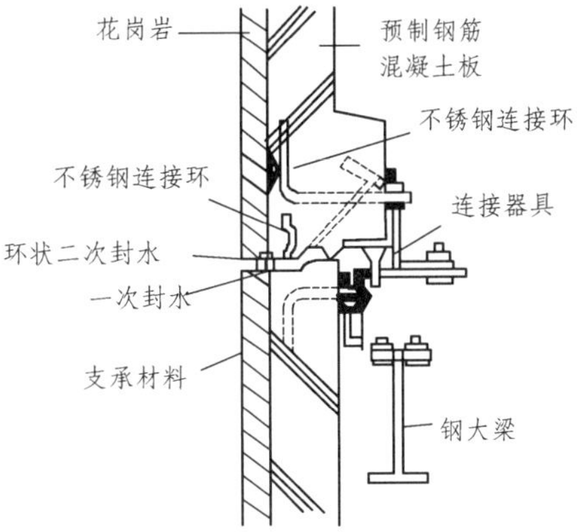

图 4.3.36　干挂法构造

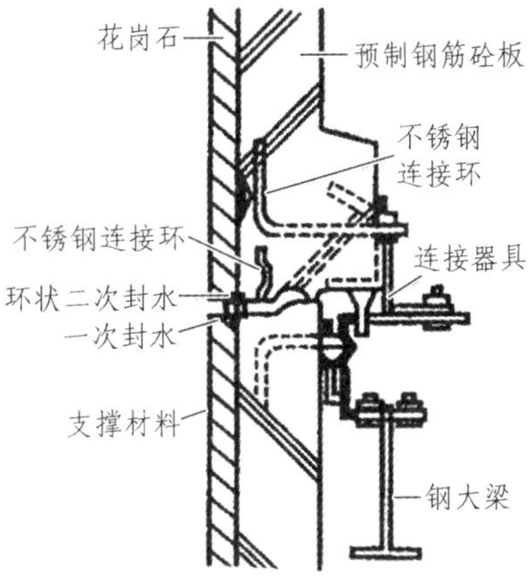

图 4.3.37　G.P.C 工艺安装示意

2. 镶贴法施工

墙面（内墙）小规格的面砖、釉面砖均采用镶贴法安装。镶贴前应进行选砖、预排，使规格、颜色一致，灰缝均匀，找好规矩，按砖的实际尺寸弹出横竖控制线，定出水平高程和皮数，接缝宽度一般为 1 ~ 1.5 mm，然后按间距 1.5 m 左右用废瓷砖做灰饼，找出标准；镶贴时一般从阳角开始，由下往上逐层粘贴，使不成整块的砖留在阴角部位；室内墙面如有水池、镜框者，可以水池、镜框为中心往两边分贴；墙面如有凸出的管线、灯具、卫生器具支承物时，应用整块瓷砖套割吻合，不得用非整砖拼凑镶贴。

总之，先贴阳角、大面，后贴阴角、凹槽等难度较大的部位。采用水泥混合砂浆镶贴时，可用小铲把轻轻敲击；采用 107 胶水泥砂浆镶贴时可用手轻压，并用橡皮锤轻轻敲击，使其与基层黏结密实牢固，并用靠尺随时检查平直方正情况，修整缝隙。凡遇缺灰、黏结不密实等情况时，应取小瓷砖重新粘贴，不得在砖口处塞灰，以防空鼓。室内接缝应用与釉面砖相同颜色的水泥浆或白水泥浆嵌缝。待嵌缝材料硬化后，用棉纱、砂纸或稀盐酸刷洗，然后用清水冲洗干净。

3. 铺贴法施工（地面）

（1）施工准备：厨卫地面防水验收，清理基层并洒水湿润，预埋管线固定，块材浸水阴干。

（2）找规矩：弹地面高程线，四边取中、挂十字线。

（3）试排块材：由中间向四周预排块材，非整块排至地面圈边或不显眼处，不同颜色块材交接宜安排在门下；检查板块间隙（天然石材不大于 1 mm，水磨石不大于 2 mm）。

（4）铺设：顺序由中间开始十字铺设，再向各角延伸，小房间从里向外。基层或垫层上扫水泥浆结合层，铺 30 厚 1∶3 或 1∶4 干硬性砂浆（比石材宽 20 ~ 30 mm，长 1 m）；试铺板材，锤平压实，对缝，合格后搬开，检查砂浆表面是否平实；板背面抹水灰比 0.4 ~ 0.5 的水泥浆，正式铺板材，锤平（水平尺检测）；浅色石材用白水泥浆及白水泥砂浆。

（5）养护灌缝：24 h 后洒水养护 3 d（人、车不得进入），检查无空鼓后用 1∶1 细砂浆灌缝至 2/3 高度，再用同色浆擦严，擦净，保护；3 d 内人不得进入。

（6）踢脚线镶贴：先两端，再挂线安中间，方法有粘贴法和灌浆法。

4. 胶粘法施工

饰面板（砖）的施工已逐步采用胶粘剂固结技术，即利用胶粘剂将饰面板（砖）直接粘贴于基层上。该方法具有工艺简单、操作方便、黏结力强、耐久性好、施工速度快等优点，是实现装饰工程干法施工、加快施工进度的有效措施。

（1）粘贴施工之前，先用界面剂作基层表面处理。

（2）用专用刮刀把胶浆满批基面 3~5 mm 厚，然后用刮刀拉出条纹状。

（3）瓷砖不必浸水，按排列顺序粘贴于墙或地面并压实即可。

（4）可在规定的时间内调整瓷砖位置以达到最佳效果，在胶浆干固前将多余的胶浆去除。

（三）涂饰工程的施工

各种建筑涂料的施工过程大同小异，大致上包括基层处理、刮腻子与磨平、涂料施涂 3 个阶段工作。

1. 基层处理

基层处理的工作包括基层清理和基层修补。

（1）混凝土及砂浆的基层处理：为保证涂膜能与基层牢固黏结在一起，基层表面必须干净、坚实，无酥松、脱皮、起壳、粉化等现象，基层表面的泥土、灰尘、污垢、黏附的砂浆等应清扫干净，酥松的表面应予铲除。为保证基层表面平整，缺棱掉角处应用 1∶3 水泥砂浆（或聚合物水泥砂浆）修补，表面的麻面、缝隙及凹陷处应用腻子填补修平。

（2）木材与金属基层的处理及打底子：为保证涂膜与基层黏结牢固，木材表面的灰尘、污垢和金属表面的油渍、鳞皮、锈斑、焊渣、毛刺等必须清除干净。木料表面的裂缝等在清理和修整后应用石膏腻子填补密实、刮平收净，用砂纸磨光以使表面平整。木材基层缺陷处理好后表面上应做打底子处理，使基层表面具有均匀吸收涂料的性能，以保证面层的色泽均匀一致。金属表面应刷防锈漆，涂料施涂前被涂物件的表面必须干燥，以免水分蒸发造成涂膜起泡，一般木材含水率不得大于 12%，金属表面不得有湿气。

2. 刮腻子与磨平

涂膜对光线的反射比较均匀，因而在一般情况下不易觉察的基层表面细小的凹凸不平和砂眼，在涂刷涂料后由于光影作用都将显现出来，影响美观。所以基层必须刮腻子数遍予以找平，并在每遍所刮腻子干燥后用砂纸打磨，保证基层表面平整光滑。需要刮腻子的遍数，视涂饰工程的质量等级、基层表面的平整度和所用的涂料品种而定。

3. 涂料施涂

（1）一般规定：涂料在施涂前及施涂过程中，必须充分搅拌均匀，用于同一表面的涂料，应注意保证颜色一致。涂料黏度应调整合适，使其在施涂时不流坠、不显刷纹，如需稀释应用该种涂料所规定的稀释剂稀释。涂料的施涂遍数应根据涂料工程的质量等级而定。施涂溶剂型涂料时，后一遍涂料必须在前一遍涂料干燥后进行；施涂乳液型和水溶性涂料时后一遍涂料必须在前一遍涂料表干后进行。每一遍涂料不宜施涂过厚，应施涂均匀，各层必须结合牢固。

（2）施涂基本方法：涂料的施涂方法有刷涂、滚涂、喷涂、刮涂和弹涂等。

刷涂是用油漆刷、排笔等将涂料刷涂在物体表面上的一种施工方法。此法操作方便，适应性广，除极少数流平性较差或干燥太快的涂料不宜采用外，大部分薄涂料或云母片状厚质涂料均可采用。刷涂顺序是先左后右、先上后下、先难后易等。

滚涂（或称辊涂）是利用滚筒（或称辊筒、涂料辊）蘸取涂料并将其涂布到物体表面上的一种施工方法。滚筒表面有的是粘贴合成纤维长毛绒，也有的是粘贴橡胶（称之为橡胶压辊），当绒面压花滚筒或橡胶压花压辊表面为凸出的花纹图案时，即可在涂层上滚压出相应的花纹。

喷涂是利用压力或压缩空气将涂料涂布于物体表面的一种施工方法。涂料在高速喷射的空气流带动下，呈雾状小液滴喷到基层表面上形成涂层。喷涂的涂层较均匀，颜色也较均匀，施工效率高，适用于大面积施工，可使用各种涂料进行喷涂，尤其是外墙涂料用得较多。

刮涂是利用刮板将涂料厚浆均匀地批刮于饰涂面上，形成厚度为 1~2 mm 的涂层。常用于地面厚层涂料的施涂。

弹涂是利用弹涂器通过转动的弹棒将涂料以圆点形状弹到被涂面上的一种施工方法。若分数次弹涂，每次用不同颜色的涂料，被涂面由不同色点的涂料装饰，相互衬托，可增加饰面装饰效果。

真石漆是以纯丙乳酸与天然彩石砂配制而成，装饰效果酷似大理石、花岗石的外墙漆。真石漆涂层由抗碱封闭底漆、真石漆和耐候防水罩面漆 3 部分组成，涂饰方法为喷涂，真石漆的喷涂采用专用喷枪，厚度 2 ~ 3 mm，如多遍喷涂，须间隔 2 h，干燥 24 h 后方可打磨；打磨用 400 ~ 600 目砂纸，轻轻抹平真石漆表面凸起的砂粒即可；切忌用力过猛破坏漆膜或导致附着力不良，真石漆脱落。

（四）裱糊工程的施工

常用材料有塑料壁纸（纸基，用高分子乳液涂布面层，再印花、压纹而成）、玻璃纤维布（玻璃纤维布为基层，涂耐磨的树脂，印压彩色图案、花纹或浮雕）、无纺墙布（用天然纤维和合成纤维无纺成型，上树脂，印压彩色图案、花纹的高级装饰墙布）。

墙纸（布）裱糊工艺流程：清扫基层、填补缝隙→墙面接缝处贴接缝带、补腻子、磨砂纸→满刮腻子、磨平→涂刷防潮剂→涂刷底胶→墙面弹线→壁纸浸水→壁纸、基层涂刷黏结剂→墙纸裁纸、刷胶→上墙裱贴、拼缝、搭接、对花→赶压胶粘剂气泡→擦净胶水→修整。

七、屋面防水工程

（一）屋面找平层的施工

找平层施工的工艺流程：基层清理→管根封堵→标高坡度弹线→洒水湿润→施工找平层（水泥砂浆及沥青砂找平层）→养护→验收。

1. 基层清理

基层清理是将结构层、保温层上表面的松散杂物清扫干净，凸出基层表面的灰渣等黏结杂物要铲平，不得影响找平层的有效厚度。

2. 管根封堵

管根封堵是大面积做找平层前，应先将凸出屋面的管根、变形缝、屋面暖沟墙根部处理好。

3. 抹水泥砂浆找平层

（1）洒水湿润：抹找平层水泥砂浆前，应适当洒水湿润基层表面，有利于基层与找平层的结合，但不可洒水过量，以免影响找平层表面的干燥。

（2）贴点高程、冲筋：根据坡度要求拉线找坡，一般按 1 ~ 2 m 贴点高程（贴灰饼），铺抹找平砂浆时，先按流水方向以间距 1 ~ 2 m 冲筋，并设置找平层分格缝，宽度一般为 20 mm，并且将缝与保温层连通，分格缝最大间距为 6 mm。

（3）铺装水泥砂浆：按分格块装灰、铺平，用刮扛靠冲筋条刮平，找坡后用木抹子槎平，铁抹子压光。待浮水沉失后，人踏上去有脚印但不下陷为度，再用铁抹子压第二遍即可。

（4）养护：找平层抹平、压实以后 24h 可浇水养护，一般养护期为 7 d，经干燥后铺设防水层。

4. 沥青砂浆找平层

（1）喷刷冷底子油：基层清理干净，喷涂两道均匀的冷底子油，作为沥青砂浆找平层的结合层。

（2）配制沥青砂浆：先将沥青熔化脱水，预热至 120 ~ 140 °C。中砂和粉料拌和均匀，加入预热熔化的沥青拌和，并继续加热至要求温度，但不应使升温过高，防止沥青碳化变质。

（3）沥青砂浆铺设：按找平、找坡线拉线铺饼（间距 1 ~ 1.5 m）后，铺装沥青砂浆，用长把刮板刮平，经火辊滚压，边角处可用烙铁烫平，压实达到表面平整、密实、无蜂窝、看不出压痕为好。

（二）保温层的施工

其工艺流程：基层清理→弹线找坡→管根固定→隔气层施工→保温层铺设→抹找平层。

1. 基层清理

基层清理是指预制或现浇混凝土结构层表面，应将杂物、灰尘清理干净。

2. 弹线找坡

弹线找坡是指按设计坡度及流水方向，找出屋面坡度走向，确定保温层的厚度范围。

3. 管根固定

管根固定是指穿结构的管根在保温层施工前，应用细石混凝土塞堵密实。

4. 隔气层施工

隔气层施工是指设计有隔气层要求的屋面，应按设计做隔气层，涂刷均匀无漏刷。

5. 保温层铺设

（1）松散保温层铺设：松散保温层是一种以干做法施工的方法，材料多使用炉渣或膨胀珍珠岩、膨胀蛭石等，粒径为 5 ~ 40 mm；使用时必须过筛，控制含水率。铺设松散材料的结构表面应干燥、洁净，松散保温材料应分层铺设，适当压实，压实程度应根据设计要求的密度，经试验确定。每步铺设厚度不宜大于 150 mm，压实后的屋面保温层不得直接推车行走和堆积重物，常用松散膨胀蛭石保温层和松散膨胀珍珠岩保温层。

（2）板块状保温层铺设：干铺板块状保温层可直接铺设在结构层或隔气层上，分层铺设时上下两层板块缝应错开，表面两块相邻的板边厚度应一致。一般在块状保温层上用松散料湿作找坡。板块状保温材料用黏结材料平粘在屋面基层上，一般用水泥、石灰混合砂浆。聚苯板材料应用沥青胶结料粘贴。XPS 挤塑板保温屋面如图 4.3.38 所示。

图 4.3.38　XPS 挤塑板保温屋面

（三）防水层的施工

1. 柔性防水

卷材防水层常用的卷材主要有高聚物改性沥青防水卷材或合成高分子防水卷材等，其施工工艺流程如图 4.3.39 所示。

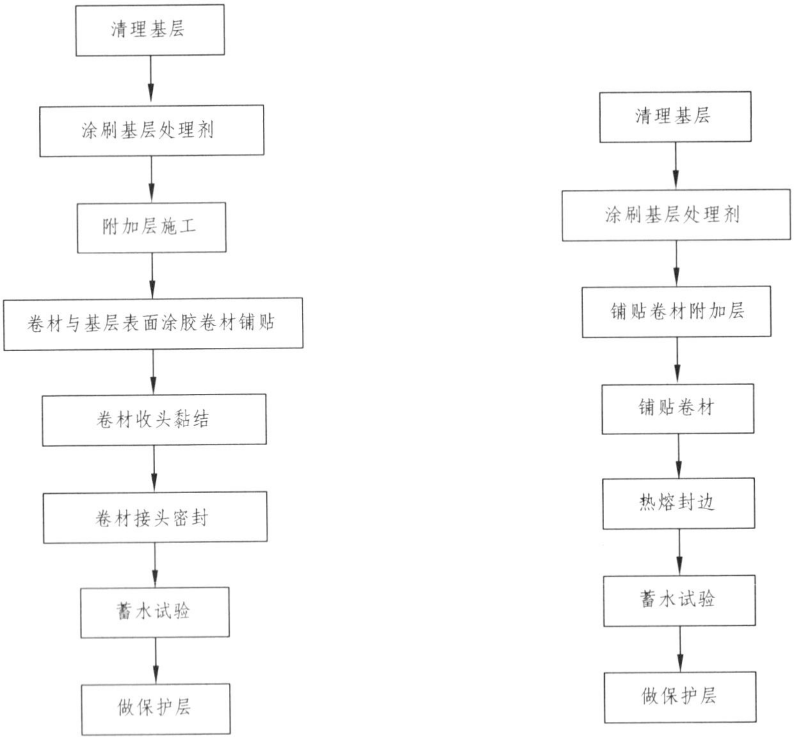

（a）合成高分子防水卷材施工流程　（b）高聚物改性沥青卷材施工流程

图 4.3.39　卷材防水层施工工艺流程

高聚物改性沥青卷材可在防水等级为Ⅰ、Ⅱ、Ⅲ级的屋面防水层中使用。Ⅲ级屋面可一道设防，卷材厚度不小于 4 mm；Ⅱ级屋面应二道设防，卷材厚度不小于 3 mm；Ⅰ级屋面应三道或三道以上设防，卷材厚度不小于 3 mm。其常用热熔法施工，如图 4.3.40 所示。

图 4.3.40　热熔法施工

热熔法不须涂刷胶黏剂，直接用火焰烘烤后与基层粘贴，能降低造价，当气温较低或基层略有湿气时尤为合适。热溶法一般在涂刷基层处理剂 8 h 后进行，火焰加热器的喷嘴距卷材面的距离约 0.5 m，与基层呈 45° ~ 60°角。加热卷材应均匀，至热溶胶层出现黑色光泽、发亮至稍有微泡出现，不得过分加热或烧穿卷材，热溶后应立即滚铺卷材，滚铺时应排除卷材下面的空气，使之平展无皱折，并用辊压黏结牢固。搭接部位应采用热风焊枪加热，接缝部位必须溢出热溶的改性沥青胶，随即刮平封口、粘贴牢固。

2. 刚性防水

刚性防水屋面常采用普通细石混凝土防水屋面，适用于防水等级为Ⅰ ~ Ⅲ级的屋面防水，不能用于设有松散材料保温层的屋面、受较大震动或冲击的屋面和坡度大于 15% 的屋面。一个分格缝内的混凝土须一次浇完，不得留施工缝。浇筑混凝土时应保证钢筋网片设置在防水层中部，混凝土应机械振捣密实，表面泛浆后抹平，收水后再次压光。细石混凝土防水层的施工气温宜为 5 ~ 350 °C，不得在负温和烈日暴晒下施工。防水层混凝土浇筑后，应及时养护，养护时间不少于 14 d。

水泥砂浆刚性防水层是用纯水泥浆和水泥砂浆分层交叉涂抹而成，防水层涂抹的遍数由设计确定，较常采用的是 5 遍做法；适用于地下砖石结构的防水层或防水混凝土结构的加强层。其抵抗变形的能力较差，结构受较强烈振动荷载或受腐蚀、高温及反复冻融的部位不宜采用。第一层素灰层，厚 2 mm，先抹一道 1 mm 厚水泥浆，用铁抹子往返刮抹，水泥浆填充基层表面孔隙，随即再抹一道 1 mm 厚水泥浆找平层，抹完后用湿毛刷在水泥浆表面按序涂刷一遍。第二层水泥砂浆层，厚度 6 ~ 8 mm，在水泥浆层初凝后进行，使水泥砂浆薄薄地嵌入水泥浆层厚度的 1/4 最为理想。以上各层交替进行，如图 4.3.41 所示。

图 4.3.41　水泥砂浆防水层的分层交叉涂抹

思政小链接

陈兆海：中国精度　极致匠心

人物事例

陈兆海先后参建大连湾海底隧道、大连港 30 万吨级矿石码头、大船重工香炉礁新建船坞、星海湾跨海大桥等多项国家战略工程，坚守“用一辈子做好工程的眼睛”，从攻克悬索安装到高精度测量，将测深技术从原有的二维推展到三维，对海上沉管安装测量工艺进行革命性创新，用执着和匠心雕琢“中国精度”，诠释“中国速度”。2001 年，陈兆海参建福建石湖港项目，海域情况非常复杂，在没有测深仪的情况下，水深测量施工只能采用“打水跎”（采用水准仪配合水准尺作业）。在高流速的海域放水准尺好比是顶着 2~3 节流速练百步穿杨，测深读数时间必须在配重触及海底的 2 秒内完成，最佳读数时间不足 1 秒。为抓住这 1 秒钟，只要没有施工，他就反复练习眼力和反应速度，最后将一整套快速读数方法练成了条件反射，练就了一手在高流速海域秒内精准读取水准尺的绝活，创下了靠人工测量方法将沉箱水下基床标高精度控制在毫米的奇迹。随着大连湾海底隧道项目全面启动，他向着更高精度目标发起攻坚，提出了立体成像测量方法，成功引进多波束测量设备和系统并进行优化，实现海底沉管“毫米”级精度对接。

人物速写

26 年工作在测量一线，他先后参与修建了我国首座 30 万吨级矿石码头、首座航母船坞、首座双层地锚式悬索桥等多个国家重点工程。他执着专注、勇于创新，练就了一双慧眼和一双巧手，以追求极致的匠人匠心，为大国工程建设保驾护航。

【项目小结】

本项目以建筑工程结构组成为基础，以建筑工程项目的施工过程作为主线贯穿整个项目，系统介绍了建筑工程的概念、类型及发展概述，一般建筑工程的施工标准、规程和规范，建筑工程施工程序中主要工种的施工方法、施工工艺、技术要求、质量验收标准、施工机械设备性能、参数等。同时按“建筑工程项目建设程序”确定关键核心学习工作任务，紧紧围绕完成工作任务的需要，按照真实工作任务及其工作过程对内容进行整合和重构，并合理序化。

【练习巩固】

1. 建筑的含义是什么？建筑物和构筑物有什么区别？
2. 建筑的构成要素有哪些？它们之间的关系是怎样的？
3. 建筑按使用性质分为哪几类？其中民用建筑分为哪两大类？
4. 简述民用建筑的组成及各组成部分的作用。
5. 影响建筑构造的因素有哪些？构造设计中，应遵守怎样的基本原则？
6. 什么是基础埋置深度？常见的基础类型有哪些？
7. 试述现浇钢筋混凝土楼梯类型及其构造。
8. 简述柔性防水屋面的基本构造层次及做法。
9. 基坑（槽）施工的工艺流程是怎样的？
10. 锤击沉管灌注桩施工要点有哪些？

11. 钢筋的连接方式可分为哪 3 类？钢筋常用的机械连接的方法有哪些？
12. 施工缝的留设与处理应注意哪些问题？
13. 简述钢管碗扣式脚手架的架设要点。
14. 砖砌体常用的砌筑方法有哪些？各自具有怎样的特点？
15. 简述高聚物改性沥青卷材热熔法施工的工艺流程及具体做法。

项目五
市政工程

项目描述

本项目主要引导学生认知市政工程的特点及分类，熟知市政工程的结构类型，掌握相关的施工工艺流程，能根据工程特点选择相应的施工工法和工程材料，能够完成相关的土工试验，从而熟悉市政工程的设计、施工、试验检测和工程材料管理过程。

项目导学

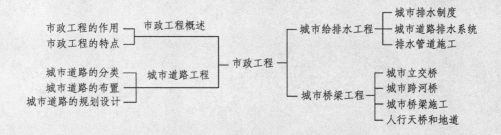

学习目标

◆ 知识目标

（1）了解市政工程的作用、特点和分类；
（2）熟悉市政工程的设计、施工和结构特点；
（3）掌握市政工程的施工工艺流程。

◆ 能力目标

（1）能够读懂市政工程的设计图纸、理解设计意图；
（2）能够读懂市政工程相关施工方案；
（3）具有市政工程施工的试验检验能力和材料管理能力。

◆ 素质目标

（1）具有市政工程领域丰富的知识储备；
（2）对市政工程具有良好的兴趣和爱好；
（3）具有市政工程建设领域的岗位职业道德；
（4）具有市政工程相关的职业技能，能够处理较复杂的施工问题。

任务一　市政工程概述

【学习任务】

（1）了解市政工程的作用；

（2）熟悉市政工程的特点。

市政工程是指涉及城市功能的基础设施建设工程，属于建筑安装工程的范畴。基础设施是指在城市区、镇（乡）规划建设范围内设置，基于政府责任和义务为居民提供有偿或无偿公共产品和服务的各种建筑物、构筑物、设备等。市政工程一般是属于国家的基础建设，是指城市建设中的各种公共交通设施、给水、排水、燃气、城市防洪、环境卫生及照明等基础设施建设，是城市生存和发展必不可少的物质基础。

一、市政工程的作用

市政工程与一个城市的发展紧密相连，其作用包括：

（1）市政工程具有形成和完善城市功能、发挥城市知名度的中心作用。它是搞活本地区经济，改善城市居住生活环境，提高城市品位的基本条件，是城市经济发展和实行对外开放的基本条件。

（2）市政工程具备直接为生产和生活服务的职能，如城市建设中的给水、排水、道路、桥涵、隧道、燃气、供热、防洪等城市的重要基础设施。

（3）市政工程在很大程度上为一个城市的现代化进程提供动力。不同性质的城市，由于经济、社会结构和发展方向不同，对城市基础设施在数量上和质量上的要求就会有所不同。

二、市政工程的特点

（一）市政工程的行业特点

市政工程设施和城市的发展密切相关，是随着城市的发展而同步发展的，一个城市建设的好坏，主要表现在城市的市政工程设施方面，它既表现在城市的外观方面，又表现在城市的内在方面，它不仅关系各行各业的生产发展，而且关系着千家万户的切身利益。

同其他城市基础设施相比，市政工程有其独有的特点：

（1）市政工程是由政府投资的公益性项目，其产品为公众使用。

（2）市政工程的投资效益只能在其使用过程中显现。

（3）各项市政工程与城市其他建筑工程相比，具有投资大、工期要求紧的特点。

（二）市政工程的技术经济特点

市政工程是土木工程的一个分支，由于自身工程对象的不断增多以及专门科学技术的发展，既有其独立的学科体系，又在很大程度上具有土木工程的共性。每项市政工程都要经过勘察、设计、施工三个阶段，因而是一门涉及面很广的综合性学科，其经济技术特点主要如下。

1. 体系的综合性和环境的复杂性

随着社会的发展，城市在经济、政治、文化、交通、公共事业等方面既自成体系，又密切相关，市政工程起着调节和纽带作用，根据城市总体规划，将平面及空间充分利用，将园林绿化与公共设施结合起来统一考虑，减少了投资，加快了城市建设速度，美化了城市，提高了市政设施功能。

2. 产品的多样性及生产的单件性

市政工程产品是根据产品各自的功能和建设单位的要求，在特定条件下单独设计的，所以市政设施表现出不同差异：有风格各异的园林及建筑小品；有供车辆行驶的不同等级城市道路；有跨越河流为联系交通或架设各种管道用的城市桥梁；有为疏通交通，提高车速的环岛及多种形式的立交工程；有供生活生产用的给水、排水管道；有热力、燃气、电信、电力等综合管沟；有污水处理厂与再生水厂、防洪堤坝等。每项工程都有不同的规模、结构、造型和装饰，需要选用不同的材料和设备，即使同一类工程，由于自然条件以及社会条件的不同，在建造时往往也需要对设计图及施工方法、施工组织等做适当的修改和调整。

3. 空间上的固定性及生产的流动性

由于市政工程的综合性、多样化导致市政工程行业是流动性很强的行业，除作业面层次多、战线长之外，全年在不同工地上、不同地区辗转流动。市政工程产品，不论其规模大小，它的基础都是与大地相连的，建设地点和设计方案确定后，它的位置也就固定下来了，从而也使得其生产表现出流动性的特点。在生产中，施工人员、机械、设备、材料等围绕着产品进行流动。当产品完工后，施工单位就将产品在原地移交给使用单位。

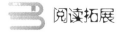

阅读拓展

“十四五”全国城市基础设施建设规划

任务二　城市道路工程

【学习任务】

（1）认知城市道路工程的分类；
（2）熟悉城市道路的布置形式；
（3）了解城市道路的规划设计意图。

一、城市道路的分类

1. 快速路

快速路形成城市的重要交通走廊，将市区各主要组团、市中心与郊区卫星城镇、机场、工业区、仓储区和货物流通中心快速联结，承担大部分的中长距离交通功能。

快速路的机动车道应设置中央分隔带，两侧不宜设置非机动车道，可设置辅道，与快速路交汇的道路应严格控制，两侧不应设置公共建筑出入口，行人集中的路段应设置人行天桥或过街地下通道。

2. 主干路

主干路是城市快速道的主要集散通道，与快速道形成路网的主骨架，为中长距离的交通服务。主干路上的机动车与非机动车应分道行驶，两侧不宜设置公共建筑物出入口。

3. 次干路

次干路指的是城市道路网中的区域性干路，与主干路相连接，构成完整的城市干路系统。它是城市道路分布范围最广的城市干路，其道路横断面布置灵活、功能多样。

4. 支　路

支路是城市次干路与街坊内部道路的连接线，还包括非机动车道路和步行道，支路主要为沿路地块服务。

二、城市道路的布置

（一）城市道路布置形式

城市道路横断面的布置要解决行人与交通车辆、机动车与非机动车之间的矛盾，有 4

种基本的布置形式：

1.“一块板”横断面

这种断面形式通常用于机动车和非机动车混行的路段，在不影响交通安全的条件下，车道允许相互临时调剂使用，不分快慢车道混合行驶或只允许机动车辆沿同一方向行驶，也可把一块板的车道专供某种车辆行驶，如图 5.2.1 所示。这种断面形式可适应不同地形条件，在车流量不大、双向交通不均匀、出入口较多的道路宜于采用。通常用于规划红线较窄（一般小于 40 m），非机动车不多，设 4 条车道已能满足交通量需要的情况，常用于次干路和支路。在用地困难、拆迁量较大地段以及出入口较多的商业性街道上可优先考虑。这种断面的优点是节约用地、投资省、行人穿越道路方便。

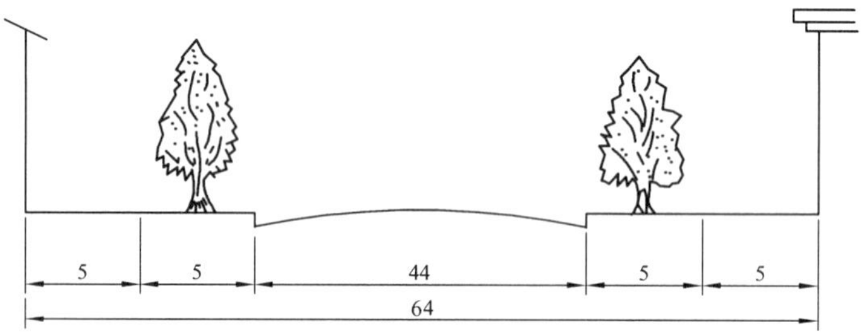

图 5.2.1 “一块板”横断面（单位：m）

2.“两块板”横断面

利用分隔带或隔离墩把一块板形式的车行道一分为二，在交通组织上起到分流渠化的作用，上下行车辆分向行驶，如图 5.2.2 所示。

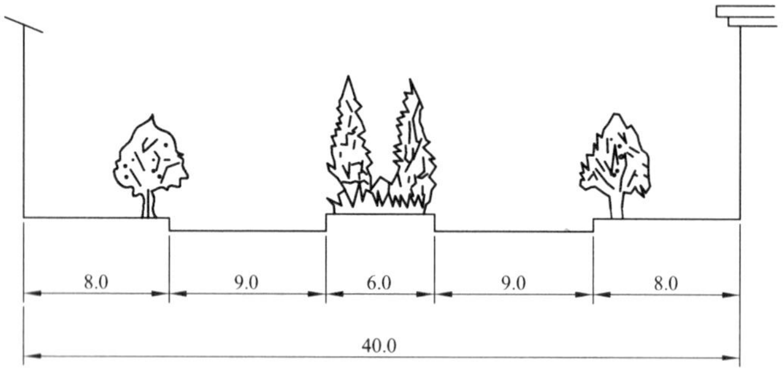

图 5.2.2 “两块板”横断面（单位：m）

3.“三块板”横断面

利用分隔带或隔离墩把车行道分为 3 块，中间的为双向行驶的机动车道，两侧均为单向行驶的非机动车道，如图 5.2.3 所示。

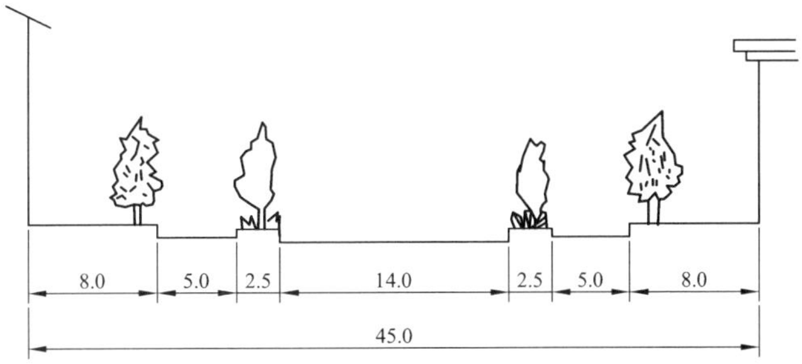

图 5.2.3　“三块板”横断面（单位：m）

4.“四块板”横断面

在三块板断面形式的基础上，再用分隔带把中间的机动车车行道分隔为二，分向行驶，如图 5.2.4 所示。

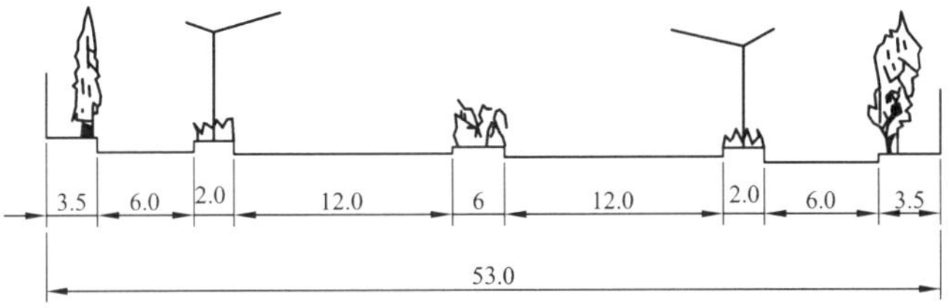

图 5.2.4　“四块板”横断面（单位：m）

（二）城市道路布置原则

城市道路横断面的组成一般有：车行道（路面）、人行道、路缘石、绿化带、分隔带等，如图 5.2.5 所示。在高路堤和深路堑的路段，还包括挡土墙。各部分位置和宽度都要在横断面上给予合理安排。

图 5.2.5　道路横断面

道路横断面布置原则：

（1）在城市规划的红线范围内进行并保证车辆和行人的交通安全与畅通。

（2）充分发挥绿化带的作用且应与道路的性质和特点配合。

（3）应与沿线建筑物和公用设施相互配合、协调布置，有利于路面雨水的排除。

（4）应满足地上地下管线和人防工程的要求。

（5）节省建设投资，节约城市用地并且应考虑近、远期结合。

（三）城市道路布置的要求

城市道路的三要素是人（包括驾驶员、行人、乘客及居民）、车（包括客车、货车、非机动车）、路（公路、城市道路、出入口道路及其相关设施）。城市道路所服务的各种车辆有小汽车、公共汽车、卡车、非机动车等，因此道路的物理指标要满足车辆的交通特征：道路宽度要根据车辆的外廓尺寸设计，竖曲线上会车视距的保证，平曲线最小转弯半径、超高值的确定等。

根据我国《城市道路工程设计规范》（CJJ 37—2012）规定，城市道路的宽度规划指标如表 5.1 所示。

表 5.1　城市道路宽度规划指标

指标项目	城市规模、人口/万人		快速路	主干路	次干路	支路
道路宽度/m	大城市	>200	40 ~ 45	40 ~ 55	40 ~ 50	15 ~ 30
		<200 >50	35 ~ 40	40 ~ 50	30 ~ 45	15 ~ 20
	中等城市	20 ~ 50		35 ~ 45	30 ~ 40	15 ~ 20
	小城市	>5		25 ~ 35		12 ~ 15
		1 ~ 5		25 ~ 35		12 ~ 15
		<1		25 ~ 30		12 ~ 15

三、城市道路的规划设计

（一）机动车道

城市道路是汽车交通的基础和支撑物，需要保证行车的安全和舒适，机动车车行道宽度的确定理论上等于所需要的车道数乘以一条车道所需的宽度，与设计小时交通量、道路交通能力、单幅车道的宽度有关。

道路通行能力是指道路上某一断面处单位时间内可通过的最大交通实体（车辆或行人），也称道路通行能量。

在道路上供一纵向车列安全行驶的地带，称为一条车道，一条车道所必须的宽度，称为车道宽度。车道宽度的取值决定于车辆的车身宽度、横向安全距离及行车速度的影响，我国城市干道平均最高车速一般为 30 ~ 40 km/h，所以一般一条车道宽度采用 3.50 m，如车速大于 40 km/h，车道宽度宜采用 3.75 m，对于部分交通量较大的地段，设置公交专用车道或公交车停靠港湾，如图 5.2.6 所示。

根据各地城市道路的建设经验，双车道宽度一般取 7.5 ~ 8.0 m；三车道取 10.0 ~ 11.0 m；四车道取 13.0 ~ 15.0 m；六车道 取 19.0 ~ 22.0 m。城市双向车道一般不宜超过 4 ~ 6 条，在一般的中、小城市，主干道机动车道最多以设计 4 车道为宜，大城市和特大城市的主干道最多以设计 4 ~ 6 条机动车道为好。一般车行道两个方向的车道数相等，车道的总数多是偶数。

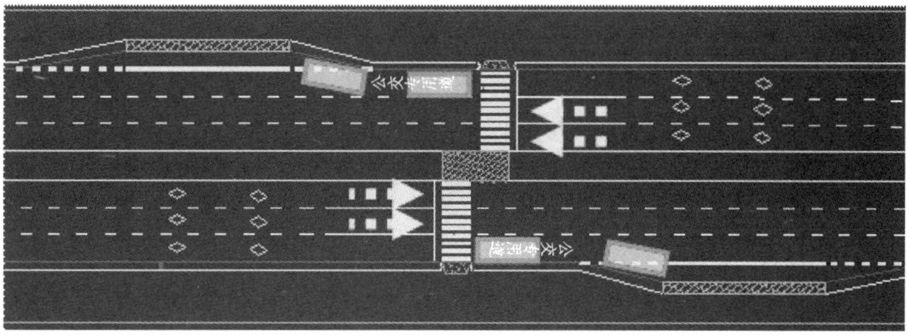

图 5.2.6　公交车停靠港湾

机动车道结构一般分为三层：路床层、基层、面层，各层施工方法与公路路面施工基本相同。

1. 路床层施工

路床层在挖方或填方完成后，使用碾压机械、机具或人工夯实，达到规范及设计的要求后，路床工序即施工完成。城市道路工程施工通常与公路工程等交通工程相同，在施工道路路床时，注意控制路床的高程、宽度、平整度、压实度，一般路床是不需要进行处理的，但是遇到路床层的土质不符合要求时，则需要进行换填处理。

2. 基层施工

基层使用的材料有石灰粉煤灰砂砾、水泥稳定砂砾、石灰粉煤灰碎石等，可利用机械进行摊铺、刮平、碾压，或人工进行摊铺，使用平板振动夯实机碾压，形成满足质量验收评定标准要求的成品路基。

3. 面层施工

路面面层施工采用的材料一般是沥青混凝土或水泥混凝土。沥青混凝土施工使用的机械有沥青摊铺机、光轮碾压机、胶轮碾压机、小型光轮碾压机等，其施工质量验收执行《建筑与市政工程施工质量控制通用规范》(GB 55032—2022)。

（二）非机动车道

非机动车辆行驶带的宽度：自行车 1.5 m，三轮车 2.0 m，大板车 2.8 m，小板车 1.7 m。车道的最小宽度必须能保证速度较快的最宽车辆有超车或并行的可能，推荐宽度为 5～8 m。

非机动车道结构层同机动车道，但是每层厚度较机动车小，施工方法一致，在面层施工阶段，因部分路段有公交港湾或建筑物影响，使得道路线性不规则，宽度小于摊铺机最小摊铺宽度，所以局部使用人工摊铺碾压的情况较常见。

（三）人行道

人行道是城市道路上的重要组成部分，主要功能是承担城市居民步行交通的任务，并保障行人的交通安全，所以人行道一定要与车行道隔开，并且要保证车身与车上装载物的突出部分不会碰撞靠边行走的行人。人行道同时用来布置绿化、地上杆柱、护栏、交通标志牌等交通附属设施。

人行道在道路横断面上的部位视沿街建筑的性质及红线宽度确定，沿街为住宅的人行道部分离建筑物 2 ~ 3 m 以上。人行道的总宽度由步行道、地上杆线、行道树、绿地、埋设地下管线等所需宽度组成。步行道的宽度应能供两人并行，至少 1.5 m。在城市主要干道，单侧人行道上步行带的条数一般不应少于 6 条，在次要街道不应少于 4 条，在住宅区街道不应少于 2 条。每条步行带的宽度与行人的两手有否携带物品和携带方式有关，在一般的道路上取 0.75 m，在携带物品的行人众多的地方，如车站、港口、码头、商业大街、全市性干道等，可取 0.90 m。在经常积聚大量人群的路段，如大型商店、影剧院、体育场、公共交通停靠站等处，步行道宽度应适当放宽。人行道通常布置在街道两侧，高出车行道 0.08 ~ 0.20 m。人行道的横坡采用直线形，向路缘石方向倾斜。横坡的大小与铺砌材料有关，在有铺砌的人行道上，横坡采用 2%。

人行道结构一般也分为三层，底层为路床、中间层为基层、上层为面层。路床为自然土路床，采用机械碾压或人工夯实，基层使用石灰粉煤灰砂砾、水泥稳定砂砾、石灰粉煤灰碎石等无机料，面层采用步道砖。

人行步道砖通常使用方砖铺砌，材质有混凝土砂浆砖、加气混凝土砖、石材、不锈钢、瓷质、塑胶等。因社会生活水平的提高，步道砖的要求从美观、抗压进而发展到透水、防滑。

（四）无障碍通道

1. 与桥梁相关的无障碍通道

（1）城市市区道路、广场、经济开发区道路、主要旅游景点道路等应实施无障碍建设。

（2）城市道路的人行道、人行横道、人行天桥、人行地道、公交车站、桥梁、隧道、立体交叉等部位应建设无障碍设施。

（3）城市主要道路的公交车站，必须设提示盲道和盲文站牌；人行天桥下面的三角空间区，在 2 m 高度以下必须安装防护栅栏，必须在结构边缘外设宽 0.3 ~ 0.6 m 提示盲道。

2. 与人行道路相关的无障碍通道

（1）人行道在交叉路口、街坊路口、单位出口、广场入口、人行横道及桥梁、隧道、立体交叉等路口必须设缘石坡道。

（2）城市主要道路建筑物和居住区的人行天桥和人行地道，必须设轮椅坡道和安全梯道，在坡道和梯道两侧必须设扶手，城市中心地区可设垂直升降梯取代轮椅坡道。

（3）城市中心区道路、广场、步行街、商业街、桥梁、隧道、立体交叉及主要建筑物地段的人行道必须设盲道；人行天桥、人行地道、人行横道及主要公交车站必须设提示盲道。

（4）人行横道的安全岛应能使轮椅通行，城市主要道路的人行横道必须设过街音响信号。

（5）在城市广场、步行街、商业街、人行天桥、人行地道等无障碍设施的位置，必须设国际通用无障碍标志牌，城市主要地段的道路和建筑物宜设盲文位置图。

路口设置的缘石坡道是用于残疾人或病人使用轮椅通行的，通道应符合下列规定：

① 人行道的各种路口必须设缘石坡道。

② 缘石坡道应设在人行道的范围内，并应与人行横道相对应，如图 5.2.7 所示。

③ 缘石坡道可分为单面缘石坡道和三面缘石坡道。

④ 缘石坡道的坡面应平整，且不应光滑。

⑤ 缘石坡道下口高出车行道的地面不得大于 20 mm。

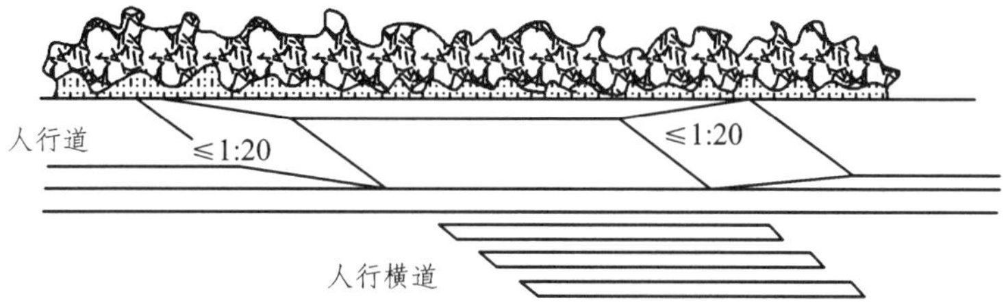

图 5.2.7　人行横道缘石坡道

3. 盲道

盲道设置应符合下列规定：

（1）人行道设置的盲道位置和走向，应方便视残者安全行走和顺利到达无障碍设施位置。

（2）指行残疾者向前行走的盲道应为条形的行进盲道，如图 5.2.8 所示；在行进盲道的起点、终点及拐弯处应设圆点形的提示盲道，如图 5.2.9 所示。

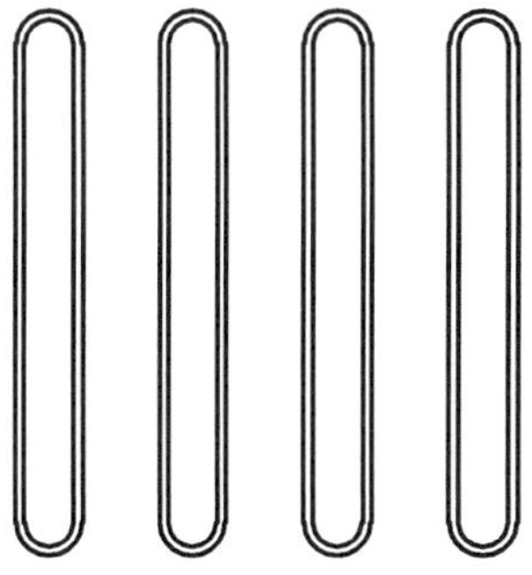

图 5.2.8　行进盲道

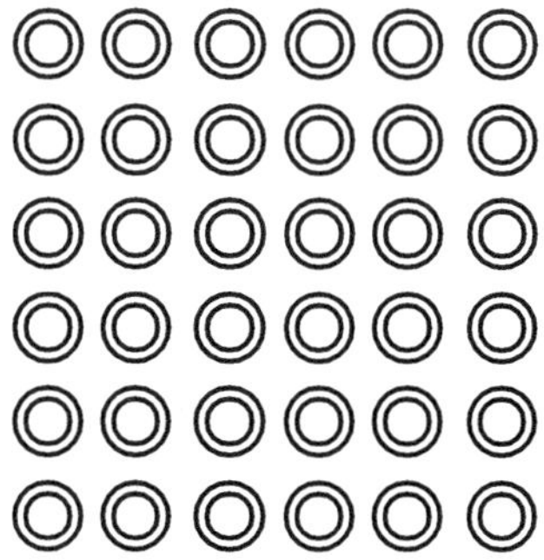

图 5.2.9　提示盲道

（3）盲道表面触感部分以下的厚度应与人行道砖一致，如图 5.2.10 所示。

（4）盲道应连续，中途不得有电线杆、拉线、树木等障碍物。

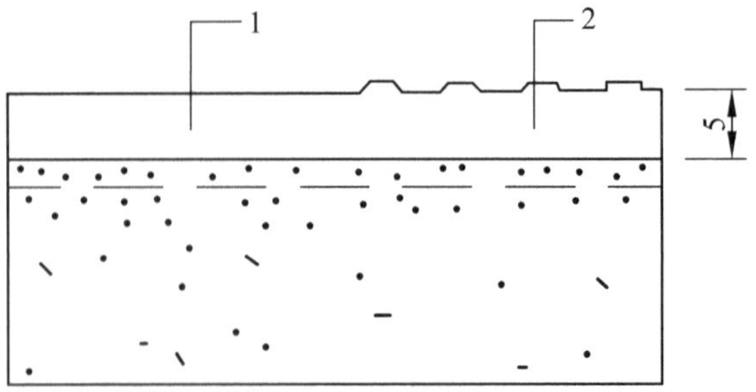

1—人行道砖；2—盲道砖的触感部分凸出表面。

图 5.2.10 人行道砖与盲道砖的连接

（5）盲道宜避开井盖铺设。

（6）盲道的颜色宜为中黄色。

（7）行进盲道的位置选择应按下列顺序，并符合下列规定：

① 人行道外侧有围墙、花台或绿地带，行进盲道宜设在距围墙、花台、绿地带 0.25 ~ 0.50 m 处。

② 人行道内侧有树池，行进盲道可设置在距树池 0.25 ~ 0.5 m 处。

③ 人行道没有树池，行进盲道距立缘石不应小于 0.50 m。

④ 行进盲道的宽度宜为 0.30 ~ 0.60 m，可根据道路宽度选择低限或高限。

⑤ 人行道成弧线形路线时，行进盲道宜与人行道走向一致。

⑥ 提示盲道触感条规格应符合表 5.2.2 的规格。

表 5.2.2 盲道触感条规格

部 位	设计要求/mm
面 宽	25
底 宽	35
高 度	5
中心距	62 ~ 75

（8）提示盲道的设置应符合下列规定：

① 行进盲道的起点和终点处应设提示盲道，其长度应大于行进盲道的宽度。

② 行进盲道在转弯处应设提示盲道，其长度应大于行进盲道的宽度。

③ 人行道中有台阶、坡道和障碍物等，在相距 0.25 ~ 0.50 m 处，应设提示盲道。

④ 距人行横道入口、广场入口、地下铁道入口等 0.25 ~ 0.50 m 处应设提示盲道，提示盲道长度与各入口的宽度应相对应。

⑤ 提示盲道的宽度宜为 0.30 ~ 0.60 m。

⑥ 提示盲道触感圆点规格应符合表 5.2.3 的规格。

表 5.2.3　提示盲道触感圆点规格

部　位	设计要求/mm
表面直径	25
底面直径	35
圆点高度	5
圆点中心距	50

（五）道路附属设施

1. 挡土墙

道路挡土墙是指用于支承城市道路路基填土或道路两侧山坡土体，防止填土或坡体变形失稳的构造物。在挡土墙横断面中，与被支承土体直接接触的部位称为墙背；与墙背相对的、临空的部位称为墙面；与地基直接接触的部位称为基底；与基底相对的墙顶面称为墙顶；基底的前端称为墙趾；基底的后端称为墙踵，如图 5.2.11 所示。

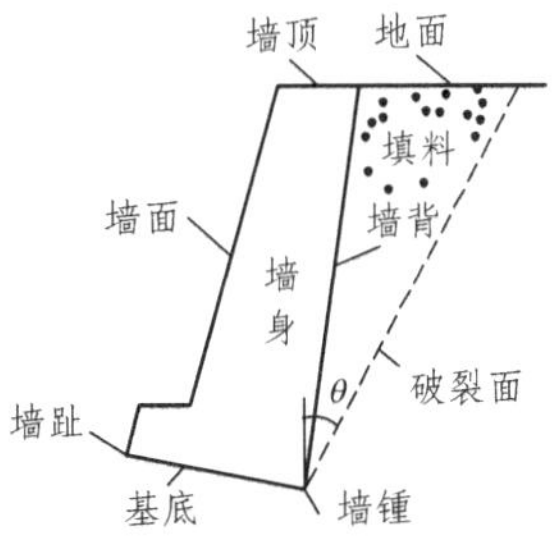

（a）重力式挡土墙

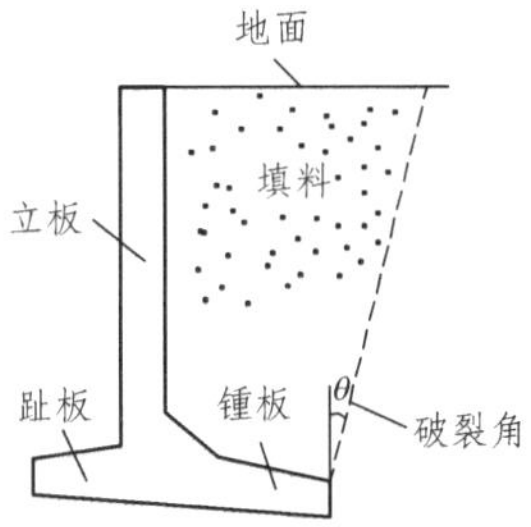

（b）悬臂式挡土墙

图 5.2.11　挡土墙构造

根据挡土墙的设置位置不同，分为路肩墙、路堤墙、路堑墙和山坡墙等。设置于路堤边坡的挡土墙称为路堤墙；墙顶位于路肩的挡土墙称为路肩墙；设置于路堑边坡的挡土墙称为路堑墙。

根据挡土墙稳定的机理不同，挡土墙又有很多形式，主要有重力式挡土墙、衡重式挡土墙、薄壁式挡土墙、锚碇板式挡土墙、加筋土挡土墙等。

2. 隔离带

隔离带是为保障行车安全和环境保护，在道路的中央设置的隔离物。隔离带是城市道路交通的辅助设施，在交通组织上起着分流渠化和安全引导的作用，一般可分为分车隔离带和人车分离隔离带。隔离带具有安全引导组织交通、防眩、降低噪声、美化环境、标志等六大功能。隔离带一般采用混凝土墩、绿化植物、玻璃钢防眩板、PC 隔音板等组成。

3. 路缘石

路缘石也称侧平石、道牙，用于区分车行道、人行道、绿地之间的界线，其作用主要是支撑车行道（路面）两侧，分隔行人和车辆交通，同时也作道路排水用。路缘石可采用混凝土预制块（侧石和平石）、方块石、条石等材料铺砌而成。

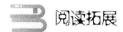

阅读拓展

广州多举措优化城市排水管理　提升市民生活质量

任务三　城市桥梁工程

【学习任务】

（1）认知城市桥梁工程的几种形式；
（2）了解城市桥梁工程的结构特点；
（3）掌握城市人行天桥的施工流程。

一、城市立交桥

立体交叉（简称立交）是利用跨线构造物使两条（或多条）道路在不同高程处互相交叉的连接方式。立交桥是为解决道路与道路相交引起的交通冲突而修建的桥梁，它可以是铁路、公路、城市道路不同组合方式的交叉。世界上最早的立交桥出现在法国，我国自 20 世纪 50 年代中期以来，先后在北京、上海、广州等城市的主要干道网以及新建的高速公路上建成了一批立交桥，这些立交桥对于提高道路通行能力、缓解道路交通拥堵、提高车辆运行速度、减少交通事故和污染、提高运输效率等方面，起到了重要作用，取得了良好的效益。

立交桥的分类及总体布置内容可参考相关书籍的内容。

二、城市跨河桥及景观桥

城市桥梁的作用不仅要满足人们交通的需要，更加重要的作用在于美化城市和体现城市的文化。穿流于城市的河道阻挡了城市的车辆及行人交通，为解决城市居民的交通要求，建设了各种跨河桥，在桥的造型上选择各种类型，如上承式、中承式、下承式拱形桥，各种悬索斜拉桥；在材质的使用上有的使用现代感比较强的钢结构，有的使用石材或仿古饰面，使得城市景观协调、美观，同时承载了深厚的城市文化，如图 5.3.1、图 5.3.2、图 5.3.3 所示。

图 5.3.1　武汉市汉江晴川桥

图 5.3.2　北京市石景山区金顶山路拱形桥

图 5.3.3　武汉市东湖双湖桥

三、城市桥梁施工

城市桥梁的施工方法与公路桥梁基本相同（可参考本书相关内容），但是检验评定标准则不相同，城市桥梁施工与质量验收须遵守《城市桥梁工程施工与质量验收规范》（CJJ 2—2008）的规定。

四、人行天桥与地道

人行天桥是跨越城市街道的行人上跨通道，人行地道是穿越城市街道的行人下穿通道。人行天桥与人行地道的布置应考虑城市行人交通流的特征，根据实际需要或规范要求，人行天桥和地道的行走升降方式，一般可采用梯步、坡道、扶梯或升降电梯，有条件时应设置供残障人士使用的无障碍通道。

城市人行天桥如图 5.13.4 所示，以钢结构居多，其施工程序一般为下部构造施工、钢梁的运输与架设、上部构筑物的施工等。

图 5.3.4　武汉市新华下路钢结构过街天桥

1. 下部构造的施工

人行天桥多建于城市区域，因为上部荷载小，受土压力影响不大，所以其下部构造与一般桥梁相比要轻便、简单，具体施工程序如下。

1）测量放线

放线前应对勘察设计部门所交的桩进行复核，主要是桩位及水准点是否正确。复验无误后方可进行施工放样。根据施工图纸的要求，精确测放出每个墩位的中心，并按设计要求测放出每个墩的基础桩位置，经复核无误后，方可进行基础桩的施工。

2）基础施工

天桥基础开槽施工中容易遇到地下管线，此时应根据管线的重要性考虑改迁或加固管线，常见的加固措施有临时支架、混凝土包封、做盖板沟保护等，在条件许可时，可采用局部改线的办法。若采用钻孔灌注桩施工，须注意环境保护，如泥浆的排放、冲击钻的噪声污染。

3）承台制作

承台除钢筋、混凝土浇筑应符合设计外，其与立柱对接的地脚螺栓一定要正确，防止预埋铁件位置不正确。在承台混凝土浇筑前，再一次核对设计图纸，将立柱的对接螺栓预留位置校对正确，最好使用角钢等固定框架将地脚螺栓固定，防止混凝土浇筑过程中移位。

4）立柱安装

当承台混凝土强度达到设计值的 70% 以上时，便可进行立柱安装作业。立柱是由钢管或型钢制成，安装时应将立柱的法兰盘螺孔对准承台的长脚螺栓，并利用经纬仪校核立柱的垂直度，用水准仪测出立柱的高程，并用小型垫块将立柱垫实整平并拧紧螺栓。立柱安装完毕后，即可在柱顶精确放出墩柱中心位置，并用钢尺精确丈量柱间跨径，安排并焊接柱靴，为安装上部钢梁做准备。

2. 钢梁的运输与架设

当下部构造施工完成后，根据施工进度要求进行上部结构的架设，使用运输车辆将加工制作好的各节钢箱梁运至施工现场进行拼装，采用吊车将拼装好的钢箱梁安装就位。先安装支腿，测量定位后焊接，然后安装与支腿连接的各节钢梁，调整好各项数据后焊接钢箱梁与支腿的对接焊缝，然后安装、焊接中间合龙段。对接处每道顶板、底板及腹板的对接焊缝均应错开一定距离，防止环形焊缝。定位支腿和连接钢梁的定位涉及中间合龙段的安装精度，所以施工时应特别注意支腿和钢梁的安装质量。

3. 上部构筑物的施工

桥上构筑物施工包括桥面铺装、栏杆的制作安装、照明工程及钢构件刷漆。适用于人行天桥的桥面材料有混凝土、CSS、ZYY 的防滑路面材料、橡胶粒子防滑层、弹性地砖等。桥面铺装根据不同的材质使用不同的工艺，常见的防滑面层施工是先在钢结构面层涂刷黏性材料，再铺装面层。栏杆一般采用钢筋焊接，施工时注意栏杆安装的直顺度，保证外观的质量。钢梁及杆件的刷漆作业前，应进行除锈、打毛和喷涂防锈层，表面清洁度达到要求后方可进行刷漆作业，主梁和扶梯的连接部位在现场不能涂饰的可在加工厂内预先涂刷，梯道的踏步表面、侧板下部等易脏、易锈蚀的地方，宜采用环氧树脂防锈涂料。附属设施如照明工程、高压线下的静电保护闸等，应严格按照设计图纸施工。

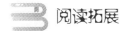

阅读拓展

桥梁连的是道路更是民心

任务四　城市给排水工程

【学习任务】

（1）认知城市排水制度；
（2）了解城市给排水系统工作原理；
（3）掌握给排水管道的施工工艺流程。

城市给排水是城市重要的基础设施，是衡量城市发展的重要方面，城市给排水设施的配置是否合理、完善是关系到城市各项事业长远发展的重要问题。城市给排水工程主要分为给水系统和排水系统。给水系统包括城市自来水厂、取水水源及管道、输水水源及管道、提升泵站等。排水系统分为污水和雨水两方面，污水系统是用来收集并排放城市的工业废水和生活污水的管线及构筑物，雨水系统是用来收集和排放雨水的管线及构筑物。污水需要经过污水处理厂的处理达到排放标准后排入自然水体，雨水可直接排放。城市给水工程和其他专业管线一样，一般由相应的管理、运营部门完成建设，城市排水工程和道路建设合为一体。因此，本节将重点介绍城市排水工程。

一、城市排水制度

在城市道路及其厂矿等建设中，需要建设一整套的工程设施，有组织地排除并处理废、污水及雨水，这项工程设施称为排水系统。由于废污水和雨水的水质不同，所以可分别组织不同的管道系统来排除，通常分为分流制和合流制。

分流制排水系统是指生活污水、工业废水和雨水分别在两条或两条以上各自独立的灌渠内排出的系统。排除生活污水或工业废水的系统称为污水排水系统；排除雨水的系统称为雨水排水系统。分流制排水系统又可分为两种情况：一种情况是分别设置污水和雨水管道系统；另一种情况是只有污水管道系统，不设雨水暗管，雨水沿着地面、街道边沟和明渠泄入天然水体。采用分流制，有利于环境卫生的保护，有利于污水的综合利用，便于从废水中回收有用物质，可以做到清浊分流，降低需要处理的废水量。

合流制排水系统是指将污水和雨水混合在同一管渠内排除的系统，污水不经过处理与雨水一起直接排入水体，会对环境卫生造成严重的危害，对原水体造成严重污染，常采用截留式合流制排水系统，在临天然水体的岸边建造一条截流干管，并设置污水处理厂，但当降雨量大时，可能会有部分污水经溢流井溢出而直接排入水体。

分流制或合流制的选择，应根据当地的自然条件、原有排水设施、水质和水量、地形、气候、水体和污水利用等条件，从全局出发，综合考虑确定。新建的排水系统一般采用分流制，同一城镇的不同地区可以采用不同的排水制度。

二、城市道路排水系统

城市道路排水也是城市排水系统的一部分，其功能主要是迅速排除道路范围内以及道路两侧一定区域内的雨雪水，以保证车辆和行人的交通安全。根据构造的特点，城市道路雨水排除系统主要可分为以下三类。

1. 明沟系统

这种排水系统即用明沟排水。明沟可设在路面的两边或一边，在街坊的出入口、人行过街等地方增设一些盖板、涵管等过水结构物。明沟的排水断面主要有梯形、矩形两种，其尺寸可按照泄水面积依水力学所述公式计算确定。

2. 暗管系统

暗管系统包括街沟、雨水口、连接管、干管、检查井、出水口等主要部分。

道路及其相邻地区的地面水依靠道路设计的纵、横坡度，流向车行道两侧的街沟，然后顺街沟的纵坡流入沿街沟设置的雨水口，再由地下的连接管引到干管，排入附近天然水体中去。雨水排除系统一般不设泵站，雨水靠管道的坡差排入水体，但某些地势平坦、区域较大的大城市，如上海、天津、武汉等，因为水体的水位高于出水口，常设置泵站提升雨水。

3. 混合系统

城市中排除雨水可用暗管和明沟相结合的排水系统。采用明沟可以降低造价，但在建筑物密度较高和交通频繁的地区，采用明沟会给生产、生活和交通带来不便，桥涵费用增加，占用土地较多，并影响环境卫生，因此，这些地区应采用暗管系统。而在城镇的郊区或其他建筑物密度较小、交通较稀的地区应首先考虑采用明沟。工业区或居住区的边界到出水口的距离较长时，这一段雨水道也宜采用明沟，以节省造价。

三、排水管道的施工

市政工程排水管施工

市政排水工程施工一般采用开槽施工，当雨污水管线通过建筑物或其他障碍物时，施工常采用不开槽施工，如顶管施工、盾构施工、浅埋暗挖，在特殊情况下也有局部采用夯钢管施工等方法。

（一）开槽施工

1. 排水管线开槽施工工艺流程（见图 5.4.1）

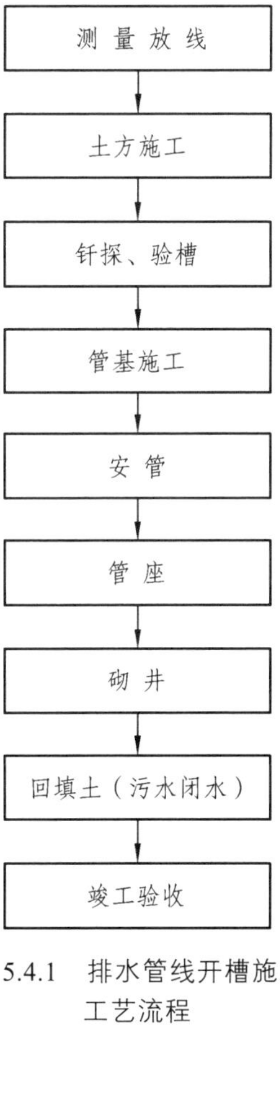

图 5.4.1　排水管线开槽施工工艺流程

2. 施工要点

（1）沟槽开挖工序完成后，检查开槽施工是否符合要求，并应利用平桩外露长度，检查槽底高程是否符合设计。用机械开挖时，保留 20 cm 土应用人工清槽，如超过允许误差后，应再次清底，有超挖时用垫砂处理至合格。应会同有关方面验槽后方能进行基础浇筑。

（2）管道基础应落在有一定承载能力的原状土层上，否则应进行地基处理。在浇筑混凝土平基后浇筑上部管基时，尤其要注意管下混凝土的密实度。

（3）混凝土基础侧向模板应具有一定的强度和刚度，模板安装应缝隙严密，支撑牢固，并符合结构尺寸的要求。应熟知使用的管径、平基设计厚度、管座度数、井型，这样才能确定模板的高度与模板间净宽。

（4）混凝土入模后，根据平桩找平，插捣拍打密实，厚度大于 20 cm 时，应用平面振捣器振捣密实。

（5）管道基础混凝土应采取施工措施避免裂缝。平基混凝土抗压强度大于 5.0 N/mm^2 时，方可进行管道安装。

（6）在安管施工环节，应在管材进场时检查管材出厂合格证，管材进场后，在下管前应做外观检查（裂缝、缺损、麻面等），采用水泥砂浆抹带应对管口作凿毛处理。承插口管道在铺设前应进行外观和承插口尺寸的复查。

（7）管道铺设、平口管接口。

① 管道应在沟底高程、基础高程和基础中心线符合设计要求后方许铺设。

② 管基和检查井室底座一般应在下管前做好，井壁应在稳好管子做好接口后修建；检查井内流槽，应在稳好管子及井壁砌到管顶时，随即修建。

③ 铺设在地基上的混凝土管，应根据管子长度量好尺寸，可在下管前挖好枕基坑，预制的应稳好，中心应在同一直线上并应水平，枕基应低于管底 10 mm。

④ 下管可依管径大小及施工现场的具体情况，分别采用三脚架、木架挂钩法、吊链滑车、起重机吊车等方法，但应有一名熟练的人指挥，防止发生安全事故；高密度聚酯乙烯 HDPE 管吊装应采用柔韧性好的皮带、吊带或吊绳进行安装，不得采用钢丝绳和链条。

⑤ 下管应由两检查井间的一端开始，如铺设承插管，应以承口在前。

⑥ 稳管前应将管口内外刷洗干净，管径大于 600 mm 的平口或承插口管道接口应留有 10 mm；管径小于 600 mm 时缝隙，应留出不小于 3 mm 的对口缝隙。

⑦ 使用套环接口时，应稳好一根管子安装一个套环，注意避免管子互相碰撞。

⑧ 水泥砂浆接口可用于平口管，分为水泥砂浆抹带和钢丝网水泥砂浆抹带；钢丝网规格应符合设计要求，并应无锈、无油垢。钢丝网应按设计要求留出搭接长度。

⑨ 直径大于 600 mm 及 600 mm 的管子的内缝，应用水泥砂浆填实抹平，灰浆不得高出管内壁。管座部分的内缝，应配合灌注混凝土时勾抹，直径 600 mm 以内的管子，应配合灌注混凝土管座，用麻袋球或其他工具，在管内来回拖动，将流入管内的灰浆拉平；水泥砂浆各种接口的养护，均宜用草袋或草帘覆盖，并洒水养护。

（8）管道铺设、承插管接口。

① 承插口管安装，在一般情况下插口插入方向应与水流方向一致，由低点向高点依次安装。

② 管道接头，除另有规定外，应采用弹性密封圈柔性接头。公称直径小于 DN200 mm 的平壁管亦可采用插入式黏接接口。

③ 橡胶圈接口应遵守下列规定：

a. 连接前，应先检查胶圈是否配套完好，确认胶圈安放位置及插口应插入承口的深度。

b. 接口作业时，应先将承口（或插口）的内（或外）工作面用棉纱清理干净，不得有泥土等杂物，并在承口内工作面涂上润滑剂，然后立即将插口端的中心对准承口的中心轴线就位。

c. 插口插入承口时，小口径管可用人力，可在管端部设置木挡板，用撬棍将安装的管材沿着对准的轴线徐徐插入承口内，逐节依次安装。公称直径大于 DN400 mm 的管道，可用缆绳系住管材用手搬葫芦等提力工具安装。严禁采用施工机械强行推顶管子插入承口。

d. 高密度聚酯乙烯 HDPE 管的铺设则应注意：缠绕管连接采用电熔套连接或热收缩套连接。管道与其他材质的管道连接时，采用检查井或专用法兰连接。电熔套连接时，应首先清除承插口封接面的垢，并检查焊线是否完好，对接时先用卡具在承口外压紧，然后根据管道的型号设定电流及时间。

e. 雨季施工应采取防止管材漂浮的措施，可先回填到管顶以上大于一倍管径的高度。当管道安装完毕尚未还土而遭到水泡时，应进行管中心线和管底高程复测和外观检查，如出现位移、漂浮、拔口现象，应返工处理。

（9）浇筑混凝土管座时，管两侧应同时进行，必须振捣密实，并与管身结合严密。

（10）管道应根据图纸要求进行闭水试验及竣工验收。

（二）不开槽施工

当雨污水管线通过建筑物或其他障碍物时，常见的施工方法有顶管施工、盾构施工、浅埋暗挖等，其中顶管施工方法在市政工程施工中应用比较广泛。管道顶进方法应根据管道所处土层性质、管径、地下水位，附近地上与地下建筑物、构筑物和各种设施等进行选择。在黏性土或砂性土层，且无地下水影响时，宜采用掘式或机械挖掘式顶管法；当土质为砂砾土时，可采用具有支撑的工具管或注浆加固土层的措施；在软土层且无障碍物的条件下，管顶以上土层较厚时，宜采用挤压式或网格式顶管法；在黏性土层中必须控制地面降陷时，宜采用土压平衡顶管法；在粉砂土层中且需要控制地面隆陷时，宜采用加泥式土压平衡或泥水平衡顶管法。下面对于顶管施工简单介绍如下。

1. 顶管施工工艺流程（见图 5.4.2）

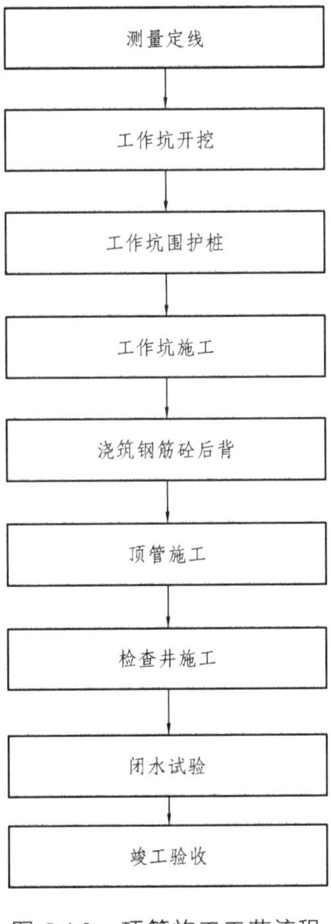

图 5.4.2　顶管施工工艺流程

2. 顶管施工方案内容

（1）顶进方法比选和顶管段单元长度的确定。

（2）顶管机选型及各类设备的规格、型号及数量。

（3）工作井位置选择、结构类型及其洞口封门设计。

（4）管节、接口选型及检验，内外防腐处理。

（5）顶管进、出洞口技术措施，地基改良措施。

（6）顶力计算、后背设计和中继间设置。

（7）减阻剂选择及相应技术措施。

（8）施工测量、纠偏的方法。

（9）曲线顶进及垂直顶升的技术控制及措施。

（10）地表及构筑物变形与形变监测和控制措施。

（11）安全技术措施、应急预案。

3. 施工要点

1）工作坑

（1）顶管工作坑的位置应按下列条件选择：

① 管道井室的位置。

② 可利用坑壁土体作后背。

③ 便于排水、出土和运输。

④ 对地上与地下建筑物、构筑物易于采取保护和安全施工的措施。

⑤ 单向顶进时宜设在下游一侧。

（2）采用装配式后背墙时应符合下列规定：

① 装配式后背墙宜采用方木、型钢或钢板等组装，组装后的后背墙应有足够的强度和刚度。

② 后背土体壁面应平整，并与管道顶进方向垂直。

③ 装配式后背墙的底端宜在工作坑底以下，不宜小于 50 cm。

④ 后背土体壁面应与后背墙贴紧，有孔隙时应采用砂石料填塞密实。

⑤ 组装后背墙的构件在同层内的规格应一致，各层之间的接触应紧贴，并层层固定。

（3）工作坑的支撑宜形成封闭式框架，矩形工作坑的四角应加斜撑。

（4）当顶管工作坑采用地下连续墙时，应符合现行国家标准《地基与基础工程施工及验收规范》的规定，并应编制施工设计。

（5）采用钢管作预埋顶管洞口时，钢管外宜加焊止水环，且周围应采用钢制框架，按设计位置与钢筋骨架的主筋焊接牢固；钢管内宜采用具有凝结强度的轻质胶凝材料封堵；钢筋骨架与井室结构或顶管后背的连接筋、螺栓、连接挡板锚筋，应位置准确，连接牢固。

（6）地下连续墙的顶管后背部位，应按施工设计采取加固措施。

（7）开挖工作坑，应按施工设计规定及时支护，可采用与墙体连接的钢筋混凝土圈梁和支撑梁的方法支护，也可采用钢管支撑法支护。支撑应满足便于运土、提吊管件及机具设备等的要求。

（8）顶管完成后的工作坑应及时进行下步工序，经检验后及时回填。

2）顶　进

（1）开始顶进前应检查下列内容，确认条件具备时方可开始顶进。

① 全部设备经过检查并经过试运转。

② 防止流动性土或地下水由洞口进入工作坑的措施。

③ 开启封门的措施。

（2）工具管开始顶进 5 ~ 10 m 的范围内，允许偏差：轴线位置 3 mm，高程 0 ~ +3 mm。当超过允许偏差时，应采取措施纠正。

在软土层中顶进混凝土管时，为防止管节飘移，可将前 3 ~ 5 节管与工具管联成一体。

（3）采用手工掘进顶管法时，应符合下列规定。

① 工具管接触或切入土层后，应由上而下分层开挖，工具管迎面的超挖量应根据土质条件确定。

② 在允许超挖的稳定土层中正常顶进时，管下部 135° 范围内不得超挖；管顶以上超挖量不得大于 1.5 cm；管前超挖应根据具体情况确定，并制定安全保护措施。

③ 在对顶施工中，当两管端接近时，可在两端中心先掏小洞通视调整偏差量。

（4）采用网格式水冲法顶管时，应符合下列规定：

① 网格应全部切入土层后方可冲碎土块。

② 进水应采用清水。

③ 在地下水位以下的粉砂层中的进水压力宜为 0.4 ~ 0.6 MPa；在黏性土层中，进水压力宜为 0.7 ~ 0.9 MPa。

④ 工具管内的泥浆应通过筛网排出管外。

（5）采用挤压式顶管时，应符合下列规定：

① 喇叭口的形状及其收缩量应根据土层情况确定，且应与其形心的垂线左右对称。

② 每次顶进的长度，应根据车斗的容积、起吊能力和地面运输条件综合确定。

③ 工具管开始顶进和接近顶完时，应采用手工挖土缓慢顶进。

④ 顶进时，应防止工具管转动。

⑤ 临时停止顶进时，应将喇叭口全部切入土层。

（6）顶进钢管采用钢丝网水泥砂浆和肋板保护层时，焊接后应补做焊口处的外防腐层。

（7）采用钢筋混凝土管时，其接口处理应符合下列规定：管节未进入土层前，接口外侧应垫麻丝、油毡或木垫板，管口内侧应留有 10 ~ 20 mm 的空隙，顶紧后两管间的孔隙宜为 10 ~ 15 mm。

4. 质量检验

（1）顶管工作坑及装配式后背墙的墙面应与管道轴线垂直，其施工允许偏差应符合表 5.4.1 的规定。

表 5.4.1　工作坑及装配式后背墙的施工允许偏差（mm）

项目		允许偏差
工作坑每侧	宽度	不小于施工设计规定
	长度	
装配式后背墙	垂直	0.1%H
	水平扭转度	0.1%L

注：H——装配式后背墙的高度（mm）；

L——装配式后背墙的长度（mm）。

（2）管道的施工质量应符合下列规定。

① 管内清洁，管节无破损。

② 允许偏差应符合表 5.4.2 的规定。

③ 钢筋混凝土管道的接口应填料饱满、密实、且与管节接口内侧表面齐平，接口套环对下管道、贴紧，不脱落。

④ 顶管时地面沉降或隆起的允许量应符合施工设计的规定。

表 5.4.2 顶进管道允许偏差（mm）

项目		允许偏差
轴线位置		50
管道内底高程	D<1500	+30 ~ 40
	D≤1500	+40 ~ 50
相邻管间错口	钢筋混凝土管道	15% 壁厚且不大于 20
对顶时两端错口		50

注：*D*——管道内径（mm）。

（三）检查井施工

在每个工作基坑顶管作业依次完成后，应及时进行该处检查井的施工，井底基础应与管道基础同时浇筑。施工时注意按照设计文件所示的井型进行砌筑，待检查井施工完毕并拆除模板后，方可进行回填、拔钢板桩等下一步工作。

（1）检查井分为砌筑式和混凝土检查井，施工需注意以下要求：

① 排水管检查井内的流槽宜与井壁同时进行砌筑。当采用砖石砌筑时，表面应采用砂浆分层压实抹光，流槽应与上下游管道底部接顺，管道内底高程应符合规范的规定。

② 在井室砌筑时，应同时安装踏步，位置应准确，踏步安装后，在砌筑砂浆或混凝土未达到规定抗压强度前不得踩踏。混凝土井壁的踏步在预制或现浇时安装。

③ 在砌筑检查井时应同时安装预留支管，预留支管的管径、方向、高程应符合设计要求，管与井壁衔接处应严密，预留支管管口宜采用低强度等级砂浆砌筑封口抹平。

④ 检查井接入圆管的管口应与井内壁平齐，当接入管径大于 300 mm 时，应砌砖圈加固。

⑤ 砌筑圆形检查井时，应随时检测直径尺寸，当四面收口时，每层收进不应大于 30 mm；当偏心收口时，每层收进不应大于 50 mm。

⑥ 砌筑检查井及雨水口的内壁应采用水泥砂浆勾缝，有抹面要求时，内壁抹面应分层压实，外壁应采用水泥砂浆搓缝挤压密实。

⑦ 检查井采用预制装配式构件施工时，企口座浆与竖缝灌浆应饱满，装配后的接缝砂浆凝结硬化期间应加强养护，并不得受外力碰撞或震动。

⑧ 检查井及雨水口砌筑或安装至规定高程后，应及时浇筑或安装井圈，盖好井盖。

（2）检查井施工质量验收应符合《给水排水构筑物工程施工及验收规范》（50141—2008）要求。

在城市给排水工程施工中，传统的雨污水管线通常采用钢筋混凝土平口管，但随着施工技术的发展，大口径平口管逐渐被承插口管所代替，所以施工工序也相应简化。平口管施工中的平基、管座施工被柔性接口的砂砾垫层取代，接口形式也由原来的钢丝网水泥砂浆抹带改为承插橡胶圈接口。根据设计要求，柔性接口管材选用中，当 DN≥1000 mm 一般采用柔性接口钢筋混凝土企口管，当 DN<1000 mm 采用柔性接口钢筋混凝土承插口管，用作市政雨水收集支管时也采用 DN 150 ~ 300 mm 平口管，施工环节分为基础（管座）、安管、接口等。当前，环保节能型新材料的应用也日渐广泛，如 HDPE 双壁波纹管，因其施工中管材轻质，接口简便，给施工带来很大的便利。其口径一般为 DN 200 ~ 800 mm，接口连接方式有电熔、热熔、套筒、法兰、卡箍连接。

思政小链接

推进无障碍环境建设和公共设施适老化改造　城市便民利民举措受好评

一座城市的温度体现在哪里?

人行道上渐渐完善的盲道，银行网点中的老年人专用卫生间，老旧小区电梯里、台阶旁新装的扶手……一些生活中看似不起眼的改变，方便了残障人士、老年群体的日常生活，也让城市变得更友好更宜居。

视障人士日常出行，障碍总会在不经意间出现：可能是路口凸起的台阶，可能是高出地面一截的井盖，或是一段不连续的陡坡。在首都北京，这些昔日的“堵点”，正在逐步减少。过去，很多地方盲道不健全，视障人士只能敲着马路牙子走，时常会走偏。如今，出小区转入步道，铺设着大面积的提示盲道；马路和步道接口处，台阶被改成了缓坡；绕着公交站台，还增加了一圈行进盲道，走起来很踏实。出行更便利背后，离不开相关部门的付出和努力，为了打造无障碍环境，可谓精雕细琢。

化曲为直。一些步道上井盖多，过去盲道绕着井盖建，虽然避开了障碍，但不够方便。多次走访倾听使用者需求和建议后，交通部门下手改造：先“去高差”，把凸起的井盖尽量下沉到地面；再“曲改直”，将设在井盖两侧的行进盲道改为直行的提示盲道，既给视障人士提了醒，还能让他们少走弯路。

变急为缓。按照无障碍设计规范，马路与步道接口处应设置坡度约为 8 度的缓坡。但不少设置在隔离带上的公交站台面积较小，难以双向坡化处理，设计团队在方寸之间下“绣花”功夫，将缓坡从横向变为纵向，并增加扶手，即使坡道足够平缓，又让空间得到有效利用。

对很多城市来说，推进无障碍环境建设，已经成为一道“必答题”。在北京这座人口逾 2000 万、城市道路里程超 8400 公里的超大城市里，每一处“微改造”都考验着管理者的智慧。城市无障碍环境建设永无止境，不可能一蹴而就。无障碍建设就是要让道路通行的每个环节更顺畅更安全，让更多老百姓感受到出行便利。

在全国层面，推进无障碍环境建设和适老化改造的蓝图已经绘就。2021年年底发布的《无障碍环境建设“十四五”实施方案》明确，到2025年，无障碍环境建设法律保障机制更加健全，无障碍基本公共服务体系更加完备，信息无障碍服务深度应用，无障碍人文环境不断优化，城乡无障碍设施的系统性、完整性和包容性水平明显提升，支持110万户困难重度残疾人家庭进行无障碍改造，加快形成设施齐备、功能完善、信息通畅、体验舒适的无障碍环境，方便残疾人、老年人生产生活。

【项目小结】

本项目根据市政工程的结构特点，系统介绍了市政工程的作用及分类、城市道路工程、城市桥梁工程和城市给排水工程，展现了市政工程的结构类型与公路工程的联系与区别，使学生熟悉市政工程的施工工艺流程，能够识读市政工程施工图纸和施工方案，培养学生的职业素养和职业能力。

【练习巩固】

1. 市政工程在人们的日常生活当中起到哪些重要的作用？
2. 市政工程有哪些经济技术特点？
3. 城市道路按照其在城市路网中的地位、交通功能以及对沿线建筑物的服务功能可以分为哪几类？
4. 城市桥梁是如何分类的？分离式立交与互通式立交有什么区别？互通式立交包括哪些类型？
5. 简述城市排水体制的功能及意义。

参考文献

[1] 安宁. 高速铁路路基施工与维护[M]. 北京：人民交通出版社，2020.

[2] 国家铁路集团有限公司工电部. 铁路桥梁隧道[M]. 北京：中国铁道出版社，2022.

[3] 国家铁路集团有限公司运输部. 铁道概论[M]. 北京：人民交通出版社，2022.

[4] 铁道第三勘察设计院. 高速铁路设计规范 TB 10621—2014[S]. 北京：中国铁道出版社，2014.

[5] 铁道第三勘察设计院. 铁路桥涵设计规范 TB 10002—2017[S]. 北京：中国铁道出版社，2017.

[6] 王梦恕. 中国隧道及地下工程修建技术[M]. 北京：人民交通出版社，2010.

[7] 关宝树. 矿山法隧道关键技术[M]. 北京：人民交通出版社，2016.

[8] 关宝树. 隧道施工要点集[M]. 2 版. 北京：人民交通出版社，2011.

[9] 国家铁路局. 铁路隧道排水板 TB/T 3354—2014[S]. 北京：中国铁道出版社，2015.

[10] 国家铁路局. 高速铁路隧道工程施工质量验收标准 TB/T 10753—2018[S]. 北京：中国铁道出版社，2018.

[11] 国家铁路局. 铁路隧道设计规范 TB 10003—2016 . 北京：中国铁道出版社，2016.

[12] 赵勇，肖明清，肖广智. 中国高速铁路隧道[M]. 北京：中国铁道出版社，2016.

[13] 中国铁路总公司. 高速铁路隧道工程施工技术规程 Q/CR 9604—2015[S]. 北京：中国铁道出版社，2015.

[14] 宋秀清. 隧道施工[M]. 北京：人民交通出版社，2020.

[15] 中华人民共和国住房和城乡建设部. 地铁计规范 GB 50157—2013. 北京：中国建筑工业出版社.

[16] 中华人民共和国住房和城乡建设部. 地下铁道工程施工质量验收标准 GB/T 50299—2018. 北京：中国计划出版社.

[17] 张庆贺，朱合华，庄荣，等. 地铁与轻轨[M]. 北京：人民交通出版社，2003.

[18] 施仲衡. 地下铁道工程设计与施工[M]. 西安：陕西科学技术出版社，1997.

[19] 刘钊，佘才高，等. 地铁工程设计与施工[M]. 北京：人民交通出版社，2004.